エミリオ・セグレ

# X線からクォークまで

20世紀の物理学者たち

久保亮五・矢崎裕二 訳

みすず書房

# PERSONAGGI E SCOPERTE DELLA FISICA CONTEMPORANEA

by

Emilio Segrè

First published by Arnoldo Mondadori Editore S.p.A., Milano, 1976

# まえがき

本書は，私がバークレイのカリフォルニア大学や，シカゴ大学や，ローマのリンチェイ全国アカデミーなどでした講演がもとになってできたものである．これらの講演を聴いて下さった方々から，ぜひそれを出版してほしいという過分なご要望をたびたびお受けしたので，ついに私もそれを集めて出版することになった次第である．

その講演は物理学者の世界とはどんなものか，という好奇心をもつ人々に向けたもので，その際，私は他の分野で仕事をしている親しい友だちに物理学の世界の話をするようなつもりになってこれらを用意した．つまり主要な発見そのものについて語るだけではなく，そこに至る道筋，また主だった物理学者たちの人柄や，正しい道筋が見つかる以前のいろいろな誤りをもお話ししたいと思ったわけである．人間的な面や，相次いで起こるいろいろな出来事は，しばしば劇的な要素に満ちている．

また私のこれまでの経験からすると，科学にたずさわる若い人たちは重要な科学者について，ただある発見にまつわってその名前を聞くだけでなしに，その人柄を知ることにも大いに関心をもっている．こういう興味もまことにもっともなことで，この本がそのような望みをいくらかでも満たすことになれば幸いである．

ところでこの本は，決して現代物理学史を意図したものではないし，いわんや物理の教科書でもない．私はほぼ1927年あたりから今日まで物理学の学究の徒として過ごしてきたわけであるが，その間に際会したさまざまな出来事を，私の目に映ったままに，いわば印象派風に描いてみたものと思っていただけばよい．もちろんそれらの出来事は，その前後の事情を抜きにしてお話しできる筋合いのものではないので，話はもう少し前にさかのぼって始まることになる．ともかくこういうわけで，人物や物事の選択は主観的で，その範囲も限られており，また私自身の個人的な体験にかたよっている趣きもある．

この本を書くにあたっては，ラウラ・フェルミ夫人，J. ハイルブロン教授，その他何人か私と同世代の方々や同僚の方々に批評や助言をいただいた．またF. ラゼッティ教授，ソルヴェイ協会，CERN，カリフォルニア工科大学，ローレンス・バークレイ研究所，他からは挿図の写真などを提供していただいた．ここに記して厚く御礼申し上げたい．

1980年1月

エミリオ・セグレ

# 目　　次

## 訳書凡例

原著 Emilio Segrè, *Personaggi e Scoperte nella Fisica Contemporanea* (Arnoldo Mondadori Editore, Milano, 1976) の出版後，著者自身の改訂英訳版 *From X-rays to Quarks: Modern Physicists and Their Discoveries* (W. H. Freeman and Company, San Francisco, 1980) が出版された．本書はこの英語版からの日本語訳である．

図の説明の最後にある（ノーベル財団）などの記載は，写真の出所を示すものである．

読者の中には，MKS 単位系に慣れておられる方も少なくないと思うが，原著では，CGS 単位系を用いているので，訳書もそれにならった．

人名のカナ表記については，概ね『理化学辞典』(第3版，岩波書店）に拠った．原綴りを本文中に入れてない場合もあるが，巻末の人名索引には原綴りも併記してある．

読者の便のために，ところどころ訳注を付した．これは巻末にまとめてある．

# 第1章
# 序　　論

とかく，数学だの物理だのといえば，あの変わった連中どもが喜んでいる，さっぱりわけがわからないいろんな概念に悩まされたおもしろくない記憶だけだという人が多いようである．私が学校に通っていた時分，先生方も，よく，科学のことを味気ない学問と言ったし，また生徒のほうも，それにうなずく者が多かった．印刷されている数学の公式は，まさに不可解ということの見本のようだ．いや，それどころか，何か魔法のしるしみたいだ．今日でも，科学は，その邪悪な罪業をしばしばとがめられ，その功績は忘れられることが多い．

こんなふうに，はなはだ好意的でない見方もあることはあるが，実は，科学の探究というものは，芸術における創造に負けず劣らず，魅力に富み，劇的でもあり，また人間的な興味にも満ちみちている．ところが，歴史的な面や，伝記的な面は，文学や芸術の分野では大いに重きを置かれているのに，科学教育ではあまり触れられないのが普通である．これはおそらく，科学というものが，積み重ねの上に成り立っているという特徴を持つせいなのだろう．たとえ，ニュートンがいなかったとしても，その代りに誰かが微積分法を編み出したり，重力を発見したにちがいない．しかし，シェイクスピアがいなかったら，『ハムレット』はこの世に存在しなかったであろう．だから，シェイクスピアの生涯を勉強するほうが，ニュートンの生涯を勉強することよりも意味があるというのであろう．

しかし私には，物理にも大いに人間的な要素が含まれていると思われる．この本で書きたいのは，主にそういう要素なのである．私の話は，物理に関係したことに限られるが，それは私が直接に知っているのがこの分野であるからである．この体験によって科学上の仕事にまつわるひらめきや，創造的な努力や，ドラマなど，なにがしかを読者にお伝えすることができれば幸いである．

こういう歴史的な面は，物理学者以外の方々にも，きっと興味をもっていただけるものと思う．科学にとって，19 世紀と 20 世紀は，芸術におけるルネサンスに匹敵するくらい，独特な，輝かしい時代であるとよく言われるが，実際そのとおりであろう．この時代のミケランジェロやシェイクスピア級の人々と幸運にも同じ時代に生まれ合わせた者は，自らの肌身の感覚とパトスをもってその時代を思い起こすことができる．これは，作品を通して得た理解だけでは，とうてい及びもつかないところなのである．このルネサンスの巨匠の一人，マリー・キュリーは，「科学の仕事では，物に関わっていれば良いので，人にかかずらう必要はありません」と言っているが，これは，いささか厳しすぎる判決と言うべきだろう．

この本では，今世紀の主な物理学者の中から，何人か選び出して，その人となりを描き出し，併せて，その成し遂げたところにもある程度触れていくことにしたい．これによって，この物理学者たちの仕事が専門外の方々にもよく理解されるようになればと思っているわけである．真心をこめて当るなら，この試みは，完璧とまではいかないにしても，ある程度，果たしうるものと思う．専門家にじか通じないような書き方はしないつもりである．時には，あんまりむずかしいと思うところは，何ページかとばして読んでいただいても結構で，そのために大筋を見失う気遣いはないと思う．

と言っても，やはり，ある程度の物理の知識は必要である．誰でも，ミケランジェロの「ダヴィデ」を見たり『ハムレット』を読んだりはできる（ただし，その場合でも，各人の下地に応じて，受け取り方にもいろいろな違いがある）．しかし，何の準備もなしに，いきなり光量子の二重性や，シュレーディンガー方程式を理解するわけにはいかない．数式を使うことは，話を簡単にしてくれる．ガリレオが指摘したとおり，数学は，物理にはいちばんぴったりした言葉なのである．なるほどヴォルタやファラデーは，偉大な物理学を形の上では数学を使わずに書いたのではあるが，その考え方は，やはり数学的なのである．この人々が，標準的な数学を知らなかったことはやはり，彼らの考えをいくぶんほかの人々にわかりにくいものにしているのである．

それから，たいていの場合，科学上の進展というものは，たくさんの人たちが，地ならしや下ごしらえの仕事をしてくれたその土台の上に，実を結んだのだということも忘れてはならない．こういう人たちは，個人としては世に知られず，忘れられているのだが，ともかく欠くことのできない大事な役割を担っているのである．そのうえ，いろいろの科学上の出来事はお互いに関連を持ち合っていて，時も所もかち合うことがある．そこで，あんまり綿密に流れをたどろうとすると，かえってこんがらがってしまい，混乱に陥る恐れもある．ここでは，場合によっては時間の順序がひっくり返ったりすることにもこだわらないで，大まかな流れを追っていくやり方を取るつもりである．

## 1895年当時の物理学界

1895年あたりから話を始めるのが良いだろう．というのは，その頃の2,3年の間に，物理学は決定的な方向転換をすることになったからである．ここで現われた，2,3の実験的な発見が，原子の世界を微視的に考えるきっかけとなった．少なくともその100年も前から，化学者の間では原子という言葉が使われていたし，また物理学者も気体の分子運動論では，原子という考え方をかなり使っていたのだが，さて，その原子が何からできていて，どういう構造になっているかという点については，何一つ知られてはいなかったのである．

この頃になって，西欧世界で，原子の構造についての知見が明らかにされ始めたのであるが，そこで科学における指導的な地位を占めていたのは，イギリス，フランス，ドイツの三国である．ところで，この三大国の政治情勢や社会状態は，みなそれぞれに違っていた．イギリスは，ヴィクトリア女王の統治のもとに，その繁栄の絶頂を謳歌していた．この女王は，1837年以来王位に在り，1876年には，インド皇帝の地位も兼ねるに至った．1887年の即位50年祭の祝典は，この国の，女王への忠誠の証しと，その帝国の誇りを大々的に示したものである．近年獲得した250万平方マイルの領土からの富を得て，大英帝国はその名誉ある孤立を守りながら，文字どおり「世界の海を支配」していたのである．

フランスは，1870年から71年にまたがる普仏戦争の敗北の痛手から，未だ立ち直っていなかった．敗戦は，この国のおごりとフランス人すべての自意識への痛烈な打撃であった．フランス人の意気阻喪ぶりは，パストゥールをはじめフランス科学者が，戦争がもたらした破滅に対して示した反応からもうかがい知ることができる．心底からの愛国者であったこれらの人々は，深く傷つけられ昏迷の中にあって，フランスの敗北の原因は，過去50年間，この国が科学を軽んじてきたことにあると考えた．そうして，革命やナポレオン戦争の当時，科学がこの国の護りに果した役割を誇らかに思い返すのだった．パストゥールは，科学を通してフランスの復興を促す役に立ちたいと願っていた．

急速に擡頭して来たドイツは，軍部の主導権のもとに帝国主義の路線を歩み出していた．過去60年間も続いた市民と軍部上層との間の長い抗争は，残念ながら軍部の優位のうちにけりがついていた．ビスマルクは，すでに1890年に罷免されている．皇帝ヴィルヘルム2世は統治者としては若年で，経験に乏しかったが，自分がたいへんに聡明だと思い込み——実は，そうではなかったのだが——ドイツを立派に統治して，この国に光輝の時代をもたらすのだ，という自信にあふれていた．第一次大戦の開戦に臨んで彼は，「余は汝らを栄光の時代に導かんとす」と言っている．この人物の判断力とは，こういう体のものであった．

1895年当時は飛行機もなく，電話も実用の段階ではなく，電気もほとんど使われてはいなかった．海を蒸気船で渡ることはできたが，大西洋横断航路に蒸気機関が使われるようになってから75年経ったこの当時でも，蒸気船には補助用の帆を備えつけているものが珍しくなかった．通信の主な方法は郵便であった．遠い所に限らず，一つの町の中でもそうだった．たとえばパリには，圧縮空気による高速伝送方式が用いられていた．これは，パイプを張りめぐらしておき，この中を圧縮空気で手紙を送るのである．街々はガス灯で照らされていた．

1895年には，まだ自動車はなかった．しかし，その2年後にアーネスト・ラザフォードがロンドンの水晶宮で開かれた博覧会に出かけた折の，母親への手紙にはこう書かれている．「僕がいちばんおもしろかったのは，馬なしで動く乗物です．そのうち2台は実際，目の前で地面の上を走っていました．」この車は，およそ時速12マイル〔約20キロメートル〕で走ったのだが，「その騒音とガタガタぶり」は相当なものだったらしい．だが，自動車はなくても，交通事故は，馬車の馬が暴走したりする時にやはり起こったのである．事実，この数年後，1906年には，こういう事故で科学にとってきわめて重要な人物が一人，失われることになる．スモッグというものはなかったが，その代り街にはこやしのにおいがした．これは，その頃の運輸手段からの必然的な帰結というもので，その点，今日ガソリンで動く車からは，排気ガスを免れるわけにいかないのと同じことである．街は，今よりも小さくて美しかったが，衛生環境はいいとは言えなかった．

物理の研究所は，その組織についても設備についても，今日のものとは大違いであった．たいてい，教授は一人しかおらず，その研究所の中に住んでいることも珍しくなかった．教授を手助けする助手はごくごく少数であった．今日，研究所の設備の評価をしようとするなら，そこの加速器のエネルギーとか，さもなければ，たとえばそこの低温設備の冷却能力を目安にするだろう．しかし1895年の時点では，空気の液化は，もう商業的な規模で行なわれる段階に達してはいたが，加速器や現代風の低温実現方式などは，未だはるかに遠い先のことであった．

当時，研究所の規模を評価する一つの方法としては，バッテリーの電力が目安になった．この当時の研究所には実験のために電気が必要だったが，送電線から取り込むわけにはいかなかった．その理由はまことに簡単で，つまり，送電線などはまだほとんど存在していなかったからである．したがって，研究所では地下室にバッテリーを備えていた．バッテリーは，電池を組合せてできている．この電池の数が多いほど，その研究所の格が上になったわけである．ヴォルタが，1800年に最初の電池を作ってからというもの，いろいろな型の電池が開発されていた．どれも，原理は同じものであるが，電極の材料や，電解質溶液に違いがあった．多くの実験室では，ブンゼン電池が用いられていた．これは電圧が高いうえに（最高1.95ボルトに達する），大きい電流を流すことができる．しかし，ちゃんと使えるようにしておくのはひと苦労だった．これには硫酸と硝酸が入っていて，それが亜鉛の陽極を腐蝕させるし，おまけに刺激性のありがたくないガスを発生させるのである．

フランスで，アドルフ・ガノーが書いた1863年出版の物理の教科書には，ブンゼン電池で出来ているバッテリーの扱い方が，たいへん事細かく記されている．（実は，私を物理に誘い込んでくれたのは，この本のイタリア語版だった．私が11歳頃のことである．）近頃，また読んでみたが，いろいろな指示が

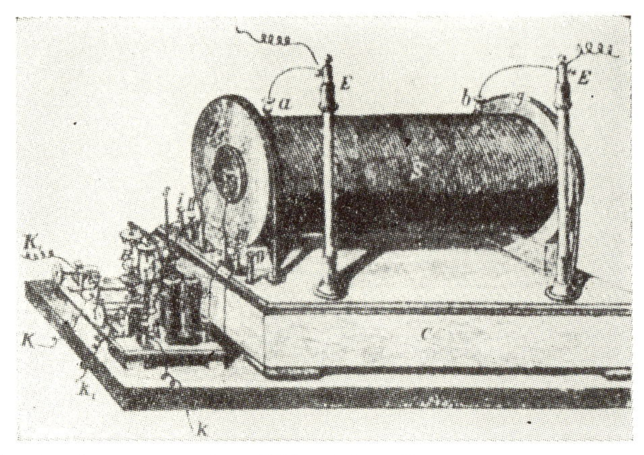

**図 1.1**　ルームコルフ・コイル（Urbanitzky, *Electricity*, 1890 より）．これは一種の変圧器で，一次コイルに流れる電流が急に切れるようになっている．そうすると二次コイルに高電圧が発生し，空中に火花を飛ばせる．このコイルは放電管に電圧をかけるのに用いられた．

目に見えるように生き生きと書かれているのに感銘を受けた．そこから少し訳出してみよう．

> 硫酸の水溶液をあらかじめ用意しておく．……まず，木製の容器に水を入れ，それから体積比で 10 分の 1 だけ普通の硫酸を注ぐ．こうすると，この溶液はバウメの酸度計で 10 ないし 11 度を示すはずである．もしバウメの酸度計がなければ，溶液が生温かくなったとき，その一滴を舌にのせてみて，とてもがまんできないくらいになれば，充分だと思ってよい．電池を置く場所は……よく乾燥した木の台にかぎる．……次に，内側の素焼の容器に上端から 2 センチメートルまで，じょうごで硝酸を注ぐ．……炭素棒にはめ込む円錐台形の金属は，接触を良くするようにサンドペーパーでていねいにみがいておかなければいけない．……何よりも亜鉛板がアマルガムを作っているかどうかに注意する必要がある．使っていない時に，酸性溶液の中でシューシューという音がするようなら……極板をアマルガム化し直さなければいけない．……亜鉛板をアマルガム化するには……陶器の容れ物に，酸の水溶液と水銀 2 キログラムを入れておいて，その中に極板を並べ，鉄製のブラシで極板に水銀をふりかければよい．……

当時の重要な装置の一つにルームコルフ・コイル（誘導コイル）がある（図 1.1）．これは，高い電位差と，長い火花放電を発生させるのに使われた装置で，一つの鉄芯のまわりに二種類のコイルをお互いに絶縁するようにして巻きつけたものである．バッテリーから一次コイルに電流を流すが，これを断続器で繰り返し中断する．一次電流の変化が二次コイルに電流を誘起して，このために二次コイルの両端子間に電位差を生ずる．一次コイルは太い線を使って巻き数を小さくしてあるのに対して，二次コイルは細い線を使っていて，巻き数は非常に大きくしてあるので，その線の長さは延ばせば数マイルにもなる．当時，ロンドンの王立研究所に備えつけてあった大型ルームコルフ・コイルは，二次コイルの巻線の長さが280マイル〔約450キロメートル〕にもなり，長さ42インチ〔約105センチメートル〕に達する電気火花を飛ばすことができた．そこで，火花放電の長さも，バッテリーの電力と同様，研究所の格づけの目安になれたわけである．

真空の実現能力という問題は，ここ100年来物理の研究を制約する条件になってきた．実際，原子についての研究で見られた進展は，どれも真空技術の進歩に伴って起こっている．1895年頃の研究所では，真空を旧式のポンプで作っていた．真空技術は，気体の中の放電の実験に必要だった．この実験は，X線の発見と，また少し後になって電子の発見という実を結んだものである．

図1.2はサー・ウィリアム・クルックスが真空放電の研究で使ったポンプである．排気したい放電管は，右側の燐酸を入れた除湿管を通じてポンプにつながれる．左側にある水銀溜めから来る水銀が下降管の中を一滴ずつ降りて行き，その一滴ごとに装置の中から空気を少しずつ取り去っていく．こうして得られた真空の度合は，計量管の水銀柱の高さを気圧計の水銀柱の高さと比べて知ることができる．ところで，これを使う時には水銀溜めを何度も手で上げ下げしなければならないので，教授の放電管等を排気する役の技手にとってはなかなかの労働であった．こういうポンプでは，完全な真空を示す尺度としては，上記の気圧計が用いられた．この類のポンプで到達できた真空度は，今日まともな真空と呼べるものに比べると，およそ100万倍ほど悪いものである．

世紀の変わり目の頃，物理学者たちはどんなことをしていたのだろうか．これを少し詳しく知るために，当時の主要な雑誌の一つ『物理学年報（*Annalen der Physik*）』をのぞいてみることにしよう．この少し以前には，同じ雑誌が『物理学・化学年報（*Annalen der Physik und Chemie*）』の名前で出版されていたのだが，これは，この頃には未だ物理と化学が切り離して考えられてはい

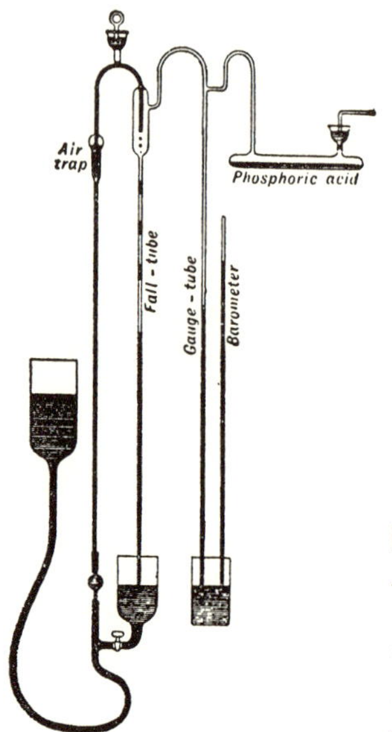


**図 1.2** 水銀真空ポンプ (S. P. Thompson, *Light Visible and Invisible*, 1897 より). このポンプは，下降管の中の空気を運び去っていくことで排気を行なう仕組みになっている. こうして得られた真空は，計量管によって気圧計の中の真空と比較できる.

なかったためである. この点，今日ますます専門化に向かう傾向に伴って，物理学の中でも，またその専門分野ごとに，それぞれの雑誌が生まれてきているのと対照的である.『年報』の中で取り上げられている題目は，気体の液化，比熱の測定，電磁波，特に電磁波を用いていろいろな光学現象——反射，屈折，回折，偏光面の回転，等——を全部再現してみようとする試みなどである. 熱力学は，およそ 40 年の歴史を経ていたが，まだ充分整理されたものになってはいなかった. 気体放電の研究は，ルームコルフ・コイルと図 1.5 や 1.6 のような放電管を使って行なわれていた. 気体分子運動論は，盛んに発展を続けていたが，それほど大勢の関心を集めていたわけではなく，この分野のすぐれた人物たちは，未だ大して認められた存在ではなかったのである. エール大学で教えていたヨシア・ウィラード・ギッブス (Josiah Willard Gibbs, 1839–1903) にいたっては，科学者の間でもほとんど問題にする人がいないありさまであった (ただし，マクスウェルはじめ 2, 3 の人は別として). 統計力学の創立者の一人に数えられるルードヴィヒ・ボルツマン (Ludwig Boltzmann, 1844–1908) は，ウィーンにいて，自分の仕事に目を向ける者がドイツ語圏の国に誰もいない，と嘆いていた．当時の雑誌にあるその他の題目はと言うと，物理化学やイオン解離，すなわち溶液の中のイオンという考えの始まりや，熱力学における化学平衡の問題などである．まじめに原子のモデルを考え出そうとする人は誰もいなかった．実際，それは未だ手に余る段階ではあったが，それよりもそもそも原子という概念が市民権を得るまでに至っていなかったのである．

もちろん化学者は，原子「仮説」というものを知ってはいた．しかし，原子というものの実在を誰もが信じていたわけではない．今考えると，化学者は，化学反応式を書いていたし，アヴォガドロの法則や，ファラデーの電気分解の法則も知っていたのだから，原子の実在を信じていたと思うかもしれない．しかし，実際は全くそうではなかった．1905年になっても，まだ懐疑論が広く行きわたっていて，あらゆる物質が粒子の集まりで出来ているという理論をまっこうから否定する科学者もいたし，また化学において原子論が役に立つことは認めながらも，それは真実とはかけ離れたものだと見なしている人もいたのである．こんな懐疑論者は，馬鹿か気狂いだろうと思ったら間違いである．例えば，少し前になるが，オクスフォードのウェインフリート化学講座教授職に在ったベンジャミン・コリンズ・ブローディー (Benjamin Collins Brodie, 1817-1880) は，化学に原子という考えは必要ではないということを示そうとして，論文や本等を書いている．この人は，たいへんな熱情を傾けて原子というものを排除した体系を築いて，これを「理想化学」と呼んだ．彼は，有機化学で，分子のモデルを作るのに針金やボールなどが使われたことに憤慨したのだった．こういうものは，あくまで「唯物的な職人仕事」と言うべきもので，化学の品位をおとしめる不届き者にほかならないと考えたのである．

1887年に，有名なドイツの化学者で，初期のノーベル賞受賞者 (1901年) でもあるヴィルヘルム・オストワルド (Wilhelm Ostwald, 1853-1932) が反原子説の旗印を揚げた．この年，オストワルドは，ライプツィヒ大学の化学教授の就任演説を行なったが，その中で，「エネルギー論」という学説を展開して，いかなる現象も，エネルギーの関わり合いで説明できるもので，原子などを考える必要はない，と主張したのである．その後，彼は，原子論を使わない化学の教科書を出版したが，これは1909年に至っても，『化学の根本原理(*Fundamental Principles of Chemistry*)』という名前で英訳されている．オストワルドは，長い間この立場に頑張っていたが，ついに，J.J. トムソンと S.A. アレニウスにその信念をぐらつかされて，1912年には，例の『一般化学教科書(*Allgemeine Chemie*)』の再版を断念することになった．

物理学者のほうでは，原子「仮説」に対する不信論者で注目すべき人物の一人に，エルンスト・マッハ (Ernst Mach, 1838–1916) がいる．この人はまた著名な心理学者でもあった．1906年版の『感覚の分析 (*Die Analyse der Empfindungen*)』の中で，マッハは「物理や化学において仮想的にこしらえ上げられた原子や分子というもの」に言及して，「こういう道具を，限定された特殊な目的のために用いることの価値」を否定するものではないとしながら，これらを代数の記号になぞらえている．その後，アルファ粒子が発する閃光を見て，ようやく彼は原子が実在するということを納得した．いや，あるいはこの点は控え目に，「その懐疑論を和らげた」と言っておくほうが良いのかも知れない．

こんなふうに，広く懐疑論が行き渡っていたのであるが，それはそれほど依怙地な意地悪ともいえなかった．それは，まだ誰も，原子を理性の目から見て納得がいくような具合に「見た」ことがなかったからである．今日でも，文字どおりの意味では，誰も原子を見た者はいない．しかし，原子が実在する証拠は，いろいろな人が，本当に「見た」と言っている奇蹟や空飛ぶ円盤等に比べて，はるかに確かなものである．ここで，こういうことも思い出しておく必要があるだろう．アヴォガドロの法則――同じ温度と圧力のもとで，等しい体積の気体はどれも同じ数の分子を含んでいるということ――が定式化されたのは1811年だったが，アヴォガドロ数――1モルの中の分子の数――が「測定された」のは，それからおよそ50年もたった1860年のことなのである．これも，測定されたと言うよりも，その数のだいたいの見当がついたと言うところだろうか．そうして，これに伴って，原子の大きさや質量など，いくつか，原子に関係した数量についても，その大きさの程度が見積もられたのである．

19世紀の終り頃には，マックス・プランクのような人でも，原子というものに信任を与える点では，慎重な態度を取っていた．その『科学的自伝 (*Wissenschaftlichen Autobiographie*)』の中で，プランクは当時を振り返って，「原子論には，無関心というよりも，むしろある程度反対する気持があった」

と言っている．彼は，自分の輻射の法則の理論的な基礎づけに，原子が必要になった時点で，ようやくそれを受け容れたのである．

科学上の指導的な人物は，と言われれば，各国ごとに容易にその名を挙げることができる．イギリスでは，ケルヴィン卿（ウィリアム・トムソン）(Lord Kelvin, William Thomson, 1824–1907) をまず挙げるべきだろう．彼は，1895年には71歳の年齢に達し，この3年前に男爵の称号を受けている．それ以前，およそ半世紀にわたって，グラスゴー大学の自然哲学の講座を守り，その分野で第一流の物理学者と目されていた．直接に，もしくは著作を通して，その教えや励ましを受けた学生は数世代に及び，この人たちに及ぼした影響は，非常に大きなものであった．ケルヴィン卿と同世代で，彼にもまさる偉大な物理学者であったジェームズ・クラーク・マクスウェル (James Clerk Maxwell, 1831–1879) は，すでに早世していたが，この人が，それまでに現われた最高の物理学者の一人だということは，まだ認識されていなかったのである．この他に，当時のイギリスの大家はと言えば，レイリー卿 (Lord Rayleigh, 1842–1919)，化学者のサー・ウィリアム・クルックス (Sir William Crookes, 1832–1919)，サー・ウィリアム・ラムゼー (Sir William Ramsay, 1852–1916) 等である．1884年にJ. J. トムソン (J. J. Thomson, 1856–1940) が，レイリー卿の後を継いでケンブリッジ大学のキャヴェンディッシュ講座教授となった．以後35年間，彼はこの職を続けることになる．この時，トムソンは，物理学者の中ではまだ若いほうの世代に入っていた．マイケル・ファラデー (Michael Faraday, 1791–1867) と言えば，われわれから見ると，ほとんど前史的人物といった趣きがあるが，1895年当時の人々にとっては，それほどかけ離れた存在ではなかった．時の隔たりは，われわれとマックス・プランク（彼が歿したのは1947年である）の間くらいである．実際はそれよりもっと身近な存在に感じられていたことだろう．前世紀は，科学の進歩のペースは，今よりもずっと遅かったからである．

この頃の，フランス科学の主役は，何と言ってもルイ・パストゥール (Louis Pasteur, 1822–1895) である．生物学者であり，化学者であり，また物理学者でもあったこの人が死んだのは，ちょうど1895年のことである．物理学者でパストゥールと肩を並べるような人は，当時のフランスにはいなかった．アン

ペール (1775-1836)，フレネル (1788-1827)，カルノー (1796-1832) 等は，すでに過去の人物となっていた．パストゥールは，フランス科学の代表者で，大科学者，偉大な人類の恩人であり，そのうえ人柄も魅力的――少なくとも，ある距離を置いて眺めれば――であった．パストゥールについて書かれたものを読むと，まるで聖人のように描かれているのだが，本人が論争に当って書きまくったおびただしい数にのぼる論文を見ると，この人は，なかなかに喧嘩好きだったようだ．彼は，この世紀の終りに見られた楽観的な精神を体現した人だった．そこには，進歩に対する希望があった．すなわち，やがて科学があらゆる問題を解決し，また結局，科学者や他の思想家たちが，すべての人々に調和と正義の観念を植えつけることになるだろうという信念があった．こういう信念は，第一次世界大戦で打ち砕かれ，以後，二度と再び取り戻せないものになってしまうのであるが．パストゥールは，感動的に，こう宣言している．科学の研究所は，人間性の教会である．平和は，戦争に打ち勝つだろう．そうして，科学は，真に偉大な時代へと導くものになろう，と．

ドイツ科学の最高峰は，ヘルマン・ルードヴィヒ・フェルディナント・フォン・ヘルムホルツ (Hermann Ludwig Ferdinand von Helmholtz, 1812-1894) であった．ヘルムホルツは，ドイツで比類のない影響力をもっていたが，それはちょうど彼の友人のケルヴィン卿が，イギリスで占めていたような位置であった．彼は，マクスウェルの論敵で，その電気力学についての研究のあるものは，マクスウェルの理論と対立するものとなり，数年にわたって科学者を両陣営に二分することになった．この論争は，やがて，マクスウェルのほうに軍配が上がる形で解決を見ることになるが，それを果たしたのは，ヘルムホルツの最も優秀な愛弟子の，ハインリヒ・ヘルツ (Heinrich Hertz, 1857-1894) である．1887年に，ヘルツは，あの有名な電磁波を実証する実験を行なった．これは，疑いの余地なくマクスウェル方程式の正しさを証明するものであった．そうしてまた，これは無線通信という分野の幕開けともなったのである．

こういった人たちは，いわば，1895年当時の「大長老」にあたるのだが，この他に，もっと若い世代の科学者もいた．イギリスでは，J. J. トムソン，オーストリアでは，ルードヴィヒ・ボルツマン，ドイツでは，マックス・プランク (Max Planck, 1858-1947) とフィリップ・レーナルト (Philipp Lenard,

図1.3　ヘンドリック・アントーン・ローレンツ (Hendrik Antoon Lorentz, 1853-1928). ローレンツの仕事は古典物理学で到達できる極限を示すものであり，マクスウェルの世代とアインシュタインやプランクの世代の間の架け橋となっている. ローレンツの人格は大きな尊敬を集め，このために物理学者の世界に強い影響を及ぼした. (ノーベル財団)

1862-1947) (アインシュタインは，この時まだ16歳で，それほど目立つ学生ではなかった)，フランスでは，ジュール-アンリ・ポアンカレ (Jules-Henri Poincaré, 1854-1912) といった人たちである. ポアンカレは，未だ40代に入ったばかりであったが，すでに全世界にわたって当代の最高の数学者と認められていた. 彼は数学の他に，物理学，天文学，哲学にも関心が深く，そのうえフランスの文筆家としてもその才能を謳われていた. 彼がソルボンヌで行なった有名な連続講義は，大陸の学者に対して，マクスウェルの『電気磁気論 (*Treatise on Elecricity*)』の封印を開くのに大いに役立ったのである.

H. A. ローレンツ (H. A. Lorentz, 1853-1928) も，この頃の指導的人物の一人である (図1.3). 彼はオランダを代表する人であるが，当時オランダでは，科学が一方ならぬ盛況を呈しており，そのために最も優秀な科学者でも，自国では空いたポストがなく，外国に出なければならない人が何人かいたほどであった.

ざっと見積って，物理学者の数が今日およそ6万人くらいになるのに対して，1895年頃では，ほぼ1000人くらいだと思って良いだろう. この人たちは，まず満足と言える収入を得ており，また相応な敬意を受けてもいた．科学がきわめて重要なものだということは，最近になってようやく認められたと思い込んでいる人もいるが，それは間違いである．ヘルムホルツのような科学者は，望みのままに，いつでも皇帝の所に出かけることができた．この皇帝は，新ポツダム橋の橋頭に四人の科学者の像を建てさせて，橋を飾ったりしたこともある．それは，C.F. ガウス（これには「数学の王者」と銘打ってあった），W.C. レントゲン，H. ヘルムホルツ，発電器を発明した工業家の W. v. ジーメンスの像で，これで自分の科学への興味を世に示すつもりだった（この像は，第二次大戦の間に壊されてしまった）．フランスでは，ナポレオン3世が，あの栄光に輝く伯父を真似て，おもだった科学者を宮廷に招いたりした．イギリスで，業績のすぐれた科学者にナイトの称号を授けることは，今日に劣らず稀ではなく，また時には，最もすぐれた人を貴族の位に列することもあった――ケルヴィン卿がその例である．レイリー卿のもとには，たびたび政治家の友人も訪ねて来たが，その中には時の首相も入っている．

新しい物理学の誕生を見たこの時代は，科学ばかりでなく，到る所で冒険的な，新鮮な考え方が見られるのが特徴となっている．この頃は，社会も知性の世界も，ともに興奮の中に沸いていた時代で，文学では個人の価値が賞揚され，芸術では伝統主義に対する反逆が行なわれていた．ただ建物ばかりが過ぎ去った時代の徳を讃えるように肩を張って立っていたのである．社会主義運動は到る所で行なわれていたし，また一方，無政府主義は過激の極みに達して，王族や政府要人の暗殺に血道をあげていた．

フランスでは，印象派その他，絵画の新流派が興り始めていたが，その描き方は，まださまざまな議論の的になっていて，高く評価されず，ファン・ゴッホの絵は，まるきり売れなかった．音楽の世界では，ドビュッシーはまだほとんど無名の作曲家であった．文学界の大立物は，アナトール・フランスとエミール・ゾラの二人である．アナトール・フランスは，自国の，まさにその時代の特徴的な人物を生き生きと描いている．またゾラは，たいへんに人気のあった自然主義の小説家であるが，世紀末の数年間にわたってフランスを騒動の渦中に置くことになった例の「事件」では，ドレフュスの無罪を支持して，この国の社会を告発したのである．

イギリスに話を移すと，ダーウィンの進化論を受け容れるということは，なかなかに痛みも伴うものではあったが，イギリスは，この知的な体験をくぐり抜けてきた．1895年は，ダーウィンの死後30年になるが，ダーウィン派科学運動を担う哲学者のハーバート・スペンサーは，75歳とはいえ意気盛んで，思索と著述を続けており，この時代に特有の進歩に対する信念を表明していた．文学の世界では，オスカー・ワイルドが才気溢れる戯曲で観客を楽しませている一方，トマス・ハーディーとジョージ・メレディスは，憂うつな気分にひたりながら，最後のヴィクトリア調の小説を書いていた．H. G. ウェルズと G. B. ショウは，初期の仕事をしている段階であった．ショウは，大衆向きの劇作家としての活動のほうはまだ駆け出しで，作家としてよりも社会主義団体，フェイビアン協会の指導的精神としての影響力のほうが大きかった．

ドイツは，フリードリヒ・ニーチェを生んだ．あの，『ツァラツストラ，かく語りき』の詩人で，「権力への意志」に駆られる超人を語った哲学者である．ニーチェの説くところは，革新を待ち望む精神を，劇的な言葉で完璧に表現し尽くしたもので，19世紀の末に一般に受け容れられていた諸価値への反逆でもあった．1895年には，ニーチェは病の床にあって，もう何も書いていなかったが，その影響は他の人の書く物の中に現われ始めていた．詩人で小説家のガブリエル・ダヌンツィオ[1)]がその例で，この人は，審美派の，かつ熱狂的なイタリア国家主義の代表人物であり，この後，第一次大戦では，自ら「超人」の役を演じたのである．不幸なことに，ニーチェの思想は，さらに危険な人物，すなわち後の独裁者ムッソリーニとヒトラーを奮い立たせることにもなってしまった．

この世紀の終りに流行していた楽観主義や科学に対する信奉の念は，例えば，この頃に大喝采を博した「さらなる高みに (Excelsior)」というバレーの中に，その現われを見ることができる．このバレーは，イタリアで制作され，イタリアとフランスで，少なくとも30年にわたって公演を続けた．その舞台では，啓蒙主義を演ずる役が，蒙昧な精神，反開化主義の役を引っ張って行って，偉大な発見や発明を見届けさせる．それは，神の力に導かれる文明が生み出したもの，蒸気船や電信機やスエズ運河やモン・セニーのトンネル等である．それでも，反開化主義は，自分が人類を同胞愛で結びつけるという幻想にひたっているのだが，その足下で大地が口を開けて，そこに呑み込まれてしまう，という運びであった．こうして，このバレーは，科学と進歩と連帯と愛の勝利の中に幕を閉じるのである．

## 新しい時代の幕開け

さて，ここで物理学のほうに話を戻して，原子の構造の理解に導いて行った研究に目を向けてみよう．1895年から1897年までは，きわめて重大な時期にあたる．それはこの間に，X線，電子，ゼーマン効果，放射能という四つの偉大な発見がなされたからである．このうち電子の発見は，時間の順序から言えばいちばん最後になるのだが（これは1897年に行なわれた電子の質量に対する電荷の比の測定で完結した），この発見は，19世紀の物理学者が，長い間「真空」の管の中の放電という現象に取り組んできたおかげであるから，これを最初にお話しすることにしよう．

気体放電の研究の初期の段階において（1833年）マイケル・ファラデーは「空気を薄くして行くと，発光現象はきわめて起こりやすくなる」（「電気についての実験的研究」）ということを見出した．彼は，低圧にした，いろいろな種類の気体について発光を試してみたが，どの場合も，それを構成する要素であるような断続的な放電に分解することはできなかった．ファラデーは，この発光の美しさを語り，それから，陽極付近に暗い部分を観察したことを報告している．この暗部は，今日彼の名をもって呼ばれている．ファラデーが到達した真空の度合は，彼が自分で思っていたよりもずっと悪かった．もっとも，ファラデーにしても，「できる限り完全な真空」といっても，本当の真空からはほど遠いものだということはよく知っていた．

1856年に，ユリウス・プリュッカー（Julius Plücker, 1801-1868）は，「真空」の放電管の近くに磁石を持って来ると，放電はどうなるかを調べてみようと思いついた．プリュッカーは，ドイツの数学者で，位相幾何学を研究した人であるが，後半に至ってボン大学の物理学教授になり，気体放電と磁気の関係に興味を持って研究を重ねたのであった（念のためお話ししておきたいが，この当時は，科学者が二つ以上の分野にまたがるのは別に珍しいことではなかったのである．ガウスは数学者であると同時に物理学者であった．ヘルムホルツは生理学者にして物理学者，そのうえ哲学者だし，キルヒホッフも，理論物理学の教授をしていながら，また化学者でもあった）．さて，プリュッカーは，真空の放電管の近くに磁石を持ってきた時に，放電が少し振れるのを認めた．翌年，彼は，ガラスの陰極に近い部分で燐光が緑色に輝くのを見たと報告している．そうして，磁石を使って，燐光を発する部分の位置を変えることもできた．だが，これより先に進むことはできなかった．そのためには，真空が不完全すぎたのである．

1869年に，プリュッカーの弟子ヨハン・ヒットルフ（Johann Hittorf, 1824–1914）が，その先に進む成果を挙げた．これに先立つ数年の間に，最初の水銀ポンプが使われるようになっていたおかげで，ヒットルフの得た真空は，先輩たちに比べれば少しましなものになった．そこで彼が見たのは，陰極の前に置いた物の影が映るということである．これは，放電が陰極から発していることを示すものであった．「陰極線」という名前は，1876年に，E. ゴルトシュタイン（E. Goldstein, 1859–1930）がつけたものである．1879年，ウィリアム・クルックスは，自分で工夫して改良した真空ポンプを使って放電管を排気して，陰極線についての系統だった研究を行なった．クルックスは，一つの論文の中で，自分がとびきり上等の真空を手に入れたことを確信している様子を述べているが，これは，当時の事情を知るうえで，まことに興味深いものである．その圧力は，$40\times10^{-3}$ ミリメートル水銀であった．これは現在の大型加速器の中で実現される圧力のおよそ100万倍にあたる．しかし，彼がどれだけ正確にその圧力を測れたのかという点になると，私は首を傾げざるをえない．

今日，私たちは，陰極線が速く動いている電子の集まりなのだということを知っているが，当時は，まだ誰も，電子の存在すら知らなかったのである．陰極線についてわかっていたのは，次のようなことであった．すなわち，それがよく排気した放電管の陰極から出てくること，放電管の向かい側の壁にぶつかって，そこを光らせること，物の影をはっきり映すのだから明らかに直進するものだということ，それと，おそらく磁石で曲げられるだろうということ，などであるが，最後の点については，誰にも断言はできなかった．

陰極線の本性をめぐって大論争が起こった．いったいそれは何なのだろうか．陰極から飛び出した粒子だと言う人もあれば，また波だと言う人もあった．たいへん妙なことだが，意見も国境に従って分れていたのである．1892年，ヘルツは，陰極線が粒子ではありえないという実験的な証拠がある，したがってそれは波であるはずだ，と主張した．グスタフ・ハインリヒ・ヴィーデマン (Gustav Heinrich Wiedemann, 1826-1899)，ゴルトシュタイン，その他，ドイツの物理学者はみな，それに賛成した．ところが，イギリスではクルックスが，頑として陰極線は電荷を持った粒子であると主張し，イギリスの物理学者たち——ケルヴィン，J.J. トムソン，その他——は歩調を合せて，「粒子」説を支持した．

最後に1895年になってフランスでジャン・バプティスト・ペラン (Jean Baptiste Perrin, 1870-1942) が，陰極線は負の電荷を持つ粒子であるということについて説得力のある証拠を見出した．充分に排気した放電管の中で陰極線を発生させ，これをファラデー集電箱に導いて，陰極線が負の電荷を運んでいることを示したのである．陰極線は磁石で曲げられるから，磁石の動かし方に応じて，それを集電箱に入れたり，入れなかったりができたわけである．これは，その先の進歩へと道を開く重要な実験であった．

ジャン・ペランは，高等師範学校（エコール・ノルマール）に学んだ，すぐれたフランスの物理学者である．そのうえ彼は，もう一人の重要な物理学者，フランシス・ペランの父であるから，つまり，高名なフランスの代々の科学一家の一つの創立者になるわけだ（その他に，主な科学者の一族と言えば，ベクレル，キュリー，ブリュアン家の人たちがいる．この中の何人かについては，後で取り上げていくことになろう)．第一次大戦の前に，ジャン・ペランは，グッタ－ペルカ樹脂[2)]のコロイド球を使って，ブラウン運動についてのみごとな実験を行なった．ここでコロイド球は，巨大な分子の役割を演ずるのである．これらの実験で彼は間接的に電子の電荷を決定した．後年になってから彼は急進的な左翼としてフランスの政治運動に積極的に加わり，占領下のフランスから亡命している間に，ニューヨークで死んだ．

ペランの研究の後，それに直接関連を持つJ.J.トムソンの研究が続くが，この二つの間に，束縛された電子のほうについても，重要な研究が，分光技術を用いて行なわれている．それは，電子の一般的な問題に関するものであった．この種の研究はみな時を同じくして起こっているから，いろいろな科学者が科学文献を読んでいて，ほうぼうの研究所で行なわれている仕事についての情報が手に入るようになっていたことは間違いない．さて，ここでオランダに目を向けて，ピーター・ゼーマンについてお話しすることにしよう．

### ピーター・ゼーマン

「電子 (electron)」という名前は，すでに1894年にG. ジョンストーン・ストーニーが提案していた．そのうえ，原子の中を動いている電荷があって，それが光の放出の原因になっているにちがいないという考え方もすでにあった．その他にも，点電荷という考えを支持するような現象がいくつかあったが，やはり，この問題はまだ曖昧なままであった．

そこへ突然，1896年，ライデンで研究していた無名の若い物理学者ピーター・ゼーマン (Pieter Zeeman, 1865–1943) によって大事な手がかりとなる発見がなされたのである．そしてただちに，この発見の理論的な説明が，すでに有名であったH. A. ローレンツによって提出された．

ゼーマンはオランダの生まれで，カメルリン・オンネスのもとで研究していたが，あとでローレンツの助手になった人である．ゼーマンは，ファラデーの著作を生きている科学として読んでいて，これを着想の糧としていた．彼は，ファラデーがさまざまな「自然力」の間の関係を絶えず問い続ける中で，磁気が光に影響を与えるものかどうか試してみた点に注目した．この試みは，磁場によってガラスの中で偏光面の回転が引き起こされる，という重要な発見に導いたものであった．フリントガラスを手にしたファラデーの肖像画は，この発見を後世に伝えている．1862年，ファラデーはその最後の実験の一つとして，磁場がナトリウムの蒸気の光の放出に影響しないかということも試みているが，これは不成功に終った．マクスウェルもやはり1870年に，この現象が起こる可能性を否定している．

ゼーマンは，自分にはファラデーよりもずっと良い装置があることを承知していた．あるいは，小さな効果が分解能の悪いプリズム分光器を使って研究していたファラデーの目を逃れたのかも知れない．ところがゼーマンは，回折格子を使うことができた．「ゼーマン効果」の発見についての報告の中で，彼はこう言っている．

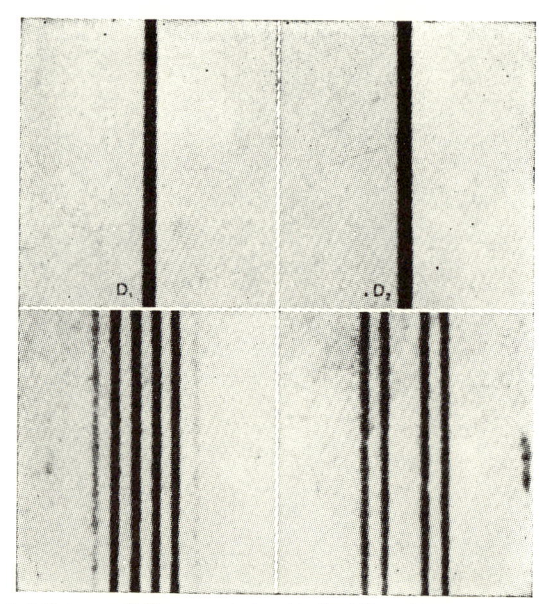


**図1.4** ナトリウムの黄色のスペクトル線（D線）に対するゼーマン効果．上の写真で，$D_1$ と $D_2$ は磁場をかけない時のもの．下の写真は，光源が磁場の中に置かれた時，同じ線が多重線に分かれることを示している．この多重線は偏光している．観測を行なう方向は，磁場の方向と垂直である．

ファラデーのような人が，上に述べた関係が存在するかも知れないと考えたからには，その実験を，現在の進んだ分光装置で，もう一度試してみるのもおそらく無駄ではなかろう．と言うのも，私の知る限り，このことはまだ誰もやっていないのだから．[*Philsophical Magazine* [5] **43**, 226 (1897)]

彼がその実験を試みたところ，たちまち磁場によってスペクトル線が少し拡がるのが観察された（図1.4参照）．また拡がった線の両端の部分は偏光になっていることも認められた．さらに，やり方を改良すると，観測する方向と磁場の方向とのなす角に応じて，スペクトル線が三重，または二重になるのが見られた．彼がこの発見をローレンツに知らせると，ローレンツはすぐに観測された事実を説明してくれた．

光は，原子の中で動いている荷電粒子（電子）から放出されるということがまずもとになる考え方であった．その運動は，古典電磁気学の法則に従って，磁場による影響を受ける．放出された光の振動数の変化から，ゼーマンとローレンツは，$e/m$ の値，すなわち光放出を引き起こす荷電粒子の比電荷と，また同時に電荷の符号も決定することができた．最初，ゼーマンは符号について間違った結論を出したが，間もなくこれを訂正した．正負の符号の問題などになると，ゼーマンのような厳密を旨とするオランダ人といえども誤りをおかすことがあるものなのだ．

ゼーマンの発見のうち，最も注目すべきことは，マイナスの符号と $e/m$ の値である．この値は，その頃の科学者たちが原子の質量というものについてもっていた素朴な考え方に立って，1個の原子そのものについて予想された $e/m$ の値に比べて，およそ1000倍程度大きいものであった．ずっと後になってわかったように，ゼーマン効果は，原子構造の解明に有力な手掛りを与え，パウリの原理や電子スピンの発見に決定的な役割を果たし，また光放出のメカニズムの詳細や，そのほか多くの事実を明らかにする手がかりになった．ゼーマン効果は量子力学にぴったりなので，量子力学の重要な実験的証拠になったのである．

ゼーマンの実験は，原子の中に束縛された電子に関するものである．ところが，ちょうど同じ頃，自由な電子も物理学に登場してきた．これは主に，J. J. トムソンの研究によるものである．

## ジョセフ・ジョーン・トムソン

電子が発見された当時，J. J. トムソンは，ケンブリッジ大学のキャヴェンディッシュ講座教授であった（図1.5参照）．マンチェスターの近くの実業家の家に生まれた彼は，家業を継ぐことを期待されていたが，いろいろな事情から科学を研究する方向に進んで，1876年ケンブリッジのトリニティ・カレッジに入学した．ここで彼は，難しい筆記競争試験に挑戦するために，独学で準備をした．独学は，その頃は普通のことであった．この試験は，トリポと呼ばれていた．これは試験が行なわれる部屋を温めるのに使う石炭を一杯のせた三脚台，トリポッドに由来する．合格者はラングラーと呼ばれた．1880年に，トムソンはずっと以前のマクスウェルと同様第二位のラングラーとして合格した．

J. J. トムソンは，マクスウェルの講義も聞いたが，理論的な論文をいくつか仕上げたのは，マクスウェルの後を継いでキャヴェンディッシュ講座教授であ

**図1.5** ジョセフ・ジョーン・トムソン (Joseph John Thomson, 1856–1940). 著名なイギリスの物理学者で，特に電子と同位体についての実験の功績が讃えられている．この人は三代目のキャヴェンディッシュ研究所長である．彼が陰極線管を使って研究しているところを撮った写真が，この研究所のマクスウェル記念講堂に懸かっている．どうやら彼は，手のほうはあまり器用ではなかったらしいが，装置の働きは素早く理解した．(ケンブリッジ大学キャヴェンディッシュ研究所)

ったレイリー卿のもとであった．1884年，レイリーは，5年間だけという最初の約束に従ってキャヴェンディッシュ教授を辞任した．トムソンは後任に応募したのであるが，これについて，彼は，「それに伴う仕事や責任の重大さをよく考えもしないで」だったと言っている．彼は，たった28歳だったから，自分が後任に選ばれるとは思ってもいなかった．ところが彼自身驚いたことに，そうなったのである．これがもし，選考者たちのまぐれ当りでなければ，たいへんな先見の明と言うべきだろう．トムソンは，「私は，簡単な釣道具を持って行って，何も釣れそうにない所に釣糸を垂れていたら，思いがけなく，とても釣り上げられないほど重い大物を引っ掛けてしまった釣師みたいな気持になった．レイリー卿のような優れた人物の後を継ぐ難しさが胸に応えた」と言っている．ここでトムソンが，マクスウェルの名を挙げていないのが注意を引く．もっとも他の所でトムソンは，初代キャヴェンディッシュ講座教授の人選（1871年2月）について，こう言っている．

信じられているところでは，大学はまずウィリアム・トムソン氏（後のケルヴィン卿）に，次いでドイツの偉大な物理学者であり生理学者であったヘルムホルツ氏に打診したが，どちらもその職を受けかねるという返事だったそうである．マクスウェルが選ばれた当時，彼の仕事は，ほんのわずかの人にしか知られておらず，彼の声価は，今日（1936年）とは比べものにならなかった．……実に，彼が死を迎えた時点でも，物理学への彼の最高度の貢献である電磁場の理論の真実性はまだ未解決の問題だったのである．［*Recollections and Reflections*, pp. 96, 101］

トムソンは研究所の改革に努め，新しい教授法を導入したり，また研究者養成のための組織を設けた．これは大きな成功を収めた．キャヴェンディッシュ研究所からはいろいろな発見が堰を切ったように流れ出した．電子，霧箱，放射能についての初期の重要な諸研究，さらに同位元素などはそれらのハイライトである．ここで学んだ人の中には，ラザフォード，C. T. R. ウィルソン，R. J. ストラット（レイリー卿の息子），J. S. E. タウンゼント，C. G. バークラ，O. W. リチャードソン，F. W. アストン，G. I. テイラー，G. P. トムソン等，いずれも後で有名になった人たちがいる．

レントゲンのX線の発見（この章の後のほうに出てくる）のおかげで，気体をイオン化する新しい方法が手に入り，それが気体の状態にあるイオンの振舞いについての新たな知見を生み出した．トムソンはこの方向に向かって研究を始めたが，これが自由電子の研究に導いていくことになる．

1897年に，トムソンは，陰極線の本性は粒子であると確信して，その粒子の速度と，質量に対する電荷の比を測定した．図1.6には，トムソンが実験に使った二つの放電管が示してある．図1.6(a)で，陰極線は管の左側の陰極Aから出る．それから，陽極Bに設けられたスリットを通って第二の管に入るが，

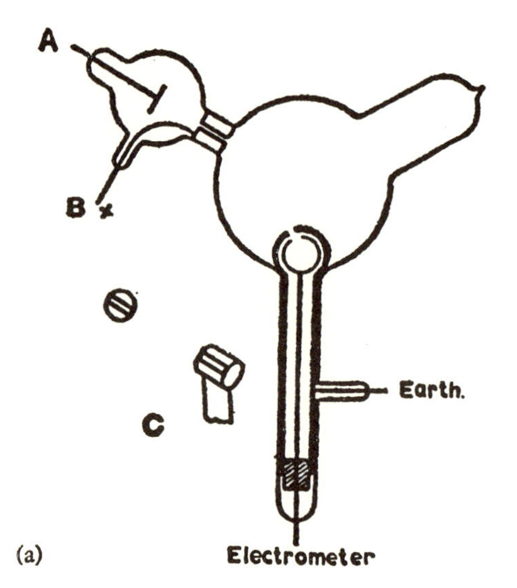


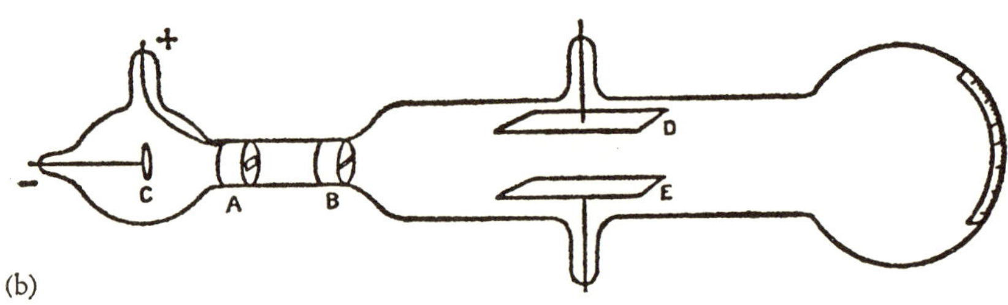


**図 1.6** (a) トムソンの放電管の一つで，*Philosophical Magazine* [**44**, 293 (1897)] の挿図に出ているもの．電子は，陰極Aから出てきて，外にある磁石のために進行方向を曲げられ，集電箱（ファラデー集電箱）に入る．この集電箱は電位計に接続しており，これにより電荷の総量が測れる．(b) もう一つのトムソンの放電管で，やはり同じ雑誌に載っているもの．陰極線ビームは，陰極Cから出て，AとBで集束され，電場がかかっているDとEの間を通り抜ける．この電場に垂直な磁場が，管の外側に置かれたコイルで作られる．

磁石を使ってこれを曲げ，ファラデー集電箱の一種の中に入れることができる．集めた電荷の符号はマイナスであった．こうして陰極線は負に帯電した粒子であることが実証された．同じような実験を，その前にフランスで J. ペランが行なっていた．２番目の型の放電管（図 1.6 (b)）では，陰極線はCで発生して，アースしたスリット，AとBをくぐり抜け，細いビームになって管の端に達する．このビームが球形になった管の端に当たる場所では，小さな斑点状に燐光が輝くので，これが目印になる．

トムソンが，二つの金属板EとD（図 1.6 (b)参照）を蓄電池の両端子に接続すると，燐光の斑点が動いた．このことは，陰極線が電場で曲げられることを示している．電場に垂直な方向に磁場をかけると，今度は陰極線を磁気的に曲げることができた．磁場による振れは前にも観測されていたが，電場による振れをはじめて観測したのはトムソンである．この振れが起こらないかのように思われていた点に不審を抱いたのが，トムソンがこの研究を始める動機であった．それまで陰極線の研究が続けられていた数十年の間，誰も電場による振れを見たものがいなかったのはなぜだろう．答は簡単で，陰極線管内の真空が良くない限り，電場をかけることができないからである．悪い真空は電気を導くから，その中では静電場を保つことができない．しかし，トムソンは，図1.6に示されているものばかりでなく，他に二種類の装置でも成功を収めた．

1897年8月，彼は，後に有名になった論文を書いた．その中で，「電気を帯びた粒子を検証」するための実験を説明してから，測定の結果を使って陰極線を作っている粒子の比電荷を決定した．また同じ実験から，彼は粒子の速度も導き出した．次に彼の議論を要約してみよう．ある与えられた電流によって運ばれる電荷の総量は，その電流に含まれる陰極線粒子（これをトムソンはコーパスル（corpuscle）と呼んだ）の数$N$に粒子の電荷$e$を掛けたものに等しい．

$$Ne = Q$$

次にそこで発生した熱を測ることによって，粒子が運んだエネルギーを求める．これは粒子の運動エネルギーに等しいはずで，粒子の質量を$m$，速度を$v$とすれば

$$\frac{1}{2}Nmv^2 = W$$

となる．磁場で粒子のビームを曲げる時には

$$\frac{mv}{e} = B\rho$$

となる．ここで$\rho$は軌跡の曲率半径で，$B$は磁場である．エネルギー，電荷の総量，磁場，曲率半径は測定で知られているので，これを使えば，

$$\frac{e}{m} = \frac{2W}{QB^2\rho^2}$$

の関係から$e/m$の値が導き出される．こうして得られた$e/m$の値は$2.3\times10^{17}$ esu/g で，電解質の中のイオンのそれに比べるとずっと大きな値となった．

1897年の論文で，トムソンはもう一つ注目すべき結果を報告している．それは，陰極や陽極の成分，また放電管の中の気体の成分の如何によらず陰極線を

構成する粒子は常に同じものだということである．ここには，あらゆる物質に共通な一つの構成要素があることになる．

その少し後，1899年に，J.J.トムソンは，以前，彼の弟子であったC.T.R.ウィルソンが思いついて開発した方法を用い，電子の電荷と質量を別々に測定した．ウィルソンは，適当な条件のもとでは，電荷が過飽和の蒸気の中で水滴ができる時の凝結核になるということに気がついた．水滴がそこに凝結するから，霧の発生を助ける．そこで，電荷のために霧ができる場合について，以下のような測定をする．水滴の体積は，それが落ちる速度から測れる．その数は，下に溜った水の総量，または，はじめの過飽和の度合から知ることができる．こうして霧に含まれている水滴の数がわかる．また，霧のために運ばれた全電荷も直接測れる．そうすると，平均として一つの水滴がもっていた電荷がわかるが，これがすなわち電子の電荷だ，というわけである．

この研究は，キャヴェンディッシュ研究所で行なわれ，電子の電荷として絶対静電単位で約 $3\times10^{-10}$ という値を与えた．ここで $e/m$ の測定値を用いれば，電子の質量もわかることになる．

液滴を使うこの方法は，後にアメリカのR.A.ミリカンによってさらに改良された（1910年）．彼は，霧全体ではなく，一つ一つの液滴を観測して，この方法を精密化し，電子の電荷に対して，$4.78\times10^{-10}$ esu という値を得た．長年にわたって，この値は，直接測定値としては最も信頼できるものであった．ところが，1929年のこと，この値には約1パーセントの誤差があることがわかって，皆を驚かせた．これは，推定された誤差をはるかに上まわるものだったのである．この食い違いの原因は，空気の粘性の測定のほうに欠陥があるためだと判明した．今日，電荷は，約100万分の3の精度で知られていて，その値は $4.803242\times10^{-10}$ esu（$1.6021892\times10^{-19}$ C），$e/m$ のほうは，約100万分の6の精度において $5.272764\times10^{17}$ esu/g（$1.7588047\times10^{11}$ C/kg）である．

電子の発見は，それが実に重要なことであるにもかかわらず，1895年の終りに起こったもう一つの大発見のために影がうすくなった気味がある．この偉大な発見は，W.C.レントゲン（Wilhelm Conrad Röntgen, 1845-1923）によってなされた．彼は，「新種の放射線」の発見を公表し，その放射線が何をやれるかを実証してみせて，全世界をあっと言わせたのである．

### ヴィルヘルム・コンラート・レントゲン

ヴィルヘルム・コンラート・レントゲン（図1.7）は，ラインランドのレンネップという町に生まれた．母親はオランダ人で，一家は彼が3歳の時，オランダのアペルドールンに移った．レントゲンはオランダで勉強した後，1865年にチューリッヒに行き，そこの工科大学の機械工学科に入学した．彼は，はじめに，かの偉大な熱力学者ルドルフ・クラウジウスの教えを受けたが，次いで，アウグスト・クントのもとで学び，クントとはたいへん親しくなった．クントの主な功績は音響学の部門にあったが，またアヴォガドロ数を決定したことでも知られている．その方法は，あまり精密ではなかったが，独創的なものである．

レントゲンは，1868年に工科大学を卒業し，1869年にチューリッヒ大学で博士号を受けた．1870年にはドイツに戻り，はじめにヴュルツブルク大学で，後にはストラスブルク大学で，クントの助手を勤めた．やがて私講師となり，1875年に，ドイツの小さな大学の物理学教授に任命され，こうして良い，といって特別優れているわけではない物理学者として順当な学問生活に入ったのである．1888年に，彼は，携帯電流は伝導電流と別のものではないということを示す一つの重要な仕事をしている．こういう発見は，今日から見ればつまらないことのように思えるかも知れないが，ファラデーも，電池から流れ出る電気と静電起電器で作り出される電気とは同じものだということを確かめるために大奮闘したことを思い出していただきたい．こういうこともファラデーの時代には決して自明のことではなかったのである．レントゲンが証明したのは，電気をもったものが動いてゆくことによって得られる電流は，針金の中を流れる電流と同じものだということであった．また，レントゲンは，種々の物質の比熱についても優れた測定をしている．これは，その当時いわば標準的な研究題目であった．彼は次々にいくつかの大学を移り，1888年の秋に第四番目のポスト，すなわち，かつて彼がクントの助手をしていた，あのヴュルツブルク大学の教授の職に就いた．ここは，最高水準の大学とは言えないにしても，なかなか良い大学であった．1895年11月の初めまでに，レントゲンは48篇の論文を書いているが，これらは，今では忘れられてしまった．しかし第49番目に，

**図 1.7** ヴィルヘルム・コンラート・レントゲン（Wilhelm Conrad Röntgen, 1845-1923）．X線を発見した当時のもの．（ミュンヘン，ドイツ博物館）

彼は黄金を掘り当てることになったのである．

1895年11月8日の夕方のこと，レントゲンはヒットルフ管を操作していた．彼はそれを黒いボール紙ですっぽり覆っておいた．部屋は完全に暗くしてあった．管からすこし離れた所には，スクリーン用に白金シアン化バリウムを塗った紙が一枚置かれていた．驚いたことに，レントゲンはこの紙が蛍光を発するのを見たのである．スクリーンが発光するからには，何かがそれに当たっているはずであるが，彼の管は黒いボール紙で覆ってあったので，光も陰極線も，そこから外に出てくるはずがない．この思いもよらない現象に驚き，かつ不思議にも思い，彼はもっと研究してみることにした．スクリーンを裏返して，白金シアン化バリウムが塗ってないほうが管に向かい合うようにしてみた．しかし，相変わらずスクリーンは蛍光を発している．スクリーンを管からもっと遠ざけてみたが，やはり蛍光は続いている．次に，いろいろな物体を何種類か管

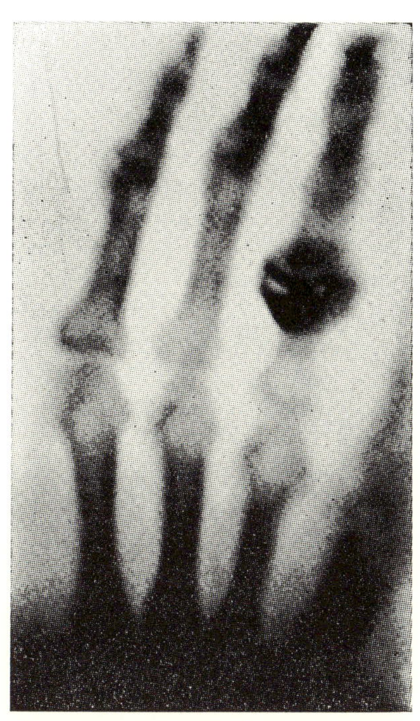

**図 1.8**　レントゲンが，X線，別名「レントゲン線」を使って撮った最初の写真の一つ．手の骨が写っている．彼がこれを撮ったのは 1895 年 12 月 22 日である．（ミュンヘン，ドイツ博物館）

とスクリーンの間に置いてみたが，どれもそのスクリーンに向かう何物かをさえぎらないようであった．管の前方に手を出すと，スクリーンにはその骨が見えた（図 1.8）．つまり，レントゲンは「新種の放射線」を見つけたのである．今の呼び方は，彼がこの発見についての最初の報告で使ったものだ．

レントゲンは，自分の研究室で一人で仕事をするのが常であった．この時も，それから何日も何日も，誰にも自分の発見を告げず，一人で仕事を続けた．彼の妻は，彼が何かに夢中になっているのには気がついたが，その原因はわからなかったので，だんだん心配になってきた．夫が話してくれたのはただ何かたいへん大事なことを研究している，ということだけだったのである．後になって，彼が黙っていたわけを説明してくれたところによると，彼は自分の発見にたいへん驚いて，とても簡単には信じられなかったので，この新しい放射線が本当に在るのだということを何度も繰り返して確かめなければならないと思っていたからなのだった．ついに，彼は，いろいろ自分が見出したものを写真乾板の上にはっきり記録することができ，ようやく自分の発見を確信するに至った．

1895年12月28日，レントゲンは，ヴュルツブルクの物理・医学協会の秘書に論文の初稿を渡した．これはすぐに印刷されて，1896年1月の初めのうちにほうぼうに送られた．この冷静にして簡明な報告の中には，レントゲンがはじめに抱いた感慨や疑いは全く顔を出していない．論文はこんな具合に始まる．

> ヒットルフ管，もしくは充分に排気したレーナルト管やクルックス管等を，薄いボール紙でかなりぴったり覆っておいて，大きなルームコルフ・コイルで放電を起こさせると，完全に暗くした部屋では，白金シアン化バリウムを塗った紙のスクリーンが明るく輝いて蛍光を発するのが観察される．蛍光の出方は，紙の薬剤を塗った側を放電管に向けても，反対側を向けても変わりはない．［"Über eine neue Art von Strahlen," *Sitzungsberichte der Phys. Mediz. Gesellschaft zu Würzburg* **137**, 132 (1895). *Nature* **53**, 274 (1896) に訳載］

これに続いてレントゲンは，7週間にわたる「秘密研究」で見出した，いろいろな事柄を述べている．すなわち，この新しい放射線は，いろいろな物体を通り抜けるが，その程度は物によって違うこと，写真乾板はX線に感光すること，この線の反射や屈折は認められなかったこと，また磁場によってこれを曲げることもできないこと，X線は放電管の中で陰極線が管のガラス壁に衝突する付近から出ていること，などである．

1月1日に，彼はほうぼうに前刷りを発送したが，これはたいへんな反響を捲き起こした．彼の論文は信じ難いものであった――だが，それと一緒に送られてきた手のX線写真は，容易に斥けられない証拠であった．この最初の報告を受け取った中には，ボルツマン，ワールブルク，コールラウシュ，ケルヴィン卿，ストークス，ポアンカレといった人々がいた．レントゲンの論文を読むやいなや，たくさんの科学者が各自の研究室に駆けつけて放電用のコイルを引っ張り出し，X線が見られるかどうかを確かめることに取りかかった．やはり間違いはなかった．

1896年の1月のうちに，X線発見のニュースは世界中にたいへんな騒ぎを引き起こした．ほとんど何物でも通り抜けてしまって，それを使えば自分の骨まで見えるなどという放射線のことを知った時，人々がどんなに驚いたか，想像に難くない．肉がなくって指輪だけがはまっている指がはっきりと目に見えたし，身体の中に入った弾丸も見えた．これが医療に役立つことは明らかであった．この発見の価値を理解するには科学者である要はなかった．後に物理学者となった，A. N. ダ・コスタ・アンドレードは，この1896年にはまだ小さな子供で，かねて神様には，どんな所のどんな物でもお見えになる，と教えられていたが，X線の話を耳にしてから，それまで疑っていたこのことを信じる気になったそうである．1月23日に，レントゲンは物理学・医学協会の会員を前にして，自分の発見についての公開講演を行なった．こういう講演をしたのは，この一回限りである．彼は拍手喝采の嵐で迎えられた．

こういった興奮の名残りは，それから30年もの後，私がローマで学生だったとき私もじかに聞いたことがある．物理研究室の年老いた管理人だったアウグスト・ツァンチが，その昔，徹夜で水銀ポンプを使って放電管を排気する破目になった時のことを話してくれたのである．それは，イタリアの女王陛下が，X線が見たくなって，その物理学教授に実験して見せてくれるように頼んだためだった．気の毒に，この管理人氏は，もしも排気が不十分でうまく行かなかったら，と一晩中心配し通しだったそうである．ところが，幸いみごとに成功した．女王は，見物してご満悦だったと言う．

レントゲンのX線についての研究は，当時の知識からすれば全く立派なものである．だが彼は，X線の本性の理解にまでは到達しえなかった．有名な1895年の論文の結びで彼はこう書いている．

> この新しい放射線は，エーテルの縦波によるものだとは言えないだろうか．私は，研究を進めるにつれて，いっそうこの考え方に信頼を寄せるようになっていることを認めざるをえない．したがって，ここに私の憶測を公けにすることが自分の義務であると考える．しかしもちろん，私は，この説明にはさらなる確証が付け加えられなければならないことは充分に心得ている．

「さらなる確証」はついに現われなかった．だが，X線の本性についての議論が決着を見るには，それから16年の歳月とマックス・フォン・ラウエとフリードリッヒとクニッピングの研究とを待たなければならなかった．

この発見に続く数ヵ月の間，レントゲンは世界中から講演の招待を受けたが，ただ一つを除いて，他のどんな招待もみな，断わってしまった．自分のX線の研究を続けたかったからである．新しい放射線の実験をして見せてくれるように頼んでくる同僚たちに，彼は短い手紙を書いて，申しわけないがお断わりする，講演や実演をしている時間は自分にはないといった．ただ一つの例外は，カイザーであった．レントゲンは1896年1月13日にカイザーのためにX線の実験をして見せた．

カイザー（ドイツ皇帝）の前で実験して見せることを考えると，レントゲンは不安な気持に駆られた．「この放電管に『カイザーの御運』あれかし」と彼は言った．「こういう管はとても危っかしくて，よく壊れることがあるのだから．そうなると，新しいのを排気するには，4日くらいはかかるのだ．」しかし，何も起こらなかった．レントゲンが受けたような宮廷への招待では，進講と演示実験をすることの他に，カイザーと食事をともにし，勲章（勲二等鉄十字章）を授かることがあった．退出にあたっては，陛下に敬意を表して後ずさりして退出することになっていた．余談であるが，葉緑素の複雑な構造を解明した大有機化学者のリヒアルト・ヴィルシュテッターからこういう話をきいたことがある．ヴィルシュテッターと，アンモニア合成法の発明者のフリッツ・ハーバーは，自分たちの発見を成し遂げた時，きっといまにカイザーからの招待があると考えた．そこで二人は，後ずさりで歩く練習をすることにした．ヴィルシュテッターは，みごとな中国陶器の収集家で，練習をした部屋には高価な花瓶が置いてあった．さもありなん．この予行演習は，花瓶を壊す破目になって終ったのである．実のところ，二人は，カイザーからの招きを受けなかったのだが，しかしこの練習は無駄骨ではなかった．二人とも後になってノーベル賞を授与されたが，この時やはり儀礼に従ってスウェーデン王の手から賞を受けたあと後ずさりする必要があったのである．

1896年2月8日に，レントゲンは親友のルードヴィヒ・ツェーンダーに，こんな手紙を書いた．この手紙は彼の発見をめぐるさまざまな出来事を生き生きと伝えている．

ツェーンダー君．良き友というものはいちばん最後にやって来るものですが，このたびは，真先に貴君宛のお返事を書きます．私に書き送って下さったいろいろなこと，どれもたいへんありがたく思っています．ところで，私にはX線の本性についての貴君の推測は，未だ採用するわけにゆきません．というのは，正体不明の現象を，反論の余地がなくもない仮定の上に立って説明してみることは，やはり差し控えるべきでしょうし，また，それが役に立つこととも思われないからです．この放射線が，いかなる性質のものかということについても，すっかりわかったわけではありません．したがって，それが本当に縦波の光であるかどうか，という点は，私には二の次の問題です．事実こそが大事なのです．この点で，いろいろな人たちが私の仕事を認めてくれています．ボルツマン，ワールブルク，コールラウシュ，それから（後になって挙げては申しわけないが）ケルヴィン卿，ストークス，ポアンカレ，その他の人たちが，あの発見を喜んでくれて，評価してもくれました．これこそ，私にとっては値千金に勝るもので，ねたみ屋たちが陰でこそこそ言うのは，勝手にさせておきます[3)]．そんなことは全然気にしていません．

これまで私は，自分の研究を誰にもしゃべらずにいました．家内には，もし人がそれを知ったら，どうやらレントゲンは頭がおかしくなったらしいとでも言いそうなことをやっているんだとだけ言っておきました．さて1月の初めに別刷を発送すると，やはりとんでもないごたごたが待ちかまえていました．『ウィーン新聞』が先頭を切って「宣伝ラッパ」を吹き鳴らしました．それから，あれやこれや続々とです．2, 3日で，私は何もかもにすっかりうんざりしました．いろいろな記事の中に，私自身の研究は，もはや見る影もなくなってしまいました．写真は，私には，ただ目的のための手段にすぎなかったのに，これがいちばん大事なことにされてしまっています．だんだん，こんな馬鹿騒ぎにも慣れてきましたが，とにかく，時間を無駄にしてしまいました．まるまる4週間というもの，私にはたった一つの実験もできなかったのです．他の人はみな仕事をしているというのに，私にはそれが許されないのです．ここで，どんな目茶苦茶なことが起こっていたか，とてもご想像はつきますまい．

お約束の写真を同封します．もし講義で見せたいとお思いでしたら，私は全然かまいません．ただしその場合，ガラスで覆って，枠でおさえるようお勧めします．そうしないと，盗まれてしまうでしょうから．説明を読んでいただけば，何も困る点はないと思いますが，もし疑問の点がありましたらご一報下さい．

私が使っているのは，長さ50センチメートル，直径20センチメートルの大型ルームコルフ・コイルで，デプレッツ式遮断器がついています．一次電流は20アンペアくらいにします．相変わらずラップス・ポンプに頼っている私の装置では，排気には数日を要します．並列に入っている放電電極の火花ギャップが3センチメートルくらいの時にいちばん良い結果が得られます．

どんな放電管でも，使っているうちに消耗して駄目になるでしょう（ただし，一つだけは例外ですがね[4)]）．陰極線を発生するものなら何でも良いのです．その他に，白熱灯をテスラ装置につないでもよいし，電極のない管でもかまいません．写真を取るには，実験する時の条件に応じて，3分から10分の時間をかけます.

貴君の講義にお役に立つよう，箱入りの方位磁針，木製の丸棒，分銅セット，亜鉛板，それから手の写真で，チューリッヒのペルネットで現像した保ちの良いのをお送りします．ですが，これらの品は，なるべく早く書留でお返し下さい．白金シアン化バリウム処理の大き目のスクリーンはお持ちですか．では，家内ともどもご家族の皆様に宜しく．

レントゲン

[*Dr. W. C. Röntgen*, p. 87]

レントゲンの発見の後，物理学者や医学者がこぞってこの新しい放射線の研究に飛びついた．1896年のうちに，この問題についての論文の数は，早くも1000を越した．レントゲン自身は，X線についてもう二つの論文を1896年と1897年に書いただけである．それからは，前に手掛けていた問題に戻り，以後24年の間に七つの論文を書いているが，いずれも長く残るようなものではない．X線の研究は，若い新進気鋭の連中の手にゆだねてしまった．この理由については，今日では，ただ推測してみるより他にないのである．

1902年，レントゲンは第一回のノーベル物理学賞を受けた．その前，1900年に，彼はミュンヘンに移り，そこの実験物理学研究所の所長になった．1914年には，軍国ドイツとの連帯を表明する，ドイツ科学者たちのかの有名な声明に名を連ねたが，後になってこれを悔いている．第一次大戦と，それに続くインフレに苦しみ，1923年2月10日，ミュンヘンで，78年の生涯を閉じた．

# 第2章

# H. ベクレル，キュリー夫妻，放射能の発見

1895年あたりの数年間が物理学における一つの転回点にあたるというのは，X線，電子，ゼーマン効果の発見があったためばかりでなく，放射能の発見というさらに画期的な出来事があったためでもある．

1895年の暮にレントゲンが「新しい放射線」についての報告の前刷りを送った数人の研究者仲間の中には，アンリ・ポアンカレもいた．ポアンカレは数学者であったが，物理の基礎的な研究には常に深い関心を寄せていた．彼は陰極線の本性をめぐる論争に加わっていて，それが粒子から成るものだということを示そうとしていた．レントゲンの発見はおそらくフランス科学者の誰にも増してポアンカレの心を動かしたようだ（1896年の前半のうちに，パリ科学アカデミーの『コントランジュ（*Comptes-rendus*）』だけでも135篇の通信や小報告が出てはいるが）．

ポアンカレは科学アカデミーの会員で，毎週開かれるその例会の常連であった．1896年1月20日の例会で，彼はレントゲンから送られた初めてのX線写真を皆に見せた．アカデミーの同僚の一人，アンリ・ベクレルが，放電管のどの辺からその放射線が出てくるのか尋ねると，ポアンカレは，陰極の反対側の，ガラスが蛍光を発するあたりらしいと答えた．そう聞いた途端にベクレルには，X線と蛍光の間に何か関係があるのではないかという考えが浮かんだ．そうして早速，その翌日から蛍光物質はX線を出すものかどうか試してみようと，一連の実験に取りかかった．こうして，この実験はそれから2,3週間のうちに放射能の発見に導くことになったのである．

## 「宿命的」なベクレルの発見

燐光と蛍光に寄せる関心はベクレル家代々の伝統であった．アンリ・ベクレ

ルの父エドモンはアントワヌ・セザール・ベクレルの息子であり，またアンリ・ベクレルはジャン・ベクレルの父である．そして，この四代にわたる面々はそろって著名な物理学者なのである．そんなわけで，1828年から1908年までの80年間というもの，アカデミーには必ず一人，時には二人のベクレル氏が名を連ねていた．この並はずれた家系は，ここで少しお話ししておく価値がある．そうすれば，アンリがどうして放射能を発見する宿命にあったのか——これはアンリ自身の言である——もわかっていただけると思う．

まず，アンリの祖父の話から始める必要がある．アントワヌ・セザール・ベクレル (Antoine César Becquerel, 1788–1878) は，ちょうど青年になったところでナポレオンに仕えるめぐり合せとなる時代に生まれた．彼はエコール・ポリテクニク（陸軍理工科学校）の第一期生の士官であった．この学校は，長年にわたってフランスの技術，科学，軍事の専門家となる人材を送り出している所である．フランス科学の大物のうち大勢がこの学校で教育を受けた．ここの学生は軍服を着ている．したがって彼らの出身階層の違いなどが目につかない．厳格な訓練を施し，熱烈な愛国心を養う．私も一度，エコール・ポリテクニクで講義をしたことがあるが，この時，話をする壇の上のほうにこれまでの教授たちの名前がずらりと並んでいたのを憶えている．それは，アラーゴ，アンペール，ポアソン，フーリエ，コーシー，フレネル，モンジュ，ベクレル，他数人の名前であったが，こう並べられては外から来た講師たるもの，誰であろうと威圧を感じないわけにはゆかない．フランスで科学，技術，軍事上の要職に就くためには，「ポリテクニシャン」，すなわちエコール・ポリテクニクの出身であることが実際上必要な条件になった．ピエール・キュリーはそうでなかったためにいろいろと苦労したものである．

「ポリテクニシャン」のアントワヌ・セザール・ベクレルは1810年から1812年にかけてスペインで行なわれたナポレオン戦争に加わったが，ナポレオンの没落の後，1815年に陸軍を退職した．彼は戦役で負傷していて健康もすぐれず，この先あまり長くは生きられないだろうと噂されていた（実は90歳まで長生きしたのであるが）．それからは物理に打ち込んで，間もなくパリの自然誌博物館で物理学の教授となり，後にはそこの館長にもなった．そして529篇の論文と，教科書を六種も書いたが，そのうちの一つは7巻にも及ぶものであった．燐光についての研究も行ない，二冊の著書ではかなり長いページ数を割いて燐光のことを扱っている．また，電気や電気化学の研究でも知られており，この方面では，いくつか，電気の熱的な効果に関する発見をした．要するに彼は多大の尊敬を集めた有名人であった．私が子供の頃に読んで物理をやるきっかけになった，あのガノーの教科書の旧版の中でも，たびたびその名前に出会った憶えがある．

アントワヌ・セザールの息子のエドモン (Edmond Becquerel, 1820–1891) は，軍隊務めは別にすれば，たいへん忠実に父の足跡に従って行った感がある．彼はエコール・ポリテクニクに入り，博物館で父親の助手になり，やがてそこの教授になった．博物館の教授職は一種の世襲的なものになってきて，父から息子へと受け継がれ，とうとうアントワヌ・セザールの曾孫のジャン (Jean Becquerel, 1878–1953) まで続いたのである．ベクレル一族は，ジャンがどこかで書いているように，四代にわたって「まさしく同じ家，同じ庭，同じ研究室で」暮した．この家はパリの植物園の中のキュヴィエの家の向い側にあった．エドモン・ベクレルは光の化学作用を研究し，太陽光のスペクトルを初めて写真に撮ったうちの一人に数えられている．また，彼は蛍光の大家でもあった．ウランには特に詳しく，燐光計[1]を考案して，いろいろな光の作用のもとでのウランの蛍光の強度と持続時間の測定も行なっている．

レントゲンの発見が現われた時には，エドモン・ベクレルの息子のアンリ (Henri Becquerel, 1852–1908) はすでに自然誌博物館で父の職を受け継いでおり，また，エコール・ポリテクニクの教授にも名を連ねていて，燐光と蛍光に関する論文をいくつか発表していたところだった (図 2. 1)．こういう背景からすれば，ポアンカレからX線の発見のことを聞いた時，ただちに彼が，二つの現象の間に何か関係があるかも知れないと考えたのも当然であろう．しかしアンリが初めに行なった実験はこれを否定する結果に終った．すなわち，燐光物質や蛍光物質をいろいろ試してみたが，どれもX線を出してはいなかったのである．そうしている間に，1896 年 1 月 30 日『科学総合報告 (*Revue générale des Sciences*)』にアンリ・ポアンカレのX線についての論文が掲載された．この中でポアンカレは「充分強い蛍光を発する物質は，その蛍光の原因が何であろうと必ず光と同時にレントゲンのX線も出すものだろうか」という質問を提

**図 2.1** アンリ・ベクレル (Henri Becquerel, 1852–1908). 代々物理学者の家柄であったベクレル家では，時には三代が一緒にフランスのアカデミーに名を連ねていたこともある. (Ciccione, Rapho.)

出している. そして，もしそうなら，この種の現象についてはその原因を電気的なものと考えるわけにはいかないであろうと論じた.

ベクレルは実験を再開して，今度はウラン塩，硫酸ウラニルカリウムを使ってみた. これは前に彼の父が研究した物質である. 2月24日にベクレルはアカデミーで次のような報告をした.

> 私は写真乾板を黒い厚紙二枚でくるんでおいた. 紙は充分厚くて一日中日光にさらしても乾板がカブることはない. そうして，その紙の上に層状の燐光物質を置いて，全体を日光に数時間さらした. この写真乾板を現像してみると，陰画に黒く燐光物質の影が写っているのが見えた. 厚紙と燐光物質の間に薄いガラスをはさんで実験しても結果に変わりはないから，これが，日光で暖められたために燐光物質から出る蒸気が起した化学作用ではないかという可能性は除かれる. したがってこの実験から問題になっている燐光物質は光を通さない紙を透り抜けるような放射線を出すと結論してよいであろう. [*Comptes-rendus de l'Académie des Sciesces, Paris* **122**, 420 (1896)].

こうなると，ウラン化合物からは，それが蛍光を発している時，本当にX線も出ているように見える. ところが，1週間後の3月2日にアカデミーが次の例会を持った時には，ベクレルはさらに事実に迫っていた. これはパリのお天気が変わったおかげである！ 彼は前述の実験を繰り返してみたが，2月26日と27日は天気が悪く太陽はあまり長く顔を出さなかった. そこで，紙でく

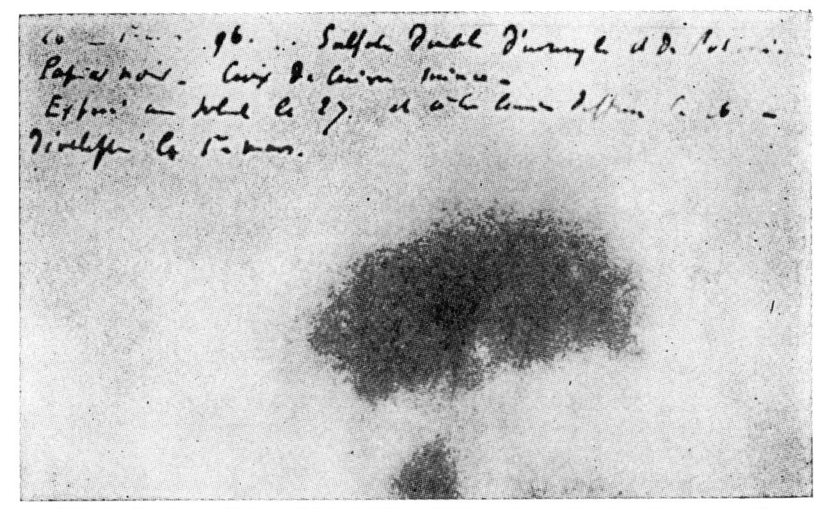

図 2.2 「ベクレル線」で感光した最初の乾板．これは 1896 年 2 月 26 日に，硫酸ウラニルカリウムの下に置かれた．それをベクレルが 3 月 1 日に現像してみると，ウランから正体不明の放射線が出ていることがわかった．この放射線は，それまで信じられていたところとはちがって，ウラン塩の燐光には関係がないのであった．この「ベクレル線」の発見は *Comptes-rendus de l'Académie des Sciences de Paris* [**122**, 501 (1896)] に載った．(CEA)

るんだ乾板の上にウラン塩を置いたまま，全体を暗い抽き出しの中にしまっておいた．彼が今度のアカデミーで報告したのは次のようなことである．

> その後，数日間太陽が見られなかったので，3 月 1 日にごく弱い像しかあるまいと思いながら現像してみた．ところが予想ははずれて，たいへん強い影が現われたのである．そこで私は，この作用は暗い所でも進行するものではないか，と考えた．[*Comptes-rendus* **126**, 1086 (1896)]

図 2.2 は，ベクレルがその乾板を現像した時に見た「影」の中の一つである．彼はただちに，自分が何かたいへん重要なことを発見したことを悟った．ウラン塩は，前もって日光にさらしておくか否かに関係なく，黒い紙を透過する線を出すのである．

発見が偶然に行なわれる場合には，聡明さと暗示を受けて立つ用意の良さが成否の鍵を握るものであるが，これなどはまさにその典型と言うべきである．アンリ・ベクレルは，この発見は彼の父と祖父の手柄とすべきものだと言っている．彼によると，祖父伝来の研究室で 60 年間にわたって続いた研究が，結局のところしかるべき時期に放射能の発見に導く運命を担っていたのだというわけである．しかし，この当時，ベクレルの発見は，レントゲンの発見に匹敵するものとは思われず，レントゲンの時のような興奮を捲き起こすこともなかった．科学者たちは相変わらずX線についての議論に花を咲かせ，そっちの研究を続けていて，「ベクレル線」のことはほとんどその発見者に任せきりにしていた．1896年3月9日までには，ベクレルは，ウランから出る放射線は覆いをした写真乾板を黒化させるばかりでなく，気体をイオン化して電気の導体にすることを見出した．この時から，ある試料の「放射能」を，それがもたらすイオン化の度合を測って決定することができるようになった．この測定に用いられたのは，金箔検電器という粗い装置であった．

## キュリー夫妻と飛躍的な進展

さて話もここまで進んだところで，ベクレルの発見から約2年後に，いよいよピエールとマリー・キュリーが登場してくる．と言っても，別にベクレルが仕事をやめてしまったわけではない．それどころか，彼はせっせと研究を続けていたのである．しかし彼は放射線源としてウランだけを取上げていた．ウランは彼がいちばんよく知っている物質だったからである．何年かたって，彼はこんなふうに書いている．「新しい放射線はまずウランで認められたものだから，その他に知られているものの放射能がウランをかなり上まわることがありうるなどとは思いもかけなかった．この新しい現象がどれほど普遍的に存在するか，などという問題を追求するよりも，放射線自体の性質を物理的に研究するほうが差しあたって必要なことに思われた．」こういう次第で，大きく一歩を進めることはベクレルではなく，キュリー夫妻に委ねられた．この二人はその他の元素を研究し，まずポロニウムを，次いでラジウムを発見した．こうして強力な放射線源を用意し，放射能という新しい科学の革命をもたらしたのである．

キュリー夫人 (Madame Curie, 1867–1934)，旧名マリヤ・スクロドフスカ (Marya Sklodowska) は1867年11月7日にワルシャワで生まれた (図2.3)．母方は小貴族の家柄であった．父親のヴラディスラフ・スクロドフスキーはペテルブルグに学んだ教養ある紳士で，数学と物理を教えていたが，マリーが生まれて間もなく一種の高等学校にあたるギムナジウムの教授兼副視学官になった．スクロドフスカ夫人は女の子のための学校を経営していたが，マリーが生まれて7ヵ月目にこれをやめている．彼女は信心深いカトリック教徒だったので，自分の子供たちもそれにふさわしい育て方をした．しかし，この母が死んだとき，まだ10代だった娘のマリーは，その後まもなく信仰を失って再び信仰に戻ることがなかった．この家の子供は，息子のジョセフとヘラ，ブローニャ，マリーの三姉妹であった．

一家はみな強い愛国心の持主で，そのために子供たちはロシアの支配下にあるこの国で，投獄あるいはそれ以上の危険も覚悟のうえで，秘密の情宣活動に加わったほどである．ポーランドは歴史上何度も近隣諸国からの侵略をこうむってきたが，マリーが育った頃には主にロシアの圧迫を受けていた．ポーランドの学校はロシア語を使うことを義務づけられ，また，自分たちの意に反する教科書を採用しなければならなかった．ポーランド人の，支配者ロシアに対する反抗心は宗教的，政治的，言語的な基盤に根ざしたものである．この感情はきわめて根強く，事態は緊張をはらんでいた．やがて，兄の友人が政治犯として絞首刑に処されるという事件が起こり，これからマリーは深い衝撃を受けた．こういう圧政の結果，ポーランド人は熱狂的な愛国主義者となった．だが皮肉なことには彼らが時を得るに至ると，今度は罪のない少数民族を無慈悲に抑圧する側にまわることになった．第一次大戦の後，しばらく自由ポーランドが復活した時に，ここにいたドイツ人やユダヤ人は辛酸をなめたのである．

16歳になったマリーは優秀な成績で学業を終えた．この間に父は財産を失ってしまっていたので，娘たちは自活する道を見つけなければならなかった．ブローニャとマリーにはそれぞれはっきりした目標があり，二人は固い絆で結ばれていた．二人ともたいへんに意志が強く知性に富んでいたうえに，またきわめてポーランド的であった．ブローニャは医学を学ぶためにパリに行ったが，費用は自分の稼ぎの他にマリーからの援助でまかなった．一方，マリーは5年ほど，家庭教師——これは召使いと大して違わない身分であった——をして働いた．初めはワルシャワで，その後，田舎にも行って，いくつかの家に住み込んだ．マリーのわずかな稼ぎはブローニャに送られた．ブローニャの勉強が終ったらすぐに，今度はブローニャのほうがマリーを援けることになっていたの

図2.3　マリア・スクロドフスカ・キュリー (Maria Sklodowska Curie, 1867–1934) とピエール・キュリー (Pierre Curie, 1859–1906). この二人は科学者夫婦の中でも最も有名である. [*Oeuvres de Pierre Curie* (Paris: Gauthier-Villars, 1908)]

である. そしていよいよ1891年にマリーは四等切符と40ルーブル (20ドル) を手にしてポーランドを発ってパリに向った. 1891年のある日, ポーランドの少女が物理を学びにパリにやって来た！　その情景を思い浮かべてみていただきたい. スラヴ人の女主人公の物語が大いに流行していたこのころとしては, まさに浪漫的な設定ではなかろうか. ところでこの女主人公の独特なところは, 天賦の才能の持主であり, 本気で物理をやるつもりでいたことである.

パリに落ち着くとすぐに, マリーは理学部に入学して物理, 化学, 数学の講義に出席した. この時の教授はリップマン, ブーティ, そして有名な『理論力

学』の著者アペル等であった．大学の外ではポーランドからの移住者の間で暮らしていた．仲間の中にはパデレフスキーという才能のある若手のピアニストもいた．マリーの生活の貧しさは，ボヘミアン的でもあったが，その並みはずれた自律の厳しさと勤勉さはボヘミアンという言葉は全くあてはまらないものであった．お金はなく，食うものもろくに食わずに，彼女は勉強と仕事にありったけの情熱を傾けた．1893 年にはアレクサンドロヴィッチ奨学金がもらえることになり，ささやかながら 600 ルーブルをポーランドのある協会から受け取った．そしていかにも彼女らしく，数年後には自分が初めて稼いだお金をこの奨学金の返済に当てたのである．1894 年のこと，パリを訪れていたポーランドの物理学者，ヨセフ・コヴァルスキーがマリーをピエール・キュリー (Pierre Curie, 1859–1906) に紹介してくれた．

ピエール・キュリー（図2.3）は，医者をしていたウージェーヌ・キュリーの次男であった．父親は表向きプロテスタントを名乗ってはいたが，実は左翼的傾向をもった自由思想家だった．この父は1871年にはパリ・コミューンに加わり，武器を取る代りに医者として働き，自分の家を開放して病院に当てた．ピエールはどうやらちょっと変わった子供だったらしく，まわりからは呑みこみが悪いように思われていたが，この点，父親は良識を備えていて，彼が自分で好きなように才能を伸ばすのに任せ，無理にフランスのお定まりの教育コースに就かせようとはしなかった．14歳になった頃，ピエールは家庭教師について数学とラテン語を教わった．ピエールは，数学にすぐれた才能を示し，この頃からの知的な発達はたいへんに目覚ましいものであった．その証拠に，早くも16歳で理科大学入学資格試験に合格している．そして1883年，24歳の時，パリの物理化学学校の実験主任に任ぜられた．以後22年間というもの，彼はこの控え目な地位に甘んじた．彼は一本気でなかなか気難しく，また，ほとんど病的といっても良いくらい気位が高かった．フランスの科学者はたいてい，エコール・ポリテクニク出身であったが，ピエールがそうでないことが，もっと見栄えの良い経歴をたどる妨げになったのである．

彼の初期の研究は結晶の対称性とピエゾ電気に関するものであった．ピエゾ電気はピエールが兄のジャックと一緒に発見したものである．次いで彼は対称性の考え方をさらに拡張して，いろいろな物理現象に応用した．この点で，彼の磁性についての研究には，今日でもなお非常に興味深いものがある．私の知る限り，今日，群論と呼ばれている考え方を初めて物理に導き入れたのはピエールである．この仕事の中でピエールは極性ベクトルと軸性ベクトルをはっきり区別しているし，どういう現象が起こりうるかを決定するうえで対称性がたいへん重要な役割をもつことを指摘もしている．総じてキュリーの初期の論文を見ると，この人はユージン・ウィグナー[2]の先駆者だったのだということが感じられて驚く．このキュリーの考え方は時が経つにつれてますます重要なものになってきているのである．1894年の初めにマリー・スクロドフスカに会った頃には，彼はすでに学問の世界で相当高い評価を得ていた．彼の才能を認めていた一人はケルヴィン卿であった．

このポーランドの女子学生と初めて出会ってから数ヵ月たってキュリーは彼

女と結婚する決心をした．彼女の側には，そう決めるのに困難がなかったわけではない．ピエールはマリーより 8 歳年上であったが，これはこの頃としては別に不釣合な違いでもない．だが彼女はこれまで結婚などは一度も考えたことがなかった．いちばんの問題は，もし結婚すれば，以前からの計画どおりポーランドに帰って生活することができなくなってしまうことであった．だが夏休みを過ごすためにポーランドに帰っている間にピエール・キュリーからやってくる感動的な手紙が彼女の心を動かした．彼はなかなか筆が立つ人で，ほとんど詩人と言っても良いくらいだったのである．1895 年 7 月，二人は結婚した．ハネムーンは，マリーに贈られた持参金で買った自転車でフランスの田舎を走りまわって過ごした．その後ずっと一緒に暮らす間も，この二人の気晴らしと言えば，自転車旅行をして自然の中に分け入って行くことであった．

結婚した時にはキュリー夫人はすでに米国でいう学位準備資格試験[3]にあたるものに合格していた．1897 年 9 月 12 日には長女イレーヌが誕生し，それから少したったところで彼女は博士論文のテーマについて夫の助言を仰いだ．そして彼の勧めに従ってベクレルが発見した「新しい現象」についての研究に取りかかった．初めに彼女はベクレルの実験を追試してみた．といっても，この現象の測定をはるかに精密に行なおうとして，ベクレルが使った検電器の代りに図 2.4 に示したような装置を使ったのである．この装置は，これより前にピエール・キュリーが考案したものである．この装置で特に注目に値するのは補償法を採用している点で，ここで本質的な役割を果たすのはピエゾ電気を発生する水晶である（ピエゾ電気はピエールとジャック・キュリーがぞんぶんに研究していたものであった）．これに続く実験でキュリー夫妻が使った電位計と，ピエールの死後キュリー夫人の研究室で使われた電位計はいずれもこの特徴を備えたものであった．彼女に言わせると，これでなければ「駄目」なのであった．実際この電位計は優秀な装置であった．

この電位計（図 2.5）を使ってマリー・キュリーは，ベクレルが見出した次のような事実を確認した．すなわち，ウランの放射線の強度は化合物の中のウランの量に比例し，どんな化合物を作っているかには依存しない，つまり試料がウラン塩であろうが，酸化物であろうが，金属ウランであろうが変わりはない．こうしてマリー・キュリーは，放射線の放出はウラン原子そのものの性質であ

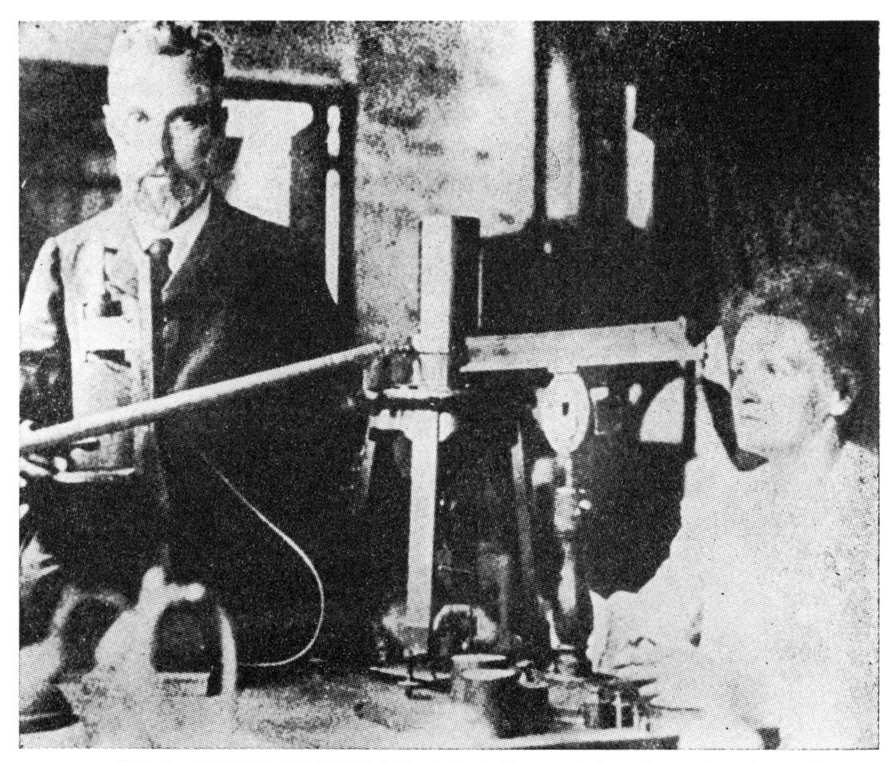

**図 2.4**　実験室で水晶電位計を使っているピエールとマリー・キュリー．(J. フルヴィックの好意による)

るというベクレルの発見を確立した．次いで彼女は「それまでに知られていたすべての元素」について試してみようと決心してこれを行なった結果，トリウムだけが「ウランと同様の」放射線を出していることを見出した．自然に放射線を出している元素はウランだけではないということを発見するに及んで，キュリー夫人はこの現象に対する呼び名として「放射能 (radioactivity)」という言葉を提唱した．またここで彼女はまさに天才的な閃きによって，研究の範囲をウランとトリウムの簡単な化合物だけに限定せず，天然の鉱石も調べてみることを決心した．そうして，博物館の収集物の中からたくさんの鉱物をもってきてそれらをしらべた．予想どおり，ウランとトリウムを含んでいる鉱物は放射性であった．ところが驚いたことには，そのうちいくつか，放射能の強さがウランやトリウムの含有量から計算される強さよりもずっと大きいものがあ

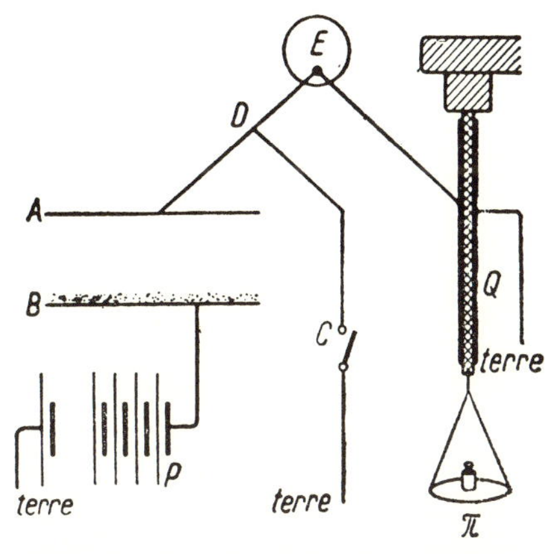


図 2.5　電位計の図解．*Revue générale des Sciences* [10, 41 (1899)] に載ったマリー・キュリーの論文より．この装置は，Bに置かれた放射性物質から出る放射線によって起こる空気のイオン化の度合を測定するのに用いられた．コンデンサーABの下側の極板Bに放射性物質が置かれている．電位計Eは，ピエゾ電気を発生する水晶Qに，おもりによって生じた電位差が，イオン化のために流れた電流による電位差を正確に打ち消すところを検出するために用いられる．

った．それは彼女の測定法によると3ないし4倍も大きかった．

ここから彼女は正しい結論を引き出した．こういう鉱石の試料はウランやトリウムよりもはるかに放射能が強い元素を含んでいるに違いない，というのである．この仮説を公表する前に彼女は一つの検証を行なった．シャルコリットというある特殊なウラン鉱物があるが，これは地下から掘り出した時には非常に強い放射能をもつことがわかった．だが，試薬びんから取り出した純粋物質でシャルコリットを作ってみると，人工のシャルコリットは別に他のウラン塩以上に放射能が強いわけではなかった．この事実は，天然の鉱石には放射性の高い不純物が含まれていることを示している．1898年4月12日，友人のG. リップマンが彼女の初めての報告を科学アカデミーに提出してくれた．これは『会報』にM. スクロドフスカ・キュリーの名前で掲載された．この中で彼女は自分の実験を手短かに述べて新しい放射性元素（この論文ではまだ「放射性（radioactive)」という言葉は使っていないが）の存在についての仮説を提出し，それから，どうやってこの仮説を検証したかを記している．

本当に新しい元素があるなら，これからそれを見つけてやろうとキュリー夫人は思った．でもどうやって？　ここで彼女はある方法を考え出したが，これが放射化学における基本的な方法だということは，自分でも後になってわかったのである．この元素の化学的な性質は何もわかっておらず，ただ放射線を自発的に出すということがわかっているのだから，この放射線を目印にして研究を始めるよりほかないだろう．そこで彼女が考えたのは，鉱石の試料を取り出して，できればそれを溶解し，通常の化学分析の方法で各成分に分離したうえで，電位計を使って放射能はこの中のどこに行ったかを決定するということである．キュリー夫人は，これまでウラン鉱について行なわれていた定量分析には，重量で1パーセントくらいの不確実さがあるのを知っていた．もしこの1パーセントの中に未知の放射性物質が含まれていて，そしてその鉱石の放射能がウラン含有量から予測される値より3倍高いものであったら，その未知の物質はウランよりも約300倍強い放射能を持っていることになる．だがこれでもまだ放射能の強さの見積りは低すぎたのである．実は強い放射能をもつこの物質は，試料の1パーセントではなく，おそらく100万分の1ほどしかなかったので，その単位重量あたりの放射能はウランの300倍どころではなく数百万倍であった．

やろうとしている仕事は，気が遠くなるほどたいへんなものであったが，そんなことにひるむ彼女ではなく，新元素の単離を目指して鉱石の試料を次々と砕いて粉末にすることに着手した．ところがいざ始めてみるとたちまち，これは一人ではとうていやれないことが明らかになった．そこで彼女は遠慮がちに，夫に二人で力を合わせたらともちかけてみた．こうしてピエール，マリー・キュリーは一緒になって，マリーの独創的な分析法でピッチブレンドを処理して最も放射能の強い成分を濃縮することに取りかかったのである．

高放射性の部分を非常にわずかな残滓の中に濃縮できるに至って，二人は新元素を見出したと言っても良い，と結論を下した．これは純粋な状態というにはほど遠く，実のところ，その元素はこの試料のほんの微量不純物くらいでしかなかったのだが，しかしその放射能は確かに新しい元素が存在することを示していた．二人はこれに「ポロニウム (polonium)[4]」という名前を付けた――マリー・スクロドフスカ・キュリーには，それ以外の名前は考えられなかったのである．1898年7月，キュリー夫妻は連名の論文を科学アカデミーに提出してこの発見を公表し，またそこに至るまでに用いた方法を説明した．さて，ここまでの時間経過は重要である．1896年2月，ベクレルが放射能を発見した．1897年の終りにマリー・キュリーが「ベクレル線」に関心をもった．1898年の4月までには，マリーはこれまで知られている元素のうち，どれが放射能をもっているかを明らかにし，併せて，新しい，さらに放射性の強い元素の存在を予測した．同じ年の7月までのうちに，ピエール，マリー・キュリーは二人してポロニウムを発見した．またそのほか，この二人は，この物質は自然に消滅して行き，「半減期（half-life）」と呼ばれるその物質固有の時間がたつうちに半分に減ってしまうということをも見出している．

マリー・キュリーがピエールに力を合わせてほしいと頼んだ時，ピエールは自分の磁性の研究に精出していたのであった．だがこの時から彼は放射能の方に転身して，1906年に死ぬまでずっとこの分野にとどまったのである．一方，キュリー夫人は1898年から始まって死を迎えるまでの36年間の研究生活を通じて，その研究は一筋に同じ形を踏襲している．すなわち，もっと多くの鉱石を調べ，純度を高め，もっと濃縮するという行き方である．これはまことにひたむきな仕事で，信じられないほどの体力と，偉大な知性と，キュリー夫人ならではの粘り強さがなくてはできないことであった．

キュリー夫妻がピッチブレンドから出発し，初めて放射性の高い成分を取り出したとき，二人が用いた化学分析は通常の方法であった．そして酸に溶けない一群の硫化物の中にポロニウムを見出したのである．だがこの時，バリウム族（バリウム，ストロンチウム，カルシウム）の中にも放射能が検出された．はじめのうち，バリウムから放射能を分離することはできなかった．しかしついに分別結晶法[5]を用いてこれに成功し，ここで二人はまた新たに放射性の強い物質を発見した．これにはラジウムという名前をつけた．1898年9月，彼らは三番目の論文で，G. ベモンとの協同研究としてラジウムの発見を発表した．ベモンはラジウムの同定にあたって二人に手を借したフランスの化学者である．またベモンはキュリー夫妻が実験室を探すうえでも力になった．この実験室は雨漏りのするあばら屋で，冬はじめじめするし，気候が暖かくなるとひどく暑いところだった（図2.6，2.7）．今日，化学実験室になくてはならない

**図 2.6**　キュリー夫妻が，ラジウムの発見と単離に至る研究を行なった，パリ市内の物理・化学学校の実験室．(*Oeuvres de Pierre Curie*, Paris, 1908 より)

ものとされている，たとえば排気口のような設備などは何もなく，保健衛生上の観点からもまったくこの仕事には不適当なものであった．だがその頃は誰も放射能の危険性を知らなかったし，また二人にはこれ以上のものは手に入らなかったのである．

ありがたいことに，ウィーンの大地質学者，エドゥアルド・シュエス教授が，チェコスロヴァキアのヨアヒムシュタール鉱山にあるピッチブレンドの処理ずみの残りかすを1トン，キュリー夫妻の手に入るように取り計らってくれた．当時操業を続けていたウラン鉱採掘の中心地は，事実上この鉱山だけであった．鉱石からウランが抽出されてしまっているから，キュリー夫妻が受け取ったも

図 2.7　キュリー夫妻の実験室の内部.（*Oeuvres de Pierre Curie*, Paris, 1908 より）

のは他には誰も顧みないものだったが，この二人だけはそこにラジウムが含まれているのを知っていた．それにしても，自分の手を使う原始的なやり方で，一つが 100 キロもある鉱石を溶かすということがどういうことかわかっている人には，二人の人間が実際にそれをやったということは信じられないような気がするだろう．排気口のない実験室の汚れた空気や，溶媒をかきまわす肉体労働や，素朴な方法でこういうものを熱することなどを考えてみると，こんなあれこれの苦役に打ち勝てるのはこのポーランド女性の不撓不屈の精神しかあるまいと思えるのである．彼女は最も骨の折れる労働を引き受け，彼女ほど頑強でないピエールのほうは他の仕事を受け持った．こうして 2 年後には，試料の中に，原子量のちがいを明らかに検出できるだけのラジウムを集めたのである．普通のバリウムの原子量は137である．二人の試料のうち，いちばんラジウムを多く含んでいる部分は174という原子量を示した．その後もキュリー夫人は依然として純粋なラジウムを目指して頑張り続けた．

今日知られているラジウムの原子量は226である．彼女が純粋なラジウムを手にするまでにはこの後12年を要したのであるが，1900年にはすでに正しい方向を探り当てていて，最終的な結果はまだまだであったが，少なくともその方法としては相当な進歩を遂げていた．

1900年にマリーとピエール・キュリーはパリで開かれた国際物理学会に「新しい放射性物質とその放射線」という報告を提出した．アンリ・ベクレルもこの同じ学会に一つ報告を提出しているが，これは主として，出てきた放射線の性質そのものを扱ったものである．ベクレルは，少なくともある種の放射線にはX線や陰極線と非常によく似た性質が確かにあるといった．他方，キュリー夫妻は，何よりも放射性物質そのものに関心があった．二人は放射能を測定する方法を述べ，そうしてこれが分子としての性質ではなく，一つの原子そのものの性質だと考えられる根拠を明らかにしている．彼らはまず普通の放射性物質，ウランとトリウムを研究し，次いで新しい元素，ポロニウム，ラジウム，アクチニウムの研究に進んだのであった．この最後の元素は1899年にキュリー夫妻の友人で協同研究者であったアンドレ・ドビエルヌが発見したものである．さて報告ではそれに続いてこれらの物質の，化学的性質，光スペクトル，放射線が示す効果，そしていわゆる誘導放射能（ここで初めて，まただこの一回だけ彼らはラザフォードの名前を挙げている）について語った．最後に大きな未解決の問題を指摘している．すなわち放出されるエネルギーの源と，出てくる放射線の本性は何かという問題である．

新しい元素ポロニウムは粒子を放出するから，当然エネルギーも放出するわけである．そのために発生する熱を測定することもできたが，このことが物理学者たちにはまた新たな難問となった．1898年にはもうエネルギーの保存ということは充分に確立された事柄で，科学者たちはどうしてもこれを捨てる気にはなれなかった．では，ポロニウムのエネルギーはどこから来るのか．この点をめぐってありとあらゆる大胆な仮説が飛び出してきた．マリー・キュリーも放射線についての最初の論文（1898年）の中で一つの考え方を提案している．これは正しくなかったのだが，しかし考え方としてはそれほど不合理なものでもない．そこではまず，ある放射線があって，これがいわばニュートリノのように世界全体にわたってあらゆる方向から注がれてくるということを仮定する．そしてこの放射線は何らかの不可思議な理由によって放射性物質以外のどんな物にも吸収されないが，放射性物質はこの放射線を捕えて熱を発生させるというわけである．アーネスト・ラザフォードは，試料が微細な粉末になっているかいないかで放射能に違いが出るのではないかという考えを提唱した．当のキュリー夫妻のほうは，試料を熱したり冷したりすることでその放射能に増減が見られないかという点を調べてみた．これは化学からの類推による実験であるが，この場合には何も起こらなかった．また二人は試料を圧縮したりもしてみた．しかし何をやってみても放射能に変化は生じなかった．これは大きな謎であった．放射性元素の崩壊速度を変えることができたのは第二次大戦後のことである．ここでC. ウィーガンドと私は，それに先立つ10年間に蓄積された原子核についての知見を利用して，微妙な化学的作用が存在することを示した[6)]．

1900年に発表されたキュリー夫妻の報告は放射能についての短い論文であったが，1904年になってマリーはとうとう博士論文を書き上げた．これは前の論文と同じようなものではあるが，その後の進展も盛り込んでいる．

1902年を迎える頃には，マリーは苦労のため目方が20ポンド〔約10キログラム〕も減ってしまったが，その代りラジウムを原子量の測定に必要な目方だけ取り出すことができた．彼女が見出した原子量は225で，これはかなり正しい値に近いものである．そのうえラジウムのスペクトル線も観測できた．1900年に提出された報告の中にはスペクトルにいくつか誤りも認められるが，最も強い線二本は正しく指摘しており，彼女がそれを本当に観測したことに間違いない．だが，またこの二人が何か得体の知れない病気に冒されはじめているのも確かだった．おそらく二人はこれまでに重大な障害を起こしても不思議がないほど多量の放射線を浴びていたし，また体内にも放射性物質を摂り込んでいたと思われる．ピエールは事故で死んだが，マリーのほうは67歳まで生きた．しかし長いこと体の調子がすぐれず，最後には白血病で息を引き取った．これは放射線の浴びすぎで起こる症状の一つである．娘婿のF.ジョリオがマリーの実験ノートを調べてみると，そのノートは放射能で強度に汚染されていることがわかった．そのうえ，マリーは家では料理もしたが，彼女が使った料理の本には以後50年たってもまだ放射能が認められたのである．

さて，こうした間にキュリー夫妻の処遇はどれだけ改善されたであろうか．二人は何年も不撓の努力を重ねて，その間に数々の不朽の発見をなしとげ，またそのために健康まで犠牲にしたのである．誰でも，その後では外部から何らかの援助の手が差しのべられたはずだと思うだろう．ところが，たとえばケルヴィン卿のような主だった科学者たちはこの二人の功績を充分認めていたが，二人の当面の暮らしに責任をもつはずのフランス政府の官僚たちはそうではなかった．ある好意的な役人は，ピエールがレジオン・ドノール勲章を受けられるように取り計らってくれたが，彼は，自分に必要なのは研究室であって虚飾ではないと言ってこれを断わった．友人たちは，それは研究室を手に入れるのにも役に立つからと言って，この名誉を受けるように説得しようとした．しかしピエールは相変わらず気位が高く頑固で，結局名誉も研究室も棒に振ったのである．1898年にはソルボンヌの物理学と化学のポストに立候補したが，これも不首尾に終っている．この頃の彼の給料は決して高くはなく，月々500フランであったが，それで二人の娘も養わなければならなかった．娘の一人はイレーヌ（図2.8）で，この子は両親の名に恥じない科学者になった．そしてもう一人はエーヴで，こちらはピアニストになったが，後には母の優れた伝記を書いたことで，その名を知られるようになった．

1900年に，キュリー夫妻にも一つ幸運がめぐってきた．ジュネーヴ大学がピエールにたいへん良い条件で教授の席を申し出てきたのである．だが彼はためらった末に結局それを断わってしまった．しかしこれはフランスの当局の知るところとなり，そのおかげでようやく1904年になって，ピエールにはソルボンヌの地位が与えられた．ピエールはこれを聞いて大いに喜んだ．それは何よりも物理学の教授なら実験室を持てるだろうと思ったからである．ところが悲しいかな，こう思うのは間違いであった．この地位は実験室を持つ権利につながるものではなく，ピエール・キュリーはとうとう死ぬまで満足な実験室を持てなかったのである．キュリー夫妻は相変わらずひどい条件のもとで研究を

図 2.8　マリー・キュリーと，娘のイレーヌ．この母は娘に科学研究の手ほどきをし，また，第一次大戦中は，彼女が創設した移動放射線班の仕事に助手として連れて行った．（ラジウム研究所資料）

続けていたので，実験室の問題は片時も頭を離れない悲願となった．1902 年にピエールはフランスのアカデミー会員に立候補した．立候補者は会員たちを訪問したり，その他いろいろ儀礼的な手続きを踏む必要があったのだが，ピエールはこんなことを軽蔑していた．それでも彼はしぶしぶ努めてはみたのだが，選出されたのは E.H. アマガであった．この人は気体の液化で知られていた人であるが，今になって見ればキュリーとは比ぶべくもない．この挫折を経験してからは，もうキュリーはフランスで認められたいとは思わなくなった．しかし 1905 年，すなわち死の前年になって，彼はアカデミー会員に選ばれたのである．

1903年，キュリー夫妻はアンリ・ベクレルとともにノーベル賞を受けた．これは二人の経済状態を大いに改善するものとなったが，念願の実験室はノーベル賞でも，その後に受けた2万5000フランのオシリス賞でも，手に入れることはできなかった．

ノーベル賞の受賞にあたってピエールは講演を次のような言葉で締めくくっている．

> ラジウムは，犯罪者の手に落ちればたいへん危険なものになると思われます．そこで，こんな疑問も湧くかも知れません．いったい人間が自然の秘密をあばいて行くのは有意義なことなのか，それを役に立つことに使う用意はできているのか，この知識は，人間にとってかえって災いとはならないか，ということです．ここで，ノーベルの発見は一つの典型的な例となっています．強力な爆薬は，人間に驚くべき仕事をなしとげさせてくれました．しかし，また，国民を戦争に導くような大罪人の手に渡れば，恐るべき破壊手段ともなります．私はノーベルとともに，人類は新しい発見から悪にもまして善の方を引き出すであろうと信ずる者です．〔1903年，ノーベル賞講演〕

キュリーの言葉は，今日私たちが論じている問題を，すでにあの時点で見抜いていたという点で驚嘆に値するものである．またこの言葉は，これに先立つ数十年間の楽観主義が，ようやく色あせてきたことを示すものでもある．

ノーベル賞を受けた時，ピエールは44歳，マリーは36歳であった．二人とも健康にすぐれず疲れ果てていた．世間からはすっかり引きこもって暮らしていて，楽しみといえば機会の許す限り田舎に出かけて行くことであった．この二人が付き合っていた人たちは，たいていが昔からの科学者仲間であった．すなわち，J. ペラン，P. ランジュヴァン，G. ユルバン，A. コットン，A. ドビエルヌ，G. グイ等といった人たちで，皆，物理学者か化学者である．ほんのしばらくの間，二人は心霊術に興味を持ったこともあるが，間もなくそれとは縁を切った．また，二人は何人か芸術家とも知り合いになった．時にはキュリーの家に彫刻家のロダンと，フォリー・ベルジェール座[7]の有名な踊り子が来合わせているという光景も見られたかも知れない．

1906年4月19日，恐ろしい悲劇がマリーを襲った．その日の午後，パリのある通りを渡りかけていたピエールに，馬が暴れ出して暴走して来た馬車が突き当たって命を奪ったのである．ピエールの死は，いたくマリーの心を乱さずにはおかなかった．マリーは突然一人ぼっちで取り残されて，背負い切れないほどのさまざまな責任や仕事がその肩にのしかかり，そのうえ，大嫌いな名声というものまでが付きまとってきた．慎しみ深く内向性が強い彼女は尻込みした．1900年から1906年までマリーはセーヴルの女子高等師範学校で教えていたが，それから理学部の実験主任，つまり夫の助手になっていた．ところが，今やマリーは夫の後を継いでソルボンヌの教授に任命された．この時，ピエールがしていた放射能についての講義を引き継いで始めるにあたって，マリーは何の前置きもせず，ただ彼が最後に残して行った言葉を繰り返してその後を続けたのであった．

1911年に彼女は二度目のノーベル賞を受けた．その頃，マリーにはP.ランジュヴァンとの恋愛事件が起こった．これは個人的な問題であったが，ランジュヴァンは結婚していて子供もあり，また夫人がしばらく別居したりしたために，あれやこれやと噂の種になったものである．ランジュヴァンの息子が書いた父の伝記にはこれをめぐるいろいろな出来事が書き記されている．

ランジュヴァン (Paul Langevin, 1872–1946) の名前は今までにも何度か出てきたが，この人はたいへん才能に恵まれた物理学者で，当時のフランスの科学に大きな影響を及ぼした人である．彼は学生の頃ピエール・キュリーのもとで，またイギリスに渡ってJ. J. トムソンのもとで研究をした．この人の主な業績は理論の方にあり，物質の磁性についての理論的な研究は不滅の価値を有する古典ともいうべきものである．第一次大戦中は潜水艦の探知という実用的な問題に取り組み，また水晶電気振動子の開発も手がけているが，これは最近の時計に使われている振動子の先祖にあたる．彼の考え方は明晰であるうえに，表現力にも富んでいたので，教師として学生に与える影響も大きかった．また，キュリー夫妻やアインシュタインとも親交があり，国際的なつながりを拡げるうえでも役に立つなどして，いろいろな面でフランス科学の半ば公的な代表となった．また彼は自由主義思想に深く共鳴していて，中年に至って戦闘的な共産主義者になっている．フランスがドイツに占領されていた時には抵抗運動に加わり，ついに自国から逃れざるをえなくなった．そして戦後に帰国した時には，身内の何人かはナチの迫害のために失われていたのである．

物理の新米学生の頃に，私は一度ローマの数学者のお宅で，主賓として招かれていたランジュヴァンに会ったことがある．彼は即座にその頃私が学んでいた物理と，彼が昔，学んだ物理との比較を雄弁に話してくれた．熱力学は彼には非常に抽象的なものに思えたが，とにかく当時はこれが主な問題の一つであった．ところが今の物理では，あんな抽象的な考え方ではなくもっと具体的なモデルを扱えるようになったのは，何と幸せなことではないかと言うのである．量子力学の発展によって来るべき数年間にどんなことが起こるか，という点については，彼は特に予感はもっていなかった．こんな有名な人が，取るに足らない一学生に目を向けてくれて，しかもほとんど同僚に対するように丁寧な接し方をしてくれたことで，私は心中たいへんに嬉しかったものだ．確かに彼は非常に魅力的な人物であった．

第一次大戦までの間に，マリー・キュリーは世界的な名士になっていた．そしてフランス政府はようやく宿願の研究所のための資金を割り当ててくれた．だがこの完成は戦後まで待たねばならず，使えるようになったのは，マリー・キュリーの科学に捧げた生涯のうちでは比較的活動の鈍った時期なのである．戦争が始まった時，マリー・キュリーは，放射線設備が肝心の野戦病院に備わっていないのに憤慨し，自分一個の力をもってしてもこの事態を改善しようとしてX線装置を装備した移動班を組織した．その時には18歳の娘を助手として連れて行った．ここで，フランスの将軍がマリー・キュリーと言い争っている光景が目に浮かんでくる．

さて戦後になって，アメリカのジャーナリストで W. B. メラニー夫人という人が首尾良くマリー・キュリーとのインタヴューに成功した．これはまさに舌を巻く手腕と言って良い．これまでキュリー夫人は，ジャーナリストやサイン蒐集狂などを寄せ付けず，およそ自己宣伝に類することはいっさいご免こうむっていたからである．どうやらメラニー夫人はまんまとマリー・キュリーの心をつかんだらしい．メラニー夫人は，アメリカの婦人たちがラジウム試料を相当量お贈りすることになると思うと請け合った．意外なことだが，マリー・キュリーはラジウムの単離に必要な処理過程の技術を開発したというのに，自分自身の，あるいは自分の研究所の手持ちのラジウムといったらほんのわずかしかなかったのである．1921年，マリーはアメリカへの旅をして大歓迎を受けた．この時，ハーディング大統領から，アメリカの婦人たちの寄せた資金によって購入したラジウムが贈られた．

**図 2.9**　R. A. ミリカンと談話中のマリー・キュリー．1931 年，ローマで開かれたヴォルタ記念学会にて．ミリカンの後ろにいるのは R. ファウラー，その右は W. ハイゼンベルク．

ラジウムが生物の細胞組織にある作用をもたらすということは，ずっと初めの頃からよくわかっていたことである．これで火傷をした第一号の一人にアンリ・ベクレルがいる．彼はキュリー夫妻が精製したラジウムを少しチョッキのポケットに入れて持って行った時にこの災難にあったのである．またキュリー夫妻もやはり，ラジウムによって起こったある障害を受けた．やがてこの新物質は腫瘍を抑えるのに使えるのではないかという思い付きが実を結んできて，ラジウムには商業的な価値もあることが明らかになった．ところがキュリー夫妻は，この物質を単離するために開発した処理方法についてはいっさい特許を取らないことに決めてしまった．これは二人の信念に従ってしたことで，よく，一つの高邁な立場の見本として引き合いに出されるものである．科学上の発見で特許を取ることの善し悪しについてはいろいろな見解があろうが，私は，自分の仕事から利益を得るのを拒むのは，別に立派なこととも言えないのではないかと思っている．

後年，マリー・キュリーは国際連盟の知的協力国際委員会に加わって積極的な活動を行なった．1929年にはもう一度アメリカに出かけている．一方，新しい研究所では，放射性系列の解明という生涯をかけての仕事を進めていた．また娘のイレーヌも含めて，若手の協同研究者たちの育成にも心を砕いた．そうするうちにもマリーの健康はだんだんに蝕ばまれていった．二度，白内障の手術を受けて，視力はたいへんに落ちてしまった．1931年に私が会った時には躰の具合が悪そうで，顔色も良くなかった（図2.9）．放射線の火傷で荒れた手には包帯をしていたが，その手は神経質に震えていた．彼女はようやく研究所を手に入れたが，実はそれは遅すぎた．また彼女はフランス議会で可決された年金も受け，家はパリとブルターニュ地方の漁村，ラルクエストに一つずつ持っていた．その生涯の終りにあたって運命は彼女に微笑んだ．最後の数ヵ月というところで，マリー・キュリーは，自分の娘とその婿が人工放射能という偉大な発見をなしとげたのを目のあたりにしたのである．1934年，彼女はアルプス，フランス山麓の療養所で息を引き取った．

# 第3章
# 新世界でのラザフォード——元素の壊変

アーネスト・ラザフォード (Ernest Rutherford, 1871–1937) が物理学の一巨人であることは間違いないが，ここで，ラザフォードは独りで研究を進めたわけではないということ，したがってその名前には代表者としての意味も含まれているのだということも心得ておく必要があろう．普通，物理学における進歩というものは，ある期間にわたって何人もの科学者がいろいろな貢献をした上に最終的に実を結ぶものである．そして往々にして，大部分がいちばん最後の研究者の手柄になるのである．それでこの本でも話の脈絡を保つために，あえて何人か重要な人物を割愛しなければならない．また，研究者たちの間で行なわれたお互い同士の働きかけというものをくまなくたどり，一人の物理学者が他の一人からどんな着想を得たかということを明らかにするのもなかなか容易なことではない．たとえばベクレル，キュリー夫妻，ラザフォードはそれぞれ相手が発表した結果を読んでいたし，また時にはお互いに話を交わしもしたが，こういうきわめて重要な関わり合いを跡づけるのは難しいことで，ましてそれをもっともらしい形に描き出すというのは至難の業である．しかし，それぞれが自分の論文の中で行なっている引用を調べるのは，これら科学者たちの間の知的な交流を考えるうえで参考にはなる．

それから科学者の中には，自分のまわりに「学派」を形成する人もいる．師弟間の関係にはそれぞれの場合ごとに違いがあるが，お互い同士の個性が相補ってその仕事をいっそう実りの多いものにするということも珍しくない．また一方では独りで研究する科学者もいる．そしてこの両極の中間のいろいろな段階に位置する人たちもいる．さて，ラザフォードは学派を率いて最大の成功を収めるタイプの一人で，その協同研究者たちは，彼が指揮した研究所から数々の発見を生み出したのである．カナダでのO. ハーンとF. ソディ，マンチェス

**図3.1** アーネスト・ラザフォード（Ernest Rutherford, 1871–1937）．21歳の時．[A.S. Eve, *Rutherford*(London: Cambridge University Press, 1939) より]

ターでの H. ガイガー，E. マースデン，N. ボーア，G. ヘヴェシー，H. G. モーズレイ，ケンブリッジでは J. チャドウィック，P. M. S. ブラッケット，J. D. コックロフト，E. T. S. ウォルトン，M. オリファント，M. ゴールドハーバー，C. E. ワイン・ウィリアムズ等々と，これだけ挙げればもう充分であろう．ラザフォードの洞察力と統率力が，こういう弟子たちとの交わりによって強められ，また補われもしたことが容易に見て取れるのである．

## ラザフォードの初期の経歴

ラザフォード（図3.1)は1871年8月13日，ニュージーランドの南島にあるネルソンという町の近くに生まれた．彼の祖先はスコットランド系の移住者である．母親は学校の先生をしていてピアノのたしなみがあった．1870年頃のニュージーランドのいろいろな事情を考えると，ここでピアノが弾けたということは教養があるしるしであり，また不屈の精神の持主だという証しでもある．ラザフォードの父親は独創性に富んだ精力的な人物で，家業を変えることも数回に及んだ．はじめ農業をしていたが，そのうち小さな工場を建て，しまいに亜麻紡績工場を経営して成功を収めた．一家は亜熱帯気候のもとで開拓者精神に満ちた気風の中に暮していた．ラザフォードのきょうだいは男が6人，女が5人いたが，うち3人は子供のうちに亡くなっている．

ラザフォード少年はニュージーランドの小学校に行き，10歳の時にバルフォア・スチュアートの物理の本を読んだ．こういうことは物理学者になる発端として特に珍しいことではない．子供の時に物理の本を見つけて夢中になったという経験はよくあることである．1882年にラザフォード一家はペロラス・サウンドに移った．ここでラザフォードは中学校に通い，次いでネルソン・カレッジに入学した．（約半世紀あとになって貴族の称号に付ける名前を選ばなければならなくなった時，ラザフォードは「ネルソンのラザフォード卿」という名を選んでいる．）彼はこの学校で55ギニーの奨学金をもらった．これは1年間の生活費として充分な額である．入学試験では600点満点に対して560点を取り，英語，フランス語，ラテン語，歴史，数学，物理，化学で一番の成績であった．1889年にはもう一つの奨学金を受けてカンタベリー・カレッジに行った．ここには教授が7人いて，学生の数は150人であった．

ラザフォードとマリー・キュリーが，どちらも鉄の磁化についての研究から始めているのはおもしろい一致である．彼は理学士の卒業論文に高周波放電による鉄の磁化という問題を選んだ（図3.2）．1889年の時点で，ニュージーランドの一学生が卒業論文としてこういう実験をやれたというのは驚くべきことである．この初期の研究にも，すでにラザフォード独特の流儀が顔を出している．ここで彼が狙いとしたところは，高周波放電にさらされた針金の鉄が「表皮厚さ[1]」の部分だけ磁化するのを証明することであった．そこで彼は放電を用いて針金を磁化しておいて，まずこれが確かに磁化されていることを明らかにした．それから針金を硝酸に浸して表面部分だけを溶かして除いた．すると磁化はなくなってしまったというわけである．この研究は後で彼の論文集に収められている．

1894年，23歳になったラザフォードは1851年のロンドン博覧会の収益金で創設された奨学金に応募した．この奨学金は，ヴィクトリア女王の夫君，コンソート公が設けたもので，公は博覧会で残った資金を英帝国の臣民のための奨学金に供したいと望んだのである．（この賞は今でも続いていて英連邦諸国民のための大きな教育財源になっている．その後これを廃止しようという提案がなされた時，ラザフォードは自分のあらゆる影響力を駆使してその存続をはか

**図 3.2** ラザフォードの最初の研究室．これはニュージーランドのカンタベリー・カレッジの地下にあった．ここでラザフォードは高周波交流電流が鉄の中を流れる様子についての研究を行ない，磁化した鋼線が振動放電の検出器としての働きをもつことを発見した．この事実は他の人たちにもわかっていたことであるが，ラザフォードはそれを知らなかった．彼は，大きな小屋の中に発振器と検出器を置いて，送り出した無線信号を短い距離を距てて受信する工夫をした．この小屋は後に取り壊されてしまった．ラザフォードはこの研究をケンブリッジでも続けた．これは磁性線ヘルツ波検出器の発達を促した．（カンタベリー大学）

った．）さて，この時ラザフォードは次点になったが，首席候補が辞退したおかげで彼の所にこの奨学金が回って来て，イギリスで勉強することができることになった．この受賞の報せが到着した時，ラザフォードは自分の家の畑でじゃがいもを掘っていた．このニュースを伝える電報を読んだとき，彼は「これが生涯最後のいも掘りだ」と言ったそうである．ラザフォードは旅費の借金をして旅立った．そして途中アドレードに寄ってW.H.ブラッグ（W. H. Bragg, 1864–1942）に会った．この人も大英帝国の主要な物理学者に数えられるようになった人である．ブラッグはラザフォードよりわずかに年上で，この頃は若手の教授であった．後にW.H.ブラッグと，その息子W.L.ブラッグ（W.L. Bragg, 1890–1971）は結晶学とX線の分野で後世に残る発見をすることになる．そして息子の方のW. L.ブラッグは，マンチェスターとケンブリッジの両方でラザフォードの後継者となったのである．

ラザフォードは1895年の9月，イギリスのケンブリッジに着いて，J. J.トムソンのもとに研究生として入れてもらうことができた．トムソンは，前にお話ししたように，たいへん若くしてキャヴェンディッシュ教授になった人である．ちょうどラザフォードがやって来た頃，ケンブリッジ大学は教育課程に重要な変更を行なっているところで，実験の訓練の機会をもっと拡げたり，また外国人学生にこの研究所の門戸を開放することを始めていた．改革された制度のもとで研究をした学生の第一号がラザフォードであった．彼の評判はたちまち仲間内に拡がって行き，皆，自分たちが何か非凡な人物と付き合っているのだということを悟ったのである．彼が到着して間もない頃，学友の一人はこんなふうに書いている．「僕たちはここで，地球の裏側からやって来た一匹の兎に出っくわしました．彼はせっせと深い穴を掘りまくっています．」

ラザフォードが書いた手紙は，現在かなりの量が集められて保存されている．母親にはその存命中いつもきちんと2週間ごとに便りを続けていた——この母親は92歳になるまで生きていた．また彼は，まだ中学校の在学中に同級生のメアリー・ニュートンと結婚の約束を交わしていて，彼女にも手紙を書いた．ラザフォードが母親に宛てた手紙は，ほとんど行方不明になっているが，それはまだどこかにあるかも知れない．メアリーは彼から来た手紙を大事にとっておいた．その中の一つには，1895年にラザフォードの目に映ったトムソンの様子が描かれている．

研究所に行って，トムソンに会ってゆっくり話をした．とても気持良く話ができる人で，古臭いという感じはまるっきりない．外見はというと，体格は中位で色は浅黒く，まだ若々しい感じ——ひげの剃り方はいたってぞんざいで髪はかなり長目にしている．顔は細長くやせていて，頭の格好はなかなか良く，鼻のすぐ上まで縦皺が二本通っている．二人で一般的なことあれこれと，それから研究の話をした．彼は，僕がやろうとしていることをおもしろいと思ってくれたらしい．それから昼食に誘ってくれてスクループ・テラスに出掛け，ここで奥さんに会った．奥さんは背が高くやや色黒で，顔は血色が悪いような感じだが，たいへんに話し好きな愛想の良い人だ．昼食の後1時間ばかりここにいて，それからまた町に帰った．……そう言えばあそこで見たことのうちで大事なことを一つ忘れていた．この家の一人っ子の3歳半の坊やのことだ．サクソン人らしいがっちりした男の子だが，顔付きと言い，体格と言い，僕が今まで会った中でいちばん申し分のない坊やだった．［Eve, *Rutherford*, p. 15］

ここに出て来た子供は G.P. トムソンで，未来の電子線回折の発見者である．この人は1975年に亡くなった．

初めのうちラザフォードは自分の磁性の研究を続けていた．手紙の中で，万事うまく行っている様子，セミナーで自分の研究を報告しなければならなくなったいきさつ，どんなに皆が彼の言うことを真剣に受けとめたか，など，ことこまかに述べている．間もなく磁性についての研究は実用面で役に立つことがわかった．というのは彼の発見は無線通信の検知に使えたからである．マルコーニもイタリアで同じような仕事をしていたが，この二人の間には本質的なちがいがある．マルコーニは科学者と言うよりは発明家の方で，主として検知器の実用の見込みに関心があった．ラザフォードは，原理的には自分の研究が応用できるはずだということを承知していたが，その点にそれほどの興味はなかった．それにしても磁性線検知器が重要なものであったことは確かで，真空管が発達してこれに取って代わるまでは特許権をめぐって法律問題の種にさえなったのである．

## 放射能の研究

そうこうするうちに，世の中をあっと言わせたレントゲンの発見が現われて，誰もがX線の研究に飛びついた．ラザフォードはトムソンと協同で，X線によるイオン化の測定を始めたが，その後，放射能が発見されると，1897年にすぐさま以前の経験を応用して，ウランによるイオン化の測定に取りかかった．キャヴェンディッシュ研究所でたゆまず研究を重ねて行くうち，1898年に至

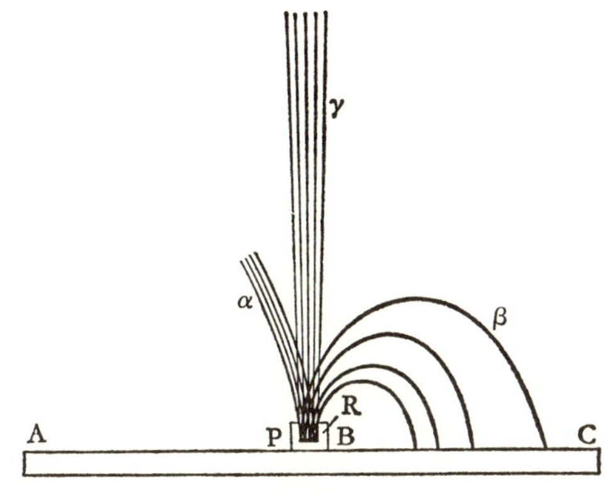


**図 3.3**　三種類の放射線 $\alpha, \beta, \gamma$. この三つは，進行方向に垂直な磁場の中で，それぞれが描く軌跡によって区別される．$\alpha$ 線（ヘリウム核）は正の電荷をもつ．$\beta$ 線（電子）は，ずっと軽い粒子で負の電荷をもつ．$\gamma$ 線はX線と同じく電磁場の量子（光子）である．これは電気的に中性なので，磁場で曲げられない．この命名法はラザフォードによるものである．[Marie Curie, *Thesis* (Paris: Gauthier-Villars, 1904) より]

ってラザフォードはウランから二種類の放射線が出ていることを確かめ，これらを「アルファ」と「ベータ」と呼んだ．この二つは物質に吸収される度合いの違いで区別される．ちょうど同じ頃，キュリー夫妻はポロニウムとラジウムを発見している．キュリー夫妻も，またベクレルも，やはり放射性物質から出る放射線の性質を研究していた．この三人とラザフォードの他にもこの方面の研究をした人はたくさんいたわけであるが，この人たちの仕事の重なり具合はなかなか複雑である．そこにはいろいろな誤りもあったが，しかし 2, 3 年のうちに，ベータ線は陰極線，すなわち電子であるという結論に達した．そのうえ，フランスの P. V. ヴィラールが，もう一つもっと透過性が強い放射線を発見した．これは「ガンマ」線と呼ばれたが，よく物を透り抜けるX線と似ていた．しかし，アルファ線の正体は相変わらず不明のままであった．ラザフォードとキュリー夫妻はどちらも，アルファ線は粒子であり，帯電した原子が高速で放出されるものではないかと考えた．現象面での特徴は，物に吸収される度合が大きいことと，磁場の中での曲がり方が小さいことである．多分読者の方々は，いろいろな教科書によく出て来る有名な図をご存じのことと思う．実はこの図は，キュリー夫妻とベクレルに由来するものである（図 3.3）．また，アルファ線は有限な飛程を持つものではないかということも予想されていた.

1898 年にモントリオールのマックギル大学の教授の席が空きになって，ラザフォードはここに応募することを決心した．これはなかなかたいへんな決心であった．物理の世界的な中心であるケンブリッジをあとにして，カナダの植民地大学に移るのは暗闇の中に飛び込むようなものであった．しかしラザフォードは冒険心に富んでいた．それにもともと彼は世界の科学の中心と言うにはほど遠いニュージーランドからやって来ていたのだ．そのうえ，これももっともなことだが，ラザフォードには常に大きな自信もあったのである．彼は J. J. トムソンから推薦状をもらった．それにはこう書かれている．「私は，ラザフォード君ほど，独創的な研究に意欲や能力のある学生を受け持ったことはありません．もし選任されれば，きっとモントリオールに物理の優れた一学派を確立することと思います．どんな研究機関でも，ラザフォード君に物理学教授として働いてもらえるのは幸運なこと，と考える次第です」[Eve, p. 55]．いかにもその通りに違いない．もっとも，これまでに私は，とてもラザフォード級とは言えない若い人について，同じような推薦状が出されているのに何度かお目にかかったことはあるのだが．ラザフォードはここに任命され，まずニュージーランドに行ってメアリー・ニュートンと結婚してから，一緒にカナダに向かった．この時の給料は年 500 ポンドというまず結構な額で，ピエール・キュリーがもらっていた額のおよそ 2 倍である．ここには当時の大英帝国とフランス共和国の国情の違いが反映している．

モントリオールの新しい環境は大いにラザフォードの気に入るものであった(図 3. 4)．来てみると，ここには新築の物理と化学の研究所があった．この研究所は，この大学の基金寄贈者の一人，百万長者のサー・ウィリアム・マクドナルドの財政援助で設立，維持されていたものである．学科主任のジョーン・コックスは 2, 3 週間ラザフォードの様子を見たうえでこう切り出した．「私があなたのクラスを引き受けて教えるほうの仕事を受け持ったほうが良いと思う．あなたはご自分がなすべき仕事のほうをお続け下さい．」これは，すぐれた賢明さと大きな雅量の現われである．ラザフォードは同僚たちが気に入った．彼の手紙を見ると，この人たちとの間に，それぞれ相手の働きを認め合ったうえでのきわめて親密な関係を作り上げたことがよくわかる．

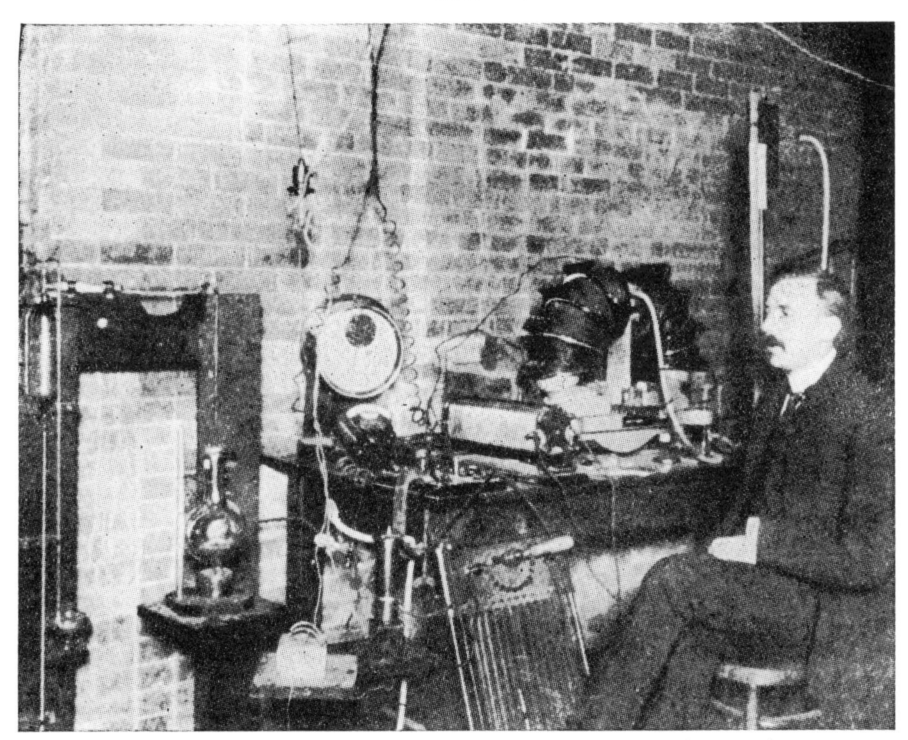

図 3.4　モントリオール，マックギル大学でのラザフォード．1905年．この年，彼は$\alpha$粒子の性質についての研究を始めた．この$\alpha$粒子の衝突が，後に彼を原子の中の重い核の発見に導くことになった．(Eve, *Rutherford* より)

ラザフォードは，なにがしかの放射性物質を手に入れて次のような問題の研究を始めた．R.B. オウエンスとラザフォードは，放射性物質によって生ずるイオン化の度合が空気の流れに影響されることを突きとめていた．そこでラザフォードは，放射性物質からは放射能を持つ気体が出て来るのではないかと考えた．一方，キュリー夫妻はこれより前に，放射性物質の近くに置かれた物が「誘導放射能」を持つことがあるということを認めていた．今ではこれは，放射性物質を脱け出したガスから生じた放射性の沈着物によるものだということがわかっている．充分の注意を払わないと，この放射性沈着物の形成は再現性のない現象のもってこいの例になってしまう．ずっと後のことであるが，私もウラン核分裂の発見の頃，類似の経験をした．この時，私には，放射性のガス

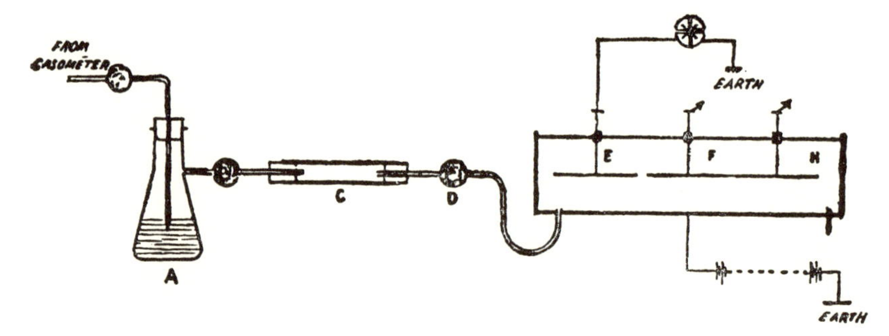


**図 3.5** トリウム・エマネーションを検出し，その半減期を測る装置．試料 C を通り抜けた空気は，放射性の気体を右側の管に運んでいく．電極 E, F, H は，その気体が生じたイオン化の度合を測定するのに用いられる．この測定結果と，気体の流速から半減期を知ることができる．［*Transactions of the Chemical Society* 81, 321 (1902)のラザフォードと F. ソディの論文より］

と放射性の沈着物というものがありうるということは充分よくわかっていたのだが．

ともかくこうして，放射性物質は三種類の放射線だけではなく，放射能を持つ気体を出すこともあるということが確立された．この発見は化学の土台を揺るがすものであった．当時の戸惑いがどんなであったか，それを知るには原論文を読んでみる必要がある．ラザフォードは「はたしてそれが気体であるかどうかを，私は疑いの余地なく示したいと思う」と言った．そして彼はまさしくラザフォード流にたいへん簡単な実験を始めたのであった．ここで使ったのは，先端が開いた管に一連の電極を備えつけて，これを電位計に接続するようにしたものである（図 3.5）．この管の中に例のガスを空気と混ぜて送りこんだ．ガスは片方の端から入って反対側から出て来る．彼は流量を測ってガスの流速を求めた．また入口からはじめて，ずっと管に沿ってそれぞれの場所での放射能を測定して，これがガスの流速によってどう変わるかをしらべた．こういう測定の結果，ラザフォードは放射性のガスの半減期を決定することができた．また，放射能の担い手は確かにガスだということを納得するために別の実験も行なっている．というのも，この結論はきわめて不思議なものに思えたからである．

ここで，サー・ウィリアム・マクドナルドが空気を液化する実験装置を購入してくれた．ラザフォードは放射性のガスが凝縮するものかどうかを知るために，液体空気で冷やした銅の管に放射性ガスを含んだ空気を流し込んだ．するとそれは氷になり，また管を暖めると再び蒸発して気体に戻ることがわかった．ところが気化点を測ろうとするところで，彼は一つ誤りをおかしている．彼はそのガスを「エマネーション[2)]」と呼んでいたが，そのエマネーションの種類によって，その振舞いが違うことを見出したと思ったのである．今，私が「種類」という言葉を使ったのは，彼がトリウムから出るガスとウランから出るガスを別々に用いているからである．今では，これらのエマネーションは互いに同位元素の関係にあるから沸点や気化点はどれも同じになるということがわかっている．だがラザフォードは蒸発の仕方に系統的な違いがあることを見出したという．つまりラザフォードといえども時には間違いをすることがあったのである．それはともかく，放射性のガスがあるということの発見自体は正しかったし，またきわめて重要なものでもある．そしてそれは，ウランとトリウムの原子が何らかの仕方で崩壊することも示しているのである．

次の問題はアルファ線の本性に関するものであった．これもやはりガスなのだろうか．ラザフォードはこの仮定の検証を試みたが，その結果は否定的であった．そこでもう一つの方向に進んでみた．もしそれが荷電粒子だとしたら，その質量に対する電荷の比，すなわち比電荷はどれだけであろうか．それは磁場の中で曲げられるだろうか．これは重要な点であるが，それについてはさまざまな見解があった．ベクレルは初めのうち，磁場では曲げられないと考えていたが，ラザフォードは誌上でそれに異議を唱えた．そしてその後二人とも，曲げられるということに意見の一致を見るようになった．この二人はいろいろな仮定を考え出し，またいくつか誤った実験結果も出したのであるが，このあたりの様子はラザフォードの論文集からもうかがい知ることができる．しかしついにラザフォードは，アルファ線の比電荷はヘリウム・イオンのそれに近いものだという重要な結論に達した．また彼は放射性物質を暖めた時に，それからヘリウムが出て来るということ，放射性の鉱物でも同じことが起こるということも見出している．こういう仕事はどれも相当に時間がかかったが，1903 年と 1904 年の間にラザフォードは，アルファ粒子がヘリウム・イオンだという確信を持つようになった．さてそうなると今度はこのことを証明するのが問題である．

## 弟子たち，そして原子核壊変の発見

放射能についての物理的な研究からは，これらの驚くべき結果が産み出されていたが，その間に化学的な研究のほうもやはりいろいろ驚異的な現象を明らかにして行った．クルックスは1900年に，ウラン塩の溶液の中に水酸化鉄の沈殿を生じさせると，放射能はすべて沈殿の方に行ってしまい，ウランは放射能を失ったまま残るということを発見した．ところが数日経つと，沈殿は放射能を失って，ウランの方がそれを回復したのである．その他の放射性物質についてもやはり同様な現象が起こった．それに要する経過時間はそれぞれ違っていて，数時間になる場合もあれば，また数分という場合もある．まるで研究所には妖精がいて，昼間人が丹念に分離しておいたものを，夜またもとに戻すことを楽しみにしているかのようであった．こういうことはすべて，なんとも神秘的であったが，やがてラザフォードとソディは，放射性物質は互いに移り変わるものではないかという考えに達した．このソディについては後で簡単に触れることにしたい．

ここで壊変の具体例を一つ考えてみよう．ウランは絶えず崩壊しながら別の放射性物質——UX——を生み出して行き，今度はこれがまた崩壊する．天然の鉱石の中ではこれがすべて同じ速さで起こっている．つまり1秒あたり同数のUとUX原子が崩壊するわけである[3]．しかし，もしウランから放射性物質UXを化学的に分離したとして，また放射線の性質からしてUXの放射能だけが観測しうるものとすると，UXの放射能はそれに特有の半減期で減少して行くことになる．この時には，UXがウランから補充されないからである．これと同時に，ウランは最初UXの分離によって放射能を失っていたのだが，再びそれを回復して行くようになる．こうして二つの放射能曲線が得られる．一つは分離された物質についての曲線で，もう一つはウランの曲線である．一方は下降し，もう一つの方は上昇して行く（図3.6）．しかし放射能の和は一定である．というのは，それは平衡状態にあるウラン，すなわち天然の鉱石の中に見られるウランに対応するものだからである．

ラザフォードとソディは，それぞれの放射性原子が単位時間あたり崩壊する

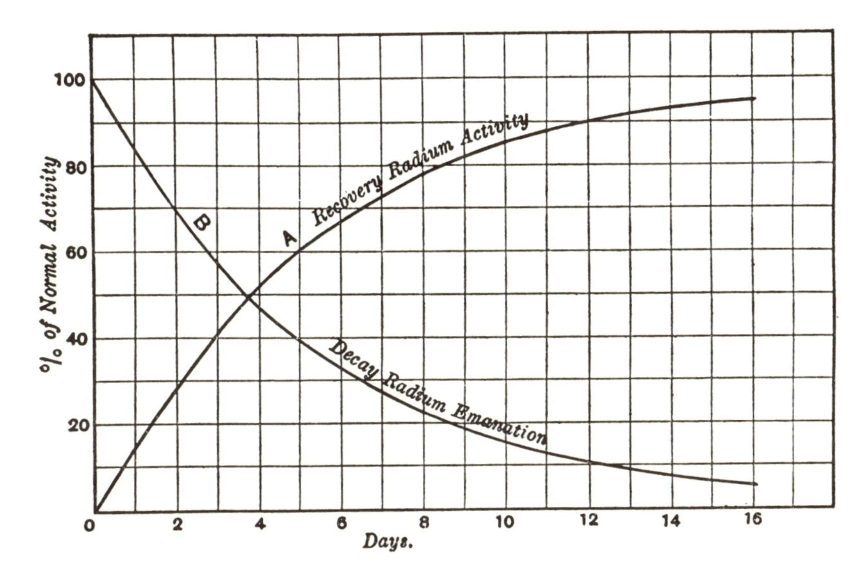


(a)

(b)

**図 3.6**　(a) ウラン X ($^{238}$Th) の成長曲線と減衰曲線．この二つの曲線は，次のことを示している．すなわち，ウランから抽出された UX の放射能は減少していき，一方ウランは，UX を抽出した当座は放射能を失っているが，また，だんだんにそれを回復して行く．そして，両方の放射能の和は一定に保たれる，ということである．後に，この二つの曲線は，(b) 図に見られるように，ラザフォード卿の紋章に使われることになる．((b) は Eve, *Rutherford* より)

確率は，常に一定の値を持つという基本法則を発見し，それによってこのような一見複雑な現象を完全に解き明かした．この確率は考えている物質ごとに特有の値を持っていて，それ以外の何ものにも左右されない．この点はすでにラザフォードが 1900 年にはっきり示していたところであった．これはまことにみごとで画期的な考えであったが，その中には，ある原子がちがう種類の原子に変わるということが意味されている．これは，どうもいささか錬金術めいたにおいがするので，ラザフォードといえども，あえてそこに触れるのはためらった．事実，ラザフォードがモントリオールの同僚たちに自分が見出したことを話して，あの現象を説明してみせると，同僚たちは彼に，笑いものにならないようにくれぐれも慎重を期して証拠を提出するよう忠告したものだ．しかしながら事実は現にそこにあって否定しようもなかったのである．

さてここでソディの話になる．研究を進めているうちにラザフォードはどうしても一人，化学者が必要だと思うようになっていたが，ちょうどそこへフレデリック・ソディ（Frederick Soddy, 1877–1956）という人物が現われた．ソディはイギリスで教育を受けて，化学で博士号を取得していた．英帝国のどこかに職を探していたソディはトロントの大学に応募して手紙を書き，電報を打って，やきもきしながら返事を待っていた．ところがやはり返事が来なかったので，行動の人であったソディはどうなっているのか自分で見届けようという気になって，カナダ行きの船に乗り込んだ．ところがニューヨークに着いた時に，自分が望んでいたポストはもうふさがってしまっているということを聞いた．しかし，まだ切符があるので彼はモントリオールを訪ねてみることにした．ここで彼は自分の推薦状を見せてマックギル大学の口を頼んでみたところ，首尾よく化学教室に雇われることになった．ちょうどこの時，助けを必要としていたラザフォードがソディに声をかけ，自分がしていることを話して協力しないかと誘ったのである．ソディは即座にラザフォードに協力する決心をした．たちまち二人はがっちりと腕を組んで，1900年から1903年に至るまでに協同で放射性壊変の理論を確立した．後になってソディは同位性という概念を打ち立てるのに大いに貢献することになる．この概念は，素朴な形でいうと，化学的な性質はまったく同じでも，放射能に関する性質においては違いのある二つ以上の物質がありうる，というものである．このように，元素の周期律表の中でいくつかの物質が同じ位置を占める場合があり，その時これらは「アイソトピック（同位）」であると言うが，この術語を造り出したのもソディである．やがて彼はオックスフォードの化学の教授になったが，後年になるとその創造的な才能に衰えを見せた．

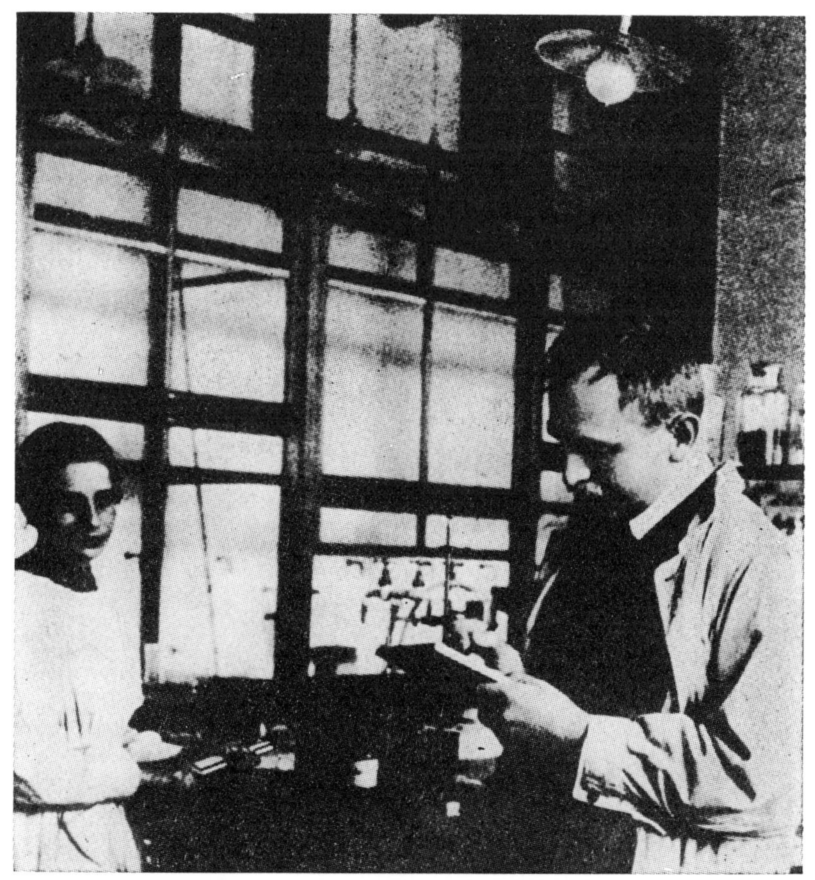

図3.7　オットー・ハーン (Otto Hahn, 1879–1968). ラザフォードの学生でもあった，このすぐれたドイツ人放射線化学者は，新しい天然放射性物質の発見から，ウランの核分裂の発見にわたる，放射線化学の全領域にその足跡をとどめている. 彼と一緒に写っているのはリーゼ・マイトナー (Lise Meitner, 1878–1968) である. (Ullstein Bilderdienst)

ソディにつづいて，モントリオールにやって来た学生たちの中には，たとえばオットー・ハーン (図3.7) のような未来の「スター」たちが含まれている. ハーンはフランクフルトの実業家の家に生まれた. 彼には子供の頃も，学生の頃も科学の方面で特に早熟の兆しは見られなかった. 1901年に有機化学を修めてマールブルク大学を卒業し，指導教授のテオドール・ツィンケの助手になった．ハーンはこの頃繁栄を極めていたドイツ化学工業の会社のどこかで技術者の職に就くつもりでいたが，ツィンケは英語をよく身につけることを勧めて彼をサー・ウィリアム・ラムゼーのもとに送り出した．ラムゼーは希ガスの権威で，ネオン，クリプトン，キセノンを発見した人である．

ラムゼーは放射化学の研究にも手を出していたが，大した成果もなく，ラザフォードからはあまり評価されてはいなかった．しかし，ラムゼーはハーンにたいへん良い研究課題を与えたのである．それは，ラジウムを含んでいる塩化バリウムのある試料からラジウムを抽出するということだった．ラムゼーにしてもハーンにしても全く予期していなかったことであるが，実はこの試料にはラジウムのもう一つの同位体である $Ra^{228}$ が含まれていたのであった．普通のラジウム（キュリー夫妻が発見したもの）は $Ra^{226}$ である．とやかくするうち，ハーンはトリウムのもう一つの放射性同位体も見つけ出して，これをラジオトリウム($Th^{228}$)と呼んだ．R. B. ボルトウッドはエール大学における放射化学の中心人物で，ラザフォードの親しい友人であったが，ハーンの仕事を信用せず，ラザフォードに宛てた手紙の中で，ラジオトリウムは「トリウムとばかばかしさの化合物だ」と評したものである．こんなわけでハーンは，何とも評価も定まらぬまま，モントリオールにやって来た．おまけにラザフォードとソディはすでにこれより前に，ThX と呼ばれるラジウムのまた別の同位体 ($Ra^{224}$) を見つけ出していたが，このこともますますラザフォードの疑念を強めたのであった．

しかしハーンがラザフォードとボルトウッドに自分が正しいことを信じてもらうのに長い時間はいらなかった．この当時には，同位性ということはまだ知られていなかったので，新しい放射性物質が見つかるたびに，それは新しい元素だと考えられた．したがって，それが前から知られていた元素とどうしても分離できないというのは新しい謎であった．こういう事情を頭に入れておいていただきたい．ハーンのラジオトリウムは（今日の言い方でいえば）トリウムの同位体であり，したがってトリウムから直接，化学的に分離はできないのである．しかし Th は MsTh に壊変する．これは Ra の一つの同位体 ($Ra^{228}$) である．そしてこれがさらに RaTh に壊変する．それでまず Th から MsTh を分離し，次いで RaTh が MsTh の中にある程度増えて来たところで，前者をかなり純粋な状態で取り出すことができる．こうして Th から RaTh を分離することができるわけだが，この分離は直接には行なえないものである．ラザフォードとハーンがまさに同位元素の実例をいくつか発見していながら，しかもこの当時同位性という概念をつかまえるに至らなかったのはちょっと不思議に思えるかも知れない．しかし心にその用意がなければ目も見落としてしまうということは，今までにも見てきたようによくあることなのである．

ハーンは1年ほどラザフォードのもとで過ごした後，1906年にドイツに帰りエミール・フィッシャーの有機化学研究所に入った．そしてここでもやはり放射化学の研究を続けた．1907年には，マックス・プランクの助手をしていたウィーン出身の若い物理学者，リーゼ・マイトナー（図3.7）の協力が得られることになり，二人は原子核の研究の重要な中心を築き上げて行った．数年後にはハーンはベルリン・ダーレムのカイザー・ヴィルヘルム研究所に自分の研究室をつくったが，ここでもマイトナーとの協力を続けた．しかしやがて1938年，マイトナーはナチスの手から逃れなければならなくなってスウェーデンに逃れた．その後数ヵ月してハーンとシュトラスマンはウランの核分裂を発見したのである．ハーンはこの時59歳であった．これはかなり高齢に達してから行なわれた発見の，際立った一例となるものであろう．

この時期には多くの驚くべきことが次々に報告されたのだが，一方，間違った発見も少なくなかった．たとえば「n線[4]」というのがあったが，この一件は，自分がそれを発見したと思い込んだ人が最後に自殺するという悲劇的な結末に終っている．また，水銀が金に変わったということが，功名心にはやる化学者たちから発表されたこともあった．その他にもいろいろな例がある．また一方ではかの偉大な D.I. メンデレーフは，高齢にもかかわらずなお科学上の問題について大胆な発言を続けていたが，1904年に至るまで原子の壊変からヘリウムが生じうるということを信じようとしなかった．

ラザフォードは方々から講演を頼まれるようになり，また旅行好きでもあったので，仕事の合間を見つけてはアメリカや大英連邦のいろいろな大学に出かけて行った．エール大学が彼を高給で迎えようとしたがラザフォードは，「彼らはまるで大学は学生のためにある，と思っているようだ」と評してこれを断わった．それはそれとして，エール大学のボルトウッドとはその後も親しい友人関係を続けた．この二人が長年にわたって交わした手紙が出版されているが，これは当時の放射化学のありさまを生き生きと描き出していて，たいへん興味深いものである．ただしこれは，キュリー夫妻の仕事には触れていない．

放射性崩壊で解放されるエネルギーはどこから来るのかという問題は，この分野で大きな謎の一つであった．ラザフォードは，キュリー夫妻や A. ラボルドその他の人たちと並行してこのエネルギーを測定し，驚くほど高い数値を見出した．そこでラザフォードは，地球の中にある放射性物質が地球の熱収支に重大な影響を与えているのではないかと考えた．これはしばらく前にケルヴィン卿と地質学者たちとの間に起こった論争にけりをつけることになった．ケルヴィン卿は地球の冷却速度を計算して，これから，どろどろに融けた火の玉の状態から現在までに経過した時間を見積もったが，その結果は，地質学的な証拠とくらべるとはるかに短い時間になってしまう．この点について論争となっていたのである．ところがラザフォードのように地球の中の放射性物質から供給される熱を考えに入れてみれば，難点は解消してしまう．ラザフォードはこの発見が得意であった．それを発表した時の様子を，彼はこんなふうに語っている．

> 私は部屋に入って行った．部屋は薄暗かったが，間もなく聴衆の中にケルヴィン卿がいるのに気がついて，話の終りのほうで地球の年齢に触れるところではまずいことになりそうだと思った．私の考えはこの人のと合わないのだ．幸いなことにケルヴィンはすっかり眠りこけていた．ところが，その大事な所にさしかかると，この爺さん鳥が目を覚まして背筋を伸ばし，険しい目付きでじろりとこっちを見上げた．ここでふっとうまい考えが浮んだのだ．私はこう言った．ケルヴィン卿は，何も新しい熱源が見つからない限りは，地球の年齢はこうなるということを示された．この予言的な言い方はまさに，今夜ここで考えているもの，すなわちラジウムを暗に指示しているのである，と．すると見給え！　この先輩は僕に向ってにっこりしたのだ．[Eve, p. 107]

1903 年，ラザフォードはロンドン王立協会の会員に選ばれ，1904 年 5 月 19 日には，「放射性物質の変化の系列」という題でベイカー講演を行なった．ベイカー講演は 18 世紀の一アマチュア顕微鏡観察家が寄付した基金で創始されたもので，講演者は自分のした仕事を紹介することになっていた．このベイカー講演をすることは，イギリス科学界が授ける最高の名誉の一つに数えられている．ラザフォードは1920年にも二度目のベイカー講演を行なっている．

1904年のベイカー講演で，彼は自分の発見についてのトピックスを次のように並べている．

1. 術語解説.
2. トリウムとラジウムの励起放射能[5)]による崩壊速度——いろいろな時間，エマネーションにさらした場合について，また放射性崩壊のそれぞれの型について.
3. 逐次変化についての数学的理論.
4. この理論を次の各場合の変化の説明に応用すること．(a)トリウム，(b)アクチニウム，(c)ラジウム.
5. ラジウムから生ずる遅い変化速度を持つ物質——マークワルドの放射性テルルと比較して.
6. 通常の物質の見かけの放射能（一部は大気からやって来る変化速度の遅い放射性沈着物による）.
7. ウラン，トリウム，アクチニウム，ラジウムにおける逐次変化.
8. 放射性元素の放射を伴わない変化の意味についての議論.
9. 放射性生成物からの放射線．放射性元素の系列の最終段階での速い変化において，$\beta$線と$\gamma$線が現われることの意味.
10. 放射性変化と化学変化のちがい.
11. $\alpha$線によって運び去られる電荷を測定するための実験についての議論.
12. 放射性元素において起こる変化の量.
13. 放射性元素の起源.

これが，この時までのラザフォードの仕事の概要である．彼が「進め，キリスト教徒の戦士よ」を高らかに歌いながら研究所を闊歩していたのも，もっともだと言えよう．

しかしながら，ラザフォードのカナダでの滞在は終りに近づいていた．イギリスへの帰還は，また新しい段階の活動の始まりとなるのである．さて，ここで，歴史的な順序を乱さないようにするために，しばらくラザフォードから離れなければならない．

# 第4章

# 心ならずも革命家になったプランク
# ——量子化の考え

これまでの章では，まず，X線や放射能など実験的発見のうち主なものを扱ってきた．そこでは大むね，こういった新しい世界をいわば垣間見た物理学者たちが主人公であった．さて，この章では物理学のもう一つの面に目を向けることにしよう．これは専門外の人には少々なじみにくいほうの一面ではあるが，やはり前のものと同じだけの重要性をもつものである．それは新しい理論的な考えの発展ということであるが，それはそれ自体としてX線や放射能の発見に劣らず根本的に新しくかつ革命的である．

ここでは，理論と実験とが相互に微妙な働きかけを行ないつつ，新しい事実と新しい理論との間を紆余曲折して進んでゆく姿が見られる．物理学の究極的な目標は，自然を記述し，これから起こるはずの現象を予言することにある．先験的（アプリオリ）な理論だけから出発してこれを行なうことは不可能である．それでは2,3歩行っただけでたちまちつまずいてしまい，個々の誤りは重ね合わされ，正しい道筋からますますそれてしまうことになるだろう．また一方，実験だけに頼るとしたら，ばらばらの事実が並んでいるのを前にして，それに意味づけを行なう望みもなく途方に暮れてしまうことだろう．理論と実験との間に，数学を言葉として使う結合があったからこそ，物理学はこれほどまでに驚くべき成果に到達することができたのである．ガリレオがこの同盟の威力をはっきりと認め，そしてそれを実現するための筋道を指し示したのはまさに不滅の偉業と言ってよい．

ところで，物理学の歩みを見ていると，それはあらかじめ予定された筋道をたどっていて，大科学者はただ，その進み方を速めたにすぎないというふうに思えることがよくある．仮にある科学者がいなかったとしても，いずれまた別の誰かが，その人に代って同じことを見出すことになっただろうというわけである．これに対する一つの重要な例外が作用量子の発見である．この章はこの発見を語るものである．

## 物理学の大黒柱

19世紀の末には，古典物理学は壮麗な高みに達していた．その内部構造は見事な調和を保っていて，ある意味で完璧なものであった．力学はニュートンによって完成の域に達し，またラグランジュはその体系を整え，それは自然界全体にあてはまる統一モデルとでも言うべきものに思われた．すなわち，物理学のあらゆる章は，結局，力学に帰着されるであろうという期待があった．しかしこの期待は実はすでに色あせ始めていたのである．マクスウェルの電磁気学は，どうも力学に還元できないのではないかと考えられるようになってきたのが，その主な原因である．マクスウェル自身，かつてはそういう期待を抱いていたのであるが．しかし，いずれにせよ全宇宙が力学と電磁気学という二つの大黒柱の上に組み立てられているのは間違いないと思えた．ボルツマンも，このような考えを暗示している．彼はかつてマクスウェルの理論を論じ，ゲーテの戯曲に出て来るファウストの問いかけを引用してこう記した．「このような符牒をしるしたのは神ではあるまいか」と．さてそうなると，聖書の創世記の物語も現代風にこう書き変えられよう．「光あれ」の代りに

$$\nabla\cdot\boldsymbol{E} = 4\pi\rho \qquad \nabla\cdot\boldsymbol{B} = 0$$

$$\nabla\times\boldsymbol{E} = -\frac{1}{c}\frac{\partial\boldsymbol{B}}{\partial t} \qquad \nabla\times\boldsymbol{B} = \frac{1}{c}\frac{\partial\boldsymbol{E}}{\partial t} + \frac{4\pi\boldsymbol{j}}{c}$$

これすなわち，光の電磁場を支配するマクスウェル方程式である．また天体の運行に対しては

$$\boldsymbol{F} = m\boldsymbol{a} = k\frac{mm'}{r^2}$$

これはニュートンのご託宣である．

しかしこういう極端な立場は，聖書に書かれたことを逐一文字通りに信じる正統派キリスト教徒に劣らず素朴にすぎる．そのうえ，すべての勝利にもかかわらず，ケルヴィン卿が言ったように小さな雲が見えていた．ニュートン力学とマクスウェルの電磁気学は，どちらも膨大な数にのぼる実験によって確かめ

られていたし，またヘルツは，マクスウェル方程式が光学現象をもその範疇の中に包みこんでいることを示したのであるが，力学と電磁気学の両者をすっきり共存させるには，難点があったのである．

物理学の第三の柱は熱力学で，これはおそらく最も揺るぎないものであった．熱力学はどんなモデルにも適用されるという点で，力学や電磁気学とは非常に異なった性格をもっている．その代り，それ自体は特にどのモデルが真であるか，ということは教えない．この学問の原型を形造ったのは，サディ・カルノー（Sadi Carnot, 1796–1832）が行なった蒸気機関についての科学的な研究である．その後，ロバート・マイヤー（Robert Mayer, 1814–1878）やヘルマン・フォン・ヘルムホルツや W. トムソンによるエネルギー保存の発見によって完成され，R. クラウジウスの手で体系的にまとめ上げられたのである．この古典熱力学は，一見さりげないような，次の二つの命題から導かれてくる．(1)エネルギーを際限なく生み出すような機関を作ることはできない．(2)温度が一定の一つの熱源から熱を取り入れるだけで，それを全部力学的な仕事に変えるような機関を作ることはできない．ケルヴィン卿の表現（1848年）ではこれは「無生物の作用だけを使うとき，ある物体の一部を，その周りにある最も低温のものよりもさらに低い温度にまで冷やすことによって，そこから力学的効果を引き出すことはできない」ということになる［W. Thomson, *Mathematical and Physical Papers* vol. 1, p. 174 (Cambridge University Press, 1882)］．このような機関が第二種の永久機関である．もしこれがあれば，たとえばもっぱら海から熱を取ってその熱を仕事に変えることもできることになるから，実用上第一種の永久機関に劣らず重宝なものになるはずだという点に注意されたい．したがってこれができるなら実用的にはエネルギー問題はみんな解決してしまうことになる．さて，この二つの要請から，まったく思いもかけないような，また一見全くかけはなれた結論がいろいろ導き出せる．たとえば圧力を増すに従って水の凝固点が下がるということなども熱力学から導ける．そしてこのことが，氷河がなぜ流れるかを説明してくれるのである．

上に述べた要請が正しい限り，熱力学全体も正しいのであり，この両者は同等の確かさをもっている．熱力学における論証は，往々にして微妙なものを含んでいるが，それは絶対的な確実性をもって結論に導く．後に見るように，プランクやアインシュタインは絶対的な信頼を熱力学におき，何か新しい物理学上の理論を立てるにあたって熱力学をただ一つの確固たる拠り所と考えていた．何かある手ごわい障碍にぶつかった時には，彼らはいつも熱力学に立ち帰って考えたのである．

熱力学では，可逆な現象と不可逆な現象というものを区別して考える．前者の一例は，力学で問題にされる二つの球の完全弾性衝突である．一方，真空中に気体が拡がって行くのは不可逆な現象である．日常の経験の中でも，時間軸のどちら側にも進行する，事実上可逆と言ってよい現象が見られる．たとえば弾性衝突の場合に，衝突後の状態から始めて全部の速度を逆向きにしてやれば衝突前の初めの状態に戻れるはずである．不可逆な現象ではそうはいかない．ある体積の気体の分子が全部，容れ物の一つの隅に自然に集まってしまうなどということは誰も見たためしがないのである．もしある現象を映画に撮っておけば，それを時間の進行方向にも，逆向きにも回すことができる．そこでその現象が可逆である場合には，フィルムが正しい方向に回っているか，それとも逆向きなのかを示すための条件は何も見つからない．ところが，その現象が不可逆である場合には，フィルムを回す正しいやり方はどちらか一方だけだということがわかる．もしも，水を入れたやかんを火にかけておいたら水が冷えて行ってとうとう凍ってしまったとすれば，不可逆な現象を逆向きに観ていたのだと判定を下すのである．

ある系の一つの状態からもう一つの状態に可逆的に移れるかどうかは，初めと終りの状態がどういうものであるかということだけに依存している．不可逆な現象においては，時間の流れの向きは一つにきまる．ところで，この可逆，不可逆というアイディアをもっとつきつめていけば，エントロピーという概念によって定量的に表わすことができる．ある系のエントロピーは，体積やエネルギーと同じくその系の状態によってきまる一つの量で，適当な実験でそれを測定することもできる．不可逆な変化は孤立した系のエントロピーを増大させる．したがってエントロピーは時間とともに増えて行くか，あるいは変わらないかで，少なくとも減ることはないのである．

ここまではそれで別に問題はない．だが，力学や電磁気学の枠組で扱われる

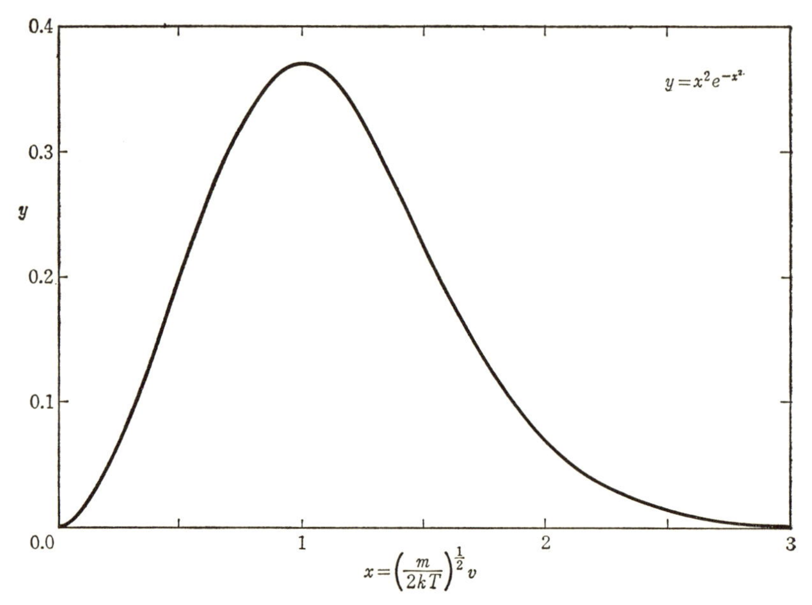


**図 4.1**　(a) 気体中の分子の速度分布のグラフ．速度の，単位区間に入る分子数 $n$ を与えるもの．横軸の目盛を $x=(m/2kT)^{1/2}v$，縦軸の目盛を $y=(\pi kT/8m)^{1/2}n$ とすれば，この曲線は，分子の質量 $m$，絶対温度 $T$ の値の如何に関わらずあてはまるものになる．曲線の方程式は $y=x^2\exp(-x^2)$ である．速度の最確値は $(2kT/m)^{1/2}$ となり，一分子あたりの平均運動エネルギーは $(3/2)kT$ となって，質量 $m$ にはよらない．これらの結果はマクスウェルによって見出された．

現象は皆，可逆的である．ここで次のような疑問にぶつかることになる．すなわち，すべての要素的な現象が可逆であり，そうして物理現象はすべてそういう要素的な現象の組み合わせだとしたら，巨視的な世界で明らかに見られるところの不可逆性はいったいどこから生ずるのであろうか．

この基本的な問題は，何人もの 19 世紀最高の頭脳を長い間捕えて離さぬものとなった．この人たちの奮闘から生まれてきた統計力学という新しい分野は，確率という考え方を物理学に持ち込み，片側の力学，電磁気学と，向い側の熱力学との間の橋渡しをしたのである．統計力学の創立者たちの中には，マクスウェル，R. クラウジウス，L. ボルツマン，J. W. ギッブス，といった人々がいる．

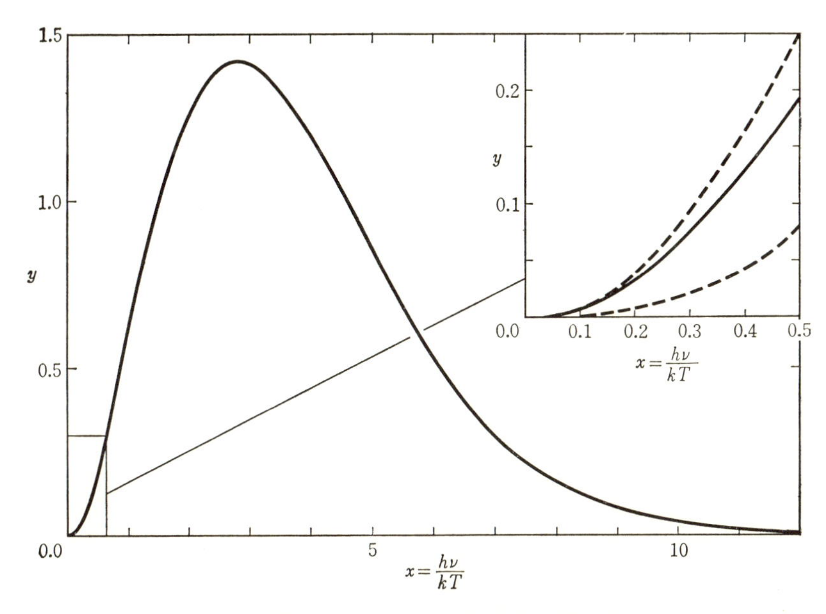


**図 4.1**　(b) 温度 $T$ の黒体輻射について，振動数の単位区間あたりのエネルギー密度 $u(\nu, T)$ をグラフとして示す．横軸の目盛を $x=h\nu/kT$，縦軸の目盛を $y=(h^2c^3/8\pi k^3T^3)u$ ととれば，この曲線は，どんな温度にもあてはまる．曲線の方程式は $y=x^3/(\exp x-1)$ である．レイリーとヴィーンの極限形は，$x$ の値が小さい場合について，挿入図に示されている．

そして，ここから熱力学の第二法則は，絶対的な普遍妥当性をもつのではないが，しかし圧倒的に高い確率をもって成立する事柄だということが明らかにされた．この確率はたいへんに高いもので，もし第二法則が破れることを巨視的な現象の尺度で見たいと思うなら，宇宙の年齢以上の長い時間待つほかはないというほどである．たとえば，ある容れ物に多数個の分子があるとすると，その容器の左半分に分子が集まってしまってはいけない理由は何もない．しかしこういうことが実際に起こるのを見るには，$10^{10}$ 年というような恐ろしく長い時間待っていなければならないだろう．これは宇宙の年齢にも匹敵するくらいの長さである．こういうわけで，かの偉大なマクスウェルはレイリー卿にこう書き送ったのである．「教訓．熱力学の第二法則の真実性は，コップ一杯の水を海に放りこんだ時，ちょうどはじめと同じ水をもう一度取り戻すことはできないという命題の真実性と同じです.」[Rayleigh, *Life of Lord Rayleigh*, p. 47 (University of Wisconsin Press, 1968)].

熱力学で考えるエントロピーは，系がその状態にある確率の大きさを測る一つの尺度であり，また同時に系の「無秩序さ」の程度を表わすものでもある．そして，孤立した系では，確率も無秩序さも増えて行くのである．

統計力学のおかげでいろいろな問題を熱力学の範囲を越えて追究して行くことができる．しかしそのためにはもっと具体的なモデルや仮定などが必要になるので，統計力学は熱力学ほど安全確実，不変なものではなくなってくる．熱力学も統計力学も，たくさんの粒子を含んでいる系の問題に，専門用語でいえば多数の自由度がある場合の問題に適用する時に限って役に立つものである．

統計力学からの重要な結果の一つとして，マクスウェルによる単原子分子気体の速度分布則の発見がある．マクスウェルは，速度のある区間に入る分子の数はその気体の分子数密度に比例し，その他には，気体の温度と分子そのものの質量にだけ依存するということを見出した．この速度分布は統計力学を使えば計算できるが，熱力学からは求められない．マクスウェルは1859年にこの法則を発見したが，そこで彼が用いた推理は直観的で，厳密さには欠ける所があった．後になって彼はもっと改良した証明をしているが，最初の議論はきわめて明瞭で，彼の天賦の才の威力を遺憾なく見せている．これが直接，実験で確かめられたのは，ようやく1921年のことで，それをやったのはO. シュテルンである（図4.1参照）．

統計力学は多大な成功を収め，マクスウェルの後にもボルツマンその他多くの物理学者が熱心に研究を進めた．そして，これに関していろいろ複雑で難しい問題も起こってきた．ここで出されたきわめてみごとな理論的結果の一つは，熱平衡状態にある系では，どの自由度も $(1/2)kT$ だけの平均運動エネルギーを持つということであった（94ページ参照）．この結果は古典力学の上に立って厳密に証明できたし，また実験的にも多くの場合についてその正しさが示されたが，一方それが成り立たない場合もあった．たとえば，原子の内部自由度は比熱の値に現われてこなくて，単原子分子気体の比熱からは，原子は質点であるというふうに考えなければならないことになるが，これはもちろんおかしいのである．こういった矛盾は統計力学を研究している人々の悩みであった．

ボルツマン，ケルヴィン卿，レイリー卿，そのほか多くの人々はこの矛盾を思い悩んでいた．しかし彼らは，まさか，この困難が古典力学そのものの正当性の問題に根ざしていようとは思わなかったのである．

古典統計力学を最も完全に取扱った議論と言えば，おそらく1902年に出たヨシア・ウィラード・ギッブスの著書であろう．これはあまり厚い本ではないが，かなり難解であり，かつ微妙な表現が含まれていて，『統計力学の基礎的諸原理』と題されている．この著者は19世紀のアメリカ最高の物理学者で深い独創力と批判力を備えていた．ギッブスはエール大学で教えながら，どちらかというと孤高の生涯を送った人で，マクスウェルのような人たちには認められていたが，当時のアメリカでは特に尊敬を受けてはいなかった．この本の序文で彼はこう言っている．

そのうえ，物質の構造についての仮定をこしらえ上げる試みは一応，諦めることにして，むしろ力学の一部門として統計学的な研究を進めるという立場をとれば，最も重大な困難を避けることができる．現段階の科学では，熱力学的な現象や，輻射にかかわる現象や，それに原子の集団に見られる電磁気的な現象，これらすべてを包括するような分子運動理論を組み上げることは，まず不可能だと思われる．一方，これらの現象のすべてを取扱えない理論は明らかに不満足なのである．純粋に熱力学的な現象だけに限っても，二原子分子気体の自由度の数などという単純な問題で，もう逃れられない難点にぶつかる．よく知られているように，理論的には一分子あたり6個の自由度が割り振られるはずであるが，比熱の実験では5個の自由度しか数えられないのである．したがって，物質の構造についてのいろいろな仮定をしたうえで仕事を進めるのでは，不確かな土台の上に建物を建てることになることは明らかである．

このようなたぐいの難点を考えた挙句，著者は，自然の謎を説明しようという企てはひとまず諦めて，より控え目な目標で満足する他ないと思うようになった．それは力学の統計的な一部門について，もっとはっきりした命題を追究しようということである．この場合には，仮定が自然の事実と矛盾しているというような誤りは起こりえない．もともとこの点について何の仮定もしていないからである．誤りが起こるとすれば，それはただ前提と結論との間の矛盾である．これは注意を怠らなければまずは避けられるはずである．

## 実り豊かな黒体の問題

ところでここに，先に述べた気体分子の速度分布の問題に幾分似た所のあるもう一つの問題がある．それは黒体の問題である．古典熱力学は，その答についていくつかの重要な条件を与えることはできるが，これを完全に解くことはできない．19 世紀から 20 世紀に移る頃，ハインリヒ・ルーベンス（Heinrich Rubens, 1865–1922），エルンスト・プリングスハイム（Ernst Pringsheim, 1859–1917），オットー・ルンメル（Otto Lummer, 1860–1925）等のすぐれた実験物理学者がこの問題に取り組んでいた．今，名前を挙げたのはいずれもベルリンの国立物理工学研究所[1]（アメリカの National Bureau of Standards にあたる）にいた人々である．一方，こことは別に W. ヴィーン，レイリー卿，J. H. ジーンズ等の理論物理学者もやはりこの研究にあたっていた．中でもこの問題で不屈の格闘を続けていたのは古典熱力学の大家，マックス・プランクである．ここでまずこの問題そのものを説明してからプランクについてお話しすることにしよう．

黒体とは，それにぶつかる電磁波の輻射を完全に吸収してしまうようなもののことである．空洞の入口，たとえばオーブンの扉などは事実上黒体のように振舞う．ある物体が輻射を出す能力のことを輻射能というが，これは単位面積あたりから放出される電磁波の強さを指す．吸収能といえば，入射したエネルギーのうち，それに吸収された部分の割合のことである．黒体については，その定義からして入射エネルギーを全部吸収してしまうのだから吸収能 $a$ は 1 になる．輻射は，それぞれある振動数をもった電磁波の集まりの形で放出される．この中にはあらゆる振動数の波がそれぞれ決まった強さで含まれている．輻射を調べるには分光計を使い，振動数の区間ごとに含まれるエネルギーを測って，輻射エネルギーのスペクトル分布を求めればよい．しかし，そこまでしなくてもオーブンの温度は窓から中をのぞきこめば判定できるのである．すでに 1792 年に，ダーウィンの先祖で陶磁器作りをしていた T. ウェッジウッドが，物を熱して行くとどんな物でも同じ温度で赤くなるということに気がついている．この大雑把な観察は，キルヒホッフによって科学的に精密な形に定式化された．キルヒホッフは，輻射能の吸収係数に対する比は，振動数と温度だけの関数で物体の性質にはよらないということを熱力学を使って証明したのである．黒体については吸収係数は 1 であるから，その黒体が実際何でできているかという点には関係なく，輻射能は温度と振動数だけで決まる．図 4. 2(a)に

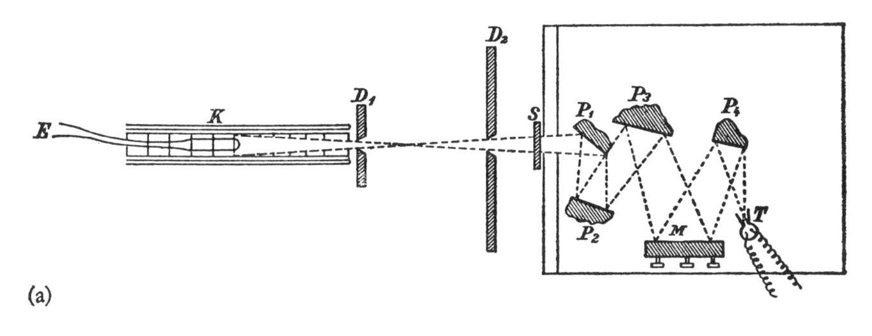


(a)

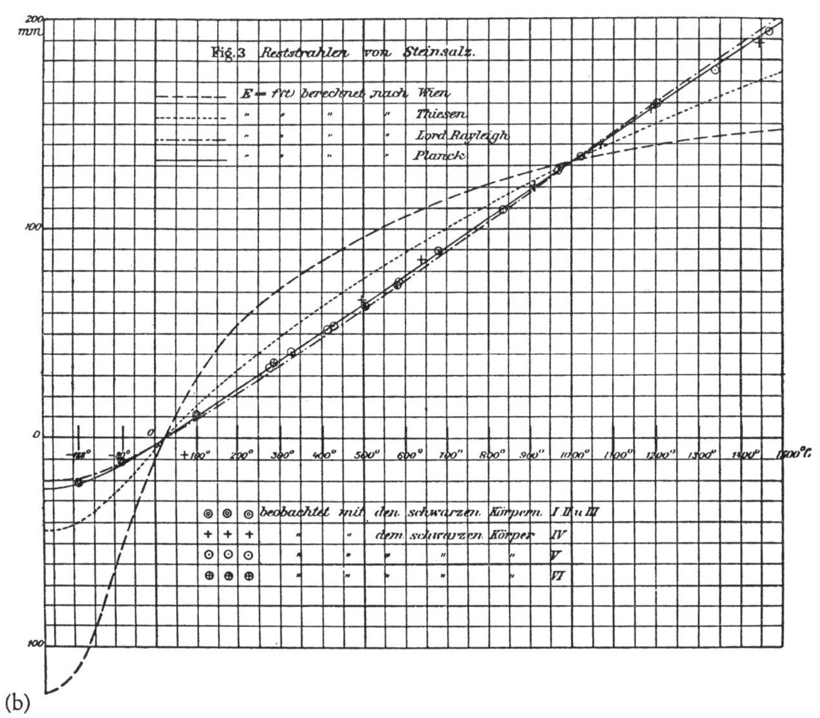


(b)

図 **4.2**　(a) オーブンK（黒体）から放出される輻射の赤外領域の強度を測定するための装置．(b) 振動数を一定にして，温度を変えた時の黒体輻射の曲線．実験値と比較してある．［*Annalen der Physik* **4**, 649 (1901) の H. ルーベンスと F. クールバウムの論文より[2)]］

示されているのは，前述のドイツの国立研究所の物理学者たちが，ある温度に保たれたオーブンの輻射能を測定するために使った記念すべき装置である．

黒体の輻射能を支配する法則の発見がたいへん大事な問題であるということはたやすく納得できる．それが物体の性質によらないという事実は，その結果に何か普遍的なものが含まれていることを暗示している．しかしそれにしても，黒体輻射の研究が，どんなに根本的かつ深遠な結果をもたらすことになるか，ということは，この問題と取り組んでいた当の科学者たちですら思いも及ばなかったのである．

さて，熱力学は黒体の輻射能について何を教えてくれるのだろうか．ここで最初に出てきた，しかも最も重要な結果は，先に挙げたキルヒホッフの法則である．では，さらにその先に進めるであろうか．実は電磁気学の理論と結びつけると，もっと詳しいことがわかるのである．まず，総輻射能は絶対温度の4乗に比例するはずである．このことは，1879年にオーストリアの物理学者 J. シュテファン（Josef Stefan, 1835–1893）が実験的に見つけ出していたが，ボルツマンは1884年に，熱力学とマクスウェルの電磁気学とからこれを理論的に導き出した．これについては付録1を見ていただきたい．

1893年，W. ヴィーンはさらにその一歩先に進んだ．彼は，やはり熱力学とマクスウェルの理論とを結びつけることによって，輻射能が，振動数を温度で割った比のある関数と，振動数の3乗との積になるということを示すことができた．ヴィーンの法則からシュテファンの法則を導き出すのは簡単である．今言ったようにヴィーンの法則は熱力学とマクスウェルの理論を結びつけて得られたものであるが，実はこれが，それ以上の具体的な仮定を何も持ち込まずに行き着ける限界なのである．実際，輻射能に対する正確な公式を見つけ出そうとする試みは，ヴィーン自身の手に成る重要な式も含めてことごとく失敗に帰した．これらの結果は実験と合わなかったし，また全輻射能が無限大になってしまうという点で不合理なものすらあったのである．輻射能の代りに，黒体の中のエネルギー密度，たとえばオーブンの内部のエネルギー密度を考えるのも役に立つことが多い．エネルギー密度についても，やはりこれと振動数との関係を解析することができる．実際，エネルギー密度は輻射能に比例するという至って簡単な関係がある．その比例定数は $c$ を光の速度として $4\pi/c$ である．

### マックス・プランク

さてここでマックス・プランク（図4.3）の話に移ろう．この人が，輻射能の法則を発見することによって決定的な前進をもたらし，またそれを通して物理学全体に思いがけない新たな展望を切り開くことになる．プランクは1858年4月18日，ドイツのキールで生まれた．その家系は法律家やプロテスタントの牧師であった一族である．彼の父は著名な法律学の教授であった．プランク家はドイツ人の美質の見本とも言えるもので，自分の義務への献身と，芯の強い性格がこの一族の特徴となっていた．だが，痛ましいことにプランクの生涯はたびたび私生活上の深刻な悲劇に見舞われている．彼の趣味は音楽と山登りであったが，音楽は専門家はだしの腕前に達していたし，また山登りの方もずっと高齢になるまで続けていた．

プランク家はドイツの統一より前，1867年にババリア地方のミュンヘンに移った．マックスはミュンヘンのギムナジウム[3)]に通って物理学教授の H. ミューラーという良い先生に出会った．この人はエネルギー保存の法則を重要視していろいろと目を見張るような例を持ち出し，この若い学生の心を動かしたのである．ミュンヘン大学ではあまりどうというほどのこともないような講義を聞いたが，次いで彼は，ドイツの学生が皆やっていたように他の大学に移ることにしてベルリンに赴き，ここで錚々たる二人の人物，キルヒホッフとヘルムホルツの講義に出た．キルヒホッフの講義は完璧に磨きをかけられたものであったが，これは時として学生たちの眠気を誘ったものである．一方，ヘルムホルツは充分な準備をしてこないので聴いているほうでは話の脈絡がたどれなくなることもたびたびであった．こういうことは，プランクが家族に宛てた手紙の中にもときどき出てくるし，またやはりこの二人の教授の講義を聴いていたハインリヒ・ヘルツも同じようなことを書いている．こんなふうで，学位論文のテーマも自分で決める他なかった．プランクは熱力学と可逆性の問題を選んで論文を書き，1879年にミュンヘン大学で学位を取った．

この学位論文は重要な研究であったが，当時認められるところとはならなかった．プランクの言うところによれば，論文は「反響なし」だったのである．ヘルムホルツは読みもしなかったし，キルヒホッフには異論があった．プラン

**図 4.3**　マックス・プランク (Max Planck, 1858–1947)．1900 年頃のもの．彼が行なった作用量子の発見（1900 年）は，自然哲学における革命の発端となり，物理学のいろいろな分野に飛躍的な変化をもたらし，自然現象の記述の仕方を根本的に変えた．

クはクラウジウスに読んでもらおうとしたが，それも果たせなかった．その学位論文でプランクは自分のアイディアをいくつか，熱力学的平衡の問題に応用している．後に彼は有名な熱力学の本を書いた．これは数世代にわたる物理学者の標準的な教科書になったものであるが，その中に盛り込まれている内容のうちかなりの部分は，すでにこの学位論文に書かれていたのである．しかしプランクはギッブスがいろいろな面で自分に先んじていたのを知らなかった．このアメリカ人は彼の成果をコネチカット州科学アカデミー報告に発表していたが，これでは人目につかなかったのも無理はない．後でプランクはそれを知って大いに落胆したのである．

プランクの最初の任地は生まれ故郷のキールであった．1889年にキルヒホッフが亡くなると，ベルリン大学は後継者としてウィーンからボルツマンを招聘した．ボルツマンはいったんは引き受けたが，ベルリンのプロシア的な空気を好まず後になって気を変えてしまった．こうしてボルツマンに断わられた後，ベルリン大学は，誰も予期しないことだったがプランクを招くことになった．ヘルムホルツはベルリン随一の人物であったが，プランクは今度は同僚として彼と近づきになって大いに共感を覚えるようになり，また深い尊敬と讃嘆の念を抱くようになった．プランクは自伝の中で，ヘルムホルツが二度自分をほめてくれたと回想している．一度は溶液の理論を出した時で，もう一度はヘルツの追悼講演をした時であった．

プランクは基礎的で一般的な問題に愛着をもっていた．これが彼に黒体の問題を取り上げさせることになった．黒体の問題は原子のモデルなど，特定の仮説に頼らずに論じられるものだったからである．プランクは絶対的なものに惹かれていたが，黒体はまさにそのようなものであった．

輻射法則を見つけ出すことを努力の目標としてプランクは1897年，その研究に着手した．ヴィーンはすでに熱力学に基づいて輻射法則のある一般的な性質を見つけていたが，その後，1893年になって今度は輻射法則の完全な形を発見したと考えて，一つの公式を提出した．この式は初めのうち，実験のデータと一致するように見えた．この式は気体の分子の速度分布法則に似ているところがあり（図4.1(a), (b)），ともかく信頼するに足るものと思えた．プランクは数年を費して，電気力学と熱力学を組み合せて厳密にこの式を導き出そうとした．ところがボルツマンは，平衡の条件を計算するのに必要な統計的な考え方を正しく使っていないから，プランクの論理は誤っていると指摘した．そこで活潑な論争がはじまり，プランクの弟子の一人が，統計力学の数学的な基礎づけがおかしいと攻撃することさえ起こった．ボルツマンはこれに辛辣に答えているが，実のところボルツマンが正しかったので，しまいにはプランク自身もそれを認めざるをえなくなったのである．

こういうつまずきはあったが，プランクはそれにも屈しないで辛抱強く研究を続け，ついに一つの重要な結果に到達した．黒体の中の輻射は，そのまわりの壁の性質には左右されず，ただその温度だけによって決まるということは熱力学の示すところである．そこでプランクは，ヘルツ振動子[4]でできた壁で囲まれている黒体を考えた．この振動子の振舞いは計算で知ることができる．このようにして彼は，当時まだわかっていなかった物質分子の詳しい構造というものをまともに扱うのを避けたのである．この重要な簡単化のおかげでプランクは，輻射能が振動子の平均エネルギーに比例するということを見出した．一方，マクスウェルとボルツマンがすでに示していたように，統計力学からは，振動子の平均エネルギーが絶対温度に比例するということが必然の結果として出てくる．式で書けば，

$$\langle E\rangle = \frac{R}{A}T = kT$$

となる．ここで $\langle E\rangle$ は1個の振動子のエネルギーの平均値，$R$ は1モルの理想気体の圧力，温度，体積の間に成立する関係，$pV=RT$ に現われる普遍定数，$A$ はアヴォガドロ数，すなわち1モルの中に入っている分子の数である．プランクはこの比の値 $R/A=k$ のことをボルツマン定数と呼んだが，この名称が今では広く受け容れられている．ところでボルツマンは論文で $k$ という書き方は一度も使ったことがなく，必要がある場合には $R/A$ と書いていたのである．さて，振動子の平均エネルギーと輻射能との関係についてのプランクの結果[5]と，これとを結びつけると，

$$u(\nu, T) = \frac{8\pi\nu^2}{c^3}kT$$

となってレイリーが提案した式が出てくる．この公式は実験データによく合わないばかりでなく，これを全振動数領域にわたって積分した全輻射能が無限大になるという点でも，明らかに支持できないものであった．

この仕事に着手した時，プランクはヴィーンが提案した $u(\nu, T) = A\nu^3 e^{-\beta\nu/T}$ という式を何とか証明したいと思っていた．これは実験データと一致すると見られていたのである．そこで熱力学の大家らしくプランクは，例の振動子の集まりのエントロピーに対して，まずヴィーンの公式に導くような一つの表式を仮定したうえで，熱力学からの要請を満たすものとしては，この選び方が許されるただ一つのものだということを示そうとした．

そうしている間に，いろいろの実験結果が出てきて，ヴィーンの公式はいく

らか疑いをもたれるようになった．国立研究所の物理学者たちが，振動数の低い領域，すなわち赤外線の輻射に対しては，このずれが実験誤差の範囲を越えているということを明らかにし始めたのである．プランクはこういう結果を認識していて，輻射のエントロピーに対する以前の表式を，もっと一般化したものに変えてみた．この点については付録2を見ていただきたい．彼はこの新しい表式から逆に輻射能を計算して，一つの公式を見つけ出した．プランクはこれを1900年の10月19日，ベルリン大学の物理学セミナーで発表している．この日の夜，ルーベンスとクールバウムは早速このプランクの公式と自分たちの実験結果とをつき合せてみたところ，まさしく完全に一致していることがわかった．プランクはついに黒体輻射の公式を発見したのである．あるいはこれは，たまたまうまく合う内挿式にすぎないかも知れないが，ともかくこの公式が正しいことは明らかであった．

さてそうなると，今度はそれを理論的に根拠づけなければならない．これについてプランクは20年後のノーベル賞講演で次のように言っている．

> しかし，たとえその輻射公式が完全に正しいことがはっきりしたにしても，それは結局のところ，当て推量がたまたまうまく行ったおかげで見つかった内挿公式にすぎないのかもしれませんでした．それでは誰も満足はできないわけです．そこで私は，この公式を発見したその日から，これに本当の物理的な説明を与えることに取り組みました．このことが，ボルツマンの着想によるエントロピーと確率との関係を考える方向に導いて行きました．これが，生涯のうえでもいちばん頑張って仕事をした時でしたが，こうして何週間か過ぎると，だんだんに明りがさしてくるような気がし始め，そしてはるか彼方に思いがけない光景が現れてきました．〔ノーベル賞講演，1920年〕

プランクは何をやりとげたのだろう．まず，自分の $u(\nu, T)$ についての公式に対応する輻射のエントロピーの表式を見つけた．これは簡単にできたが，さて今度はそれを理由づけなければならない．古典熱力学を扱うのは，プランクにとってはおなじみの土俵で，お手のものであったが，今回の仕事は古典熱力学で扱える範囲をはみ出すものであった．ここでは統計力学の方法を使うほかなかったのだが，これには熱力学ほど馴れていなかったばかりでなく，何よりも彼にとって統計力学は，はるかに信用がおけないものだったのである．しかし先に進むためには他に道はなかった．

エントロピーと確率の間には（確率の定義にまつわる重大な難しい問題はさ

ておいて）最初ボルツマンによって打ち立てられた次の関係がある（これはヴィーンにあるボルツマンの墓碑に刻まれている）．

$$S = k \log W$$

ここで $W$ は熱力学的な確率であり，$k$ はプランクがボルツマン定数と呼んだ普遍定数である．

黒体を囲む壁を作っている多数のヘルツ振動子はあるエネルギー分布とエントロピー分布をもつ．平衡状態ではエントロピーは極大になるはずで，それは先に挙げたボルツマンの式を使って統計的に計算できる．プランクは，確率を組合せの考え方から計算するには，振動子のエネルギーを小さくはあるが有限な量に分割するのが都合が良いことに気がついた．そうすると振動子のエネルギーは $E=P\varepsilon$ と書けることになる．ここで $P$ は整数である．この仮定を用いてプランクは振動子の平均エネルギーを計算することができ，これからあの黒体輻射の公式が出てきたのである．実はプランクは，$\varepsilon$ という量はいくらでも小さくすることができるもので，$E$ を有限な量に分割することは計算上の便法にすぎないと思っていたのであった．ところが，そこから出て来る結果がヴィーンの熱力学的な法則に合うためには，$\varepsilon$ はどうしても有限な大きさで，かつそれは振動子の振動数に比例しなければならないことになった．すなわち

$$\varepsilon = h\nu$$

とならなければいけないのである．この $h$ は一つの新しい普遍定数で，その由来にふさわしく，プランク定数という名前で呼ばれている．

こうして黒体のエネルギー密度は

$$u(\nu, T) = \frac{8\pi\nu^3}{c^3}\frac{h}{e^{h\nu/kT}-1}$$

となる．ここで $h\nu$ は有限な大きさで，エネルギー量子と言うべきものである．調和振動子は，古典力学と電磁気学が教えるようにどんな値のエネルギーにもなれるわけではなく，ただ $h\nu$ の整数倍というとびとびの値しか取れないのである．プランクの公式は，$h\nu/kT \ll 1$ の場合には近似として，レイリーの見つけた古典的な極限に当たる式を与えるし，また $h\nu/kT \gg 1$ の場合には，1893 年にヴィーンが見つけた式を与える．その中間の場合には，どちらの式とも違っているが，しかしもちろん，このプランクの公式が実験によって支持されてい

るのである (図 4.1(b) (挿入図) と 4.2(b) 参照).

この結果はまことに革命的なものである. アルベルト・アインシュタインは充分の資格と勇気をもつ判定者であるが, 彼はこういっている.「物理学の理論的な骨組みを, この新しい考えに適合させようとした私の試みはすべて失敗に終った. まるで足下から地面がなくなって, 拠って立つ確かな土台がどこにも見当らないように思えた」[Schilpp, *Albert Einstein, Philosopher Scientist*, p. 45]

この理論が悪夢でも幻覚でもないのは明らかであった. なぜなら, この理論から導かれる実験的な事実は広い範囲に及び, 正確であり, かつ具体的であるからである. プランクは最初の論文において, シュテファンの法則とヴィーンの熱力学的な法則を用いて二つの定数 $h$ と $k$ を見積もることができるし, またこれから電子の電荷やアヴォガドロ数その他も知ることができることを指摘している. 1900 年のプランクの論文では $h=6.55\times10^{-27}$ erg·sec, $k=1.346\times10^{-16}$ erg/°C (図 4.4 と 4.5) となっている. 今日では $h=6.6262\times10^{-27}$ erg·sec, $k=1.380\times10^{-16}$ erg/°C であることが知られている. ここに見られる食い違いはごく小さなものである. そして上記の数値からプランクは電子の電荷とアヴォガドロ数を導き出している. これらの値は, それからほとんど 20 年もの間, それ以上の精度の訂正を受けることがなかった. これは, 輻射の測定を行なった国立研究所やその他のベルリンの研究所と, プランクの理論, 両者の大きな功績であって, これほど離れた物理学の諸分野がしっかりと結び合わされたのは, これが最初といってよいであろう.

ところでプランクはなかなか辛辣な言葉を添えている.「私の新しいやり方について, ルードヴィヒ・ボルツマン氏から彼がこれに関心を抱き, かつ完全に賛成するとの意を伝えられたことは, 私が格別の喜びとするところであって, これまでたびたび味わってきた失望も, これで償われるというものである.」確かにボルツマンはプランクの新しい考え方に賛成したのだが, また一方で, おびただしい数にのぼる深刻な反論にさらされた. このように根本的, かつ革命的な考えは簡単に理解されはしなかったのである. 上に述べたような種々の欠陥はあったけれどもこの仕事は無視されはしなかった. といって注目の的になったわけでもない. この頃には目覚ましい発見がたくさんあったし, またプ

9. ***Ueber das Gesetz der Energieverteilung im Normalspectrum;***
***von Max Planck.***

(In anderer Form mitgeteilt in der Deutschen Physikalischen Gesellschaft, Sitzung vom 19. October und vom 14. December 1900, Verhandlungen 2. p. 202 und p. 237. 1900.)

**Einleitung.**

Die neueren Spectralmessungen von O. Lummer und E. Pringsheim[1]) und noch auffälliger diejenigen von H. Rubens und F. Kurlbaum[2]), welche zugleich ein früher von H. Beckmann[3]) erhaltenes Resultat bestätigten, haben gezeigt, dass das zuerst von W. Wien aus molecularkinetischen Betrachtungen und später von mir aus der Theorie der elektromagnetischen Strahlung abgeleitete Gesetz der Energieverteilung im Normalspectrum keine allgemeine Gültigkeit besitzt.

Die Theorie bedarf also in jedem Falle einer Verbesserung, und ich will im Folgenden den Versuch machen, eine solche auf der Grundlage der von mir entwickelten Theorie der elektromagnetischen Strahlung durchzuführen. Dazu wird es vor allem nötig sein, in der Reihe der Schlussfolgerungen, welche zum Wien'schen Energieverteilungsgesetz führten, dasjenige Glied ausfindig zu machen, welches einer Abänderung fähig ist; sodann aber wird es sich darum handeln, dieses Glied aus der Reihe zu entfernen und einen geeigneten Ersatz dafür zu schaffen.

Dass die physikalischen Grundlagen der elektromagnetischen Strahlungstheorie, einschliesslich der Hypothese der „natürlichen Strahlung", auch einer geschärften Kritik gegenüber Stand halten, habe ich in meinem letzten Aufsatz[4]) über diesen

1) O. Lummer u. E. Pringsheim, Verhandl. der Deutsch. Physikal. Gesellsch. 2. p. 163. 1900.

2) H. Rubens und F. Kurlbaum, Sitzungsber. d. k. Akad. d. Wissensch. zu Berlin vom 25. October 1900, p. 929.

3) H. Beckmann, Inaug.-Dissertation, Tübingen 1898. Vgl. auch H. Rubens, Wied. Ann. 69. p. 582. 1899.

4) M. Planck, Ann. d. Phys. 1. p. 719. 1900.

Annalen der Physik. IV. Folge. 4. 36

図4.4 『アナーレン・デア・フィジーク』(*Annalen der Physik* [4, 553 (1901)]) に載ったマックス・プランクの論文の第一ページ．この論文に初めて $h$ という定数が現われ，量子物理学の誕生を告げた．

ランク自身も，自分が用いた方法になかなか自信がもてず，その結果をもっと革命的でないやり方で説明しようとしてさらに数年を費したのである．

1931年のことであるが，アメリカの物理学者の R. W. ウッドがプランクに，いったいどうやって量子論のような信じ難いものを作り出したのかと尋ねると，

Hierbei sind $h$ und $k$ universelle Constante.

Durch Substitution in (9) erhält man:

$$\frac{1}{\vartheta} = \frac{k}{h\nu}\log\left(1 + \frac{h\nu}{U}\right),$$

(11) $$U = \frac{h\nu}{e^{\frac{h\nu}{k\vartheta}} - 1}$$

und aus (8) folgt dann das gesuchte Energieverteilungsgesetz:

(12) $$u = \frac{8\pi h\nu^3}{c^3} \cdot \frac{1}{e^{\frac{h\nu}{k\vartheta}} - 1}$$

oder auch, wenn man mit den in § 7 angegebenen Substitutionen statt der Schwingungszahl $\nu$ wieder die Wellenlänge $\lambda$ einführt:

(13) $$E = \frac{8\pi ch}{\lambda^5} \cdot \frac{1}{e^{\frac{ch}{k\lambda\vartheta}} - 1}.$$

Hieraus und aus (14) ergeben sich die Werte der Naturconstanten:

(15) $$h = 6{,}55 \,.\, 10^{-27}\,\mathrm{erg}\,.\,\mathrm{sec}\,,$$

(16) $$k = 1{,}346 \,.\, 10^{-16}\,\frac{\mathrm{erg}}{\mathrm{grad}}\,.$$

Das sind dieselben Zahlen, welche ich in meiner früheren Mitteilung angegeben habe.

1) O. Lummer und E. Pringsheim, Verhandl. der Deutschen Physikal. Gesellsch. 2. p. 176. 1900.

(Eingegangen 7. Januar 1901.)

図4.5　プランクの前掲論文より．上図の (12) 式は，黒体輻射のエネルギー分布を，振動数$\nu$と温度$\theta$の関数として与える公式である．この式には定数$h$が現われ，また，光速$c$とボルツマン定数$k$も顔を出している．下図には$h$と$k$の，1900年の時点での値が出ている〔(15) 式と (16) 式〕．これらの値を用いて，電子の電荷の値，アヴォガドロ数，その他の物理学における普遍定数の数値が得られる．ここに出ている数値は，長年にわたって第一等の精確さを誇っていた．

プランクはこう答えた．「それは言わば絶望的な行為だった．6年間というもの，私は黒体の理論と取っ組み合っていた．この問題が本質的なものだということはわかっていたし，答もわかっていた．そこで私は何を犠牲にしてでもその理論的な説明を見つけ出さなければならなかったのだ．ただし，神聖犯すべからざる熱力学の二つの法則だけはそのままにしてね.」〔Armin Hermann,

*The Genesis of Quantum Theory* (MIT Press, 1971), p. 23]．また晩年に至って，こうも言っている．

> なんとかして要素的な量子というものと，古典論との折合いをつけようとした，私の実を結ばない試みは何年も続けられて，たいへんな骨折りになったものだ．同僚たちの多くは，これは一つの悲劇だと思いながら見ていたことだろうが，私はまた別の見方をしていた．それは，この仕事を通して私が引き出したいろいろな考えを徹底的に究明したことが，私にはたいへん貴重なものになったからである．作用量子というものが，初めに考えていたよりも，はるかに深く本質的な意義を有するものだということが，今，私にはよくわかっている．

実はプランクは初めから自分の発見の重要性に気づいていたのである．私はニュートンにも匹敵するようなことを発見したのだ，と散歩しながらプランクが息子に語った，という話が伝えられている．

やがてプランクはドイツで最も高名な物理学者の一人に数えられるようになった．彼はドイツ科学界を代表する最も有力な人物の一人であり，プロシア科学アカデミーの会長にもなった．アインシュタインはドイツの上流社会とは肌が合わなかったが，政治的な面や科学上の面で見解を異にするところがあったにしても，この同僚には深い尊敬の念を抱いていた．またこの二人の友情は，どちらも音楽好きだったのでいっそう固いものになり，一緒に演奏することもあった．プランクは科学の分野で際立ってすぐれていたばかりでなく，またその人格も全世界からの尊敬を集めるものであった．彼は確固とした保守主義者であったが，明らかな事実と厳密な論理の力に押されて自然哲学における最大の革命の一つを推進することになったのである．

だが私生活の面ではプランクは，全生涯にわたって次から次へといたましい出来事に見舞われたのであった．最初の妻を1909年に亡くして，その人との間に生まれた4人の子供のうち3人までが，第一次大戦の間に亡くなってしまった．（長男は戦死し，結婚した二人の娘は出産で命を失ったのである．）その後再婚して，もう一人男の子をもうけた．75歳になってプランクは，ヒトラーが権力を握るのを目のあたりにした．この独裁者の宣伝やまやかしにだまされなかったプランクのようなドイツの愛国者にとっては，これは深刻な打撃であった．友人や同僚の要請に応えてプランクはカイザー・ヴィルヘルム協会の会長の地位を引き受けた．これは今ではマックス・プランク協会と呼ばれているが，ドイツ科学の少なからぬ部分を支えてきた重要な研究機関である．この地位の負担は大きなものであるし，またこんな事情のもとではきわめて不愉快なものでもあったのだが，プランクは，できる限りのものを救うために努力するのが自分の義務だと考えた．彼は，ヒトラーの常軌を逸したやり方をいくらかでも宥められたら，という望みを抱いて話しにまで行ったが，総統は彼に出口のドアを指し示したのであった．その後，1944年には，初婚で生まれて生き残っていたほうの息子がヒトラーに対する陰謀に加わった廉でナチの手によって生命を奪われた．そして，すでにたいへん年老いたプランクは，空襲で家を失い，そのうえ退却するドイツ軍と，進撃する連合軍の中間にはさまってしまう身となった．この時，あるドイツの物理学者が窮状を聞き知って，プランクを比較的安全なゲッチンゲンに連れて行くためにアメリカ軍を説いて車を廻してもらった．彼は戦争を生き延びた．そしてドイツは，この人に数々の名誉を授けることで，野蛮から更生した自らの姿を証し立てようとした．彼の90歳の誕生日の大祝賀会が企画されたが，彼はその数ヵ月前に息を引き取った．1947年10月4日であった．

# 第5章

# アインシュタイン――新しい考え方，空間，時間，相対性，量子

アルベルト・アインシュタイン（Albert Einstein, 1879–1955）こそ物理の神様だ，というのが世間一般の見方である．私は，この点については世間の考えが正しいと思う．実際，今世紀の残りの間にまだ予想もできない発展が起こるとしても，アインシュタインは20世紀最大の物理学者と見なされるだろうし，またこれまでのあらゆる時代を通じて最大の物理学者の一人に数えられるであろう．もしもラファエロが生き返って近代の物理学者を題材にした「アテネの学堂」[1]を描いたとしたら，アインシュタインはガリレオ，ニュートン，マクスウェルと並んで天を指し，ファラデーとラザフォードが地を指しているだろう．

## 型にはまらない青年

アインシュタインは1879年3月14日にウルム[2]で生まれた．この一家はドイツ系のユダヤ人で，リベラルな考え方をもっていた．父親は技術者であったが，あまり裕福ではなかった．アルベルトは少年時代をミュンヘンで送った．家では才能の片鱗を見せることもあったが，学校では特別よくできる生徒ではなかった．中学校では，彼にはドイツ式の教え方が気に入らず教師たちとの折合いが悪くなり，教師たちは彼に冷たい態度を取った．子供の頃のこういった経験が，官僚的なドイツ帝国に対する終生変わらぬ反撥心を彼の中に育んでいったのである．1894年，一家は事業に失敗してミラノに移住し，アインシュタインは卒業するまでミュンヘンに残ることになったが，間もなく病気を理由にしてイタリアの家族のもとに行った．ここは前の土地より気に入って，しばらくイタリアに住む間に，彼はミラノからジェノアまでおよそ100マイル〔約160キロメートル〕にわたる徒歩旅行をしたこともある．

次いでアインシュタインはチューリッヒにある工科大学（連邦高等工科学校，Eidgenossische Technische Hochschule, ETH）を受験したが，この時には不合格にされてしまった．これは一つには，必要とされた高校の卒業資格がなかったためだが，また入学試験の成績が芳しくなかったせいもある．しかし，数学と物理では抜群の成績だった．それで，入学資格を得るために彼はアーラウのギムナジウムに行った．ここではたいへん心の安らぐ日々を過ごせて，スイスがすっかり気に入ってしまった．後に彼はスイスの市民権を取得して，これを終生棄てなかったのである．こうしてようやく入ったチューリッヒの工科大学で，彼の数学教授にあたったのは H. ミンコフスキーと A. フルヴィッツであった．どちらも一流の学者であったが，アインシュタインはこの二人からあまり多くを学び取ったわけではなく，また彼らの方もアインシュタインを目に留めてはいなかった．しかしアインシュタインはもうこの時，自分でいろいろなものを読みながら着想や知識を蓄えていき，現代物理の主要な問題について独りで瞑想にふけりだしていたのである．彼は同級生のマルセル・グロスマンと友達になった．この人はスイス人で，後に大学の数学教授になって確固とした名声を獲ち得た人である．大学ではアインシュタインは応用物理の実験室にいるのが好きだった．そこではいろいろな現象を数学的な記号を通してでなく，自分の目で見ることができたからである．

ここを卒業すると彼は，自活するために職を見つけようとしたが，なかなかうまくいかなかった．はじめのうちは代用教員や物理の家庭教師をやったりした．1902年になって，グロスマンの家族がベルン州にある連邦特許局にささやかな職を見つけてくれた．アインシュタインがミレヴァ・マリクと結婚したのもこの頃である．この夫婦の間には息子が二人できたが，そのうちの一人はバークレイのカリフォルニア大学で高名な工学の教授になっている．

特許局の仕事は，アインシュタインにとってはまことにうってつけの職であった（図5.1）．役所では，自分に割り当てられた申請案件を検討する仕事をこなすかたわら，誰にも邪魔されずに一人で考える時間もあった．後に彼は同じような職に就くことを若い人たちに勧めているが，それは，こういう仕事では考えごとにあてる時間が見つけられるので，独創的な考えを抱いている人にはちょうど良いと思えたからである．彼は物理学の論文を書き出して，それを

図 5.1　アルベルト・アインシュタイン (Albert Einstein, 1879–1955). ベルンのスイス連邦特許局に勤めながら，1905 年に『アナーレン・デア・フィジーク』に現われた不滅の論文を書いていた頃の写真.

『アナーレン・デア・フィジーク』に送った．この雑誌の当時の編集責任者は黒体で有名な W. ヴィーンであった．アインシュタインの論文は 1901 年に 1 篇，1902 年に 2 篇，1903 年と 1904 年に各 1 篇ずつ提出されている．これらの論文は，熱力学と統計力学についての，たいへん深味のある研究である．ところが，アインシュタインは知らなかったが，この仕事はすでにギッブスによって成し遂げられていたのであった．この事情は数年前のプランクの場合とよく似ている.

さて，次の 1905 年になって，アインシュタインの天才は比類のない輝きを放って燃え上がった．3 月，5 月，6 月と，続いて三つの論文を書いたが，これはそのうちのどの一つを取ってみても彼の名を不滅にするに足るものなのである．これに匹敵するものと言えば，ニュートンが 23 歳の時，ペストのため

6. ***Über einen***
***die Erzeugung und Verwandlung des Lichtes***
***betreffenden heuristischen Gesichtspunkt;***
***von A. Einstein.***

Zwischen den theoretischen Vorstellungen, welche sich die Physiker über die Gase und andere ponderable Körper gebildet haben, und der Maxwellschen Theorie der elektromagnetischen Prozesse im sogenannten leeren Raume besteht ein tiefgreifender formaler Unterschied. Während wir uns nämlich den Zustand eines Körpers durch die Lagen und Geschwindigkeiten einer zwar sehr großen, jedoch endlichen Anzahl von Atomen und Elektronen für vollkommen bestimmt ansehen, bedienen wir uns zur Bestimmung des elektromagnetischen Zustandes eines Raumes kontinuierlicher räumlicher Funktionen, so daß also eine endliche Anzahl von Größen nicht als genügend anzusehen ist zur vollständigen Festlegung des elektromagnetischen Zustandes eines Raumes. Nach der

5. ***Über die von der molekularkinetischen Theorie der Wärme geforderte Bewegung von in ruhenden Flüssigkeiten suspendierten Teilchen;***
***von A. Einstein.***

In dieser Arbeit soll gezeigt werden, daß nach der molekularkinetischen Theorie der Wärme in Flüssigkeiten suspendierte Körper von mikroskopisch sichtbarer Größe infolge der Molekularbewegung der Wärme Bewegungen von solcher Größe ausführen müssen, daß diese Bewegungen leicht mit dem Mikroskop nachgewiesen werden können. Es ist möglich, daß die hier zu behandelnden Bewegungen mit der sogenannten „Brownschen Molekularbewegung“ identisch sind; die mir erreichbaren Angaben über letztere sind jedoch so ungenau, daß ich mir hierüber kein Urteil bilden konnte.

図 5.2　上図は，1905 年の三大論文のうち最初のものの第一ページ．この論文では，光量子仮説が提唱された．この原稿が『アナーレン・デア・フィジーク』誌に届いたのは，1905 年 3 月 18 日である．下図は，第二論文．この論文では，ブラウン運動の分子論が展開された．同誌に届いたのは，1905 年 5 月 11 日．

に故郷の村ウールスソープに引きこもっている間に行なった飛躍的な創造しかあるまい[3]．このうち最初の論文「光の発生と転換[4]についての一つの新しい

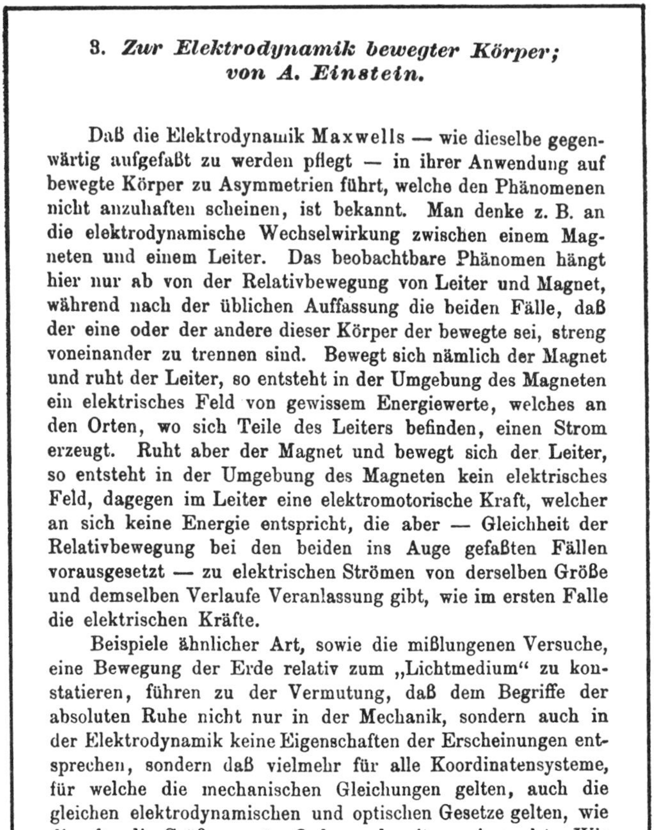

**3. *Zur Elektrodynamik bewegter Körper;***
***von A. Einstein.***

Daß die Elektrodynamik Maxwells — wie dieselbe gegenwärtig aufgefaßt zu werden pflegt — in ihrer Anwendung auf bewegte Körper zu Asymmetrien führt, welche den Phänomenen nicht anzuhaften scheinen, ist bekannt. Man denke z. B. an die elektrodynamische Wechselwirkung zwischen einem Magneten und einem Leiter. Das beobachtbare Phänomen hängt hier nur ab von der Relativbewegung von Leiter und Magnet, während nach der üblichen Auffassung die beiden Fälle, daß der eine oder der andere dieser Körper der bewegte sei, streng voneinander zu trennen sind. Bewegt sich nämlich der Magnet und ruht der Leiter, so entsteht in der Umgebung des Magneten ein elektrisches Feld von gewissem Energiewerte, welches an den Orten, wo sich Teile des Leiters befinden, einen Strom erzeugt. Ruht aber der Magnet und bewegt sich der Leiter, so entsteht in der Umgebung des Magneten kein elektrisches Feld, dagegen im Leiter eine elektromotorische Kraft, welcher an sich keine Energie entspricht, die aber — Gleichheit der Relativbewegung bei den beiden ins Auge gefaßten Fällen vorausgesetzt — zu elektrischen Strömen von derselben Größe und demselben Verlaufe Veranlassung gibt, wie im ersten Falle die elektrischen Kräfte.

Beispiele ähnlicher Art, sowie die mißlungenen Versuche, eine Bewegung der Erde relativ zum „Lichtmedium" zu konstatieren, führen zu der Vermutung, daß dem Begriffe der absoluten Ruhe nicht nur in der Mechanik, sondern auch in der Elektrodynamik keine Eigenschaften der Erscheinungen entsprechen, sondern daß vielmehr für alle Koordinatensysteme, für welche die mechanischen Gleichungen gelten, auch die gleichen elektrodynamischen und optischen Gesetze gelten, wie dies für die Größen erster Ordnung bereits erwiesen ist. Wir wollen diese Vermutung (deren Inhalt im folgenden „Prinzip der Relativität" genannt werden wird) zur Voraussetzung erheben und außerdem die mit ihm nur scheinbar unverträgliche

図5.3　1905年の第三論文．標題は「運動物体の電気力学について」となっており，相対論を扱った論文である．これは『アナーレン・デア・フィジーク』誌に1905年6月30日に届き，17巻の891ページに掲載された．前の二つの論文も同じ巻の132ページと549ページに出ている．

観方」には光量子の発見が含まれており，その考えの応用の一例として光電効果の説明が取り上げられている（図5.2）．第二の論文「静止した液体の中に浮遊している粒子の，熱の分子運動論から要請される動きについて」ではブラウン運動の理論を扱い，あらためて原子の実在性の証明を与え，またボルツマン定数を決定する新しい方法を提出している．第三の論文（図 5.3）「運動物体の電気力学について」では特殊相対性理論が論じられている．これからあの有名な公式 $E=mc^2$ が出てくるのであるが，往々にして世間の人がアインシュタインについて知っていることと言えばこの公式だけという場合も多いようである．この公式が「原子爆弾の秘密」だと思い込んでいる人もいるが，これは一角獣以上の実在性もない秘密で，全く空想にすぎない．

この三つの論文は，それぞれたいへん異なる主題を扱ってはいるが，やはりそこには，アインシュタインの科学者としての個性から出てくるある共通の特徴が見られる．どの論文も革命的なもので，自由な精神に溢れていることと，それから数学的な手段としては簡単なものを使っていること，などである．ここで彼は，しっかりと実験事実を踏まえながら，厳密な論理を用いて，まことに驚くべき結果に到達しているのである．

## 相　対　性

まず，第三番目の仕事，相対論についてお話しすることにしよう．この理論からは，実用上きわめて重要な多くの結論がでてくる．それは原子爆弾や太陽におけるエネルギー収支をはじめとして，大型加速器の設計に必要な動力学にまで及んでいる．しかし何よりも重要なことは，この論文は私たちの空間と時間という概念に大変革をもたらしたのであった．何世紀もの間，哲学者たちがこの二つの概念を分析しようとしてあれこれ論じてきたのだが，アインシュタインほど奥深く，しかも明瞭な結果に到達した人はいない．

さてこれを明らかにするために，またその他のアインシュタインの仕事についても，その意味をはっきりつかむためには，ここでちょっと脇道にそれて，光についてお話ししておく必要がある．光についての科学的な研究はルネサンスの時期に始まって，ニュートンや C. ホイヘンスの時代に一つの絶頂に達した．そしてガリレオ以後の物理学において初期の二大巨頭であったこの二人は，それぞれ光について相対立する理論を作り上げたのである．ニュートンによれば，光は非常に速く動く小さな粒から成るのであったが，一方，ホイヘンスによれば，光はきわめて微妙な媒質，すなわちエーテルの中を伝わる波なのだということであった．長年，この二つは対立する学説として決着がつかないままであったが，1800年代の初めに光は干渉現象を示すことが確かめられた．つまり光を重ね合わせると暗闇を得ることもある，ということである．このことは波動説によれば簡単に説明がつく．それは，位相が反対で振幅は等しい二つの波は，片方の谷を相手の山が埋めて互いに打ち消し合えるからである．しかし粒子説では干渉ということは説明できない．そのうえ，屈折が起こる際に，波動説では光は密な媒質の方でゆっくり伝わることになるが，粒子説ではその反対になる．この点でも実験の結果は波動説に有利なものとなった．

その後，マクスウェル方程式が現われた．このたいへんな威力と広い包括性は，ほとんど人間がつくったものとは思われないほどであるが[5)]，このマクスウェル方程式は，これまで知られていた光学現象をことごとく説明してしまった．そして光が伝わる速度は，ある電磁気学的な量に関係づけられることがわかった．これらの電磁気学的な量は，コンデンサーや検流計や磁石等，およそ光とは何のかかわりもなさそうな電気的な器械を用いて，実験室内で測定できるのである．こうして，光がエーテルの電気的な振動に帰着されるとなると，今度はエーテルの性質を決定するということが問題となった．こうしてエーテルに，たとえば弾性係数のような力学的な性質を付随させる理論なども出てきた．いずれにせよ，どの理論も何らかの意味でエーテルを必要とするものであった．

もし光源が，あるいは観測者がエーテルに対して動いているなら，この動きの効果は何らかの形で現われるはずである．空気を伝わる音の場合，音源が，静止している空気に対して音速と同じ速さ（マツハ1）で動く時には，「音速障壁（sound barrier)」と呼ばれるいちじるしい効果が起こる．これに反して光の場合は，エーテルに対する動きを示すようなものは何も観測されなかったのである．たとえば真空中での光の伝播速度は常に同じ値になるということが前から知られていた．その値は，$c=2.997924\times10^{10}$ cm/sec である．このことは，A. A. マイケルソンによって，またその後マイケルソンと E. W. モーレイによって厳密に実証された．この二人はマイケルソンの干渉計を使い，それを地球が動く方向に対していろいろな角度に置いてみて，測定を行なったのである．

マイケルソン (Michelson, 1852-1931) はシュトレルノ（当時はプロシアに属していた）で生まれたが，子供の時に一家はカリフォルニアに移り，彼は西部劇に出て来るような金鉱の町で育った．それからアナポリスにある海軍兵学校に行き，卒業して士官候補生になった．こうした軍隊訓練を経てから，長年にわたる科学者としてのはなばなしい活躍が続いて，彼はアメリカで最も有名な物理学者の一人となり，またアメリカ人で初のノーベル賞受賞者ともなった．ところで，普通，教えられる通り，彼の光速の測定は相対性理論を支える大事な柱の一つなのであるが，どうもこれは1905年のアインシュタインに影響を与えたわけではなかったらしい．

おそらくアインシュタインは，マクスウェル方程式が互いに等速直線運動をするすべての座標系で全く同じ形になるはずだということに初めから確信があったのである．多分彼は青年時代に，観測者が電磁波を光速 $c$ で追いかけて行くとしたらどうなるだろうかということに思いをめぐらせているうちにこの結論に達したのであろう．ともかく光速が一定だということは，彼には異論の余地のないものであった．それはすべての座標系において同じになるはずのものであった．しかしアインシュタインの1905年の論文には，マイケルソンがこれを直接確認したことについての引用は見られない．してみるとやはりアインシュタインはこのことを知らなかったのではないかと思われるのである．さて，相対性原理についてアインシュタインが置いた基本的な前提は，熱力学の法則を思わせるもので，次のように述べられている．

⑴**相対性の仮定**　一つの座標系と，それに対して大きさも方向も一定の速度で動いているもう一つの座標系とを区別することは不可能である．このような座標系を「慣性系」と呼ぶ．今「区別」できないと言ったのは，片方の系で行なった実験と，もう一つの系で行なった実験とが，それぞれの座標系に乗っている観測者から観てまったく同じ結果になるという意味である．

⑵**光速度不変の仮定**　光の速度はその光源の運動に無関係に同じである．

アインシュタイン以前の物理学者たちは，動いている物体についての電気力学から生ずるいろいろな難点と悪戦苦闘を続けていた．ヘルツもその定式化を行なおうとした一人であるし，またローレンツ，G. F. フィッツジェラルド，ポアンカレもその問題について深く考えをめぐらせた人たちである．ローレンツは，ある座標系から別の座標系に移る時，ガリレオが与えた規則に従うと，マクスウェル方程式は同じ形を保持しえないということを見出していた．このガリレイ変換は一見ごく常識的であって第一の座標系における空間座標を $x$，時間を $t$ とし，この座標系に対して速度 $v$ で動いている第二の座標系での対応する量を $x'$ と $t'$ とすると変換の方程式は次のようになる．

$$x' = x - vt$$
$$t' = t$$

一つの座標系からもう一つの座標系に，この規則に従って座標の変換を行なうと，マクスウェル方程式の形が変わってくることがわかる．特にこの変換では両方の座標系で時間が同じになっていることに注意していただきたい．

ローレンツは，ある別の座標変換を発見した．すなわち有名なローレンツ変換で，これはマクスウェル方程式を不変な形に保ち，また，$v \ll c$ の時にはガリレイ変換に帰着するものである．それは次の方程式で表わされる．

$$x' = \frac{x - vt}{\sqrt{1-(v/c)^2}}$$
$$t' = \frac{t-(v/c^2)x}{\sqrt{1-(v/c)^2}}$$

実はローレンツ変換こそ正しい変換だったのであるが，当時はこれが一つの数学的な技巧程度にしか受け取られなかったのである．

アインシュタインは，この時間と空間の変換の問題に，いわば子供のようにういういしく，しかも深い考え方をしながら取り組んだ．彼は強靭な推理力を駆使して念入りに時間と空間の概念を分析したのだが，ここで使われたのは一種の操作的な方法である．すなわち持ち込んでくる概念には，それぞれその大きさをどうやって測るかということが厳密かつ具体的に指定されなければならない，とするものである．もちろんここで測定装置そのものやその仕組みなどが問題なのではなく，実験についての論理が問題なのである．こうして彼が行なった分析からは，全く思いがけない結果が出てきた．たとえば同時ということも相対的なものだという発見である．つまり一人の観測者には同時刻に違う場所で起こったと見える事柄が，この観測者に対して動いているもう一人の観測者には同時刻とは見えないというのである．また，これと同じようなことだが，双子のパラドックスというのもある．双子の片方がある座標系にいて，もう一人がこれに対して等速直線運動をして遠ざかり，ついで運動方向を反転して帰って来るとする．そこで前者と出会う時に，後者は相手が自分より年取っていることを見出すというものである．どうもこれは本当とは思えないという人のために申し添えるが，実はこの実験は有限な寿命の粒子を使ってすでに行なわれており，確かに相対論で予言された通りの結果が認められているのである．何より大事なことは，時間と空間を測定する正しいやり方に対応するのはガリレイ変換ではなくローレンツ変換のほうだということがはっきりしたことである．

アインシュタインの論理は反駁の余地のないものであるが，それにしても当時の多くの物理学者にとってはこれは味が悪いものであった．それは，これが一見日常の経験と矛盾するように思えたからである．ここで「一見」という言葉を強調しておきたい．と言うのも，本当のところは矛盾などありはしないからである．

アインシュタインの学生時代の教授の一人であったヘルマン・ミンコフスキー (Hermann Minkowski, 1864–1909) は，空間座標と時間座標の変換を数学的にうまく表わすやり方を考え出した．彼は四次元の空間を持ち込んで，そのうち三つの次元が空間を，残りの一つが時間を表わすようにしたのである．普通の空間では二点間の距離はピタゴラスの定理 $s^2=x^2+y^2+z^2$ で与えられるのであるが，この四次元空間の特徴は，その距離がピタゴラスの定理では与えられないことである．ミンコフスキーの四次元空間では少し違った形 $s^2=x^2+y^2+z^2-c^2t^2$ が用いられる．ここで事情を大きく変えるのは四次元空間への時間の導入と，最後の項の前にあるマイナスの符号である．ミンコフスキーは1908年に行なった画期的な講演においてその新しい考え方を次のように紹介している．

> 皆さん，これからお目にかける空間と時間についての観方は，実験物理学の土壌から生まれたもので，その点が強みなのであります．それは革命的なものです．これからは空間そのものとか時間そのものという考えは単なる影の中に消え失せざるをえず，その二つのある種の結合だけが独立した真実性を持ち続けることになるでしょう．
> 〔第80回ドイツ自然科学・医学者大会での講演，1908年，ケルン〕

ミンコフスキーがアインシュタインの独創的な研究を知った時に，彼はそのかつての学生を思い出してこんなふうに言ったものだ.「考えてもみたまえ．僕はあの男がこんなみごとなことをやらかすとは思ってもみなかった.」

相対性理論からは，実に多方面にわたって深遠な思いがけない帰結が引き出される．アインシュタインの考え方では，光の速度は一つの普遍定数として現われてくるものであり，その基本的な量としての性格は，歴史の上で持っている電磁気学との結びつきを超越している．それはローレンツ変換において，空間を時間と結びつけるものである．またそれは信号の伝達において越えることのできない限界の速度でもある．さらにそれは静止状態において質量 $m$ を持つ質点の，速度 ($v$)，エネルギー ($E$)，運動量 ($p$) の間の関係の中にも現われてくる．この関係は $E=mc^2/\sqrt{1-v^2/c^2}$, $p=mv/\sqrt{1-v^2/c^2}$ という公式で与えられる．物体の質量は力と加速度の比として定義され，速度に伴って変わるものになる．したがって質量の保存則はもはや厳密な法則ではなく，それはエネルギー保存則を一般化したもので置き換えられることになる．ここで質量は

$$mc^2 = E$$

という公式に従ってエネルギーに換算できるのである．現代の物理学者は質量のない「粒子」まで発見するに至った．そのうち最も注目すべきものは光量子である（次の章を見ていただきたい)．こういう粒子に対しては，$E=cp$ となり，それはどんな慣性系に対しても光の速度で動くのである．

だが物理学者たちはこの新しい考え方に当惑せざるをえなかった．H. A. ローレンツは相対論の基本をなす変換を見出した人であるが，これほどの大理論物理学者でも，この新しい考え方を受け容れるのは難しかったのである．数学が障害物になったわけではない．その面での難しさは微々たるものであった．障壁は考えの進め方そのものにあったのであり，その結果としてこの理論は一世代後の物理学者になってはじめてなじめるものとなった．物理学における真に新しい考え方は，ゆっくり浸透していくものである．そのおもな理由は，その考えを生み出した世代には，それが感覚としては受け取られないというところにある．すでに成熟した物理学者も，それを学ぶことはできる．しかし本当の同化が起こるのは，その時代の人が去って，継承者たちがその新しい考えを基本として学ぶ時なのである．このことを私は量子力学についてはっきりと目

のあたりにした．また一方，初めからそれを教え込まれる新しい世代は，かつて創始者たちが闘わなければならなかった数々のジレンマや反論の多くに無頓着になっているということも付け加えるべきであろう．

相対論はきわめてゆっくりとしか受け容れられなかった．たとえば1922年の時点でも，スウェーデンのアカデミーがアインシュタインにノーベル賞を授与したのは「理論物理学への貢献，特に光電効果の法則の発見に対して」であった．ここで相対論を挙げていないのは不思議な気がするかも知れない．だが今になって考えると，この選択は賢明であったと私には思われる．それは決して相対論が大したことではないというのではなく，アインシュタインのまた別の「貢献」が測り知れないほど大きなものであったということである．

## 光の粒，そして分子のぶつかり

さてここであの驚異的な年1905年に書かれたアインシュタインの論文のうち，第一のものに戻ることにしよう．これは物理学における最大の仕事の一つだと私は思っている．その頃，物理学者は光が電磁波であることを知っていた．この世に何か確実なことがあるとすれば，まさにこれこそがそうなのであった．しかしアインシュタインはこれに疑いを抱き，そうして光の二重性——粒でもあり，波でもあるという性質——を明らかにしたのである．この発見は，これと同様な物質の二重性と相まって今世紀最大の収穫となった．こうしてかつてのニュートンとホイヘンスの対立は，自然哲学における深遠な革命がどちらも一面では正しいということを示してくれたおかげで，思いがけない和解を見たのである．

プランクは，その黒体の模型の壁を作っている振動子のエネルギーを量子化した．だが輻射そのものについては $u(\nu, T)$ の表式を与えることしかできなかった．彼は内心，マクスウェル方程式が空洞を満たしている電磁波を正確に記述していることに何の疑いも抱いていなかったに違いない．しかしアインシュタインは，マクスウェル流の記述と，プランクの黒体輻射の公式とは相容れないものではないかという疑いを持つところから出発して，光そのものも半ば粒子的な性格を持つ量子からできているはずだという驚くべき結論に達したのである．ここで何としても彼が行なった推論の道筋を省くわけにはいかない．というのはそれを読んだ時，私はその力強さと簡潔さにほとんど身体ごと衝撃を受けたからである（付録3を見ていただきたい）．

アインシュタインは次の点に目を留めた．プランクがあの式を導いた時，振動子と輻射との間のエネルギーのやり取りを考えるところで「暗黙のうちにこう仮定している．すなわち，一つ一つの共鳴子がエネルギーを吸収したり放出したりする時，それは大きさ $h\nu$ の量子の形でしか行なわれないということ，つまり，振動する力学的な実体のエネルギーも，また輻射のエネルギーも，力学や電磁気学の法則に反してそういう量子としてしか受け渡しされないということである」．

古典物理学では，プランクの公式に対する近似でしかないレイリー・ジーンズの式に導かれてしまうのを避けられない．それは $h\nu/kT \ll 1$ の場合に正しくなる近似で，そこでは $h$ は現われてこない．しかし $h\nu/kT \gg 1$ の場合には，ヴィーンの公式が正しい近似となって，古典的な考え方が駄目になってしまう．アインシュタインは特にヴィーンの公式に注目して，そこから，ある体積に入っているある振動数の輻射のエントロピーに対する表式を導いた．もっと正確に言うと，エネルギーを一定にしておいて体積を変えていく時の，このエントロピーの変化に対する表式である．彼は「この式は，充分に密度の小さい単色の輻射のエントロピーが体積の変化に伴って，理想気体のエントロピーと同じような変化をすることを示している．……」と記している．次いで，ボルツマンの方法によるエントロピーの計算に進み，こう結論している．

> 振動数 $\nu$，エネルギー $E$ の単色輻射が完全反射を行なう壁によって体積 $v_0$ の中に閉じこめられている時，ある瞬間に輻射のエネルギーが全部体積 $v_0$ の中の一部分 $v$ の中に見出される（相対的な）確率は次の式で与られる
>
> $$w = \left(\frac{v}{v_0}\right)^{E/h\nu}$$
>
> これからさらに次の結論に達する．エネルギー密度の小さい（つまりヴィーンの輻射式が成立する範囲の）単色の輻射は，熱力学的な関係においては，お互いに独立で，個々に $h\nu$ の大きさを持つエネルギー量子から成り立っているかのように振る舞う*．

* 現在の読者にわかりやすいように，ここで $h$ と $k$ を使ったが，実はアインシュタインは $\beta = k/h$ と $R/N = k$ を用いている．$R$ は気体定数で，$N$ はアヴォガドロ数である．

光が伝わる現象では，波動説に有利な証拠が山ほど出て来ているのだが，アインシュタインは今の結果を非常に重要なことと考えてこう言っている．

エントロピーの，体積に対する依存の仕方について見る限り，充分密度の小さい単色の輻射が，大きさ $h\nu$ のエネルギー量子でできている不連続な媒質のように振舞うとすれば，光の放出や転換についての法則もやはり光がこの同じエネルギー量子からできているようになっているのではないか，と考えてみることは理にかなったことである．次の章でこの問題を扱いたい．［Einstein, *Annalen der Physik* **19**, 143, (1905)］

次の章では，光電効果の問題や光化学現象についての考察，その他を念入りに扱っている．いずれも彼の光量子仮説をますます確かなものにする実例である．

ここにはプランクのアイディアからの飛躍的な前進が見られる．プランクは黒体の壁を作っている物質的な振動子を量子化しただけであった．その時にも，おそらくエネルギー準位の実在性すら本当に信じてはいなかったであろう．プランクの論文では，最初のものも，またもっと後のものでも，その全体の調子から，量子化ということは彼にとってはほとんど計算上の便法以上のものではなかった，という印象を受けるのである．一方，アインシュタインにとっては，それは本質的な現象であった．特に光，すなわち電磁場そのものが量子化されている点が重要である．量子化ということは，それと光の伝播現象と調和させようとする時には，おそろしく難しい問題になる．アインシュタインはこの問題から逃避せず，これが本質的な性格を持つものであることをよく認識していた．そしてこの問題が，ある点は彼自身の手で，またある点は他の人たちによって解き明かされるまで，深い考察をつづけることをやめなかった．

さて次に1905年のアインシュタインの二番目の論文に移ろう．1827年に，スコットランドの植物学者ロバート・ブラウン (Robert Brown, 1773–1858) は，水の中に浮遊している花粉[6]，その他の小さな粒が，不規則な運動を行なうのを観察した．ブラウン運動と呼ばれるこの運動は，その粒を取り巻いている流体の分子の衝突のために起こるのである．アインシュタインは気体分子運動論に基づいたブラウン運動の理論を提出している．この理論はボルツマン定数を直接決定する新しい方法を与えるものであり，またこれからアヴォガドロ数も決められることになる．そのうえこの理論は，分子が実在するということを，直接に証明するものともなっているのである．

## 特許局から世界的な名声へ

こういった非凡な仕事は学界の注目をひいた．実際，早くも1906年の3月には，プランクがアインシュタインの相対性理論についての論文を発表している．ところが，誰も，あの論文を書いた人を見たことがなかった．また，その人の方も，主だった理論物理学者たちと話しに特許局から出かけて行こうともしなかった．しかし，何人か大胆な若手のドイツ人科学者が，思い切ってベルンを訪ねて，アインシュタイン氏とは何者なのか見届けて来ようということになった．一行は勤め先にこの人を訪ねあてた．その人の暮し方には，いくぶんボヘミアンの気味もあったが，人あたりもていねいで，彼のアイディアに対する質問には何でも明快に答えた．アインシュタインはプランクやローレンツと文通するようになり，間もなくスイス当局はベルン大学のあまり高くない地位を提供した．最初，当局は形式上の理由から，アインシュタインを「私講師」にするのを渋っていたが，1909年にチューリッヒ大学は彼を員外教授に任命した．1911年にはプラーグのドイツ大学[7]から教授の地位の申し入れがあり，彼はこれを受けた．しかしアインシュタインにとってハプスブルク王家のオーストリアに属するプラーグは居心地の良い所ではなかった．そこの信心ぶった雰囲気と，反ユダヤ人的な風潮のためにいろいろと不愉快な思いをしたのである．アインシュタインは形式ばった宗教にはいっこうに共感を覚えず，少なくとも形式的な神学に対しては基本的に不可知論者であった．そんなわけで，1912年に愛するスイスに帰れた時にはほっとした．今度は，かつて学生として過ごしたチューリッヒの工科大学の教授となって帰ったのである．

プラーグでアインシュタインはP. エーレンフェストと友達になった．やがてこの友情は非常に厚いものになり，エーレンフェストが死ぬまで続いた．ポール・エーレンフェスト (Paul Ehrenfest, 1880-1933) は，ボルツマンの教えを受けたオーストリアの理論物理学者である．彼はロシア人の物理学者，タチアナと結婚し，『数理科学全書』に統計力学についての有名な論述を彼女と共に書いている．エーレンフェストには，独自の理論を創めるよりは，物理学におけるあいまいな点をはっきりさせることにすぐれた才能があった．また彼は稀に見るすぐれた教師で，新しい才能を掘り出すことに多大の精力を注いだ．若い人を励ます彼の愛情はよく知られているが，たくさんの友人や学生たちからその温かい人間味をしたわれていた．1912年にはライデン大学でローレンツの後継ぎとなり，ここに栄えた一つの学派を築いてもいる．だが不幸なことにエーレンフェストには深い憂うつ症に陥いる周期があって1933年のやはりそういう時期に自殺を遂げたのである．

また，やはりアインシュタインのプラーグ時代のこと，ある富裕な家の出の物理化学の学生が彼のもとにやって来た．それはオットー・シュテルン（Otto Stern, 1888–1969）である．この人については後でもっと詳しく触れる．シュテルンにはアインシュタインが将来の物理学の代表的な学者，というより，もうすでに現在の物理学の中心であることがよくわかっていた．そして，幸いお金には困らない身の上だったので，アインシュタインのもとで勉強や研究をしようと思ったのである．数多くの偉大な物理学者たちのめぐり合いの一つの例である．

もうこの頃にはアインシュタインは重要な専門的物理学者になっていた．1909年にザルツブルグで行なわれた学会で，プランク，ヴィーン，ゾンマーフェルト，ルーベンス，ネルンスト，その他，現代物理学の主要人物たちと顔を合わせた．こうしてじかにこの人たちといろいろな問題を論じ合えるのは楽しいことであった．そうこうするうちにも，彼は1905年に発表した自分の考えをさらに発展させて行った．

先にお話ししたように，アインシュタインは$u(\nu, T)$に対するヴィーンの法則を使って輻射のエントロピーを計算するところから光量子の考えに到達し，それを実験的な証拠と結びつけるということを行なっていた．輻射のエントロピーは，ある与えられた体積の中に含まれるエネルギーのゆらぎとはっきりした関係をもっているが，光量子仮説はこのゆらぎに対してきわめて簡単な表式を与える．それでは，$h\nu \gg kT$ の場合にだけ妥当になるヴィーンの近似法則ではなく，プランクの厳密な式を使って計算を進めたらどうなるであろうか．アインシュタインはもう一度この計算をやってみて，ある与えられた体積の中に閉じ込められた，振動数$\nu$の近傍のある振動数の範囲のエネルギーのゆらぎについて注目すべき式に到達した.

アインシュタインはそれが二つの項の和になるということを見出したのである. ここで付録5を見ていただきたい. 第一項は1905年にヴィーンの式を使って得られたもので, ある体積内の気体分子の数のゆらぎと完全に対応するものである. この項は輻射のエネルギーの粒子的な構造を指し示すもので, $E=nh\nu$ であるということ, つまり光はあたかもエネルギー $\varepsilon=h\nu$ の量子から成っているかのように振る舞うということをまぎれもなく示している. ところが第二項のほうは, まさしく純電磁気学的な理論から得られるもので, 波が干渉して強め合ったり弱め合ったりすることが原因となって出てくるものである. こういう二つの項が両方とも存在するというこの驚くべき事実は, まさに光が二重性——波動性と粒子性——を持っていることの現われである. したがって互いに相容れないものと思われたニュートンとホイヘンスの考えは, どちらも正しいと認められるわけである. この点についてアインシュタインは1909年に次のように書いている.

輻射に関するデータで, 以下に述べる類いのものが広範に集められていることは否定できない. それは, 光が, 波動論の立場よりも, ニュートン流の (光粒子) 投射論の立場のほうからはるかに素直に納得できるような, ある本質的な性格を備えていることを示すデータである. したがって, 理論物理学の発展における今後の局面において, 波動論と投射論の何らかの形の融合と解されるような光の理論が生み出されるものと思われる. ……

さて, またその間に, 1907年のこと, アインシュタインは量子的な考え方をあてはめるもう一つの重要な例を見出した. 1819年にP. L. デュロンとA. T. プティは自分たちの測定の結果から「すべての元素の原子は正確に同じ熱容量をもっている」と主張した. またボルツマンはこの事実をエネルギー等分配の法則によって説明した. ところが液体空気などの低温技術のおかげで, 低温での比熱が測れるようになると, デュロンとプティの法則にはいろいろな例外があることがわかった. ここでアインシュタインは結晶の中の一つ一つの原子を, ある決まった振動数をもつ振動子と見なすことによって比熱の温度依存性に対する説明を与えたのである (付録6参照). 量子論によれば, 振動子は $n$ を整数として $nh\nu$ のエネルギーしか持ちえない. $h\nu \ll kT$ なら古典物理学で扱える領域になり，振動子は $3kT$ という平均エネルギーを持つ．原子比熱，すなわち一原子あたりの比熱はデュロンとプティが見出した通り $3k$ になる．しかし $kT \ll h\nu$ であると量子化の影響がはっきり認められるようになって，比熱は古典論による値から大きくはずれてくる．このことを定性的に説明すれば，振動子が高いエネルギー値に励起されている時には，そこにエネルギー量子の一つ分を付け加えても，もともと振動子にあったエネルギーに比べてわずかの変化しか起こらないので，エネルギーが連続的に変わると仮定する古典論の場合とあまり違いがない．こういう事情が起こるためには振動子の周囲の温度が $kT \gg h\nu$ をみたすほど高くなければならない．実際その時には，振動子のエネルギーは（1自由度あたり）だいたい $kT$ になり，これは許されるエネルギーのとび $h\nu$ に比べて大きくなっている．これと反対の極限，$kT \ll h\nu$ の場合には，熱による擾乱は振動子の量子的なとびを起こすのに充分なものにはならないので，振動子は周囲からエネルギーを吸収することができない．振動子の振舞いは量子的な性質によって規定され，比熱は小さくなる．

この理論はデバイやその他の人たちの手でさらに完全なものにされ，実験データともよく一致する．

こういう考察は，分子や原子の力学においては定数 $h$ が決定的に大事な役割を担うということを示している点で重要である．これらの考え方が成功を見たことは，まだこの頃はごく限られた仲間内でしか認められていなかった量子論にいっそうの注意を引きつけるのに役立った．

## この世の秩序が崩れて空間が曲がる

1911年に，輻射と量子の問題をめぐって第一回のソルヴェイ会議が開かれた（図5.4）．この会議は，炭酸ナトリウム，すなわちソーダを工業的に作る方法を発明したアーネスト・ソルヴェイの名を取ったものである．この人は自分で資金を出して，物理学の国際会議を創設することを思いついた．それはあらかじめ話題を設定したうえで，その方面の主要な物理学者を招待しようというものである．この学会はおよそ30人くらいに人数を限ってブリュッセルで開かれた．会議の進め方と第一回目の招待者の選出には，H. ワルター・ネルンスト (H. Walther Nernst, 1864–1941) が大いに智恵をしぼった．ネルンス

トはベルリン大学の物理化学の教授で当時一流の熱力学者の一人であり，また ドイツ科学界の有力者であった．彼は，時に熱力学第三法則の名で呼ばれる，ある重要な定理を発見している．それは，純粋物質のエントロピーは，絶対零度ではどれも等しくゼロになる，というものである．実はこの定理の本当の根拠は量子論にあった．H. A. ローレンツは，物理学におけるなみなみならぬ業績に加えて，語学力と外交的な能力にも恵まれ，一般的な名声があったのでこの会議に毎回招かれ，たびたび会議の議長の役を務めた．参加者の人数を制限し，また招待者の質を選りすぐったことは，活潑な，またきわめて充実した討論を可能にした．ベルギーの王室が参会者たちを食事に招待してこの会議に対する関心を表わすのが慣例となった．ここで出会ったのがきっかけとなって，

**図 5.4**　1911 年のソルヴェイ会議の出席者．立っているのは，左から，O. ゴルトシュミット，M. プランク，H. ルーベンス，A. ゾンマーフェルト，T. リンデマン，M. ド・ブローイ，M. クヌードセン，F. ハーゼンエール，H. ホステレット，T. ヘルツェン，J. ジーンズ，E. ラザフォード，H. カメルリン・オンネス，A. アインシュタイン，P. ランジュヴァン．坐っているのは，左から，W.H. ネルンスト，M. ブリュアン，E. ソルヴェイ，H.A. ローレンツ，O. ワールブルク，J. ペラン，W. ヴィーン，M. キュリー，H. ポアンカレ．(ソルヴェイ協会)

アインシュタインはベルギーのエリザベート王妃との間に友情を育み，長年にわたって文通を交わしたのである．

1911 年の会議でも，プランクは例によって慎重で保守的な観点を表明した．一方アインシュタインは，この時はもう第一流の学者と認められかけていたが，もっととらわれのない考えをもっていた．この少し後アインシュタインがチューリッヒの工科大学の教授に招聘されたとき，ソルヴェイ会議でアインシュタインに会っていたマリー・キュリーとポアンカレは推薦状を書いたが，そこには非常にはっきりと彼を高く評価する言葉が記されている．

アインシュタインは1912年に工科大学に就任したが，そこにいたのはほんの短い期間であった．ベルリンの主だった物理学者たちはアインシュタインをこの帝国の首都に招きたいと思って，彼に，カイザー・ヴィルヘルム協会かプロシア・アカデミーのどちらでも良い方を選んでほしいという大いに魅力的な申し出をする手はずを整えた．教える義務はほんのわずかで，研究には最大限の自由が保証されたし，報酬も高額であるなど，いろいろ有利な条件が付いていた．ネルンストとプランクが直接この申し入れをするためにチューリッヒに出かけて行ったが，これ自体異例のことであった．アインシュタインはこの申し出を聞くと，返事は一日待ってほしいと答えた．そしてあくる日になるとこう告げたと言う．私は散歩に出かけてバラを一輪持って帰ります．それが赤いバラなら申し出を受けるしるし，白いバラならお断わりするしるしと思って下さい．彼が持って帰ったのは赤いバラのほうであった．ここでアインシュタインは一つの条件を押し通した．それはスイスの市民権をもったままでいたいということである．この条件はちょっと面倒なことになった．というのは，アインシュタインは自分がスイス人であると思っていたが，プロシアの方はアインシュタインをプロシア人だと考えていたからである．

さて，その地位はまことに輝かしいものではあったが，アインシュタインはドイツ帝国ではくつろいだ気分になれなかった．同僚との付き合いは楽しめたし，またその他にもベルリンに良い点はあったが，プロシアの軍国主義はご免だったのである．ベルリンの兵営じみた雰囲気を脱れるために，彼はよくオランダに出かけ，友人のローレンツやエーレフェストを訪ねた（図5.5）．ところで，このドイツ時代の初めにアインシュタインは離婚している．その後，従妹と結婚して，彼女が亡くなるまでずっと一緒に暮した．

いよいよここで運命的な1914年の8月[8]が近づいてくる．アインシュタインは一般相対性についての研究を始めてこれに精出していた．これは相対性原理を任意の運動にあてはまるように大幅に拡張したものである．相手に対して

**図 5.5**　左から右に，ゼーマン，アインシュタイン，エーレンフェスト．アムステルダムにて，1920 年頃．アインシュタインとエーレンフェストは昔からの友達であり，多分この時も，アインシュタインがエーレンフェストのもとを訪ねていた間に，ゼーマンの研究室に寄ったものと思われる．（オランダ，ライデン，ベールハーフ博物館）

互いに加速運動をする二つの系は同等ではないことは明らかである．実際，一方の系には見られない慣性力が他方には現われてくる．この簡単な例は地球上で自由落下をするエレベーターである．その中にいる観測者にとっては重力はなくなってしまう．これは，同じエレベーターが地球に対して静止している時とは明らかに同等ではない．その場合には，確かに重力が存在するからである．ところがアインシュタインは，適当な重力の場を持ち込むと，二つの加速系が互いに同等になるようにできるということに気がついた．これが可能になるためには $F=ma$ という方程式に現われる慣性質量が $F=kmm'/r^2$ という方程式に現われる重力質量と等しいことが必要である．よく重力質量は慣性質量に等しいという言い方をされているこの注目すべき事実を発見したのはガリレオであるが，これが行なわれたのはピサの斜塔の実験であるという話が半ば伝説として語り継がれている．その後，この事実はニュートンによって確証された．ニュートンはいろいろ違う材料でできているが長さは等しい振子の周期が皆同じになるということを念入りに確かめたのである．1891年に，ハンガリーでR. フォン・エートヴェース男爵がやはりこのことをずっと高い精度で確かめており，また1963年には，R.H. ディッケがさらにそれ以上の精度に到達している．

特殊相対論の場合とは違って一般相対論は物理学者たちの関心の的にはならず，アインシュタインは一人でこの問題に立ち向かったのである．一般相対論は特殊相対論に比べると数学的にかなり難しい面があり，そこでは「テンソル解析」を使うことが必要になるのだが，これは当時物理学者にはほとんど知られていないものであった．アインシュタイン自身も数学的なむつかしさに手を焼いていたのであるが，友人のグロスマンが，B. リーマンとB. クリストッフェルの研究，またこのほうがさらに重要であったが，G. リッチ－クルバストロとT. レヴィ－チヴィタの研究が一般相対論の数学的な道具として役に立つのではないかと教えてくれた．こうしてアインシュタインは曲がった空間を扱えるようになり，重力の効果を空間の曲率に結びつけることができた．そしてまたこの曲率が物質やエネルギーの存在と関係づけられることになるのである．

話が少し先に進みすぎたようだ．1914年に宣戦が布告されると，世間一般に一途で盲目的な愛国主義が湧き上がった．特にドイツでそれはいちじるしかった．この時，連合国側がドイツに浴びせた非難は時には大げさすぎるきらいがないでもなかった．なかんずく，中立国ベルギーへの侵略をめぐる激しい非難に対して，ドイツの科学者たちは自国を弁護する声明を発してこれに答えた．それらの声明はどの文も，一つ一つ “Es ist nicht wahr …”（それは正しくない）で始まり，科学者の，軍との連帯の宣言によってしめくくられていた．残念ながら，この声明文の署名の中には，レントゲン，プランク，ネルンスト，ヴィーン，その他多くの大いに尊敬すべき人物の名前も見られたのである．そして場合によってはその名前に「枢密顧問官」だの「閣下」だのといった称号まで付いていた．レントゲンのような人にも，こともあろうにこんな官製の称号で箔が付くと感じられたというのは皮肉な話である．だが，こういうところがやはりドイツ帝国なのである．しかしレントゲンをはじめ，ここに名を連ねた多くの人たちの心情が至って素朴なものであったことは確かで，この人たちは後になってその行為を悔やんでいる．ほかの人々も，たとえばプランクなどもこの事件の教訓を深く肝に銘じていた．彼らは依然としてドイツの確固たる愛国者ではあったが，後になってヒトラーの国粋主義的な雄弁に惑わされはしなかった．アインシュタインはその文書への署名を拒否したばかりではなく，反対声明を呼びかけることまで考えたが，この時にはその計画を実行するには至らなかった．しかしどの道，彼はその政治的な立場のために，由々しい敵をつくってしまったのである．

アインシュタインは一般相対論を進めることに全力を挙げていた．何度か目標に達したと思えることもあったが，その後でこの理論には致命的な欠陥があることがわかってしまうのだった．しかし，ついに彼は，物理法則をどんな座標系においても成立するような形に定式化しようという目論見を果たすのに成功した．これは重力についての新しい考え方を打ち立てるところから行なわれたのである．この理論から導かれる実験的な結果はさほどのものではないにしても，その考え方のうえでの進歩と理論の美しさには目を見張るものがある．この理論は，その実験的証拠になりうるものとして，小さな効果を二つ三つ予言していた．水星の近日点の移動，質量のために光線の進路が曲げられること（これは日食の際に観測できる効果である），それから，質量の大きい星から出る光のスペクトル線の振動数のずれなどである．こういった効果はいずれも小さいもので観測も容易ではないが，現代の技術のおかげで，これらの効果ばかりでなく，その他のもの（重力場が時計や信号の伝達の遅れに及ぼす影響など）についても精密な測定ができるようになった．とにかく，重力を空間の曲率という幾何学的な効果に帰着させるというのはすばらしい考え方であり，天文学と宇宙論においては測り知れないほど重要な意義を持つものである．一般相対論がその威力を発揮するのはまさにこの領域であって，それは天文の観測結果を記述したり説明したりするのに欠くことのできないものになるのである．

1917年にアインシュタインはもう一つのきわめて重要な研究を発表している．それは黒体輻射の法則の新しい，しかもきわめて簡単な導き方を示すものであるが，ここにも深い物理的な概念が含まれている．光の放出は，もはやマクスウェルの観点からは考えられていない．ここではじめて，放射性崩壊に適用されるのと同じ統計的な法則が，電磁気の現象にまで拡張されたのである．

この時にはすでにボーアの原子理論が出ていたが，原子からの光の放出の機構は依然として謎のままであった．アインシュタインはこの現象を覆い隠しているベールの片隅を持ち上げてみせたのである．この1917年の論文は，まことに先見性に富んでおり，近代物理学における一つの里程標というべきものである．ここで彼は古典物理学の厳密な因果性を棄てて，その代りに確率という新しい概念を置いた．この意味で，この研究は，量子力学そのものと，それが惹き起こした本質的な革命と，両方の萌芽を含んでいた．そればかりでなく，特に具体的な応用に触れてはいないが，ここには現在大いによく使われているレーザーやメーザーの基本となる考えがすでに含まれている．

ここでもまた，アインシュタインの深い思索はきわめて簡単な形を取っていて，数式も使わずにわずかの言葉で言い尽くせるものであった．これについてもっとはっきりしたことは付録7を見ていただきたい．

アインシュタインは熱平衡にある黒体が熱輻射に加えて，ただ二つのエネルギー準位だけをもっている簡単な原子と共存している場合を考えた．一つの準位からもう一つの準位に移るには，その二つの準位のエネルギーを $E_1, E_2$ として，振動数 $\nu=(E_1-E_2)/h$ の光の量子を放出または吸収すればよい．ここで原子と輻射が統計的な平衡の状態にあるという条件，すなわち1秒あたり低い準位から高い準位に移る原子の数が，その逆が起こる原子の数と等しいという条件を置くことによって，彼は遷移確率と黒体の輻射能との間に成立する重要な関係式を導いた．このために彼は偶然に起こる放射性崩壊に倣った計算を適宜に修正した．これは古典的な電磁気学の方法とは本質的に異なった考え方である．アインシュタインは，原子がエネルギーの高い方の状態から低い方に自然に移る単位時間あたりの確率を $A$ と呼び，また密度 $u(\nu, T)$ をもつ輻射の影響のもとで，高い方から低い方に，あるいはその逆向きに移る単位時間あたりの確率を $Bu(\nu, T)$ とした．ここで彼が得たいくつかの結果の中でも，輻射のために引き起こされるこの逆向きの二つの遷移の確率が等しいという点が特に重要である．アインシュタインの $A$ と $B$ は，今では物理学における基本的な概念となっている．光の放出に関連して，確率論に基づく意味をもつ $A$ と $B$ という係数を導入したことは，新しい出発点を与え，この後来たるべきものの前ぶれとなった．

1917年の同じ論文で，アインシュタインは，何年も前に自分で出した結果についての新しい証明を与えている．それは，光量子はエネルギー $h\nu$ ばかりでなく，光が伝わる方向に $h\nu/c$ という運動量ももっているというものである．この結論は相対論から直接出てくるのであるが，彼が初めにこの結論に到達したのは，エネルギーと運動量密度のゆらぎについての，巧妙な，しかしやや遠まわりな考え方を通してであったということは注目に値する．

### その後のこととアインシュタインの孤独

さてアインシュタインがこういう研究に没頭している間にも戦争は続き，ついに1918年，ドイツの敗北に終って皇帝の旧体制は崩壊した．これは，アインシュタインに何ら，哀惜の情を催させるものではなかった．大変動の一時期を経て生まれた新生ワイマール共和国はドイツの民主化に対する大きな期待を抱かせるものであった．しかし実のところ，この政府はいちじるしく弱体で，内側からも外側からも次第にその土台を蝕まれ，結局，有効な統治能力を持てなかったのである．

1919年には皆既日食があり，これで一般相対論から出てくる結論の一つを検証する可能性があった．この目的に向けていろいろな観測隊が派遣されたが，得られた結果は，一点の曇りもなくとは言い難いにしても，ともかくアインシュタインの理論に有利なものであった．ここに至ってアインシュタインの人気が爆発的に湧き上ったのである．どういうわけか私にはよくわからないが，突如として彼は，その研究については何も知らないような人たちの間でもたいへんな有名人になってしまった．彼は映画スターや流行の芸能人のような扱いを受けた．それと同時に，これまた何ももっともな理由もないのであるが，彼を激しく憎む敵も急激にその数を増していった．反アインシュタイン科学連盟といったものまで出てくるありさまで，ここには扇動家や気狂いや未来のナチス信者などに混じって，かつて尊敬を受けた人や，また当時でも尊敬されていいような人が名を連ねていた．アインシュタインは相対論についての公開講演をしてほしいという招待を受け，それを承諾したのであるが，その場は反対者たちのためにめちゃくちゃにされてしまい，品のない政治宣伝の場に変わってしまった．アインシュタインはここで慎重に引込みはせず，新聞，雑誌などで反駁した．それも，彼のいちばん親しい友人たちがそれは避けるべきだったと言

**図 5.6** アインシュタインが，ボローニャ大学の中庭で，イタリアの数学者 F. エンリークを相手に何やら弁じ立てているところ．1921 年 10 月の訪問の折．

うようなやり方をも敢えてした．

特に過激分子が自分たちの敵の暗殺をも辞さなくなってからというもの，事態はますます険悪な様相を呈してきた．ワイマール共和国の外相 W. ラーテナウの暗殺は，この先何が起こりうるかということの警告であった．ラーテナウは立派な愛国者で，またドイツ工業界の大立物でもあり，戦時経済の編成に精力的に働いて成功を収め，その後共和国の閣僚になっていた人である．彼はアインシュタインと個人的な親交があった．ラーテナウの暗殺，またこれに先立つ社会主義者の K. リープクネヒトとローザ・ルクセンブルクその他，著名な人たちの暗殺などはナチス時代に来るべきことの前奏曲にすぎなかった．

アインシュタインはすっかりうんざりして，世界を周る長い旅に出た．友人のプランク，フォン・ラウエ等は，こんな難しい時にドイツを見棄てないでほしい，また数多くの外国からの誘いを受けないでほしい，としきりにアインシュタインを説いた．一方，ライデン大学は，エーレンフェストとの間の友情もあったし，またローレンツの熱心な勧誘もあってアインシュタインの気持を惹いた．しかし，途中アメリカやその他の国々で，いろいろな人との間に友情を

**図 5.7**　有名な画家，マックス・リーベルマン (Max Liebermann, 1847–1935) が描いたアインシュタイン．1925 年，ベルリンにて．(ニュージャージー，プリンストン高等研究所の許可による)

育んだうえで，旅行を終えたアインシュタインはやはりベルリンに帰って来た．1924 年前後には，事態はやや沈静して，アインシュタインはベルリンでかなり活潑な社交生活を送った．家には，いろんな方面のいろいろな人々が訪ねて来た．たとえば画家のスリーフォークト，医者のプレッシュ，化学者の F. ハーバー，音楽家の F. クライスラーと A. シュナーベル，工業家で外相のランツァウ伯，画家の M. リーベルマン（図 5.7）等である．暇な時には相変わらずバイオリンを弾いた．これは彼の，生涯を通じての嗜みであった．彼は大科学者の役を演ずるのを嫌っていたわけではなく，むしろ明らかにそれを楽しんでいたようだ．彼のある種の行動や，風変わりな格好や，人目を意識したとも取れるようなある習慣などからそのように思われる．要するに彼は，チャーリー・チャップリンのファンであり，友人だったのである．

といっても，こういう活動のいずれもきわめて真摯な研究からアインシュタインの気をそらせることはなかった．1922 年には，アメリカの物理学者，アーサー・ホリー・コンプトン (Arthur Holly Compton, 1892–1967, 図 5.8) が，

**図5.8** アーサー・ホリー・コンプトン (Arthur Holly Compton, 1892-1967). 1927年のヴォルタ記念学会の参加者のために催された，コモ湖への遠足の折，F. ラゼッティが撮った写真．この前，1922年にコンプトンは光子－電子衝突の実験的研究を行なっていた．(F. ラゼッティの好意による)

X線が自由電子で散乱される時，X線はアインシュタインの予言通り，エネルギー $h\nu$，運動量 $h\nu/c$ の粒子のように振舞うということを見出した．これによってまた一つ，アインシュタインの光量子の考えがみごとに確証されたのである．特に，散乱された光量子は初めと違う振動数をもち，それが散乱角に応じて変わる，ということは重要である．このことは波動論では説明しようがないからである．

こうして光の波動性と粒子性という二重の性格がますます明らかになってきたちょうどその頃，ある無名のインドの物理学者，サチャンドラナタ (S. N.)・ボーズ (Satiendranath Bose, 1894-1974) がアインシュタインの意見を求めて原稿を送って来た．その原稿は，黒体輻射の公式の，統計力学による新しい証明を扱っていた．ボーズは光量子の数をかぞえるのに統計的な考え方を使っているのだが，そのやり方が普通の方法とは違っていた．本質的な違いは次の点にある．ボルツマンの統計力学では，分子の一つ一つが個別性を持つものとして扱われている．だからそれぞれに名前を付けて，それを区別できるわけである．これに対してボーズの光量子はあらゆる点で同等なのである．ボルツマンの場合，A分子とB分子を取り換えるのは別の状態を作ることになり，したがってこの二つは別のものとして数えなければならない．だがボーズの場合には，二つの同等な量子を交換することは新しい状態にはならないのである．この結果，出てくるのが黒体輻射の公式の新しい証明である．アインシュタインはボーズから送られて来た論文を読んで，それをドイツ語に翻訳し，ドイツの雑誌に載せた．その際賞讃の言葉とともに，またボーズが光量子について行なったことは分子にも適用できるということをアインシュタイン自身が示すつもりでいる，という注釈も添えている．アインシュタインは約束を守って1924年にそのことについての論文を発表した．こうして新しい統計法が生まれた．これはその2年後に出たフェルミとディラックの仕事で補われて完成を見ることになる．この二人は，ボーズとアインシュタインの統計法だけが許される唯一のものではなく，自然の中には二種類の統計が存在するということを示したのである．この問題については後でフェルミに関連してさらに述べることにしよう．

やはりこの時にもアインシュタインは，ボーズ-アインシュタイン気体のゆらぎまで計算して，光量子ばかりでなく，物質分子にも粒子性と波動性の二重性があることを見出した．これは新しい発見であった．

波動と粒子という二重性は，それを包み隠していた謎の覆いの中からますますはっきりと浮かび上がってきた．L. ド・ブローイがその分野で決定的な前進をなし遂げたのもこの頃である．それについては後に触れるが，ここでもまた，アインシュタインの功績は特に，新たな驚くべき考えを確かにする役を担った点できわめて大きなものがあったのである．

名声が高まって行くにつれて，アインシュタインは政治問題や人道問題についてますます数多くの意見表明を行なうようになった．彼は，はっきり平和主義者の立場を取り，またイスラエルの建国を支持する側に立った．何年も後になってイスラエルの独立が果たされた時にアインシュタインは大統領になってほしいという申し出を受けたが，彼には自分の資質と限界がよくわかっていたのでこれを辞退した．もっともだと認められることなら何であろうとアインシュタインの賛同を得ることができた．この点，彼が知っているすぐれた物理学者なら誰でも彼の推薦状がもらえたのと同じことであった．皮肉なことに，アインシュタインからの推薦状は，ちょっと考えるとたいへんな重みを持ったはずであるが，実はこのようなわけでその価値がなくなってしまったのである．

さて，非相対論的量子力学は，1927年までに完成の域に達したと言える．そしてその解釈の大筋はいわゆるコペンハーゲン精神によって定式化されていた．ヴォルタの没後100周年を記念してコモで開かれた物理学国際会議に，ボーアがそれに関する論文を出した．アインシュタインはファシズムの国イタリアには行きたくなかったのでこの会議に参加しなかったが，その少し後のソルヴェイ会議でボーアがもう一度同じ考えを述べた時には，アインシュタインからの反対を受けた．ボーアはこれまで何度もアインシュタインから励ましを受けていて，彼を崇拝していたし，またアインシュタインもボーアに対する賞讃と好意をたびたび表明していたのである．自分の最も愛着を感じている考え方がアインシュタインに嚙みつかれたことでボーアの心は傷つき悩んだ．延々と議論が続く中で，ボーアはアインシュタインの反対を次々に論破して行ったが，その結果はまた新しい反対にぶつかるだけで，何としても彼を納得させることができないのであった．量子物理学を創り出した主要人物の一人に数えられるアインシュタインは，生涯の終りに至るまでコペンハーゲン流の解釈には懐疑的な立場にとどまった．しかしこの面では彼はしだいに孤立に追い込まれていった．

ナチズムが到来すると，ついにアインシュタインはドイツを後にした．もしそこに止まっていたら間違いなく彼の生命は奪われていたであろう．そしてしばらく方々を回った後，ニュージャージーにあるプリンストンの高等研究所に落ち着いた．だが彼の天才の炎は衰えを見せはじめて，数十年間というもの誰にもまさって遠く先を見通していた人，そして物理学における最も深く，実り豊かな着想をいくつか導き入れた人であったアインシュタインは，ここで，答がありそうもない，おそらく設定の仕方が間違っている問題にはまり込んで行った．かつてベルンから，チューリッヒから，そしてベルリンから射して来た新しい物理学の導きの灯は，もはやプリンストンからは射してこなかった．

しかしそれでもなお，アインシュタインはまだ一つの重要な役割を果たす運命にあった．しかもそれは平和主義者の立場とは矛盾していた．つまりアメリカが原子爆弾を作るよう説得することであった．今，私は矛盾すると言ったが，しかし第二次大戦という事態では，彼の取った立場は彼の原則にかなうものだったのである．ここでのアインシュタインの役割は，専門的な面というよりは政治的な面にあった．実際，アインシュタインは確かに 1940 年代の原子核物理学によく通じていたわけでもなく，また原子エネルギーの開発に専門的な面で貢献していたわけでもない．1955 年 4 月 18 日，プリンストンにおいて，彼の生涯は 75 歳で静かに終りを告げた．

彼は自分のことについてこう言っている．「神は贈物を下さるのに気前の良いやり方はなさらないものです．私にはラバのような強情を下さっただけです．いやもう一つありました．それは敏感な嗅覚です．」

# 第6章

# サー・アーネスト，ネルソンのラザフォード卿

これまで，プランクとアインシュタインの仕事を通じて，第一次大戦を経てその後に至る理論物理学の状況を眺めてきたが，実験物理学については，アーネスト・ラザフォードがカナダを離れてイギリスに帰り，マンチェスター大学の教授になる1907年あたりで話が止まっていた．それ以後第一次大戦までの間に実験物理学は急速な進歩を遂げた．ここで主役になるのはラザフォードである．この章ではラザフォードの仕事をはじめとして，その他，この時期の実験上の発見についても触れて行くことにしよう．

## イギリスに帰る

マンチェスター大学はイギリスの地方大学の中でも主要なものの一つであるが，ここの物理学教授の席が空くことになった．これは優秀な分光学者，サー・アーサー・シュスター（Sir Arthur Schuster, 1851–1934）が引退する決心をしたためであるが，それにはラザフォードが後を継いでくれることが条件になっていた．シュスターはドイツの出ではあったが，すっかりイギリス風の流儀が身についていた．以前，彼は相当な財産の相続を受けたが，その一部を使って自分の学科に立派な実験研究所をつくった．ラザフォードの研究分野はシュスターとはたいへん違っていたのだが，サー・アーサーはこれにまさる後継者はいないと考えてラザフォードにそれを受けてくれるよう，力の限りを尽くして説得したのであった．この時，シュスターは研究所の研究費の寄付の手はずも整えていたし，また理論物理学者のための特別研究員制度の基金も用意した．この奨学制度は，後にH. ベイトマンやG. C. ダーウィン（かの博物学者の孫）やニールス・ボーア等もその恩恵をこうむったものである．またシュスターにはドイツ人の助手，ハンス・ガイガー（Hans Geiger, 1882–1945）がい

たが，この人はラザフォードのもとで研究することになり，やがて第一級の原子核物理学者になった．ガイガーはいつもラザフォードと緊密な接触を続けて，ドイツに帰ってからは自国の原子核研究の興隆に力を注いだ．放射性物質を扱った人なら誰でも，この人の発明，ガイガー・カウンターを使った経験があるだろうから，その名前にはおなじみであろう．ガイガー・カウンターは放射線を検出するには最も便利な機械の一つである．この他にマンチェスターの職員の中には技手の W. ケイがいたが，この人も，ラザフォードがここでいつも重宝にした人である．

ところで困ったことにマンチェスターにはラジウムはほんのわずかしかなく，20ミリグラムにも満たないありさまであったが，ラザフォードにはラジウムが入用であった．当時ラジウムを生産している所と言えば，ほとんどオーストリアのヨアヒムシュタール鉱山（現在はチェコスロヴァキアに所属）だけであった．ウィーン科学アカデミーは350ミリグラムの臭化ラジウムをロンドンのユニバーシティ・カレッジにいたラムゼイに貸与した．それはラムゼイとラザフォードの共用になるはずであったが，この二人の間柄はうまく行かず，このラジウムを分け合う気にはならなかった．幸いラザフォードが自分専用にあと350ミリグラムをウィーン科学アカデミーからの貸与として手に入れるのに成功して問題は解決した．ウィーンからのラジウムは第一次大戦の間中ラザフォードの手にあった．戦争が終ると，イギリス政府はそれを敵国財産として没収する意向であったが，ラザフォードは，それは買い取るべきだと強く主張して，普通の取引同様に支払いをした．この収入によって，財政に窮していたウィーン研究所と，そこの所長のシュテファン・マイヤー教授を助けることができた．ここは戦争のために破産状態にあったのである．この公正かつ寛大な行為はオーストリアの科学者たちを深く感動させた．

マンチェスターに落ち着いて，必要なラジウムも手に入ると，いよいよラザフォードは研究に乗り出し，まずはじめに今までの研究テーマを再開した．そして分光学的な方法を使って，アルファ粒子はヘリウムがイオン化したものであるということをはっきりと証明した．この研究は T. ロイズの協力を得て行なわれたが，ロイズも1851年博覧会の奨学金を受けた人である（図6.1）．

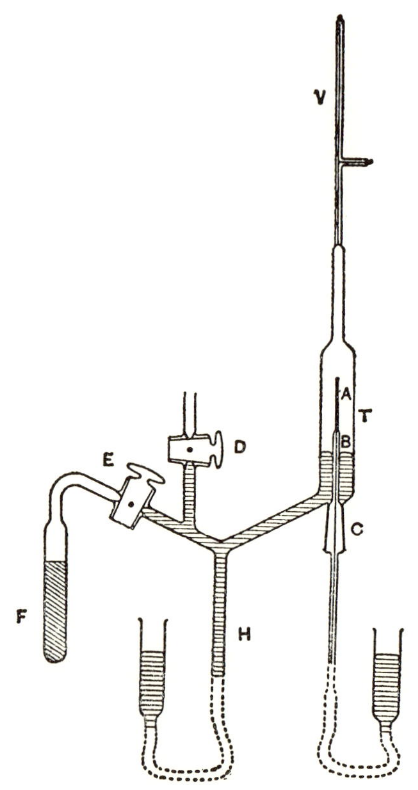


**図 6.1**　アルファ粒子の本性を証すためのラザフォードとロイズの装置．細い針状の容器Aにはラドンが入っており，これから出るアルファ粒子はガラスを突き抜けて，管Tを低圧のヘリウムで満たす．このヘリウムは水銀に押し上げられて放電管Vに入り，特有の発光スペクトルを示す．［*Philosophical Magazine* **17**, 281 (1900) より］

## アルファ粒子を照らす新たな光

1908年，ラザフォードはノーベル化学賞を受けた．受賞講演の題は「放射性物質から出るアルファ粒子の化学的性質」であったが，そこで彼はシンチレーション法を使ってアルファ粒子を一つ一つ数えるやり方を述べている．すなわち彼は，アルファ粒子がやってきたために硫化亜鉛に生ずる閃光を倍率の低い顕微鏡でのぞいて見ることによって原子を一つ一つ数えたのである．ガイガーも熱心にこの仕事に加わった．これはなかなかに辛抱を要する仕事であるうえに，そのためには何時間も真暗闇の中で過ごす必要があった．

読者の中にこの閃光を見たいという方がいたら，ただ夜光時計の文字盤を虫眼鏡でのぞいてみればよい．ただしこれは，しばらく暗闇の中にいてからやる必要がある．たとえば暗い所で今目覚めたばかり，というような時がいい．さてラザフォードとガイガーは，こうして原子を数えることによって，アヴォガドロ数や電子の電荷その他の普遍定数を決定する手だてを得たのであるが，これらの普遍定数は，また全然ちがう実験からも知ることができるものである．黒体輻射の研究がその一例である．この二つの方法から出てきた数値はきわめて良い一致を示したので，原子の実在に対して最も懐疑的な立場を取っていた物理学者といえども，これらの実験には納得する他なかった．こうして最も頑迷固陋な後衛もついに打ち破られたのである．

またこれらの実験はイギリス人に量子論の価値を認めさせるうえでも役に立った．それは前にも言ったように，ラザフォードが決定した電子の電荷その他の定数は，それ以前にプランクが黒体輻射の理論から出していた値にきわめて近いものになったからである．

閃光を数えるにあたってラザフォードとガイガーはまことにうまいやり方を用いた．これはその後まで継承されて大いに拡張と改良を見たものである．アルファ粒子が硫化亜鉛のスクリーン上に発生させる閃光は，容易に目に留まるわけではなく，実際に生じた閃光の数と観測された数との比$\eta$で定義される効率は観測者によってそれぞれある値をもつ．そこで二人の観測者（ラザフォードとガイガー）が同じスクリーンを見ていて，めいめい閃光が見えたら電信に使うようなボタンを押して合図することにする．こうしてそれを見た時刻も記録される．さて信号には次の三種類がある．(1)第一の観測者だけからのもの，(2)第二の観測者だけからのもの，(3)両方の観測者から同時に来たもの．その数は

$$n_1 = \eta_1 n \qquad n_2 = \eta_2 n \qquad n_{12} = \eta_1 \eta_2 n$$

である．ただしここで$\eta_1$と$\eta_2$は各観測者の効率，$n$は実際に発生した閃光の数でこれは未知である．また$n_1, n_2, n_{12}$はそれぞれ，観測者1と2の片方だけから来た数と，最後は一緒に来た数である．先の三つの式から$n = n_1 n_2 / n_{12}$が

出てくる．

今日では，肉眼は電気的な装置に置き換えられているが，この方法の原理は変わっていない．

ラザフォードはもう一つ，原子を数えることに比べればはるかに地味だと思われる問題に立ち向かった．それはアルファ粒子が物質の中を通過するのに伴って起こる現象を明らかにし，そしてそれを説明するという問題である．彼は何人もの研究者たちの協力を得てこの問題に取り組んだ．1904年あたりにW. H. ブラッグがR. D. クリーマンとの協同で，アルファ粒子の飛程はそのエネルギーに応じて一意的に決まることを見出していた．また両ブラッグ（父子）は，その飛跡に沿って起こるイオン化の研究を行なっていた．アーネスト・マースデン（Ernest Marsden, 1889-1970）はニュージーランドから1909年に名高い同郷の先輩のもとで研究しようとやって来た学生であるが，彼はたまたま次の事実を観測した．すなわち，ふつうアルファ粒子は物質の中を真直ぐ，あるいはほとんど真直ぐに進むのであるが，時たまかなりの角度曲げられて飛んで行くこともある，ということである．マースデンがこの観測結果をラザフォードに告げると，この大先生はそれを確かめるためにもう一度実験を繰り返させた．この大きな振れは，大いにラザフォードを驚かせたのである．それはまるで，ピストルで紙きれを撃ったら弾丸がはね返ってきたと聞かされたようなものだった，とラザフォードは後に語っている．

さてそれから何週間か過ぎた．そして1911年のある日，ラザフォードは，どうしてマースデンの粒子が大きい角度で曲げられるかがやっとわかったと皆に報せた．実はそればかりでなく彼は原子の構造を知ったのである．

## 原　子　核

さて，何が起こったのだろう．その頃にはもう原子のモデルがいくつか出されていた．ローレンツは，電子が固定した中心に弾性力によって結びつけられているという考え方を採用して，それによってゼーマン効果を説明していた．他にプランクの振動子などもあり，また J. J. トムソンによるモデルもあった．トムソンは一様な正電荷が球状に広がっている中に，電子がちょうどプディングの中の乾しぶどうのように散らばっていると仮定したのである．イギリスではこの考え方の支持者が多かったのであるが，しかしそういう原子はアルファ粒子を大きい角度にわたって散乱することはできない．なぜなら，アルファ粒子がプディングの中に侵入してその中心に近づくとすると，そこは平均の電場がゼロの領域であり，したがって偏向を受けることはありえないからである．また，もしアルファ粒子が中心から遠い，原子の外側を通るとしてもやはり同じことになる．

一方，原子が太陽系のような構造をしている可能性を考えていた科学者もあり，その中には日本の物理学者，長岡半太郎等もいたが，この考え方はまだ曖昧で，多少山気のある想像の域を出るものではなかった．ラザフォードはこの理論にしっかりした実験的な根拠を与え，今日でも依然として正しい原子モデルを創り出したのである．今では原子は古典物理学ではなく量子力学で扱われるべきものであるが，ラザフォードの実験の場合には，幸いにも両者が同じ結果を与えることになる．ラザフォードは正電荷（$Ze$）と質量はすべて中心付近の小さな領域に集中していると仮定して，これを「原子核（nucleus）」と呼んだ．そしてこの原子核のまわりを$Z$個の電子が回っているものとした．正の電荷を持つ原子核と負の電荷を持つ電子との間の静電的な引力が原子を保持しているのである．ここでラザフォードは，この系の安定性の問題には首を突っこまないと明言している．これは，そこを突いて行くと深刻な難問にぶつかる弱点だったのである．アルファ粒子を，質量を持った点電荷と考えると，これが原子核に向かって入射すればクーロンの法則に従って反撥力を受ける．そしてすでにニュートンが計算していたように，それは原子核を一つの焦点とする双曲線軌道を描く（図 6.2）．ラザフォードはこのことをニュージーランドで学生の時に教わったものと思われる．原子核の2000倍も軽い電子はアルファ粒子の軌道には影響を与えない．このモデルから，アルファ粒子が物質の薄い箔を通り抜ける時にある角度で散乱される確率を決定することができる．

具体的に言うと，厚さが$t$で，単位体積あたり$n$個の原子を含む標的を考える時，その標的から見て立体角$d\omega$を張るスクリーン上に落ちるアルファ粒子の数は，入射粒子1個につき$nt\,d\sigma/d\omega$で与えられる．ただし

$$\frac{d\sigma}{d\omega}=\left(\frac{Ze^2}{mv^2}\right)^2\cdot\frac{1}{\sin^4(\theta/2)}$$

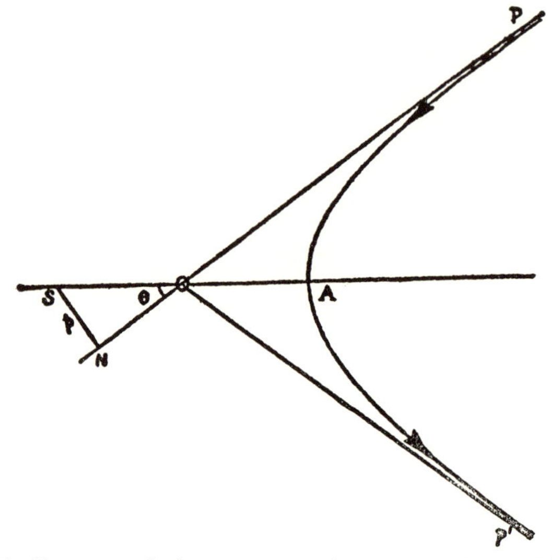


**図 6.2**　原子核のために曲げられるアルファ粒子の軌跡（P から P′ へ）．薄い金属箔に向かって入射したアルファ粒子の曲がり方は，この図をもとにして計算される法則に従う．このことが，原子の中に，電荷を持つ散乱中心が在ることを証拠立てた．この散乱中心は，その後，原子核と呼ばれるようになった．［*Philosophical Magazine* **21**, 669 (1911) のラザフォードの論文より[1]］

であり，ここで $\theta$ は振れの角，$v$ は粒子の速度，$m$ はその質量である．原子核の質量は，$m$ に対して無限大と考えられる．ラザフォードはこの研究を記した原稿を 1911 年の 4 月『フィロソフィカル・マガジン』に送った．

図 6.3 に見られるような簡単な装置を使って，ガイガーとマースデンがこの公式をあらゆる点にわたって詳しく確かめた．二人はアルファ粒子の標的となる物質の種類を変えることによって $Z$ を変えたり，またアルファ粒子の速度を変えたり，箔の厚さを変えたり，観測する角 $\theta$ を変えたりしてこれを行なったのである．

$Z$ という数は，標的となる物質の化学的な性質を特徴づけるもので，原子番号と呼ばれた．これは，電子と等量異符号の電荷を単位とした時の原子核の電荷を表わしている数である．たとえば水素なら $Z=1$，ヘリウムなら $Z=2$ という具合である．この発見は，化学的な元素の定義に新たな光を投げかけるものであった．今や，おのおのの元素には一つの整数 $Z$ が結びつけられ，またそれ

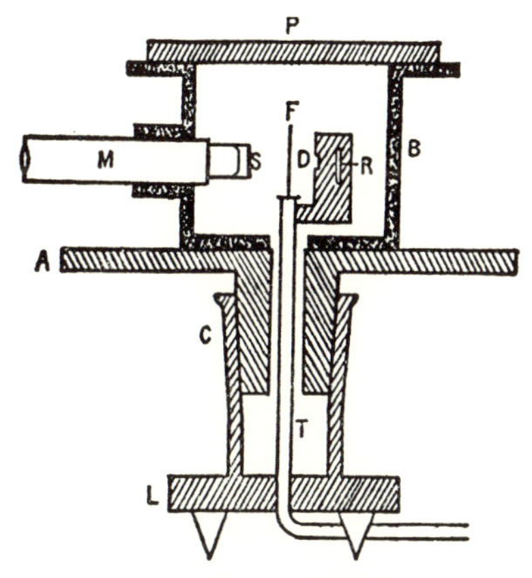


図6.3　アルファ粒子の散乱の研究で，H. ガイガーと E. マースデンが使った装置．Rはアルファ粒子源．鉛の支持器具で被われ，真空容器Bの中に収めてある．スリットを通り抜けて出てきたアルファ粒子の細いビームが，薄い金属箔Fに当たる．箔を通り抜けたアルファ粒子は，蛍光性のスクリーンSにぶつかる．これを顕微鏡Mを通して観測する．顕微鏡はBとともに，TF を軸として回転できるようになっている．［*Philosophical Magazine* **25**, 604 (1913) より］

が軌道にある電子の数を示すことにもなるのである．1869年あたりにメンデレーフはすばらしい直観を働かせて周期律の考えを展開したのであるが，この時彼は原子量の順に元素を並べていった．そして今度はラザフォードのモデルが，ここで大事になるのは原子量ではなく，原子番号であることを明らかにしたのである．このことに最初に気がついたのはオランダのアマチュア科学者，アントニウス・ファン・デン・ブレックで，これは1913年のことである．

## 太陽系型の原子

有核原子については，そのいろいろな特徴をめぐって，さまざまな発見がほとんど同時に行なわれているので，ここでその順序を詳しくたどって行こうとすると，まことに厄介な話になる．だが，この頃に到達していた段階についておよその見当をつけようと思うなら，たとえばラザフォードが1914年の2月に発表した「原子の構造」(*Philosophical Magazine* VI, **26**, 937) という論文を読むのがよい．彼はその中でアルファ粒子やベータ粒子の散乱を論じて，そこから，中心に集中した正電荷について引き出される結論を述べている．次いで，特にアルファ粒子が水素の中を通過する現象に注目して，今日，陽子あるいは水素原子核と呼ばれるものと，アルファ粒子との衝突を論じている．それに続いて原子核の大きさとその構成についても論じていて，そこでは，ボーア氏が，放射性崩壊の際に放出される電子の起源は原子核にあるのであって，原子に付随している電子と核内の電子とは区別すべきものだという論を出したことに触れている．また原子核の電荷に関しては，ソディの放射性変位の法則とともに，ファン・デン・ブレックの仮説にも言及している．ソディの法則というのは，原子核はその周期律表における位置に応じて化学的な性質が変わるが，アルファ粒子を放出する場合には周期律表の位置が二つもとに戻り，ベータ粒子を出すと一つ先に進む，というものである．言うまでもなくこれは，アルファ粒子の電荷が $Z=2$ にあたり，また電子の電荷が $-1$ にあたるためである．したがってアルファ粒子を放出すると核は二単位の電荷を失い，電子を放出すると一単位を得るわけである．

原子番号を測定するにはX線が役に立つのであるが，それには C. G. バークラが最初に提言した散乱に基づく方法[2]か，あるいは，ちょうどこの時 H. G. J. モーズレーが発明したばかりのきわめて有効な方法が用いられる．さて最後にこういうくだりがある．

> ボーアは，原子の構造を「有核」理論に基づいて考えるうえでの難点に注意を喚起し，外側の電子が安定な位置に落ち着いているということは古典力学からは導き出せないことを示した．だがまた，プランクの量子に結びつけられる一つの概念を導入することによって，たとえば水素原子，水素分子，あるいはヘリウム原子などの簡単な原子，分子を正負の電荷をもつ粒子から組立てることが可能であることを示している．それらは多くの点で，実際の原子や分子とよく似ている．ボーアが行なった仮定の妥当性や，その裏にある物理的な意味についてさまざまな意見の相違があるにしても，簡単な原子や分子を組立てたうえでそのスペクトルを説明しようという試みとして，初めて明確な形を備えたものが現われたという点で，ボーアの理論はすべての物理学者にとって大きな関心の的であり，またきわめて重要な意味を持つものであることは間違いない．

話がこみ入らないようにするために，ボーアの仕事についてこれ以上詳しく述べるのは次の章に譲ることにしよう．

### 同じようで違うもの――同位性の概念

ほぼこの頃に，化学的には同じだが放射性については違っているような原子が存在するということがますますはっきりしてきた．すでに1906年にはエール大学のボルトウッドが，イオニウムはトリウムから分離できないということを確認していた．1910年には，W.マークワルド，F.ソディ，O.ハーンがMsTh（これはハーンによって発見された）とラジウムもやはり分離できないことを示し，またその他にも同じような例がいくつも見出されてきた．1912年にラザフォードは，自分の所にいた二人の研究員，G.ド・ヘヴェシーとF.A.パネットに，鉛からRaDを分離するという問題を出した．この二人はラザフォードの研究所の客員になっていたオーストリア・ハンガリー人[3]である．ラザフォードは二人に「月給分の値打がある化学者だと言うなら，これを分離して見たまえ」と言ったものだ．それから2年間というもの，あらゆることをやってみた挙句，この運の悪い二人はついにさじを投げた．

しかし，ヘヴェシーとパネットは，ここからトレーサー法を発明したことで逆転勝ちを仕止めたのである．トレーサー法は，その後，人工放射能が発見されてからますます利用価値が高まって，近代科学における最も威力のある方法の一つとなった．その重要性はおそらく顕微鏡にも匹敵するであろう．その仕組みはこういうものである．化学的には同じものでありながら放射能には違いがあるという物質があれば，それを用いて実験すると，複雑な反応が起こった後でも放射性原子がどこにあるか常に見分けがつくことになる．たとえば普通の食塩に放射性ナトリウムを含む食塩を混ぜて食べた時に，血液を一滴取るか，あるいは尿の試料を取ってその放射能を検べれば，初めに摂取した食塩のうちのどれだけがその試料の中に入っているかがわかるわけである．放射能という標識をつけた原子を見分けられるおかげで，他の方法ではとても手に負えないような，たいへん重要な問題が解決を見るようになったのである．

さて，こうして放射性物質における同位性の概念が確立されてきた．ところでこの同位性という名前はソディが1913年につけたものであるが，それは周期律表の中の「同じ位置」という意味である．間もなくこの考え方は安定な原子核にもあてはめられるようになった．1912年には J.J. トムソンが，同位という現象は放射性元素に限らず，いろいろな場合に見られる一般的な性質であることを示す事実を発見した．トムソンは正イオンの比電荷を，いわゆるパラボラ法で測定した．この方法では，イオン・ビームに電場と磁場を，そのイオンの速度とは垂直で，お互いに平行な方向にかけて，ビームに垂直方向のずれを生じさせる．イオンの電荷を $e$，質量を $m$ としよう．電場 $E$ と磁場 $B$ は $x$ 軸方向に向いていて，イオンは $z$ 軸方向に動いているとすると，この時のずれは，$e/m$ という比が同じであるイオンについては，その速度には関係なく，ビーム速度に垂直な平面内の一つの放物線上に乗るように生ずる（付録 8 参照）．

J. J. トムソンがこの方法をネオンに対して使ってみると，この元素には水素原子の質量の 20 倍と 22 倍にあたる質量を持つイオンが含まれていることがわかった．トムソンは，22 倍の質量を持つイオンは $NeH_2$ という化合物が原因なのではないかとも考えたが，この仮定には大きな無理があることがはっきりした．1913 年には Ne をそれぞれちがう同位元素に分けようとしていろいろなことが試みられたがどれも完全には成功しなかった．しかしトムソンの研究は新たに質量分析という分野を拓いた．第一次大戦後になって F. W. アストン (F. W. Aston, 1877–1945) が質量分析器を開発して大きな成果を挙げ，この質量分析器によってイオンの質量をますます高い精度で決定できるようになった．

アストンが得た重要な結果の一つは，いろいろな原子についてその重さを調べてみると，水素とリチウムを除いた他のどれについても，その重さは $O^{16}$ の重さの 1/16 を単位にして表わす時，この測定の精度，すなわち 1000 分の 1 の誤差範囲内でみな整数になることがわかったことである．こうして原子核は陽子と電子でできていると仮定されることになった．陽子が質量を受け持ち，電子の方は，その重さが陽子の約 1/1840 であるから，核の質量はほとんど変えずにその電荷を調整するものとされた．この「整数法則」からのずれは，自由な粒子が合体する時，アインシュタインの法則 $E=mc^2$ に従って質量が失われるためであると説明された．

ここで話をマンチェスターに戻そう．原子モデルはラザフォードによってはっきりした形を与えられたのであるが，その後それをさらに発展させたのはラザフォードよりもむしろボーアの方である．その代りにラザフォードはベータ線とガンマ線の研究を続け，そこで画期的とは言えないにしてもいろいろ貴重な結果を出している．そのうちにイギリスは第一次大戦に突入して，マンチェスターの研究所の人員も減っていった．そしてラザフォードも海軍関係の仕事や帝国防衛のための仕事にますます時間を取られるようになった．こういう関わり合いからアメリカに行く用事ができて，ワシントンにしばらく滞在したこともあった．この頃には彼はもうサー・アーネストと呼ばれる身分になっていた．ところで，戦時中もラザフォードはオーストリアのシュテファン・マイヤーやドイツにいたガイガーと文通を続けることができたが，このことは，当時がまだ比較的人間味のある時代だったしるしである．またガイガーは，ラザフォードの最優秀生の一人であったJ. チャドウィックが捕虜としてドイツに抑留されていた戦時中，そこで研究が続けられるように取り計らったのであった．

## 原子核の変換

1917年となると，マンチェスターの研究所に残っていた科学者はほんのわずかになっていたが，ラザフォードは技手のケイとともにそこに留まっていた．しかし実験を任せられるできの良い学生の数は少なかった．さてここでマースデン，あの忠実なマースデンは，生まれ故郷のニュージーランドに教授になって帰る前の1915年のこと，不思議な現象を観察していた．空気にアルファ線を当てたところ，例になく長い飛程を持つ粒子がいくつか見られたというのである．この説明として一つ考えられるのは，その粒子は水素原子核だということであった．というのは，水素をアルファ粒子で照射する時には，そのくらい飛程の長い反跳が現われるからである．だがラザフォードは，これは何か別のとてつもなく重大なことではないかと疑った．そして長い間，主として公務の合間に辛抱強く研究を続けるうちに，この飛び出した粒子の正体を突きとめてやろうという決心を固めた．彼は1917年11月の論文で，それはN, He, H, Liの原子のいずれかであるが，はたしてそのうちのどれであろうか，と問うている．

1919年の6月には，もうラザフォードは「アルファ粒子と軽い原子核との衝突」と題する論文を出すまでになっていた．この論文は四つの部分に分かれている．そのうち，はじめの三つは，すぐれたものではあるが，まずまず普通

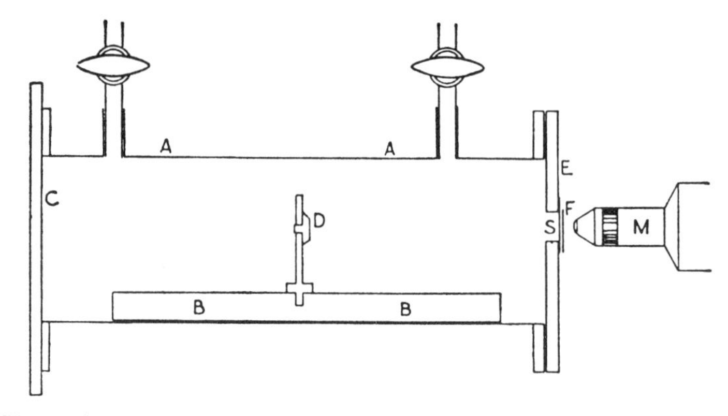


図 6.4　初めて原子核変換を観測するのに，ラザフォードが用いた装置．この図は，ラザフォード，チャドウィック，エリス共著の『放射性物質からの放射線（*Radiations from Radioactive Substances*）』（Cambridge University Press, 1931）から取ったものであるが，この本には，この同じ図が，なんと二度出てくるのである．ここに見られるのは，気体（窒素ガス）を満たすことのできる気密の容器で，この中のDにアルファ粒子源が置かれる．DS 間の距離は，アルファ粒子の飛程より長いので，スクリーンF上に閃光を生ずる粒子は，窒素ガスの原子核が，アルファ粒子の衝撃を受けて壊変を起こした際に放出されたものと結論できる．詳しく調べると，この粒子は陽子であることがわかる．

の研究という印象を受ける．ところが「窒素における異常な効果」という副題が付いている第四部では，次のように述べている．

> 高速のアルファ粒子が接近して来て衝突する時に働く強い力の作用で，窒素原子が壊れるということ，そしてその時，窒素原子核の構成要素となっていた水素原子が解放されて出てくるということ，を結論せざるをえない．……ここに得られた結果を全体的に見ると，もしさらに大きいエネルギーをもつアルファ粒子——あるいはそれと同様な投射粒子——が実験に使えるとしたら，いろいろな軽い原子の核構造を壊すことが期待できそうである．[*Philosophical Magazine* **37**, 581 (1919)]

これこそ原子核の変換，すなわち錬金術師の夢の現代版に他ならない．ラザフォードはこの発見を発表する前にできる限りの対照実験をやり尽くした．彼は自分の結果に絶対的な確信をもちたかったので，このために3年という歳月をかけたのである．図 6.4 はこの時ラザフォードが使った装置である．ラザフォードの装置の費用は，現代の加速器の値段の 100 万分の 1 にも満たない．だ

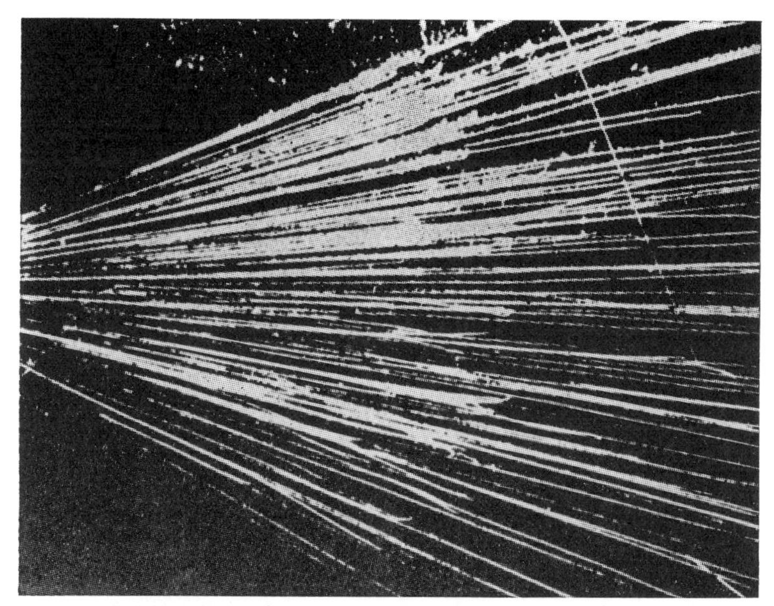

**図 6.5**　窒素核の壊変をブラッケットが霧箱で観測した写真．粒子源としては，$Pb^{212}+Bi^{212}+Po^{212}$ が放射平衡にあるものを用いていて，これから，飛程が 8.6 cm と 4.8 cm のアルファ粒子が出てくる．長い飛程をもつアルファ粒子が窒素核にぶつかり，反応式 ${}_{7}N^{14}+{}_{2}He^{4}={}_{8}O^{17}+{}_{1}H^{1}$ に従ってこれを崩壊させる．画面を横切る長い飛跡は陽子，また，短い飛跡は ${}_{8}O^{17}$．[P. M. S. Blackett and D. Lea, *Proceedings of the Royal Society, London* **136**, 325 (1932) より]

がその代りそれは顕微鏡を見る「その人」の眼を必要としたのである．これは容易には満たされない条件である．

ラザフォードの実験はウィーンでも繰り返して行なわれ，オーストリアの科学者たちは，ラザフォードのよりももっと多くの変換を見出した．そこで活潑な議論が持ち上がったが，最終的にはラザフォードが正しいことが判明した．またキャヴェンディッシュ研究所では，P. M. S. ブラッケットがウィルソンの霧箱でラザフォードの結果を確認する飛跡を見つけた（図 6.5）．

## キャヴェンディッシュ研究所長

戦争が終ると J. J. トムソンはキャヴェンディッシュ研究所（図 6.6）を引退

図6.6　ケンブリッジのキャヴェンディッシュ研究所の外観．これはマクスウェルの時代以来，変わらぬ姿を今にとどめている．現在，この建物は他の目的の使用に供されており，キャヴェンディッシュ研究所は他の場所に移っている．（ケンブリッジ大学，キャヴェンディッシュ研究所）

してケンブリッジのトリニティ・カレッジの学長になった．そこでキャヴェンディッシュ教授の職と研究所の所長の後継者にふさわしい人物が物色されたが，これはなかなか容易なことではなかった．新所長は錚々たる歴代の前任者たち，マクスウェル，レイリー，J. J. トムソンの後を継がなければならないのである．科学者としての能力を考えると，なんと言っても最有力候補はラザフォードであった．そのうえ，後任者は前任の人物たちと比べられても，ある程度ひけを取らないだけの自信を持っている必要もある．ラザフォードは何の怖れも抱かなかったし，また充分な理由があることであったが，控え目に振舞おうともしなかった．ただ，彼は，J. J. トムソンが研究所で相変わらずこれまでの影響力を振るうつもりはないことを確かめておきたかった．そこで，きわめて率直に自分のかつての師にこのことを書き送った．そしてこの二人の並みはずれた個性は，この点について何のわだかまりもなく合意に達し，確執を後に残さなかったのである．

1920年にラザフォードは再びベイカー講演の講師に招かれた．やはり一回目（1904年）の時と同じく自分のした仕事の概要を述べたのであるが，今回は，有核原子モデルの設定から原子核の変換に至るマンチェスター時代の研究を取り上げた．原子について語る際には，アルファ線の散乱についての自分の実験を詳しく引き合いに出して論じ，次いで原子番号の存在を確立したバークラとモーズレーの仕事を引用している．ボーアの仕事については，ここではまだかなり保留した態度を見せている．それから自分の原子核変換の研究について詳しく語った．またこの講演で，彼は陽子（ラザフォードが造り出した水素原子核を指す術語）と同じくらいの質量を持つ中性の粒子があるのではないかということについて，いくつか試案的な考えを表明している．ラザフォードはこの仮想的な粒子を，いわば，水素原子の電子が核の中に落ち込んでその電荷を中和したもの，というふうな意味あいで考えていたようだ．この予測はきわめて重要なものであることが後になって判明するのであるが，これについてはまた後で述べることにしよう．また同じくこの講演で，彼は，質量が2の水素の同位原子（重水素）があるのではないかという予想も述べている．

キャヴェンディッシュ研究所では，ラザフォードはもう自分の手でやるというかつての流儀で研究することはなかった．この時，彼はすでに50代に達していて，戦争から帰ってきた新しい世代の若い科学者たちに取り巻かれていた．ケンブリッジにおけるラザフォードの主な責務は，研究所を統轄して多数のすぐれた若い物理学者を励まし導いて行くことであった．この若い人たちの中には，J. チャドウィック，P. M. S. ブラッケット，C. D. エリス，J. D. コッククロフト，E. T. S. ウォルトン，M. オリファント，C. ワイン－ウィリアムズ等，核物理学のいろいろな問題に取り組んでいる面々がいた（図6. 7）．

一方，この同じ建物の中や，そのすぐ近くにいながらラザフォードの仲間には入って来なかった物理学者もいた．たとえば J. J. トムソンや F. アストンや

図6.7　キャヴェンディッシュ研究所の研究員の一グループ．1932年6月．前列左より，J.A. ラトクリフ，P. カピッツァ，J. チャドウィック，R. ラーデンブルク，J.J. トムソン，E. ラザフォード，C.T.R. ウィルソン，F.W. アストン，C.D. エリス，P.M.S. ブラッケット，J.D. コックロフト．（ケンブリッジ大学，キャヴェンディッシュ研究所）

C.T.R. ウィルソン等で，J.J. トムソンは自分自身の研究室を引き続き維持していた．また，後になってやって来たロシア人の P. カピッツァもその中の一人である．ラザフォードは自分で実験こそしなかったが，研究所で進行していることにはよく通じていて，必要とあれば誰にでもアイディアを与え，また場

合によってはやり方の詳細までも指示した．だが，何よりも彼は研究所に全般的な方向づけを与え，研究の流れを決定したのである．

1934年に E. アマルディと私はこのキャヴェンディッシュ研究所で何週間か過ごした思い出があるが，当時のここの雰囲気は今でもよく憶えている．ローマで私たちがした中性子についての仕事のおかげで私たちは温かい歓迎を受けた．ラザフォードは私たちの結果に旺盛な関心を示して，いくつかの点を問いただした．私たちは彼に，この研究をロンドンの王立協会の機関誌に発表させ

図6.8　キャヴェンディッシュ研究所内でのラザフォードとラトクリフ．1932年頃．“Talk softly please”（お静かにお話し下さい）という標識が見えるが，これは，台車上の装置の働きを邪魔する騒音を控える必要があることを示すもの．この装置は，アルファ粒子の検出に用いられている．(C. E. ワイン－ウィリアムズ撮影．Eve, *Rutherford* より)

てほしいと頼んだ．彼は原稿を受け取り，次の日には自分の手であちこち直して返してくれた．それはだいたい英語の使い方に関する点である．そこで私が，早く載るように取り計らっていただけるでしょうかと尋ねると，彼は大きく笑って即座にこう答えた．「何のために私が王立協会の会長をしたと思うんだね？」

研究所を巡回している途中，彼はよく実験室用の丸椅子に腰をおろし，チョッキから鉛筆を取り出して進行中の実験の結果を検討することもあった．研究の担当者は，声をかけられるとほとんど気をつけのような姿勢をとって，歩いて来ると言うよりむしろ走って来るのだった．こういう反応は，明らかに形式的な規律から出たものではなく，ラザフォードに対しておのずと湧いてくる本当の尊敬から出てきたものである．良きにつけ悪しきにつけ，ラザフォードの評言は軽々しく受け止められることはなかった．他の所で私は，有名な研究所長に対して若手の科学者たちがいくぶん，みくびったような態度で接しているのを見たこともあるが，こういうことはラザフォードの場合には断じて起こらなかったのである．

さて，図6.8の写真にはラザフォードと J. A. ラトクリフが写っているが，これはいささか皮肉めいた写真である．と言うのは，ここには，雑音は禁物なアルファ粒子検出用の増幅器が見えているからである．それが具合良く働くには声を立てない方が良く，せいぜいひそひそ話くらいが限度なのであるが，それはいかにもラザフォードの性分にはふさわしくないことだった．

ラザフォードの理論物理学に対する態度には独特な趣きがあった．ラザフォード自身は確かに理論家ではなく，おまけに理論そのものと理論家をからかうのにたけていたのである．しかし理論的な結果にはよく注意を払っていて，またそれを自分の気に入る具体的な言葉に置き換えていた．これは当時誰でも知っていたことだが，アルファ粒子は赤色だと冗談半分に言っていたほどである．ボーアはたいへんにラザフォードを尊敬していて，彼の世話になっていた時もあり，物理の議論もしたに違いないのだが，この二人の違いを考えると，いったいどうやって話が通じ合えたのか，今になっても一つの謎なのである．

ラザフォードに接する幸運に恵まれた研究者にとっては，彼はすばらしい師であったが，その教室での講義はすぐれたものとはいえなかった．話が混乱してしまったり，すぐに脱線して自分のお気に入りの話題に乗り移ったりすることもよくあった．ある時などは，講義の途中で打ち消されるはずの積分に出合ったが，その理由を忘れてしまって，大まじめで微分が無限小だから消えるのだと言ったものである．

ラザフォードには数々の逸話があり，それが伝説となって残っている．彼の友人の A. S. イーヴやマーク・オリファントが書いた書物が参考文献の表に載せてあるが，この中にもそういう話がいくつか記されている．ここでは，ラザフォードの比類のない人柄を浮かび上がらせてくれそうなものを二，三紹介するにとどめよう．

ラザフォードは，たまたま科学についての話に熱が入ってくると，よく，この時代は知的活動の面でエリザベス朝時代に並ぶものだと言っていたが，ここでシェイクスピアの役は誰かという点については疑問の余地はなかった．

ある有名な哲学者とラザフォードがそれぞれ自分の専門について話を交わしていた時のことである．ラザフォードはそこで，哲学なんて暑い空気みたいなものだと言い放った．いやはや暑い空気とは！　これに対してその哲学者は，君は未開人だと答えた．「気高い未開人には違いないがやはり未開人だ．」それから哲学者はナポレオン三世の臣下のマクマホン元帥の話を始めた．「元帥はある連隊を閲兵していたが，その連隊に一人，黒人の士官候補生がいた．元帥は前もって，彼を励ます言葉をかけてくれ，と頼まれていた．その黒人の小隊まで来た時，元帥は候補生を見ながら立ち止まって，こう声をかけた．『候補生，君は黒人だな．』候補生は答えた．『はい．閣下．』長い沈黙を置いてから元帥は口を開いた．『それで良いのだ．』さて今私が君に言いたいのもこの言葉だ．ラザフォード君，それで良いのだ．」

マーク・オリファントはラザフォードの最後の協同研究者の一人であるが，彼がこんな話をしている．加速器が初めて出現した頃のことであるが，その一つを使っているうちに二人は，重水素と重水素の反応である粒子が出てくるのを見つけた．しかしその粒子の正体は不明であった．一日中遅くまで仕事をしてからオリファントは家に帰って寝たが，真夜中に電話で起こされた．オリファントの妻君が出て，ラザフォードの声にちょっとびっくりしながら夫を呼んだ．ラザフォード卿は言う．「あの粒子が何だかわかった．質量3のヘリウムだ.」眠かったオリファントはさっさと答えた.「はあ，ですがどうしてヘリウム3だとお考えなのですか.」ラザフォードの返事はこうである.「理由？　理由か．そりゃ肌で感じたんだ.」言うまでもなくラザフォードの考えは当っており，オリファントは翌日，それを確かめたのである.

これはラザフォードの親しい友人であったカピッツァの言うところによるのであるが，ラザフォードの並みはずれた直観は，一つには彼が膨大な知的活動を積み重ねた結果からきているといって良い．彼は次から次へと仮説を立てては必要に応じてそれを捨てたり修正したりしていったが，何事にも底の知れないエネルギーを注いで取り組んだ．彼はいつも研究をしていた．そして友人や同僚といえども，知っていたのは彼の科学上の考えのほんの一部分にすぎない．折にふれての言葉のはしばしから，ラザフォードが何かの実験を試みて不成功に終ったということがうかがえたりするのだった．彼の「直観」についてのこの説明は，私には当を得たものだと思われる．そしてこのことは，他の大科学者にもあてはまるにちがいない.

ラザフォードは世界中のいろいろな国々から科学者として最高の栄誉を受け，1925年から1930年まで王立協会の会長を務めた．そして1931年の1月1日には貴族に列せられた．この時彼は母親に電報を打っている．母親はもう90歳に近かったが，相変わらずニュージーランドで暮していた．電文はこういうものであった.「今やラザフォード卿，私よりもあなたへの名誉，アーネスト」新ネルソン男爵の紋章は，カナダ時代にさかのぼる彼の減衰曲線と成長曲線を形取ったものである（図3.6(b)参照)．政治的な面では，ラザフォードはどちらかと言うと保守的で，この方面の活動にはあまり首を突っこまなかった．しかしヒトラーがユダヤ人の迫害を始めると，イギリスにはナチスの犠牲者を救う目的で学術救援会が設立され，ラザフォードはその会長になった.

晩年に至って（図6.9）ラザフォードは，おそらく彼の性には合わないような物理学の変化を目のあたりにした．実験はもっと複雑になっていき，加速器も生まれた．また理論はますます抽象的なものになっていった．この核物理学の新時代は，一部分キャヴェンディッシュ研究所で始まったのであるが，これについてはまた後で触れていくことにしよう．その主役のうち何人かはラザフォードの弟子であるが，他にいろいろな分野からの，またいろいろな場所から

**図 6.9** 後のラザフォード（右），キャヴェンディッシュ研究所長としての前任者，J.J. トムソンとともに．トムソンはラザフォードの歿後数年長生きした．(ケンブリッジ大学，キャヴェンディッシュ研究所)

の出身者も大勢いるのである．

1937 年，ボローニャで開かれたガルヴァーニ記念学会の最中に，ラザフォードがヘルニアでたいへん容態が悪いという報せが入った．そして 1937 年 10 月 19 日に彼は亡くなった．訃報は学会の席でボーアから発表されたが，彼の声は涙で途切れてしまった．出席者の多くはラザフォードを，その科学上の業績を通じて知っていただけであるが，皆の顔に現われた表情は，今，どんなに大きなものが失われたかを物語るものであった．彼はウェストミンスター寺院のニュートンの墓の近くに葬られている．

# 第7章
# ボーアと原子モデル

マンチェスターでラザフォードのまわりに集まってきた若い物理学者は，皆ほとんど実験家であった．ラザフォード自身の理論に対する感じ方には，ちょっと一口では言い難いものがある．彼の知性は充分その意義を認めるのにやぶさかではなかったのだが，イギリスの伝統を受けて，自分では簡単なモデルを使って直観的な考え方をしたのである．彼が実験や推理において取った簡単な方法から莫大な成果が生み出されたことが，おそらく彼のそういう行き方への自信をはなはだしく強めたものと思われる．量子をはじめとして，理論物理学に大変革をもたらしつつあった重大な新しい考え方に対して，ラザフォードはごく限られた範囲の興味しか示さなかったようだ．要するに，彼は自分が遂行する革命に余念がなかったのである．ラザフォードとアインシュタインが物理学上のことで何か意見を交換するということは，少なくともラザフォードの立場からはほとんど考えられないことであった．だが実は，次の理論的な革命が端を発したのはまさにマンチェスターのラザフォードの研究所からだったのである．そのきっかけを作ったのは，この研究所の活動にきわめて積極的に参加した一人の客員，ニールス・ボーア（Niels Bohr, 1885–1962）であった．

## ボーアの青年時代と水素原子

ニールス・ボーア（図7.1）が生まれたのはコペンハーゲンで，1885年10月7日である．彼は有名な生物学者クリスチャン・ボーアと，その妻で富裕なユダヤ人銀行家の娘エレン・アドラーの息子であった．ボーア家では，ニールスとその弟で有名な数学者になったハラルに申し分のない学問と教養を身につけさせるために，あらん限りの手を尽くした．この二人に対する母親と姉たちのかわいがりようはたいへんなものであった．ボーア家はデンマークの上層中

**図 7.1** ニールス・ボーア (Niels Bohr, 1885–1962). 彼の原子モデル，ボーア原子の考えを推し進めていた頃. (ニールス・ボーア研究所)

流階級に属し，こういう小さい国なので当時の一流知識人の誰とも近づきがあった. 中でも哲学者や医学者とは特に親しくしていた. ニールスは子供にしては驚くほど正確な絵を描いているが，それ以上に取り立てて彼が天才児ぶりを示した証拠は別に見られない. これは，ことによると私の聞き違いかも知れないが，かつてボーアは私に，字を憶えるのに苦労したと話してくれたことがある.

ニールスと弟は，どちらも少年の頃から運動にすぐれていた. 二人ともサッカーではほとんどプロの水準に達していた. また，もう 60 歳の誕生日を越えたボーアが，ロス・アラモスの近くのスロープで巧みなスキーの腕前を見せたのを私は憶えている. 高校時代になってこの兄弟はクラスで頭角を現わし出して，ニールスが 19 歳，弟のハラルが 17 歳になった 1904 年には，すでに二人は級友たちの間で天才の評判が高かった.

最初にニールスに物理への興味を呼び起こしたのは父親で，まだ小学校時代のことである. コペンハーゲン大学で専攻を決める時になるとニールスは物理学を選んでC.クリスチャンセン教授のもとで勉強した．そして1905年に，デンマーク科学アカデミーが主催した懸賞論文に応募するために，液体噴射と表面張力の研究を行なった．彼は理論と実験の両面にわたる一つの研究で賞を獲得したが，この時の実験は父の研究室で行なっている．しかしその後だんだんに，もっぱら理論をやる方向に向っていった．彼は金属電子論をテーマにした博士論文を書いて，そのすぐ後，1911年にキャヴェンディッシュ研究所のJ.J.トムソンの所に研究をしに行った．トムソンは丁重に彼を迎え入れて，した仕事の説明を聴いたが，その博士論文を読む暇はなかった．トムソン自身の研究計画と，彼が指導しなければならない学生の人数を考えれば，これはそれほど驚くには当らない．ケンブリッジでボーアはラザフォードに会い，この人からたいへんに深い印象を受けた．そのために，1911年の11月には，ラザフォードの研究所で開講していた放射能測定についての実験コースを受けにマンチェスターまで出かけて行ったほどである．そこで放射線源の到着を待っている間に，彼は当時，マンチェスターではやりになっていた一つの研究題目に手を出した．それはアルファ粒子が物質中を通ってゆく過程の問題である．ここで彼はいくつかおもしろい結果を出した．そしてこれは生涯を通じて彼のお気に入りの題目の一つになった．しかしそれから間もなく，彼ははるかに重要な問題に移って行ったのであるが，それもやはりラザフォードの仕事に結びついていた．

すでに述べたように，ラザフォードは，物質中を通るアルファ粒子が，時として大きな振れを示すのを説明できるようなある原子モデルを展開していた．この現象を説明するためにラザフォードが考えたのは原子の「土星型」モデルで，もっと現代流に言えば，有核モデルである．それには力学的な，また電気的な不安定性からくる難点はあったが，ボーアはこのモデルを非常に重要なものとして受けとめた．すでにラザフォードも指摘していたこの難点には，いくつか興味ある特徴があった．当時，ある一つの物質の原子は皆，同じものだということが知られていた．あるいはそう仮定されていた．ところが，このモデルには，この同等性を保証できるものが何もなかったのである．特に，原子の半径を決定する条件が何もなかった．こういうわけで，そのモデルが生き残るには，安定性と確定した半径の両方を与えるような救済策が必要であった．電子の電荷と質量はどんな計算にも顔を出す要素である．それではもう一つ，長さを与えうるような（物質の種類によらない）普遍定数は何だろうか．

1911年当時の「現代的」な考え方に通じている人にとっては，その答はさして難しいものではなかった．作用量子，すなわちプランク定数がその役を担うべきである．ここで考えられる可能性はいくつかあった．原子の大きさのほうが基本的な定数であって，作用量子はそれから導かれるものだという考えは，オーストリアの物理学者，A. ハースによって提出された．イギリスの天文学者 J. W. ニコルソンも原子モデルに $h$ を持ち込もうとした人であるし，またデンマークの化学者 N. ビエルムはそれを分子モデルに持ち込もうとした．しかし，これらの試みはいずれも，曖昧な段階に留まるか，さもなければ間違った方向に行ってしまったのである．

ボーアはこれらの着想や問題点について，じっと考え込んでいた．1912年6月19日付けの弟宛ての手紙には，それについての記述が見られる．また6月か7月には，この問題についてラザフォードと話し合うための覚え書きを用意している．明らかに彼はそのモデルに非常な熱意を傾けていたが，まだ水素のスペクトルを考えるところまでは行っていなかった．スペクトルはその後の発展の鍵になったのであるが，この時にはあんまりこみ入っていて，ちょっと手に負えないものと見られていたのである．友人の学生，ハンス・マリウス・ハンセンがボーアに，あなたのモデルではスペクトルはどうなるのかと聞いたのは1913年も初めの頃であった．ボーアがその点については何も言えないと言うと，ハンセンはバルマーの公式をちょっとのぞいてみてはどうかと勧めた．「バルマーの式を見ると，たちまち私にはいっさいが明らかになった」，ボーアは何年も経ってからこう言っている．

さてバルマーの式とはどういうものであろうか．ヨハン・ヤコブ・バルマー (Johann Jakob Balmer, 1825–1898) はスイスの高校の先生で，いくぶん数秘学家[1]めいたところのある人であったが，この人が1885年に，水素のスペクトル線の振動数には思いがけない規則性があることに気がついた．それは次の公式で与えられる．

$$\nu = R\left(\frac{1}{n_1{}^2} - \frac{1}{n_2{}^2}\right)$$

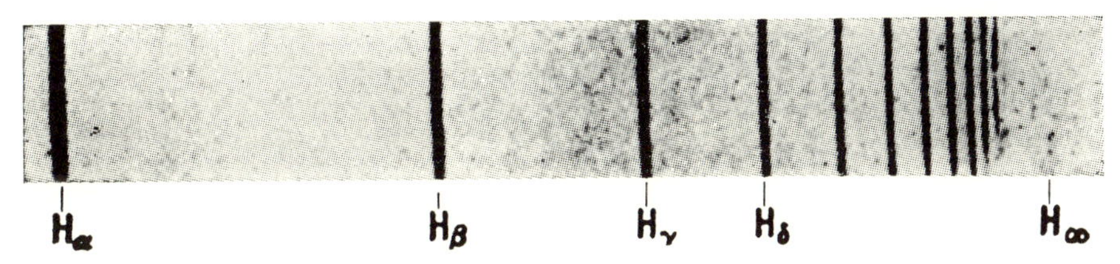


図 7.2　水素のスペクトル．各線の振動数は，バルマーの公式にあてはまる．極限値，$H_\infty$ に近づくにつれて，線の間の間隔は短くなり，これを越えた後は連続スペクトルになる．

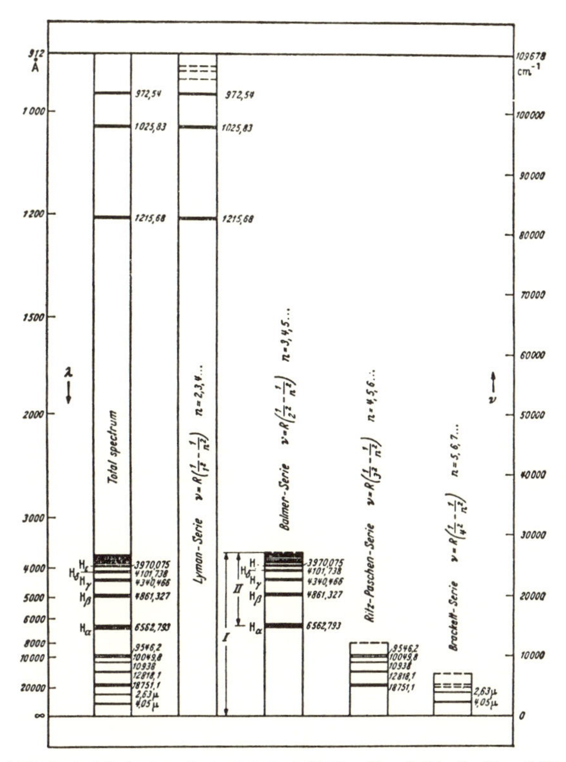


図 7.3　水素のスペクトル．各スペクトル線は，$E_i=hR/n_i^2$, $E_j=hR/n_j^2$ として $\nu_{ij}=(E_i-E_j)/h$ で与えられる振動数をもつ．ここに，$n_i$ と $n_j$ は正の整数で，$n_i<n_j$ である．$n_i$ を 1, 2, 3, … と取るのに応じて，ライマン，バルマー，パッシェン，ブラッケット，フント，等々のスペクトル系列が得られる．$R$ は $2\pi^2Z^2e^4m/h^3$，$m$ は換算質量である．［W. Grotrian, *Graphische Darstellung der Spektren* (Berlin, 1928) より］

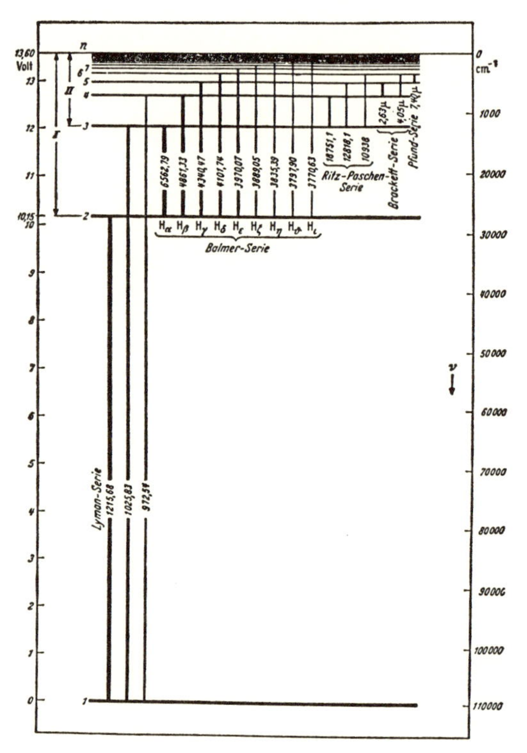


**図 7.4**　ボーア・モデルによる水素原子のエネルギー準位．エネルギーの値（左側の目盛）はエレクトロン・ボルトの単位で表わされている．「振動数」は波数 $1/\lambda$ で表わされている（右側の目盛）．$\nu=c/\lambda$ なので，本当の振動数は，$c\times$ 波数で表わされた「振動数」である．［W. Grotrian, *Graphische Darstellung der Spektren* (Berlin, 1928) より］

ただし $n_1$ と $n_2$ は正の整数で $n_1<n_2$ である（ここではもともとのバルマーの表わし方を今風に書き改めてある．バルマーは振動数ではなく波長を使って書き表わした）．この公式は水素の線スペクトルにたいへん正確に当てはまるもので，水素原子のどんな理論に対しても，その試金石の役割を果たすようになった．バルマーの頃には $n_1=2$ の可視光線の系列が知られていて，彼が規則性を発見したのもこの系列についてである（図 7.2）．その後 $n_1=1$ の紫外線の系列が T. ライマンによって見出され，また $n_1=3$（パッシェン）と，$n_1=4$（ブラッケット）の赤外線の系列がこれに続いた．図 7.3 と図 7.4 にはこうい

う規則性がグラフで示してある．定数 $R$ はスウェーデンの分光学者の名に因んで，リュードベリーの定数と呼ばれているものであるが，これが図の縦方向の長さを決めている．

さて，固定した中心に向かって逆二乗力で引っ張られる点の軌道は，惑星の場合と同じく，その中心を一つの焦点とする楕円になるが，簡単のためにその特別な場合として，固定した中心が軌道の中心にもなっている円軌道を考えることにしよう．こういう系ではどんな半径も実現可能で，ただ，その軌道上で中心からの引力と遠心力とがちょうど打ち消すような速度になっていればよいのである．このためには半径と速度が次の関係を満たせばよい．

$$\frac{mv^2}{r}=\frac{e^2}{r^2}$$

したがって速度を適当に選べばどんな半径でも可能になるわけである．つまり半径を確定するためには何か別の条件を持ち込まなければならない．ここでボーアは，無限にたくさんある軌道の中から可能だと思われるものを選び出す条件を与えたのである（図 7.5)．こういう特別な軌道は「定常状態」と呼ばれる．ボーアはさらに次のような仮定を置いたのだが，これを彼の言葉通りに記してみよう．

1.　定常状態における系の，釣合いを保った運動は普通の力学を使って論じられるが，違う定常状態への系の移行は同じ基礎の上に立って扱うことはできない．
2.　今，後で述べた過程には「一様な」輻射[2)]が伴い，その輻射の振動数と放出されるエネルギーの大きさの間の関係はプランクの理論で与えられるものである（すなわち $E_1-E_2=h\nu$)．

この二つの仮定は古典物理学に矛盾するものであり，二つを同時に，または別々に仮定するとしても，そのために出口の見つかりそうもない迷宮に入りこむことになる．かつてポアンカレは，互いに矛盾する仮定を置くならどんなことでも証明できるといったが，この命題は数学的には正しい．ボーアが迷路の中に迷い込まずにすんだのは，ひとえにその稀に見る超人的な直観力のおかげである．アインシュタインは，自然の最も奥深く隠れた真理をかぎ出すことの達人だったが，何年も後になってこう言っている．

ボーアのように独特な直観力と知覚力を備えた人にとっては，スペクトル線と原子

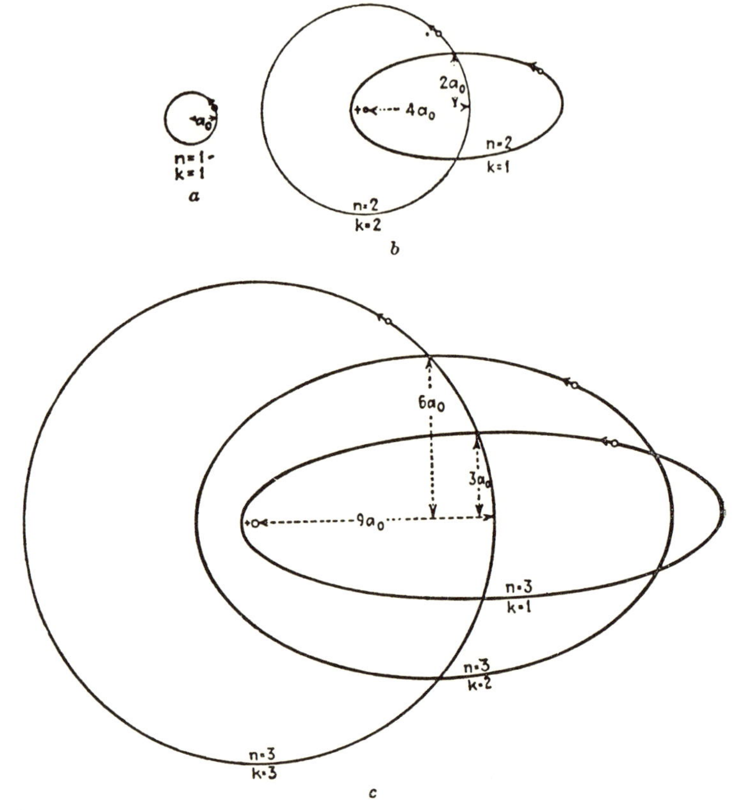


**図 7.5**　ボーアとゾンマーフェルトの理論による水素原子の電子軌道．長さの単位 $a_0=(h/2\pi e)^2(1/m)$ は第一ボーア半径で，$0.54\times10^{-8}$ cm にあたる．$n$ は主量子数と呼ばれるもので，軌道の長軸の長さを決定する．$k\leq n$ が軌道の離心率を与え，$k-1=l$ が $h/2\pi$ を単位とする角運動量の値を与える．

の電子殻構造についての主要な法則を発見し，また同時にそれが化学に対して持っている意味までつかんでしまうために，この不確実な，また矛盾を含んだ土台で充分だったのであるが，私にとってはそれは奇跡としか思われなかった．それは今日でも変わらない．これは思考の領域における音楽性というものの最高度の現われである．
[Schilpp, *Albert Einstein, Philosopher–Scientist*, p. 46]

ボーアが迷宮から抜け出すのに使ったアリアドネの糸[3]は，大きな軌道に対しては古典論とボーアの仮定が同じ結果を与えるという要請である．ボーア自身の言葉に従うとこうなる．

> 定常状態におけるエネルギーの値を決定するのに使われる条件は，次のような類いのものであることが後で示されるであろう．すなわち，隣り同士の定常状態における運動が互いにほんのわずかしか違わないという極限において計算した振動数（$E_1-E_2=h\nu$）は，その定常状態における系の運動から通常の輻射理論で導かれる振動数と一致するようになる，というものである．

これが革命だと言うのはその通りであるが，ただしそれは徹底的な破壊を伴わない革命であった．これはいわゆる対応原理の一つの特別な場合に当る．対応原理は巨視的な系から微視的な系への移行の仕方を教えてくれるものである．量子力学が発見される前には，この原理はいろいろな言い表わし方で述べられ，またその精密化に向かってあらゆる可能性が追究されたのである．この原理は直観的な考えの道案内としてきわめて重宝ではあるが，たとえば熱力学の原理のように厳密に定式化できるものではない．少し誇張して言えば，それはむしろ「ボーアならこんなふうに進んだだろう」ということをいろいろな言いまわしで述べたものだ，とも言えよう．

先の(1)と(2)に述べた仮定から，軌道の半径と定常状態のエネルギーを導き出し，またそれによって水素のスペクトルを出すのは別に難しいことではない（図 7.4, 7.5 参照）．

付録 9 に，対応原理に基づくボーアの計算の要点が記してある．最終的な結果として，軌道の半径（$r_n$）は 1, 4, 9, … といった数に従って増加して行く．もっとはっきり言うなら

$$r_n=\frac{n^2h^2}{4\pi^2mZe^2}$$

となる．ここで $n$ は正の整数，$h$ はプランク定数，$m$ と $e$ は電子の質量と電荷，そして $Z$ はある正の整数（原子番号）で，$Ze$ の符号を変えたものが原子核の電荷になる．これから定常状態のエネルギーは

$$E_n=-\frac{Ze^2}{2r_n}=-\frac{2\pi^2Z^2me^4}{h^2n^2}$$

となる．ただしここで，電子が原子核から非常に遠くにあって静止している時のエネルギーをゼロに取ってある．このエネルギー準位から，スペクトル線の振動数は，(2)に述べられた規則によってただちに出てくる．(2)の規則というの

は

$$\nu_{nm} = \frac{E_n - E_m}{h}$$

である．これでバルマーの公式が説明されたことになり，また今度はそこに入っていた定数も $e$, $m$, $h$ で表わすことができる．すなわち

$$R = \frac{2\pi^2 Z^2 me^4}{h^3}$$

である．こうして物理学において互いにたいへんかけはなれた三つの章，分光学，放射能，黒体理論の間に橋がかけられたわけである．このように，一見縁遠い諸分野の結合が見られる場合はいつも，それが正しい方向に進んでいることのしるしなのであり，またそれ自身がきわめて重要な結果になっているのである．図 7. 3, 7. 4, 7. 5 にはこの結果の全部，すなわちいろいろなエネルギー準位，線スペクトル，軌道が図の形で示されている．

1913 年も初めの頃から，ボーアは三部作の大論文を書き始めた．第一部では原子や分子の構成を一般的に説明するつもりであった．第二部は，いくつかの自由度をもった系に当てられることになっており，また第三部では二つ以上の原子核を持つ系を扱うはずであった．この計画はいつまで経ってもこれで完成というところには至らず，1918 年頃にようやくその一部分だけが出ることになった．1918 年の 8 月に，ボーアは友人の物理学者 O. W. リチャードソンに宛ててこう書いている．「あんまり仕合せすぎるような時があるかと思えば，また絶望に陥る時もあり，活気に満ちている時もあれば疲れ切った気持になってしまう時もあり，論文を書き始めたと思えばそれが発表できなくなり，とこんな具合に私は時を過ごしているわけですが，それというのもこの量子論という恐るべき難問についての私の見解がいつでも少しずつ変わっていくからなのです．研究のうえで，物事がこんなふうであり，私の生活がどんなであるか，あなたにはよくおわかりのことと思います．……」[Bohr, *Collected Works*, vol. 3, p. 14]

ボーアの原子についての最初の論文は 1913 年 4 月 5 日の日付で『フィロソフィカル・マガジン』の 26 巻に発表されたが，これは物理学についてのちょっとした知識がある人なら誰でもたやすく読めるものである．もうすこし高級

な読者なら，ボーアが到る所に危険な浅瀬や陸地などが散らばっている海を，対応原理の案内で危なげなく航海して行くその巧みな腕前に舌を巻くであろう．論文の終りに至って，すでに停泊地に入った所で，彼はきわめて重大なことを一言つけ加えている．「許された軌道については，角運動量が $h/2\pi$ の整数倍になっている．この事実も量子化の条件として用いることができ，やはりそこから定常状態が導かれるのではないかと思われる．」

ボーアの理論は，バルマー系列以外のスペクトル系列や，ヘリウム・イオンのスペクトルや，核の質量が有限であることのスペクトル線への影響等々を予測するうえで，たいへんな威力を発揮した．しかしボーアは，この理論にはまだきわめて不完全な点があり，これはせいぜい矛盾のない理論が見出されるまでの過渡的な段階を代表するものにすぎないということを充分に承知していたのである．この，自分にとって愉快ではないはずの事実を彼はいつも強調していた．だがそれにもかかわらず，理論の方でも実験の方でもいろいろな結果が次々に出て，大きく積み上げられて行った．中には近似的なものに止まる場合もあったが，それにしてもまことに印象的な内容をもつものであった．このうち，分光学の領域外のものとして，物理学の根幹に触れる二つの成果だけを挙げることにしよう．それはフランク－ヘルツの実験とシュテルン－ゲルラッハの実験である．これについてはまた後でお話しすることにしたい．

さて，ボーアの理論はどのように受け止められたのだろうか．後になってからあれこれ詮索することがいつもあてになるとは限らないが，ボーアの論文をラザフォードが「とっぴな考え」と思ったにしろ，とにかく『フィロソフィカル・マガジン』誌に発表させたという事実は，それに何らかの価値があると考えたしるしである．ボーアがデンマークから原稿を送ると，ラザフォードは彼流の常識論から，ボーアの理論では，電子は前もって自分がどの軌道に飛び移りたいか知っていなければならないことになる，と批判した．この重大な難点はしばらくの間解明されずにいた．ここで決定的な一歩を進めたのはアインシュタインで，それは先に見たように1917年，放射能にならって確率の概念を持ち込んだ時である．さてラザフォードは，この点についての批判は別としても，この論文はちょっと長すぎるので少し短くしようとした．そしてそのことをやや気軽にボーアに書き送った．ところが，これに対する反応はまことに意外なものであった．ボーアは海を渡ってイギリスにやって来て，マンチェスターに出かけて行き，一行一行自分の論文をラザフォードの批評に対して弁護し，ついにラザフォードを説き伏せた．この光景はさぞかし見ものであったことだろう．ボーアはもともと物腰の柔かい人だったし，ことにラザフォードには敬意に満ちた丁寧な態度を取っていた．ラザフォードはボーアより年上で，いろいろな人に指図することに慣れていたし，また学問のうえで大きな地位を占めてもいたのである．ラザフォードはある手紙で，ボーアにこんな頑固なところがあろうとは思ってもみなかった，と述懐している．

ラザフォードの批判が何であったか，それをいささかなりともわかっていただけるように，ここにボーアの最初の論文の中の一つの章の結びの節を引用しよう．

> The preliminary and hypothetical character of the above considerations need not to be emphasized. The intention, however, has been to show that the sketched generalization of the theory of the stationary states possibly may afford a simple basis of representing a number of experimental facts which can not be explained by help of the ordinary electrodynamics, and that the assumptions used do not seem to be inconsistent with experiments on phenomena for which a satisfactory explanation has been given by the classical dynamics and the wave theory of light.
>
> 以上の考察の，暫定的，かつ仮想的な性格についてはここで改めて強調するまでもない．だがその意図は次のところにあったのである．すなわち，定常状態の理論を，今概観したように一般化することによって，普通の電気力学の助けを借りては説明できないようないくつかの実験事実を理解するための簡単な土台を与えることができるであろうということ，それから，ここで用いられた仮定は，古典力学と光の波動論によって充分な説明が与えられているような現象についての実験とは矛盾するようには見えないということ，を示したかったのである．

固苦しい調子ではあるが，どの言葉も充分に考え抜かれ，周到に重みを測って置かれているのも確かである．いうまでもなくラザフォードとボーアは終生きわめて親密な友人づきあいを続けた．この二人の科学における姿勢や問題への取り組み方には大きな違いがあったが，どちらも互いに相手に対して最大限の尊敬と好意を抱いていて，科学上の問題においてもよく相手の立場を理解し合えたのである．ボーアが書いた「原子核科学の創立者，ならびにその人の仕事のうえになされたいくつかの進展を振り返って」を読んでみると，二人の間柄がよくわかる．

書くということは，ボーアにとってはたいへん骨の折れることであった．これは後に彼と一緒に仕事をした人たちが身にしみてわかったのである．論文の筆を起こして書き終えるかと思うとまた書き直しになる．おそらく書き直しの回数は十指に余った．どの個所でも，あちこちの言いまわしを変えていってもっとはっきりした言い方にしたり，概念の定義を直したりした．そしてようやく発表の段取りとなって，たとえばデンマーク科学アカデミーに送られる．さて，校正刷りが著者のもとに返送されてくると，またそれがほとんど実質的な書き直しを受けてしまう．もっと厳密な表現にするためか，あるいはボーアに何か新しい考えが浮かんできたためである．印刷屋はやきもきするし，アカデミーの担当者たちもほとほと困ったのだが，ボーアはボーアだからということで，じっと我慢して待った．だがそうして何ヵ月か遅れて会報のその号が出てみると，ボーアの論文はこれに載っていない．そしてそれから数年後になってもその論文はまだ進行中ということになる．もっとも，共同研究者や同僚たちはそれまでにさまざまな暫定版を見せてもらってはいた．さて仮にその論文がついに公表される段になったとする．するとその時それは，非常に深遠ではあるが，模範的に明快とは言い難いものになっているのである．論文の深さと明快さという点になるとボーアはいつも 226 ページにあるようなドイツの諺を持ち出した．これはどうも 30 歳のボーアよりは，もっと年配の人にふさわしいものであろうが，166 ページに引用したリチャードソンへの手紙や，ボーアの遺稿などから推して，若い時でもボーアがこの流儀で書いていたのは間違いないようである．

さて，あの偉大な 1913 年論文が世にどう迎えられたか，という話に移ろう．その年の 9 月，バーミンガムで大英学術協会の総会が開かれ，ラザフォード，H. A. ローレンツ，O. ロッジ，レイリー卿，ジーンズその他主要な科学者たちが参加した．ここでボーアの論文が注目され，議論の的になった．レイリー卿の見解はこういうものであった．「私はそれを見たには見たが，自分には何の役にも立たないと思った．発見というものがああいうやり方ではできないと言うのではない．むしろそういうことも大いにありうると思っている．だが私の性には合わないのだ」[Rayleigh, *Life of Lord Rayleigh*, p. 357]．この時レイリーは71歳で，すでに久しい前から，物理の新たな発展については口を出さないという誓いを立てていた．彼はこの約束を守ったのである．だが，この新しい理論の成功は否定のしようがなかった．ゲッチンゲンでは P. デバイが熱烈な支持者となった．またゾンマーフェルトもブリュアンに向かって，これは歴史的な重要性を持つ論文だと評したらしい．一方チューリッヒには O. シュテルンと M. v. ラウエがいて，この二人は後にはボーアの考えを推進するのに大きな働きをすることになるのであるが，この時はその論文を丹念に読んでから，万一これが正しいとなったら自分たちは物理をやめると言ったものである．ジョージ・ヘヴェシーはマンチェスターでボーアの親しい友達になっていた人であるが，この人がアインシュタインを訪ねてボーアの仕事のことを話した．アインシュタインはたちまち夢中になって，私も前に同じようなことを考えついたことがあるが，それを推し進める勇気がなかったと言った．すっかり満足したヘヴェシーは大急ぎでラザフォードとボーアの両方に手紙をしたためて，アインシュタインの意見を伝えた．

ところでボーアの原子が出たのは第一次大戦のほんの2, 3ヵ月前である．デンマークは中立を保っていられたが，ボーアは連合国側の言い分に同情的であった．初め彼はコペンハーゲンで，ちょっとした，と言うよりむしろ意に沿わない職に就いていたが，1916年にはマンチェスターのラザフォードの研究所であるポストに納まった．しかし1919年になるとデンマークに呼び戻されて理論物理学の教授の地位の申し出を受けた．これまでボーアはいつも実験物理学とも親しく接触を保ってきたので，今度もその地位にからめて研究所も手に入れられるように働きかけた．戦後になって彼の骨折りは功を奏して，コペンハーゲンに新しい研究所が建てられた．はじめボーアはこの研究所に住んでいた．後，1932年になってボーア一家は，有名なカールスベルク醸造所の創立者，J. C. ヤコブセンが建てた豪邸「誉れの館」の第二番目の住人にと招かれた．ここに最初に住んでいたのは哲学者の H. ヘフディングであった．

今ではこの邸は，芸術または科学の分野でデンマーク最高の人物と目される人の住居に当てられる半ば公的な建物になっている．これはまことにみごとな邸宅で，かの設立者はその維持に当てる基金まで遺していた．その家は醸造所の近くにあり，新古典派様式の建築であるが，デンマークの気候に合う形に考えてあった．またその庭もみごとなものである．ボーア夫人のもてなしぶりは洗練されたもので，何年にもわたってボーア家はいろいろな賓客をここに迎えた．その中には王族や首相なども何人かいたし，またラザフォードをはじめとするたくさんの大科学者がいた．ボーア夫妻はまたコペンハーゲンで研究をしたり，あるいはそこを訪ねたりしたすぐれた若い物理学者たちも，いつも温かく迎えた．

ボーアの名声はたちまち拡がっていき，間もなく世界中から講演の招待を受けるようになった．1920年にはドイツに行き，この時初めてプランク，アインシュタイン等，ドイツの主要な理論家たちと顔を合わせた．またオランダではH. A. ローレンツとポール・エーレンフェストに会い，すぐに意気投合して固い友情を結んだ．アインシュタインもボーアが気に入っていた．そしてボーアのベルリン訪問の後で，彼にこう書き送っている．「あなたのように，ただそこにいるだけでも楽しくなるような人には，一生のうちめったにお目にかからないものです．どうしてエーレンフェストがあれほどあなたを気に入っているか，もうすっかり合点が行きました．今，私はあなたの偉大な論文を勉強しているところです．そしてそうするうちにも——どこかでちょっとつまずくような時に——ほほえみながら説明してくれるあなたの若々しい顔を眼に浮べる楽しみを味わっています．……」[Bohr, *Collected Works*, vol. 3, pp. 22, 634].

ボーア自身，それにコペンハーゲンの彼の研究所も，戦後の成行きから必要になった尊い使命を立派に果した．戦争の後遺症として，憎悪と復仇の願望が尾を引いて残っていた．こんな願望はいささか子供じみているが，やはり危険なものであった．そしてこういう感情は，一部科学者たちの間にも拡がっていたのである．連合国側の人たちは，ドイツの同僚を国際的な科学交流の場からしめ出したいと望んでいた．一方，これも正当とは言い難いが，ドイツ人の方は犠牲者として振舞った．自分たちの研究に没頭していた若い科学者たちの間でよりも，年長で，えてして研究活動の鈍った科学者たちの公的な学界でこういう傾向が目立っていた．ボーアはこの行きすぎと闘って，分裂した二陣営の間に友好的な関係を再建しようとした．この企てには，その人柄とともに，彼が中立国民であったことも役に立った．

ボーアの研究活動には独特な型があった．よく，声に出して考え，長々と議論を進めながらやっていくのが常道になっていたので，これには相手が必要だった．いわばソクラテスの流儀で，相手と話すうちに自分の考えを発展させて行ったのである．ボーアの最初の助手はオランダ人の H. A. クラマースであった．クラマースの後にいろいろな人が続くが，その中には後で有名になった人が多い．コペンハーゲンにかなり長期にわたって逗留した人としては，イギリスの P. A. M. ディラックと N. F. モット，ドイツの W. ハイゼンベルク，オーストリアの W. パウリ，ロシアの G. ガモフと L. D. ランダウ，アメリカの J. C. スレイター，H. ユーレイ，日本の仁科芳雄，スカンジナヴィアの O. クラインと S. ロッセランド，等が挙げられる．ディラックはボーアとの会話についてこんなことを書いている．

> 彼が声に出して考えているのを，私はただ聞いていることもよくあった．私はボーアに大いに感嘆していた．これまで会ったうちで，いちばん深く物を考える人だと思われた．この人の考え方は，いうなれば哲学的であった．私はそれを理解しようとできるだけ頑張ってみたが，完全に理解するには至らなかった．私自身の考えの進め方は，ちゃんと方程式で書き表わされるような思想に重きを置きがちであったが，ボーアの考えは，多くの場合もっと広い性格のもので，どちらかと言えば数学から離れたものであった．しかしやはりボーアとこういう親しい交わりを持てるのはたいへん幸せであったし，前にも一度言ったように，この時ボーアの考えを逐一聞いたことが，私自身の仕事にどれほど影響しているか，自分でも測り知れないのである．[Dirac, *Proc. of the Intl. School of Physics,* "Enrico Fermi," vol. 57, p. 134]

何分ボーアの書き方は一風変わっていたので，自分では出版物にあまり多くのものを発表しなかったが，やはり彼は研究活動全体の中心的存在であった．そのうえ彼はよく旅行もして，ヨーロッパとアメリカのあちこちの研究の中心地に招かれては自分の考えを伝えたのである．

1924 年以前にいろいろなモデルに基づいて試みられた量子論的な力学について，たとえばアーノルド・ゾンマーフェルトのような著名な理論物理学者にくらべて，ボーアは，いつもずっと慎重で批判的な姿勢を示していた．彼は理論をしっかりした基礎の上に置く必要を説き，まだ残されている大きな矛盾を強調した．

**図7.6**　1937年にボーアが主催してコペンハーゲンで開かれた学会の参加者．最前列左より，N. ボーア，W. ハイゼンベルク，W. パウリ，O. シュテルン，L. マイトナー，R. ラーデンブルク，J.C. ヤコブセン．第二列に坐っているのは，左から，V. ワイスコップ，C. メラー，H. オイラー，R. パイエルス，F. フント，M. ゴールドハーバー，W. ハイトラー，E. セグレ，….第三列に坐っているのは，左から，G. プラツェク，C. フォン・ワイツゼッカー，H. コッフェルマン，….立っているのは，H.D. イエンゼン，L. ローゼンフェルト，G.C. ウィック．（E. セグレの好意による）

ボーアはコペンハーゲンの自分の研究所で小規模の非公式な学会を毎年開くことにした．これにはおよそ30人の物理学者が招かれたが，その中には何人か有名な人たちが選ばれていた．たとえばハイゼンベルク，パウリ，シュテルンで，この人々はほとんど毎回この会に参加した．またその他に，あらゆる国々から意気盛んな若手の科学者も招かれた．これは有望な若い物理学者たちに会う機会となったが，またその人たちにとっても，コペンハーゲンやお互い同士と知り合う機会になった．この学会は，しばしば新しい世代の物理学者の間に長年にわたる友情を培うのに役立った．1920年から第二次大戦までの間には，現役の主要な物理学者で，この会合に参加して忘れえない体験をしたことが一度もなかったような人は滅多にいないはずである（図7.6）．

## X線が本領を発揮する

なるほど物理学の主旋律は第一次大戦の少し前にプランク，アインシュタイン，ラザフォード，ボーアたちの手で奏でられていたと言えるにしても，それに続いて湧き起こってこの音楽を大々的に盛り上げたオーケストラを忘れるわけにはいかない．

さて，結晶構造というものは，それを構成する原子が規則正しく配列していることに由来するという考え方はもう100年以上前からあった．R. J. アユイ (R. J. Haüy, 1743-1822) は仮想的な原子の配列を美しい図に描いて見せた．これをもっと現代流に書き直したものは空間格子と呼ばれている．一例として，どの原子も座標が整数になるような点に置かれたものを想い浮かべていただきたい．結晶学の法則の多くはこういう仮想的な構造を認めれば理解できるものであるが，それが本当に目に見えた，というより，実証されたのはようやく1912年のことであった．

ミュンヘンのゾンマーフェルトの研究所でP. エヴァルトは博士論文のテーマとして空間格子の中の電磁波の伝播の問題を研究していた．1911年のその頃は，X線についての考え方が発展しているところだった．それは光と同じく短波長の電磁振動であるという仮説が有望だと思われて，その波長を算出することが試みられていた．狭いスリットを通してX線を通過させると，ある種の回折現象が見られたが，これはその波長が結晶格子における原子間の距離と同じ程度だとすれば説明がつくものであった．

そこでマックス・フォン・ラウエ (Max von Laue, 1879-1960) は，結晶の中にX線を通過させる場合に予想される回折現象を理論的に研究した．そしてただちにその結果を，W. フリードリッヒとP. クニッピングがレントゲンの研究室にあった装置を使って試してみた．二人は間もなくみごとな回折像を得たが，これは完全にフォン・ラウエの計算を確証するものであった（図7.7, 7.8)．結晶は三次元の回折格子の役割をする．この回折格子の周期性は原子配列の規則性によって与えられる．こういう天然回折格子は，前にロウランドやマイケルソン等が線を引いて作った人工回折格子に比べておよそ1000倍も細かいもので，人工回折格子が可視光線に適するのに対して，こちらはX線にち

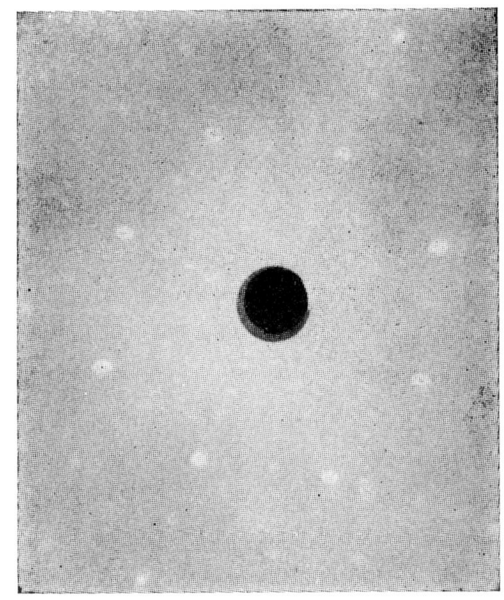

図7.7　フォン・ラウエ，フリードリヒ，クニッピングの方法を使って得られたタングステン単結晶の回折像．（ボローニャのCNR-LAMEL研究所の好意による）

ょうど都合よいものになっている．

このフォン・ラウエの発見は，その後きわめて多種多様な方向に向って種々な発展を生み出すもとになった．その発見の直後に，W.H.ブラッグとW.L.ブラッグ父子がイギリスのリーズで，結晶を回折格子として用いる本格的なX線分光装置を作り上げ，スペクトル線の研究を可視光線よりおよそ1000倍も短い波長領域にまで拡張することに着手した．

可視領域のスペクトルは原子内で最も外側にある電子の運動に起因するが，X線スペクトルの源はいちばん内側の電子である．このためにX線スペクトルには，光スペクトルには見られない規則性がある．この規則性を支配しているのは原子番号，すなわち原子核の電荷であるが，このことはブラッグ等の発見のすぐ後にH.G.J.モーズレイ（H. G. J. Moseley, 1887–1915）によって示されたのである．

モーズレイの物語は痛ましい悲劇である．彼の父方も母方もともに科学者の

**図 7.8** マックス・プランク（右）とマックス・フォン・ラウエ（左）．1927年ヴォルタ記念学会の参加者のために催されたコモ湖への遠足の折．（F. ラゼッティの好意による）

家系であった．彼はイートンでイギリスのパブリック・スクールの中でも最高の伝統のもとに教育を受けた．マンチェスター大学では，ラザフォードの指導のもとに研究活動を開始したが，後にオックスフォードに移っている．彼は間違いなくイギリスの科学者たちの間で一つ新たに輝き出した星であり，また稀に見る頑張り屋であった（図 7.9）．実験家としてほんの 2, 3 年の研究生活の間に，彼は不滅の価値をもつ業績をあげ，不朽の名を残した．第一次大戦が始まると，彼は志願兵として入隊した．ラザフォード等は，イギリスの科学のためにも彼を失うまいと，生命に関わるような危険は避けられるように手をまわしたが，彼は戦闘の責務につくと言って頑として譲らなかった．そして，チャーチルが計画したダーダネルス海峡の攻略戦で 27 歳の生命を奪われてしまったのである．

戦争が始まる前，モーズレイは，X線を使えば原子核の電荷 $Z$，通称原子番号が簡単に測定できることを示していた．X線スペクトルの中には特別はっきり現われる線スペクトルがある．これは $Z^2$ に比例する振動数を持っている．したがって，原子番号に対して波長の逆数の平方根をプロットすると直線が得られる（図 7.10）．そこでもしもある元素のX線スペクトルが抜けていれば，

**図 7.9**　H. G. J. モーズレイ（H. G. J. Moseley, 1887–1915）．現在残っている数少ない写真の一つ．彼は，イギリス軍がダーダネルス海峡に遠征した際の戦闘で，27 歳の命を奪われた．彼が行なった，原子番号，すなわち陽子の電荷を単位として，各原子核の電荷を表わす時に出てくる整数，の発見は，化学元素という概念を決定的に明確なものにした．（マンチェスター大学）

それは内挿によって容易に予言できることになる．この方法で，ある日の午後モーズレイは何十年も化学者を悩ませてきた問題をみごとに解決してしまった．すなわち希土類元素の正しい原子番号を確定できたのである[4]．またある時，有名なフランスの化学者，ユルバンが，何年もの間さんざん手こずった希土類の試料を持ってきたが，モーズレイは 2, 3 時間のうちにそれを分析して成分を明かして見せたので，その化学者は目を丸くしたのであった．モーズレイの発見はボーアの原子に直接結びつくもので，これはモーズレイ自身もすぐに認めた．モーズレイの法則を得るには，水素のスペクトル線を与える一般式で，比例定数を妥当なものにしたうえで，$n_1=1$ と $n_2=2$ を代入すれば良い．

またモーズレイの発見は，どんな化学元素がまだ見つかっていないかをはっ

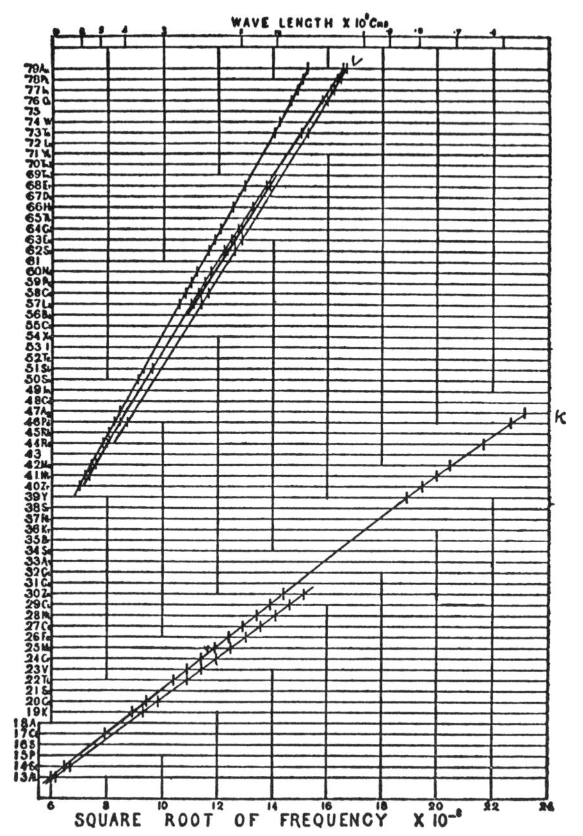


図 7.10 モーズレイ・ダイヤグラム．横軸には特性X線の振動数の平方根が取ってある．縦軸は原子番号である．K線に対しては，振動数は良い近似で，(3/4) $RZ^2$ という式で与えられる．[*Philosophical Magazine* **27**, 703 (1914) より]

きりさせる方法にもなった．この当時未発見の元素は原子番号 43, 61, 72, 75, 85, 87 にあたるものであり，周期律表は $Z=92$ （ウラン）で終っていた．そのうち，1923 年に 72 番元素はボーアの研究所で，ヘヴェシーと D. コスターによってジルコニウム鉱石の中から発見された．これはコペンハーゲン市のラテン語名[5]に因んで「ハフニウム」と名づけられた．75 番元素は 1925 年，ベルリンでイダ，ワルター・ノダックが数種の鉱石の中から発見し，ドイツの愛国心に溢れるこの二人はこれを「レニウム (rhenium)」と名づけた（ライン河

(der Rhein) は長年にわたってドイツ，フランス間のいざこざのもとであった)．これらの発見において，X線を使った分析は圧倒的な強みを発揮したのである．

87番元素フランシウムは1939年にマルグリット・ペレーの手で，天然放射性元素系列のごく稀に起こる一分岐として見出された．また91番のプロトアクチニウムは1917年にオットー・ハーンとリーゼ・マイトナーがウランの崩壊生成物の中から見つけ出した．後の二つの場合にはX線による分析よりも放射能による方法のほうが重要な役割を演じた．

残りの元素は，それが放射性で半減期が比較的短いために天然の形では地上に存在しない．仮にそれが存在した時があったとしても，地質学的な時間が経つ間に崩壊してしまったのである．したがってそれは原子核の衝突によって人工的に作り出す他なかった．このやり方で得られた第一号は43番元素テクネチウムであった（ギリシャ語で人工的という意味である)．1937年，カルロ・ペリエとセグレはバークレイのサイクロトロンで（重陽子を）モリブデンに衝突させてこれを発見した．61番元素のプロメチウムは1946年，チャールズ・コリエル等が原子炉の中で人工的に作り出した．85番元素のアスタチンも1940年に，やはりサイクロトロンでコルソン，マッケンジー，セグレが作り出した．これに続いて周期律表を，ウランを超えて拡張することも行なわれるのだが，それはハーンとシュトラスマンの核分裂の発見後のことである．

X線分光学という新しい科学のおかげで，深部の電子殻の研究が可能になったり，また元素の化学分析がこれまでにない水準の感度や精度で行なえるようになったのであるが，X線の功績はそれにとどまらない．それはまた，結晶格子の探究，さらに広く固体やいろいろな分子の構造の探究への道を拓いた．こうして生まれた技術は構造解析という新しい活気のある科学を出現させたが，これは鉱物学から分子生物学に至る広範な諸科学の基本である．

実際，分子生物学が生物学の分野にもたらした大変革は，物理学において量子力学が起こした革命にも匹敵する．それは全く新しい展望を開いて見せた．科学のこの新しい分野は，143ページで触れた放射性トレーサーとX線構造解析を通じて現代物理学から欠くことのできない援助を受けたわけである．

前に述べたように同位性という概念はまず放射性原子核の場合について徐々

に確立され，J. J. トムソンはそれをさらに安定な原子核にまで拡張した．トムソンはネオンの原子には，化学的にはあらゆる点で同一で，ただ原子量だけが違う二種類があることを確かめた．戦争が終るとただちに，F. W. アストンが同位元素の質量や種類を測定するための精密質量分析器をいくつか作り始め，その後，何年もの間この方面の研究ではアストンは第一人者の地位を保った．そしてこういう研究から，いろいろおもしろい結果が出てきた．「整数法則」については前に触れたが，精密な質量測定とアインシュタインの公式 $E=mc^2$ とを組合わせると，核反応において解放，または吸収されるエネルギーについての情報が得られるから，質量測定は原子核物理学にとってもきわめて重要なものになるのである．今日では，質量分析器と核反応から得られるデータを組合せて，うまく行けば $1/10^9$ の精度で核の質量を定めることも可能になっている．同位元素の研究は，ここに止まらずさらに広範な領域に拡がって行き，地質学から考古学に，また真空技術から生物学にまで及ぶさまざまな応用が数限りなく見出されている．

これは異なる諸科学の間の助け合いというものの良い例である．それは，いわば一つの生きた有機体，いろいろな器官が，不可思議とも思われる複雑さをもって協力しあっている生きものを見る思いがする．

## 量子的な原子の確立

ボーアの基礎的な研究が出てから，原子や分子は実験物理学者にとっても理論物理学者にとっても中心的な問題となった．物理学の他の分野では，すぐれた科学者たちが研究を続けてはいた．たとえばラザフォードは原子核の研究をやめるつもりなどはさらさらなかったし，ライデンの実験物理学者たちは低温の問題にかかりきりであった．しかし，大部分の研究活動は原子と分子に集中してきたのである．ボーア以前には，分光学はいわば経験的な領分で，だいたいにおいてたくさんのスペクトル線を分類したり，またそれがどんな条件で出てくるかを観察したりする範囲を越えるものではなかった．ファラデーにまでさかのぼる気体放電の研究もやはり主に経験的なものに止まっていた．ところが新しい原子論が出るに及んで，これはいろいろな現象を理解したり，新たな現象を予測したりする指針となった．ここで理論と実験が手に手を携えて目覚

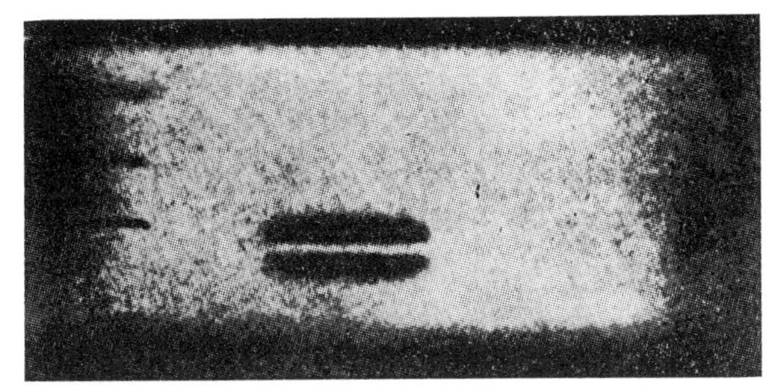

図 7.11　1921 年にシュテルンとゲルラッハが行なった，空間量子化についての実験の結果．二つの黒い部分は，磁場の中で互いに逆向きに配向した原子（リチウム原子のビームの中の）によって生じたもの．

ましい速さで進みだしたのである．こういう研究の中心はドイツにあった．第一次大戦の前に，ジェームス・フランクとグスターフ・ヘルツ（電磁波のハインリヒ・ヘルツの甥）がきわめて重要な意味をもつ歩みを進めた．この二人は，ボーアが仮定した定常状態というものが実際に存在することを，文句のつけようのない実験で示した．この目的のために二人は，電子を加速して原子に衝突させることによって励起エネルギーを与え，定常状態間の飛躍を起こさせた．このようにして，電子のエネルギー損失が起こるのは，その電子のエネルギーが，標的となる原子を励起状態に押し上げるだけの大きさを持つ時に限るということを観測したのである．それればかりでなく，照射を受けた原子の蒸気が，励起状態からもっと低い状態に戻ることに対応するスペクトル線を放射するのも見られた．放射の振動数はボーアが提唱した基本法則

$$h\nu = E_1 - E_2$$

に従っていた．この実験は，ボーアの仮定の中でも，最も不思議なものと思われたいくつかの事柄を明白に証拠立てるものであった．

戦後，間もなく 1921 年には，また別の実験がオットー・シュテルンとワルター・ゲルラッハの手で行なわれて，ボーアの理論から要請されるもう一つの事実を証明した．それは通常の感覚，もっとはっきり言えば，通常の巨視的な世界で感知される経験とは矛盾するような事柄であった．これは空間の量子化と呼ばれている（図 7.11）．前にも見たように，ボーアの量子条件は軌道の角運動量が $h/2\pi$ の整数倍，すなわち $lh/2\pi$ でなければならないという言い方もできるのであった．そして，ボーア，ゾンマーフェルト等によって発見された

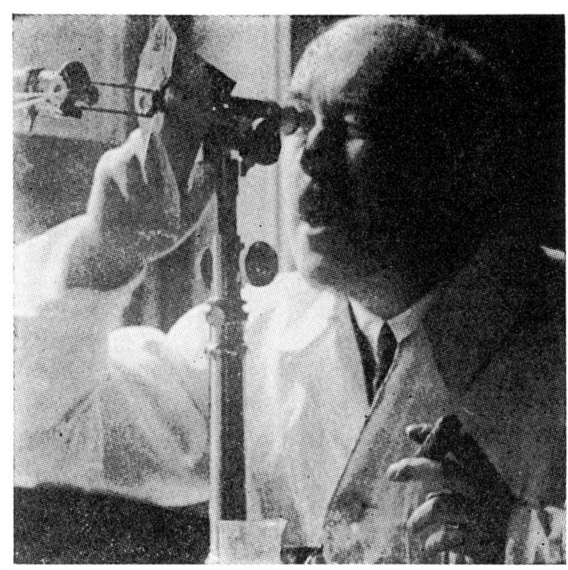

図 7.12　オットー・シュテルン．二つの世界大戦の間にはさまる時期に活躍した大実験物理学者の一人．空間量子化，ド・ブローイ波，陽子の磁気モーメントについての，きわめてすぐれた実験の功績がある．これらの実験はいずれも，分子ビーム法を使って行なわれた．(ハンブルク大学)

さらに精密な量子条件からは，角運動量ばかりでなく，ある一方向のその成分の量子化も要請されるのである．その方向は，たとえば磁場をかけることによって定義すればよい．この成分は $mh/2\pi$ という値だけを取ることができる．ただし $m$ は正または負の整数で，その絶対値が $l$ に等しいかまたはそれよりも小さいようなものである．このことから，原子は空間の中であるいくつかの方向にだけ，その向きをとりうることが出てくる．たとえば，もし $l=1$ なら $m$ は $-1, 0, 1$ という値のうちのいずれかになり，原子はその角運動量が磁場に平行，垂直，反平行のいずれかになるような配置だけを取りうることになる．この驚くべき事実は次のようにして実験的に確かめられる．分子線，すなわち分子なり，原子なりの密度の薄い流れを適当な磁場の中に送り込んでその振れを見れば良い．この振れは，一様でない磁場が原子の磁気モーメントに及ぼす力のために起こるのであるが，原子の磁気モーメントはその角運動量と結びついている．そして原子は確かにとびとびの配置だけを取り得るのだという結果

**図7.13**　アメリカの物理学者 I. ラングミュアと議論をしているオットー・シュテルン. 1927年のヴォルタ記念学会の参加者のために催されたコモ湖への遠足の折. (F. ラゼッティの好意による)

になるのである.

空間量子化についての実験を計画したのはオットー・シュテルン (Otto Stern, 1888–1969) であるが, 彼は, アインシュタインを慕ってプラーグとチューリッヒに行き, またチューリッヒで, もしボーアの考えが正しかったら自分は物理をやめると誓ったという話で前に出てきたその人である. シュテルンは今世紀の主要な物理学者の一人だと私は思っている (図7.12, 7.13). 1920年以後, 彼は分子線法の発展に献身した. この方法では高真空の中に密度の薄い分子の流れを作り出して, 分子をこの自由な状態で電場なり磁場なり, 何でも研究したいと思う条件にさらす. この方法が重要なのは, 分子が自由な状態に置かれているので, 実験条件が理論的な取扱いでふつうに仮定される条件に非常に近い, ということによっている.

初めて分子線を作り出したのはフランスの物理学者 L. デュノワイエで1910年のことである. しかしこの方法を発展させ, また実際に使ったのは主にシュテルンとその弟子や共同研究者たちであった. この人たちが研究したのは気体分子運動論の基本仮定，特に速度のマクスウェル分布，空間量子化，いろいろな原子の磁気モーメント，陽子の磁気モーメント，ヘリウム原子の運動量と波長の間のド・ブローイの関係，等々である．シュテルンも追放を受け，その研究所はナチスによって事実上解体されたのであった．その後，彼はアメリカに定住することになったが，彼の最も重要な仕事は追放の前に終っていた．シュテルンの伝統は，主にニューヨーク市のコロンビア大学でI. I. ラビ（I. I. Rabi, 1898-　　）の一統によって承け継がれ，進歩した無線周波技術や真空技術の導入によってさらに拡張された．彼らはシュテルンが以前に行なった測定を大いに改良することができたし，また全く新しい問題に挑むこともできた．ラビはポスト・ドクトラル・フェローとして，1930年代のシュテルンの研究所にいたことがある．彼はシュテルンの方法の威力に大いに感銘を受けたが，シュテルンの研究所では実験を行なっていない．

ゼーマン効果はその発見以来，すでに約20年たっていたが，特にドイツでF. パッシェン，E. バック等によって熱心に研究が続けられていた．これは比較的複雑な原子の構造を解明するうえで大いに役立つ精密で重要な結果を絶えず提供してくれるものであった．ゼーマン三重項の説明は前にH. A. ローレンツが古典的な立場から与えていたが，これは量子論の立場で言い換えて，空間量子化と関係づけることができた．ところが，多くの原子はローレンツ三重線よりもずっと複雑なゼーマン・スペクトルを示すのである．これは「異常ゼーマン効果」と呼ばれている．この異常が何ゆえに生ずるのか，という謎は，当時の原子理論にとって，真に挑戦的な問題であった．

はじめミュンヘンにいて，後にテュービンゲンに移ったアルフレッド・ランデは，この効果を非常に精確に表わす半経験的な式を見つけ出した．しかしこの結果を何らかのモデルによって理解することは非常に難しかった．たとえば対応原理に基づく原子力学では，$h/2\pi$ を単位にした角運動量の2乗がいろんな式に現われる．前に述べたようにそのような角運動量はある整数 $l$ であるはずだが，$l^2$ を $l(l+1)$ で置き換えてみると，それらの式は実験データとよく合うようになった．$l$ が大きければどちらでも同じようなものだが，$l$ が小さい時には大きな違いがある．また，角運動量が $h/2\pi$ ではなく $h/4\pi$ の倍数になっているような場合もしばしば見られた．言い換えれば，半量子というものがあるらしいのだった．ランデの公式は実験結果と一致したが，その理由づけは，たとえばパウリのような卓抜な科学者にとっても一つの大きなミステリーだったのである．パウリがコペンハーゲンの公園のベンチにぐったりして坐っているのを一人の友人が見かけて，だいぶ浮かない顔つきだがどうしたんだと尋ねたことがある．「異常ゼーマン効果のことを考えたら，がっくりこないわけにはいかないだろう？」とパウリは答えた．

$l(l+1)$ を説明するには量子力学が必要になる．また半量子を説明するには自転している電子というものを考えなければならない．そしてどちらの概念も，この時もうすぐそこの曲り角の先にあった．自転する電子という考えが初めに形をなしたとき，それはその後，量子力学によって定式化されたものよりも簡単，かつ直観的なものであった．後者については次の章で扱うことにする．

1925年11月，ゲオルグ・E. ウーレンベック (George E. Uhlenbeck, 1900–　) とサム・A. ハウシュミット (Sam A. Goudsmit, 1902–1978) という，ライデンで研究していた20代半ばの二人のオランダ人物理学者がきわめて重要な発見をした．電子はそれまで点電荷，もしくは小さな帯電球体のように考えられてきたが，実はスピン，すなわちそれ自身に付随した角運動量を持っていることがわかったのである．言い換えればそれは，地球と同じように自転しているのである．そのうえ，スピンに伴って電子はそれに固有の磁気モーメントをもっている．当然予期されるとおり，スピンは角運動量の自然単位 $h/2\pi$ に関係づけられるのだが，実はこの場合，一つ新しい点がある．スピン角運動量は今言った単位の整数倍ではなくて，その2分の1なのである．一方スピンに付随した磁気モーメントのほうは「軌道」角運動の一単位に付随する磁気モーメントに等しい．この単位は $eh/4\pi mc$ でボーア磁子と呼ばれている．スピンの場合の，角運動量に対する磁気モーメントの比は軌道の場合に比べて2倍大きいものになる．ウーレンベックとハウシュミットはこういうことをすべて原子のスペクトルの研究から引き出した．

ウーレンベックはイタリアでオランダ大使の息子の家庭教師をしていたことがあって，その時フェルミと会って親しくなった．自転する電子という考えが浮かんだのは，ウーレンベックもハウシュミットもともにライデン大学でエーレンフェストのもとで研究していた時のことである．R. ド・L. クローニッヒはハンガリア系アメリカ人で，やはりフェルミの友人であり，フェルミとイタリアのドロミテ・アルプス山麓[6]でしばらく一緒に過ごしたこともあったが，実は彼もウーレンベックとハウシュミットとほぼ同じ頃に同じことを考えたのだった．彼にとって不幸なことに，彼はこの問題についてパウリに意見を聞いたのである．パウリはすでにその業績と，また透徹した批評眼をもって有名であったが，この時には重大な誤りを犯して，クローニッヒの考えには全然根拠がないことをご本人に納得させてしまった．ウーレンベックとハウシュミットもパウリの批判を耳にして，それはいかにももっともだ，と思った．エーレンフェストが彼らの論文をある雑誌に掲載するためにすでに送ってしまっていたので，彼らはそれを取下げようとした．しかしエーレンフェストは，彼らはまだ若いのだから少しくらい怪しげな論文を出したってかまわないだろうと言って取り下げに反対した．こうして論文は引っ込められずに物理学の雑誌に出たのである．その後パウリの批判は正しくないことが，主に H.L. トーマスによって明らかにされた．パウリの批判は，その式の中のある所に出てくる2という因子が実験的な証拠との一致をぶちこわしてしまう，ということであったが，トーマスは，やや微妙な相対論的な議論によって欠落していた因子がちゃんと出てくることを示したのである．このような次第で，電子スピンの発見は，正当にウーレンベック，ハウシュミットの二人に帰せられる．この電子スピンの発見は物理学における一つの大きな前進であって，充分ノーベル賞に値するはずであるが，不幸にして彼らはそれを得なかった．

### ワイマール物理学とコペンハーゲン物理学．排他原理

ボーアが初期に成功を収めたのは主として水素原子に関する問題であるが，実は彼は最初から二つ以上の電子をもつ原子の問題で悩んでいた．力学的な問題は，二体問題から多体問題に移る途端に恐ろしくむつかしくなる．量子条件を一般化する必要があるし，その結果出てくる複雑な仮想的軌道も計算しなければならない．量子条件の一般化は，主にミュンヘン大学の理論物理学教授，アーノルド・ゾンマーフェルト (Arnold Sommerfeld, 1868–1951) によって行なわれた．もともとゾンマーフェルトは純粋数学者で，ゲッチンゲンのフェリックス・クラインのもとで研究していた．ところがクラインは数学と技術的な

分野との間の関係をもっと強めるべきだという信念をもっていて，ゾンマーフェルトもその考えに染まったのである．ゾンマーフェルトは自分の関心を純粋数学から違う方向に移し，強力な数学的技量を潤滑や電磁波の伝播といった工学的な問題に向けて一流の応用数学者になった．

1906年にゾンマーフェルトはミュンヘン大学に理論物理学の教授として招かれ，ここにこの分野の一つの主要な中心を作り上げた．彼のもとには有能な学生が大勢集まった．また助手にはピーター・デバイがいた．彼はゾンマーフェルトが量子論に興味をもつようになるのに役立った．この少し前からゾンマーフェルトは相対論の信奉者となっていた．ゾンマーフェルトの指導のもとに，ミュンヘン大学では理論物理学が盛んになった．彼の学生は充分に数学的な能力を身につけたうえで物理学の最先端を学んでいた．ゾンマーフェルトの影響力は大いに浸透して，40年以上にわたって彼のもとには次々と理論物理学の学生がやってきたが，彼らの優秀さは，ラザフォードのグループの実験家たちのそれと双璧というべきものであった．ゾンマーフェルト自身の研究の一つに，ボーアの原子論に相対論を適用するという仕事がある．ここで彼は「微細構造定数」$2\pi e^2/hc$ というものを導き入れたのだが，これは物理学においてたいへん重要な働きをする無次元数の一つである．その値は，今ではきわめて高い精度で知られていて，1/137.03596 となっている．これまでに，大胆な包括的理論からその値を導き出そうとしていろいろな試みがなされてきたが，今に至るもまだ成功したためしがない．ちなみにゾンマーフェルトはこの点について，その有名な著書『スペクトル線と原子構造』の中でこう言っている．「微細構造定数において，$e$は電子論の象徴となっており，$h$は量子論の格好な象徴であり，また$c$は相対論からくるもので古典論には見られない特徴を表わしている．」ところでこの本は，その方面を勉強するにあたってある世代の物理学者が皆お世話になったものである（264ページ参照）．

いろいろな点でゾンマーフェルトはドイツの教授のいちばん良い面を代表するような人物であった．いくぶん形式ばったいかめしさの裏には，惜しみなく若い学生たちの面倒を見る温かい人柄があった．たいへんスキーが上手でババリアン・アルプス山麓に一軒，家を持ち，冬の間は学生たちとそこに出かけて行った．こういう折りには，枢密顧問官の威厳などはかなぐり捨ててしまって，全くくつろいだやり方でスキーと物理の議論を結びつけていた．実際，前途有望な若い物理学者たちに対する彼の関心は，決してドイツの中だけにとどまるものではなかった．ゾンマーフェルトはドイツの大の愛国者であったが，ヒトラーが権力を握るようになってもこの総統にごまかされはしなかった．私は1934年にオランダでこの人に会った時のことを憶えている．その時，彼は講演をしに来ていて，かなり多額の謝礼をもらったのであるが，とても嬉しそうな様子でこう私に言い添えた．「これは，追放された研究者たちの役に立ててもらうように，すぐラザフォードの所に送るつもりだよ．ドイツではそんなことはできないので，これは願ってもない機会なんだ．」

ボーアとゾンマーフェルトの方法は，大勢の物理学者がさまざまな現象に応用した．たとえば電場によるスペクトル線の分裂の問題がある．これは1913年にヨハネス・シュタルクが発見したもので，磁場の場合のゼーマン効果とよく似た現象である．またX線スペクトルの詳しい解明にも応用されたが，ここではW. コッセルが決定的な進歩を成し遂げた．さらにスペクトル線の強度の計算にも応用されている．こういう仕事の多くは，それがミュンヘン以外の所でなされた場合でも，ミュンヘンからのゾンマーフェルトの影響を受けたものであった．それらの結果は，定性的には常に正しいものであったが，定量的には近似にとどまる場合も多かった．ここでもまた，$l^2$ を $l(l+1)$ で置き換えると公式が実験と一致する例がたびたび出てきた．こういういろいろなことを考えたり試みたりするうえでいつも指針となったのは対応原理である．しかしまた，一見簡単そうに見えながら，実はどんな理論的扱いでも，どうしても手に負えないような問題もいくつかあった．そういう問題の好い例がヘリウム原子である．

この当時の顕著な成功の一つに元素の周期律の説明がある．ボーアは原子内の電子にいろいろな軌道を割り振ることで周期律を説明しようといつも苦心していたが，そのために用いた条件は簡単なものとはとても言えず，またあまり信頼もできなかった．ごく初期の論文からボーアはこの問題を念頭に置いていて，さまざまな解答を試みている（図7.14）．1922年までに彼は本質的に正しい軌道の割り振りに成功しているが，そこで使った議論は今から見るとそれは

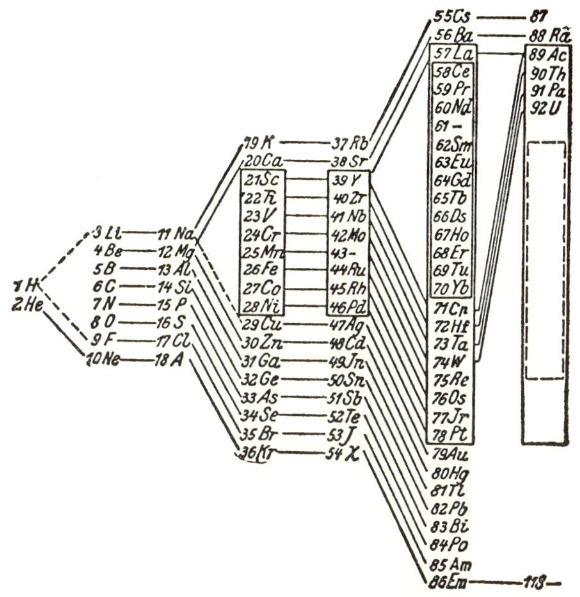


**図 7.14**　ボーアによる元素の周期系列（1921 年）．これはパウリの原理の発見以前のものであるが，本質的に正しい．［*Annalen der Physik* **71**, 228 (1923) より］

ど説得力があるとは言えない．特に大事な点は，彼が希土類元素の数とその周期律表での位置に説明を与えたことである．これは難しい問題で，それをやりとげたのを彼は得意にしていた．1922 年のノーベル賞講演ではこう言っている．「実のところ，仮に希土類の存在が直接実験的な研究で確立されていなかったとしても，元素の周期律表の第六周期の中にこういう性質をもつ一族が出てくるということは理論的に予言されえたであろう，と言ってもそれほど過言ではないでありましょう」〔1922 年，ノーベル賞講演〕．さてボーアが軌道の割り振りを行なったのに続いて，その正しさを劇的に確証する例が現われた．ボーアによれば，72 番元素は希土類ではなく，むしろジルコニウムに似た金属であるはずであった．これまでに原子番号 72 番の希土類元素を発見したという報告はいくつか出されていて，ユルバンなどはそれに「セルチウム」という名前までつけていた．もっとも，モーズレイはユルバンの試料の中にその存在を認めなかったのであるが．こういうわけで，これはボーアの考えを確証するかあるいは反証する好個の材料だったのである．ところが72番元素はジルコニウム鉱石の中に思いがけなく容易に見つけ出せることが明らかになった．つまりそれは稀土類ではなくジルコニウムに相似の性質を持っていたわけである．このみごとな成果を挙げたのは，ボーアの研究所にいたX線分光学者のコスターと，ボーアの年来の友人ヘヴェシーである．

イギリスの E.C. ストーナーはボーアの仕事に改良を加えたが，それにしてもやはり軌道の割り振りには明快な条件はなかった．さて，ここでウォルフガング・パウリ（Wolfgang Pauli, 1900–1958）が登場するのである．彼は異常ゼーマン効果といろいろな準位に割り振られる量子数について深く研究していた．彼は，ストーナーによって分類された経験的な材料を検討して，1925年の初頭，量子論における新たな基本法則を明らかにした．それは，同一の量子数を持つ二つの電子は，一つの原子内に共存することはできない，というものである．おのおのの軌道はある量子数の組で特徴づけられる（原子の場合にはその数は四つある）．そして一つ一つの軌道は空であるか，ただ一つの電子だけを含むかのいずれかである．このいわゆる排他原理を，パウリはスピンが発見される以前に分光学のデータを研究して発見したのである．スピンは今言った四種類の量子数を，初めのパウリの推論よりももっと自然なやり方で説明してくれる．排他原理は，また当然のことながらパウリの原理とも呼ばれているが，この原理は，原子の場合だけではなく，もっとずっと広く適用されるものである．それは常磁性，金属の中の電子の挙動，種々の低温現象などを説明する鍵となった．また後には原子核物理学にもその応用を見たのである．

1926年には，エンリコ・フェルミ（Enrico Fermi, 1901–1954, 図7.15）がパウリの原理を統計力学に組み込んで，その最も実り豊かな応用を示した．こうして彼は一つの新しい種類の統計法則を得たが，これもやはりボーズとアインシュタインの統計法則と同様，自然に対して適用できるものである．ある種の粒子，たとえば電子などはフェルミ統計に従い，その他の粒子，たとえばアルファ粒子などはボーズ－アインシュタイン統計に従う．それから何年もの後，1940年になって，パウリは，それ以前から経験的には確立していたある関係に理由づけを与えた．整数のスピンを持つ粒子はボーズ－アインシュタイン統計に従い（そしてこれは「ボソン」と呼ばれる），半整数のスピンを持つ粒子

図**7.15**　エンリコ・フェルミ．1928年頃．(G.C. トラバキ撮影)

はフェルミ統計に従う（そしてこれは「フェルミオン」と呼ばれる）．この事実についてのパウリの証明を見ると，これはきわめて深く相対論と因果性に根差していることがわかる．

1926年にディラックは，パウリの原理を量子力学的に定式化し，また同じ論文でフェルミの統計を量子力学の立場から基礎づけた．それ以前にパウリやフェルミが書いた論文は，ボーアの原理によって修正された半古典的な路線の範囲にとどまっていたのである．

以上，私は原子モデルの応用の中のほんの2,3の例を挙げたにすぎない．その当時，これがどんなに華やかなものであったか，それはその頃のいろいろな論著からしのぶことができる．その筆頭はゾンマーフェルトの名著『原子構造とスペクトル線』で，これがもとになって多くの書物が現われた．

やがて量子力学を生み出すことになる意気盛んな知的活動の中心はドイツにあった．ここで旗頭となった学術誌は『ツァイトシュリフト・フュル・フィジーク』で，これは戦争の後で創刊されたものである．ドイツには，理論物理学で特に重要な学派が二つあった．一つはゾンマーフェルトが率いるミュンヘンの学派で，もう一つはマックス・ボルンが率いるゲッチンゲンの学派である．『原子構造とスペクトル線』は当時誰もが勉強した教科書であった．これは次々に版を改めて，常に時代の先端にあった．書き方は驚くほど明快で読みやすく，しかも相当に完全を期したものになっている．その頃は，優秀な学生なら，ゾンマーフェルトの本を読みこなした後はただちに先端の論文を読んで自分の研究を始めることができたのである．

第三の中心地はボーアのいるコペンハーゲンであった．ドイツの最も優秀な学生たちは，よくミュンヘンからゲッチンゲンを経てコペンハーゲンに至る巡礼の旅に出たものである．もちろん理論物理学の中心はこの三つだけではない．他にドイツにも，またイギリス，フランス，オランダ，スカンジナヴィア諸国にもあった．1927年にフェルミがローマ大学に就任してからは，ローマも重要な位置を獲得した．

一流の研究所の教授たちは皆，よく顔を合わせては情報を交換し合っていたが，それには専門の学問に関わることばかりではなく，有望な新しい人材を求めることも含まれていた．アメリカではロックフェラー財団が多くの若い科学者の援助をしたが，その人選はなかなか厳しく，またたいそう的を射たものであった．その中にはハイゼンベルクやパウリなど，量子力学の創立者も何人か入っている．会合や，助成金による滞在研究や，短期間の訪問などの機会に，物理学者たちの間に長年にわたる友情が培われた例も少なくない．年配の教授や，一学派の指導者と言える人々の中で，特にゾンマーフェルト，エーレンフェスト，ボーアの三人が，それぞれ自分の弟子やめぐり会った有能な研究者たちに示した心づかいぶりには際立ったものがある．その人たちが奨学金をもらえるように取り計らったばかりではなく，自分の同僚や他の大学に推薦したりした．私にとっては，ゼーマンが示してくれた親切が未だに忘れ難いものになっている．ゼーマンは自分の研究所の装置を使わせてくれたうえに，私が奨学金をもらうのに力にもなってくれたのだった．また『原子構造』の新版に私の仕事が好意的に紹介されているのを見た時の誇らしい気持と嬉しさも忘れられない思い出である．一介の駆け出しにとってこれは測り知れない励ましであった．ラザフォードもこういうやり方で若い人々を励ましたが，彼の場合は自分の領分を英帝国の範囲内に限る気味があった．もちろんこれだけでも決して狭い領分とは言えないが．

世界の物理学者の総数はまだあまり多いものではなく，現在の10分の1くらいであった．アメリカが頭角を現わし始めたところであったが，それは特に実験の方面で目立っている．前にもお話ししたように，R. A. ミリカンとA. H. コンプトンはいずれも本質的に重要な意味を持つ実験をやり遂げた．すなわち，ミリカンは電子の電荷とプランク定数の測定をしたし，またコンプトンは光量子の存在と，その自由電子との弾性衝突をもののみごとに確認したのである．しかし理論物理学者はアメリカにはごく少数しかいなかった．この人たちはゲッチンゲン，コペンハーゲン，また特に言葉の不自由のないケンブリッジに勉強に出かけた．その中にはJ. R. オッペンハイマー，J. C. スレイター，E. U. コンドン等がいて，この人たちが後にアメリカに新しい理論を移植したのである．また日本から勉強に来ていた人も何人かいたが，中でも重要な人物は仁科芳雄である．この人はその後母国で最大の影響をもたらす存在となった．ソ連からはA. ヨッフェ，J. フレンケル，D. ランダウが来たが，この三人はいずれもその後自国の科学において指導的な役割を果たすことになる．

物理学者たちは，今なら電話を使うところだが，その代りにせっせと手紙をだし合っていた．こういう手紙はいくつか本になって出ているものもあるが，たとえばアメリカン・インスティチュート・オブ・フィジックス（アメリカ物理学協会）やボーア研究所などいろいろな所に保存されているものは，それをはるかに上まわる数にのぼる．ボルンとアインシュタインの間に交わされた手紙や，アインシュタインとゾンマーフェルトの間の手紙は本になっているが，いずれも当時のいろいろな出来事を生き生きと伝えるものである．

ボーアの初期のモデルは暫定的に量子論を取り入れたもので，やがてこれは乗り越えられていくのであるが，その後にもボーアの研究活動は長く続いた．彼は量子力学の発展に重要な役割を果たしたが，それは自分の研究を通じてだけではなく，その研究所に進取の精神や，物事を徹底的に究明する研究態度を育てたこと，また，あらゆる国々からやって来た数多くのきわめて創造力に富む若い理論家たちを親身に迎え入れたことが大きい（図7.16）．そのうえ，ボーアはよく他の中心地にも出かけて行ったが，彼の訪問はそこの科学者たちに

**図 7.16** アピアン街道を歩きながら議論をしているエンリコ・フェルミ（左）とニールス・ボーア．1931 年．(S. ハウシュミット撮影)

とって大いに刺激となり，新しい考えをひろめるうえで大事な力になったのである．この一例は 1923 年の第一回目のアメリカ旅行で，これはこの新世界に量子論の代表人物の生きた姿を見せてくれたのだった．

ナチズムの勃興に際しては，この新しい形の暴力主義のために追い出された科学者たちを救おうとする人々のうち，ボーアは最も熱心，かつ実効を挙げた一人であった．例のコペンハーゲン会議は，この時「追放科学者」たちに，たとえ臨時のものであってもとにかく何か職を探すための機会としても役立った．「追放科学者」というのは，平たく言えば，主としてヒトラーのために（と言っても彼一人が元凶ではないが）職を奪われた人たちのことである．ボーアは国際的に広い交際があり，大いにこの仕事に打ち込んだ．そして彼の働きはたびたび功を奏して，犠牲者と新しい雇い主の両方にとってお互いに役立つ結果ともなったのである．前に触れたように，ラザフォードも同じ趣旨をもつイギリスの協会の会長を務めていたが，ここでラザフォードとボーアの間に親交があったことがこの仕事の助けにもなった．

後にボーアは原子核理論でも独創的で実りのある考えを出しているが，これは重要さの点では物理学に大変革をもたらした初期の若々しい論文に匹敵するものとは言えない．しかしそれにしても，原子核の研究において彼が働かせた直観は，たとえば複合核モデル[7]のように，簡単でありながら豊かな内容を持つモデルを生み出し，またそれを原子核分裂に応用するところにまで導いていったのである．彼が示した観点は，彼の息子であるオーゲ・ボーアをも含めて次の世代の核物理学者にも影響を与えた．オーゲは現在ニールス・ボーア研究所（かつてのボーア研究所）の所長の役を立派に務めながら，さまざまな点でここの伝統を守っている人である．

第二次大戦の最中にボーアは劇的な冒険をした．友達から，デンマークのナチ占領軍が逮捕しにきそうだという報せを受けて，彼は夜中に無蓋の釣船に乗ってこの国を抜け出し，スウェーデンに上陸した．それから間もなく，小さな軍用機でイギリスに渡ったのだが，この時，飛行機は非常に高度を上げて飛んだ．その途中，酸素マスクの調整が悪かったために彼は意識を失い，一時乗組員は彼が死んでしまったのではないかと心配したものである．そしてイギリスからアメリカに渡り，ある日，原子爆弾の研究にあたっていたロスアラモスの研究所にその姿を現わして私たちをあっと驚かせたのだった．そこにいたヨーロッパ人の何人かが，極秘に，ベイカー氏という人に会うために J. R. オッペンハイマー（研究所長）の家に招かれた．会ってみたらボーア（とその息子のオーゲ）だったのである．ボーアは偽名で旅をしていたのだった．ここで私たちは暗澹とした気分で占領下のヨーロッパについての生々しい情報を聞いた．ナチス占領軍のいろいろな行為について，こういう生々しい，しかも信頼できる証言に出会ったのはこれが初めてであった．

ボーアは原子兵器の行末について深く心配していて，早いうちにソヴィエトにこの原子計画を明かすようにルーズヴェルト大統領とチャーチルに対して働きかけてみようとした．こういう姿勢がソ連との間にある種の合意を成立させやすくするのではないかという望みを持っていた．彼はおぼろげながらこの先に軍拡競争その他の危険が起こる可能性を見通していて，それを少しでも減らしたいと願っていた．またそれと同時に，核エネルギーが人類の役に立つ方向に振り向けられることを望んでいたのである．彼の試みは成功しなかった．この問題についての彼の考えは，その後，1950年の国際連合宛ての公開書簡に表明されることになる．

晩年に及んで，ボーアの関心は物理学を越えて拡がっていった．彼はコペンハーゲンのみごとな邸宅に妻とともに暮していたが，ここで見られる温かい気遣いや優雅な雰囲気，また人との交わり方などには，ルネサンス時代のプリンスの宮廷を思わせるものがあった．

ボーアは1962年11月18日に急逝した．時に78歳であった．

# 第8章
# ついに本当の量子力学が現われる

前の章では原子モデルが獲得した数々の勝利と，またそれがたどった苦難の道についてお話ししてきた．そこに用いられた方法は，原子の神秘の一部を解明するのに大きな成功を収めたのではあるが，本質的な弱点をもっていた．おそらくボーアは，このことを誰よりもよく自覚していたのである．「おそらく」と言ったのは，実はアインシュタインもやはりこの問題について独自の深い考えを抱いていて，解決の糸口を見出せないままに，20年間というものじっと思いをめぐらせていたからである．1920年代の初期には，もうこれまでの方法はその限界にきていた．そして物理学に課せられたもっと筋の通った量子力学を求めるという問題を解決するには，新しい世代と新しい力が必要になっていた．これは今世紀最大の挑戦であり，その解決のためには新しい考え方を要したのである．ところがここで，いささか奇妙な事態が見られることになる．ほんのわずかな年月の間に，この謎は三つの方面から追究され，当初は一つではなく三つの形の，それぞれに筋の通った量子力学があるかのように見えたのである．しばらくして，この三つは同じ理論を違うやり方で数学的に定式化したもので，実のところみな同等なのだということがわかってきた．

ところで，一たび数学的な問題が解決されると，今度は新たに認識論に関わる問題がもち上がった．というのは数式に説明を与えるには，因果性と決定論という物理学における基本的な概念を広い見地から根本的に修正することが必要になったからである．またそれは新しい哲学的な分析を要求したが，その革命的な性格は1905年にアインシュタインが行なった空間と時間についての分析に比べても少しもひけを取らないものであった．

## ルイ・ド・ブローイ——物質の波

革命への第一歩を踏み出したのは，フランスの貴族ルイ・ド・ブローイ公爵(Louis de Broglie, 1892-　　)であったが，実は彼は当時物理学者の間ではほとんど知られていなかった（図8.1）．ド・ブローイ家は，もともとはイタリアのピエモント地方チエリの出であるが，18世紀以来フランスの歴史に赫々たる名を誇る存在となって，何人か軍の高官，大使，大臣等を送り出しており，またルイ公の兄，モーリス・ド・ブローイ公にしてもこれらに比べて遜色のない人物であった．モーリスはすぐれた物理学者で，X線についての初期の古典的な研究を公けにしている．この研究はパリのビロン街にある豪壮な邸宅で行なわれたもので，この邸宅の一部を彼は研究室に当てていた．こう言うと，彼の友人のレイリー卿を思い出す．この人も自分の田舎の領地ターリング・プレイスを研究室として使っていたのであった．

この兄弟の両親は，ルイがまだ年端も行かないうちに亡くなって17歳年上のモーリスが父親代りに弟の面倒を見た．初めルイは歴史の方面に関心があり，この分野で熱心に研鑽を積んだ．しかし彼はだんだん古文書の研究には興味を失った．1911年，第一回ソルヴェイ会議の世話役をしていた兄から，光の本性や輻射や量子の話などを聞かされてルイの科学に対する関心が目覚めた．第一次大戦中にはフランス軍の無線関係の任務にあたった．戦争が終ると，彼は物理学の勉強を始めて，理論の方に傾いていった．

こうしてド・ブローイは光の二重性にからむジレンマについて深く考えるようになった．干渉や回折の実験によれば光は電磁波でできていることになるが，アインシュタインの仮説によるなら，物質とエネルギーを交換する場合，常に粒子のような性質を持つことになる．どちらの考え方も膨大な数の実験的な証拠があるが，古い時代に行なわれた実験結果は光が波動であることを示しているし，新しい実験結果は量子を示す，というありさまであった．最も新しいデータの一部は彼の兄の研究室から出たもので，その実験はルイも手伝っている．お互いにこれほど相容れないように見える二つの面をどうやって両立させたら良いのだろう．118ページで述べたように，アインシュタインもずっと以前から，これが物理学が直面している大問題の一つだと指摘していた．

**図8.1**　ルイ・ド・ブローイ．電子の波動性についての仮説と，有名な $\lambda=h/p$ の式を提唱して波動力学への道を拓いた．

ルイ・ド・ブローイは1921年の第三回ソルヴェイ会議に参加したいと思って働きかけもしたのだが，招待にありつけなかった．断わられて発奮した彼は，次の機会には自分の発見によって参加者としての招待を受けてみせようと誓ったのである．これはまさしく1927年の第五回目の会議で実現した．

ド・ブローイがその革命的な考察に手をつけたのは次のような逆説を考えるところからであった．

一方では，光の量子論は充分満足なものとは考えられないということがあります．それは光の粒子のエネルギーを $W=h\nu$ という式で定義していますが，ここに振動数 $\nu$ が含まれているからです．純粋な粒子説なら振動数というものを定義できるようなものは何も含んでいないはずです．したがって，この点だけから見ても，光の場合に粒子の考えと周期性の考えを同時に持ち込まざるをえなくなります．また他方では，原子の中の電子の安定な運動を決定する時には整数が入り込んできます．ところが，これまでのところ，物理学において整数を含む現象は干渉の場合と規準振動の場合だけしかありません．この事実から私は，電子のほうもただの粒子と考えるべきではなく，それには周期性が付随しているはずだという考えを抱きました．〔1929年，ノーベル賞講演〕

次いで彼は相対論を使ってその議論を明確なものにしてゆき，粒子の運動量 $p=mv$ と，それに付随する波の波長 $\lambda$ とを結びつける基本的な関係

$$\lambda=\frac{h}{p}$$

に到達した．

さらにド・ブローイは，光学には二つの面があることに注目した．一つは幾何光学で，これは古典的な質点の力学と形式上，よく似たところがある．またもう一つは波動光学で，こっちは光波の波動としての性質を強調するものである．ところが幾何光学は波動光学から一つの近似として導くことができる．幾何光学はよく器械製作者が「光線」の進み方を考える時に使うのだが，これはそこで問題になる長さが光の波長に比べて長い時に妥当になる．普通レンズの働きを考える時には光線という言葉を使い，波面に垂直な線などとは言わないのである．

ところで光線と粒子の軌道の間には数学的に密接な類似性がある．このことはもう100年以上も前からよく知られていた．1835年頃にアイルランドの数学者ウィリアム・R. ハミルトンは，力の場の中での質点の運動方程式を，途中で屈折率が変化する媒質の中での光線の方程式とたいへんよく似た形に書き下した．実際そこでは，使われる記号の意味こそ違うが，形は同じ方程式になってしまう．したがってポテンシャルの変動が質点の軌道を曲げるのとちょうど同じような具合に，屈折率の変動が光線を曲げることになる．

それでは，波動光学対幾何光学の関係と同様な関係を普通の力学に対してもっているある力学が考えられそうだが，それはどうやって組み立てられるのだろうか．これが，ド・ブローイが立ち向かった問題であった．そしてこの観点からも，彼は再び前に挙げた関係 $\lambda=h/mv$ が出てくることを見出した．彼はまた，もう一つ重要な結果に到達している．それは，一つの軌道に沿って定常波の系列を作ろうとするなら，その軌道の長さは波長を整数個含むものでなければならない，という考えに基づく．ここに整数が現われてくる．また，これから量子条件も出てきて，それはある場合にはボーア－ゾンマーフェルトの量子条件と同じ結果を与える．波長と運動量との間の先の関係は一般的に正しく成り立つものである．だが量子化を行なうやり方のほうは特殊な場合にしか正

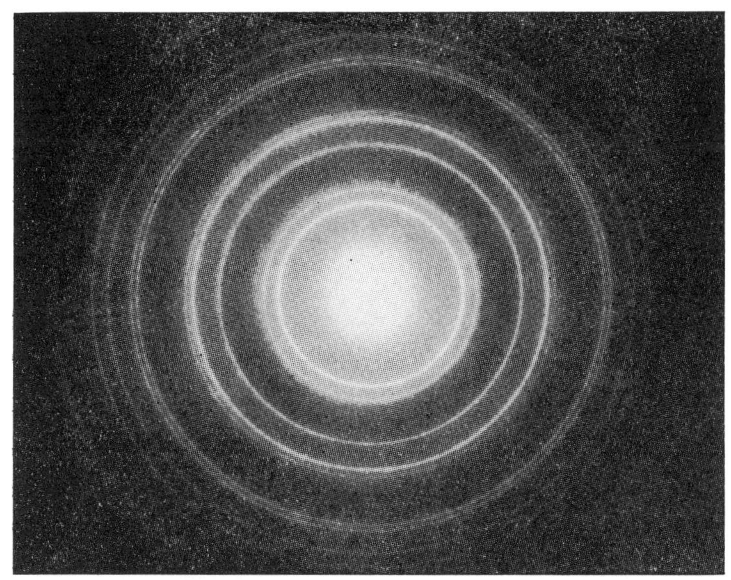

**図 8.2**　100 keV の電子で得られた電子線回折．ド・ブローイの式から計算された，この電子の波長は，約 $3.7\times10^{-10}$ cm.（A. チェインバース撮影）

しくないのでもっと改良する必要がある．

電子の波が起こす干渉現象（図 8.2）は，最初，1921 年から 1923 年の間にニューヨークのベル研究所で C. J. ダヴィッソンと C. H. クンスマンが観測していたのであるが，この時はそれと気づかなかった．この頃，駆け出しの物理学者だったワルター・エルザッサーは，1925 年，ド・ブローイの論文を読んでこの実験を電子線回折として説明した．その結果を彼がアインシュタインに話すと，アインシュタインは「君，君は金鉱を探し当てたのです」と答えたという［W. Elsasser, *Memoirs of a Physicist*, p. 66 (New York : Science History Publications, 1978］.

だがはっきりした実験的証明が得られたのはようやく 1927 年になってからのことで，これはベル研究所のダヴィッソンと L. H. ガーマーの両人，またそれと独立に G. P. トムソンによってなされた．このトムソンは例のラザフォードの手紙に出てきた J. J. トムソンの息子である（66 ページ参照）．したがってこの親子はともに電子に関係した発見で有名になったわけである．すなわち父のほうはその粒子的な側面を，また息子のほうは波動的な側面を担ったのである．父子の間に交された活潑な，また興味深い議論の様子は息子が書いた J. J. の伝記に記されている．

ド・ブローイの発見のうち第二の部分——量子化の方法——は素朴なものであったが，それはエルヴィン・シュレーディンガーが本当の電子の波動方程式を発見するきっかけになった．

ド・ブローイ公爵は 1923 年から 1924 年にかけてパリの科学アカデミーの『コント・ランジュ』にいくつかの小論文を発表して，自分の考えを展開した．次いでこれらをもっと完全な論文にまとめ上げて博士論文とした．ソルボンヌの教授団はこの論文をどう評価してよいかがわからないでとまどった．この人たちの判定意見の中にこんなくだりがある．「われわれは，物理学者を悩ませている難問を克服するために誰かが一度はやってみる必要があった努力を，すぐれた能力をもってやり遂げた点において著者を賞讃する．」マリー・キュリーの友達で，またアインシュタインの友達でもあった P. ランジュヴァンはド・ブローイの論文から強い印象を受けて，その写しをアインシュタインに送った．その返事はきわめて肯定的なものであった．アインシュタインによれば，この論文には非常に重大な発見が含まれているのであった．

さて，ここでしばらくド・ブローイの話を中断しなければならない．彼が進めた方向に何が起こったか，は後に見ることになるだろう．だがその前に，ド・ブローイより 10 歳ほど年下のもう一人の物理学者，ウェルナー・ハイゼンベルクの話に移ることにしよう．

### ウェルナー・ハイゼンベルクとウォルフガング・パウリ<br>——魔法の行列

ウェルナー・ハイゼンベルク (Werner Heisenberg, 1901–1976) は 1901 年 12 月 5 日にヴュルツブルクで生まれた（図 8.3）．父はミュンヘン大学のギリシャ語教授である．彼はミュンヘンで学び，大学ではアーノルド・ゾンマーフェルトの指導を受けて流体力学に関する博士論文を書いた．しかしすでに学位を取る前から原子物理学の研究に向かっていて，スペクトルの中に経験的な規則性を見つけ出そうという試みに手をつけていた．この研究のおかげで，彼は数

**図 8.3**　ウェルナー・ハイゼンベルク（Werner Heisenberg, 1901-1976）. 1924年頃．行列力学の発見と，座標 $q$ と，それに共役な運動量 $p$ との間の関係 $pq-qp=h/2\pi i$ の発見とが，初めて完全な形の量子力学の姿を明らかにした．（ハンブルク大学）

値的データの扱い方を身につけた．ミュンヘンでのハイゼンベルクの気晴らしはスポーツで，中でもスキーと登山が主であったが，これは彼にとって自然に親しむ機会となった．いろいろな点で彼は多感なドイツの愛国者で，ボーイ・スカウト精神と，例のドイツの「ワンダーフォーゲル」の気風をうかがわせる心情の持主であった．ハイゼンベルクは自伝を書いているが，その中で彼は，自分の生涯における数々の大事な一こま一こまを成熟した年齢から振り返って描き出している．そこでは彼の自然への愛情と山の経験の思い出がさまざまにこだまし合っているのが見られる．

ハイゼンベルクは量子力学を創立したばかりでなく，長年にわたって物理学のいろいろな分野に新しいすぐれた考えを次々に提出した．まだ30歳にも満たないうちにライプツィッヒの理論物理学教授に任命され，ここに物理学の一学派を形成している．彼よりほんの2, 3歳年下の，最優秀クラスの理論家たちの中には，この学派で勉強して一人前になった人も何人かいた．

ナチスが権力の座に就いた時にも，ハイゼンベルクは特に身の危険もなかったので，ドイツに留まる決心をした．彼は，この国自体には深い忠誠心を抱いていたのである．ドイツの科学を救うためにできる限りのことをしたいという望みもこの動機の一つであった．だが彼は事態をあまりに楽観的に考えすぎていたので，あとで厄介な争いの渦中に置かれることになった．戦時中はドイツの原爆計画の指導者の一人であったが，この計画は大して成功しなかった．戦後には，ドイツ科学の再建に役立とうと熱心に力を尽くした．彼はミュンヘンに移って大きな物理学研究所の所長になったのだが，往々にして他の大物理学者の例にも見られるように，すでに物理学は彼にはなじめない方向に向って発展していたのである．彼は1976年に亡くなった．

まだミュンヘンで学生だった頃に，ハイゼンベルクはウォルフガング・パウリと出合って親しい友達になった．このパウリのことはもう前にもお話ししてある．パウリはハイゼンベルクと同い年であった．彼は21歳にして『数理科学全書』(V 19巻) に相対論についての講義を書いて有名になった．初め彼はその仕事でゾンマーフェルトの手伝いをすることになっていたが，この巨匠はほどなくパウリの学識の高さを見抜いて彼に仕事を任せた．アインシュタインはこの労作から深い感銘を受けたが，さらにその著者の年齢を聞くに及んで一驚を喫した．この論著は英語にも翻訳されていて1958年に再版が出ているが，今でも相対論の最良の教科書の一つである．

パウリは肥満体のスポーツ嫌いで，いろいろな面でハイゼンベルクとはほとんど正反対の人物であった．辛辣な批評癖があり，たいへんな教養を身につけていた．パウリは，新しい物理学を発見した人たち，もしくは発見したと思い込んだ人たちが出した考え方や成果を検討するうえで，賢者，または判事の役割を果たしたのであった．とは言っても，全く誤りのない賢者というわけではなかった．その一例はウーレンベックとハウシュミットによる電子スピンの発見の場合についてすでに見たとおりである．1932年，ボーアの周りに集まった若手の物理学者たちが，ゲーテのファウストをもじって当代の理論物理学のありさまを諷刺した寸劇をやったことがある．ここでパウリになぞらえられたのは「何事も否定する精神」メフィストフェレスの役であった．

パウリはゲッチンゲンでしばらく過ごし，また1923年にはコペンハーゲンに滞在した後，ハンブルクに地位を得た．ここで彼はオットー・シュテルンと終生変わらぬ友誼を結んでいる．その後パウリはチューリッヒでシュレーディンガーの後を継いだ．そして戦争中プリンストンの高等研究所で過ごした年月を除けば，1958年，あまりに早く訪れた死に至るまで，このチューリッヒを離れなかった．彼は今世紀の主要な物理学者の一人である．彼の手になる数々の発見の中には，排他原理，核スピンの仮説，ニュートリノ仮説，粒子のスピンと統計との関係の解明，などがある．科学書の著者としては，先に触れた相対論についての講義に加えて量子力学の最良の解説書の一つを著わしている．

パウリにはいろいろと変わった流儀があった．たとえば，ある国際会議で私が陽子－陽子散乱の研究についての講演をした後，パウリは私ともう一人の物理学者と一緒に会場を出た．パウリは私の方に向いてこう言った．「あんなまずい話は聞いたことがない．」それからちょっと考えて今度はもう一人の連れの方に向き直って付け加えた．「もっとも君がチューリッヒでした就任講演を別にしてだが．」パウリのことはよく知っていたので私はこの感想にはあまりこだわらなかった．私の講演の間じゅう，彼が身体を揺すっていたのはそれに耳を傾けていた証拠であり，そしてこのことのほうが彼の口を突いて出る感想よりももっと大きな意味をもっていることは，彼と親しい人なら誰でも知っていた．誰かが新しい考えや理論をパウリに話すと，彼はほとんど自動的に「くだらない」と答える．しかしもし，その人が自分の考えを頑張って主張して，その正しいことを彼に納得させられるようになると，今度は力になってくれて新しい観点を示してくれたりするのである．彼には，彼をどう扱ったらよいか，よく心得た友達が大勢いた．この人々がそろって彼を高く評価していたことが，最初のぶっきらぼうな態度から受ける印象の埋め合わせになったのである．

パウリとハイゼンベルクは直接話し合えない時にはよく手紙を出し合った．この二人の手紙は量子力学が発展していくありさまを劇的に伝えるものとなっている．パウリはこの友人に対して熱狂的な信者の位置から辛辣な批判者の位置にわたるさまざまな身振りを示している．またパウリは心理学にも絶えず関心を持ち続けていて，カール・ギュスタフ・ユングと文通もしており，心理学の問題で論文まで書いている．彼のこういう面は当人にはきわめて大事なものだったようだが，いわば個人的な趣味の領分にとどまった．

さて，ハイゼンベルクは1922年，まだゾンマーフェルトの学生だった時に，この良師に随いてゲッチンゲンに出かけて，いくつかボーアの講演を聴いた．ある日のこと，講演の後でハイゼンベルクはボーアと長い間議論をした．この時の議論は延々と続いて，ゲッチンゲンの近郊に出かけた遠足の間にもまだ終らなかった．ボーアはこの若い学生に心を動かされてコペンハーゲンに招待した．ハイゼンベルクはミュンヘンで博士の学位を取るとボルンのもとでさらに研究を続けるためにただちにゲッチンゲンに赴いた．こうして1924年の秋までゲッチンゲンに腰を据えていたが，その間，同年の復活祭にはコペンハーゲンを訪ねている．

1924年のこと，ボーアとクラマースが試みた光の分散理論の研究を検討しているうちに，ハイゼンベルクは量子論で使われる直観的な概念のいくつかに疑問をもつようになった．たとえば原子内の電子について，文字どおりの意味で軌道というものを考える点などである．パウリもハイゼンベルクとの文通の中で，やはり同じような疑念を表明している．そこでハイゼンベルクは，具体的ではあるが観測にはかからない軌道というものを取り込まずに，たとえば量子的な飛び移りに対する遷移確率のような観測にかかるものだけを使う理論を打ち建てようとして精魂を傾けた．これはあれこれのモデルに基づく見せかけの概念を使わないやり方であり，ここからもっと真相に迫れるのではないかという望みを持っていたのである．こういう理論を定式化するには，二つの数で指定される量を使うことが必要になった．この二つの数は考える系の始めの状態と，飛び移った後の状態に対応するものである．また，今言った量は，軌道を考えるモデルで周期的な運動を表わす座標のフーリエ級数展開と関係づけられる．当のハイゼンベルクも驚いたことには，このやり方からは一種の可換でない代数が生まれてきた．すなわち二つの量の積は掛ける順序によって違うものになるのである．ハイゼンベルクは1925年の5月に一つの論文を書いて，そこでこれらの考えを展開した．これは北海のヘルゴランド島に滞在中のことで，ハイゼンベルクは厄介なアレルギーを起こす花粉から逃げ出すために，よくここに出かけたのである．

この時ハイゼンベルクは行列という数学を知らなかったのだが，マックス・ボルン (Max Born, 1882–1970, 図8.4) にこの非可換な量のことを話すと，ボルンはすぐにそれは行列代数と関係づけられることを悟った．行列については

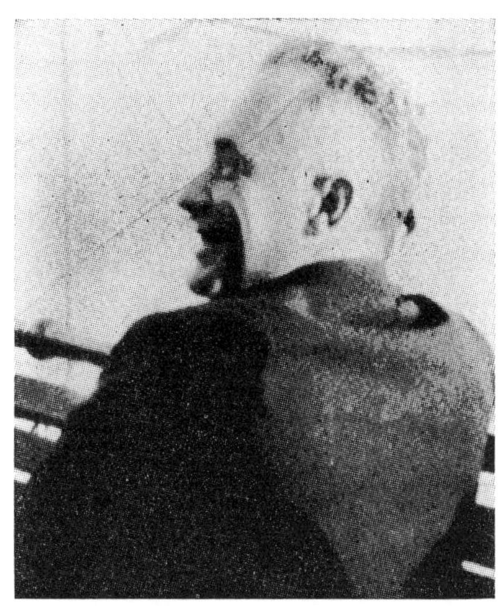

図8.4　マックス・ボルン (Max Born, 1882-1970). 1927年, コモ湖にて. ヴォルタ記念学会の際の遠足の折. この時, 彼は波動力学の確率的解釈を提唱した. (F. ラゼッティの好意による)

ボルンは学生の頃からよく知っていた. ハイゼンベルク, ボルン, そしてパスカル・ヨルダン, この人も数学の才能に恵まれたボルンの学生であったが, この三人が力を合わせて, 間もなく正しい結果を与える首尾一貫した量子力学の体系を作り上げた. この方法は力学量を表わすのに行列を使い, 対応原理を前よりもすっきりした形でいっそう深く解釈することに基礎を置いている. またこれはハミルトンの古典解析力学とも結びついている. といっても, ここでは座標 $q$ と, それに共役な運動量 $p$ は普通の数ではなく行列——すなわち複素数を正方形型に並べたもの——なのである. この正方形の中のそれぞれの数の位置は二つの指標で表わされる. 第一の指標はその数が置かれている行に, 第二の指標は列に対応している. 今, これを物理に応用する際には, この指標は系の始状態と終状態に対応することになる. 行列のような数学の対象は, 普通の数について行なわれているのと同様の簡単な規則に従って足したり引いたりできるが, 掛け算は変わったものになる. 行列 $p$ に行列 $q$ を掛けたものは, $q$ に $p$ を掛けたものと同じ結果にはならない. その代りこの二つの行列は奇妙な交換関係

$$pq-qp=\frac{h}{2\pi i}$$

に従うのである．もっと詳しく言うと，行列要素を $p_{mr}$，$q_{mr}$ とすれば，この方程式は次のように書かれる．

$$\sum_{r}(p_{mr}q_{rn}-q_{mr}p_{rn})=\frac{h}{2\pi i}\delta(m,n)$$

ここで $\delta$ $(m,n)$ はクロネッカーの記号で，$n=m$ なら 1 に等しく，それ以外の場合は 0 に等しい．古典物理学では一次元の運動をする質点に対して $q$ は座標 $x$ であり，$p$ は運動量 $m\dot{x}=mv$ である．そしてこの場合には $p$ と $q$ は普通の数であるからもちろん $pq-qp=0$ である．しかし量子力学では $p$ と $q$ はもっと複雑な表わし方をされるもの――行列――であって，上のような交換式に従う．

ところで，「行列力学 (Matrizenmechanik)」あるいは「量子力学 (Quantenmechanik)」と呼ばれるこの新しい力学は，とうてい明快なものとは言えず，計算はとても難しいものになった．ハイゼンベルクたちは一般論の研究を完成したばかりでなく，具体例として調和振動子や非調和振動子，またその他にもいくつか簡単な問題にそれを応用してみた．またパウリは，非常な努力の末，それを水素原子に適用することに成功した．こうして，ボーアが 1912 年に互いに矛盾を含んだいくつかの仮定を用いて導き出した結果に，この新しい方法で到達したのである．

「量子力学」は，人の心を強く惹く本質的に新しい考え方を含んでいた．それは新しい展望を拓くものに思われた．特に軌道という概念を棄て去って，観測できる量だけを使ってやっていける可能性をこの理論が与えたからである．しかし，そこに含まれている物理的な概念はどうもあまりはっきりしなかったし，また少なくともはじめのうちは，それで新しい具体的な問題が解かれたわけでもなかった．したがって，結局それに引きつけられていたのは，比較的少数の創始者たちから成るグループに限られていたのである．

## ポール・アドリアン・モーリス・ディラック
## ――抽象性と数学的な美しさ

ゲッチンゲンやコペンハーゲンでこういうことが起こっている間に，ケンブリッジでも人をあっと驚かせるようなことが準備されつつあった．また新たな，一見別の量子力学が展開しつつあったのである．それを発見したのはこれまた若い人で，世の物理学者たちにほとんど知られていない人物，ポール・A. M. ディラック（Paul A. M. Dirac, 1902-　　，図8.5）である．1902年8月8日，イギリスのブリストルでスイス人の父とイギリス人の母の間に生まれたディラックは，ハイゼンベルクやパウリやフェルミと同じ世代であった．初めディラックはブリストルで電気工学を勉強していたが，まだそこにいる間に純粋数学に鞍替えして，その後ケンブリッジのセント・ジョーン・カレッジで引き続き数学を勉強した．ここで彼は（1851年の博覧会の収益金で設けられた）上級研究奨学生になっている．ケンブリッジでボーアの原子理論を勉強して，これを主題にした論文もいくつか書いた．1925年，ハイゼンベルクがケンブリッジへの訪問から帰った後，ディラックは「行列力学」についてのハイゼンベルクの第一論文の校正刷を受け取ったが，これがディラックにとって最初の量子力学への手引きとなった．10日ほどかかってこの校正刷りを勉強すると，彼は非可換性こそが本質的な新しい考えであるという結論に達した．ここにディラック自身の言を引用してみよう．

しばらくの間私は，このきわめて一般的な関係を，なんとかしてよく知られている力学の法則と関係づけられないものかと頭をひねっていました．この頃，日曜日には一人で長い散歩をしながらこういう問題を考える習慣でしたが，ふとこんな考えが浮かんだのも，やはりこの散歩の時でした．それは，A掛けるB引くB掛けるAという交換子はポアソン括弧式，古典力学で方程式をハミルトン形式に書き下す時に出てくるあのポアソン括弧式にたいへんよく似ているということです．ふとしたこの思いつきに私はすぐさま飛びつきましたが，しかしポアソン括弧式とは何だったか私にはあまりよくわかってはいなかったので立往生してしまいました．確か程度の高い力学の教科書で読んだことはあったのですが，そこにはあまり役に立つことは書いてなかったので，読んだ後では頭に残らず，どういうことだったかよく憶えていなかったのです．ポアソン括弧式は本当に交換子と対応がつけられるものかどうかを調べなければ

**図 8.5** ポール・A. M. ディラック (Paul A. M. Dirac, 1902- ). 1934 年のもの. ディラックは量子力学の一般的な定式化を行なった. また, 彼の電子についての相対論的な方程式からの帰結は深い意味をもち, 揺るぎのない位置を保っている. (Ramsey & Muspratt 撮影)

ならなくなったので, そのポアソン括弧式のはっきりした定義を知ることが必要でした.

そこで私は急いで家に帰って, 自分の持っている本や論文をくまなく探しましたが, どこにもポアソン括弧式のことは見当りませんでした. 私が持っていた本はどれも初級向けすぎたのです. その日は日曜だったので, 図書館にも行けませんでした. 結局, その日は一晩中もどかしがりながらじっと我慢して待つ他なく, 次の日の朝早く, 図書館が開く時間に出かけていって, いったいポアソン括弧式とは何か, 調べてみました. するとやはり思ったとおり, ポアソン括弧式と交換子との間に関係をつけることができるのでした. これが, 皆が慣れている普通の古典力学と, ハイゼンベルクが導き入れた交換しない量を含む新しい力学との間に, 非常に密接な関係を与えるものだったのです.

このはじめのアイディアを得たあとは, 研究は全く順調に進みました. かなり長い間, 本当に難しいことは何もなかったと言ってもよいくらいです. そして新しい力学の方程式を取扱うことができるようになりました. それにはただ, ハミルトン形式で書いた古典的な方程式を, あるやり方で拡張すればよいのです. 私はこの仕事を引き続き発展させていきました．一方，ハイゼンベルクと彼の協力者たちは，ゲッチンゲンでそれとは別に行列力学の観点を発展させていました．私たちはいくらか文通もしましたが，本質的にはそれぞれ独立に研究をしていたのです．[*Proceedings of the International School of Physics,* "Enrico Fermi," vol. 57, p. 134]

ディラック型の量子力学ではある種の数が本質的な役割を果たす．ディラックはこれを普通の数，すなわち $c$ 数と区別するために，$q$ 数と呼んだ．$q$ 数は非可換性の代数を構成する量で，ハイゼンベルクの行列や，後に述べるシュレーディンガーの演算子とはっきりした関係がつけられる．$q$ という文字は quantum（量子）という言葉から，そして $c$ という文字は classical（古典的）という言葉から取ったものである．

こうして早くも1925年のうちに，ディラックは，いろいろな点でこの時期の他のものをしのぐ一般性をもつ量子力学の完結した定式化に成功した．これは，その定式化が公理論的に構成されていることと，広い一般化を許していることに著しい特徴をもっていた．

1932年にディラックは早くもケンブリッジ大学のルーカス数学講座教授になった．これは18世紀にニュートンが就いていた教授職であって，ディラックは引退するまでずっとこの地位に在った．彼はどちらかと言うと口数の少ない性格であったが，研究論文と著書『量子力学の原理』を通して深い影響を与えた．彼が書いたものは簡潔な表現の中に深い意味が含まれているのが特徴で，集中した注意力を読者に要求する．ここで一つ，いかにもこの人らしい話をご紹介しよう．これは多分，本当にあったことだと思われる．ある時，セミナーの終りに，ディラックはいつものように，何か質問はありませんかと聞いた．一人が思い切って，二つの式を指してこう尋ねた．「どうしてAからBに移れるのかよくわかりません．」するとディラックはすましてこう答えたという．「それは陳述というもので質問とは言えません．」

## エルヴィン・シュレーディンガー

ゲッチンゲン，コペンハーゲン，ケンブリッジの物理学者たちは知らなかったが，チューリッヒでエルヴィン・シュレーディンガー（Erwin Schrödinger, 1887–1961）という物理学者が，また一つ，ちがった形の量子力学を発見しつ

図 8.6　エルヴィン・シュレーディンガー (Erwin Schrödinger, 1887–1961). 波動型の量子力学を定式化した．彼が見つけ出した方程式は，現在，彼の名を冠して呼ばれている．これは，きわめて用途の広い，実り豊かな手段となって，数多くの現象を説明している．(W. L. スコットの好意による)

つあった．ウィーン生まれのシュレーディンガー（図 8.6）は，この頃すでにそのすぐれた業績をもって名を知られていた物理学者であった．彼は芸術的な資質も備えており，わかりやすく明快な文章を書いた．オーストリア人であった父親は教養のある紳士で化学や植物学をはじめ，科学のいろいろな分野にも造詣の深い人であった．母親はイギリス人である．エルヴィンが教育を受けたのはウィーンであるが，ここはボルツマンの思い出とその精神が依然として生きていた．シュレーディンガーの指導教授，フリッツ・ハーゼンエールもボルツマンの弟子で，たいへん前途有望な物理学者であったが，不幸にして第一次大戦中に戦死した．この戦争ではシュレーディンガーもオーストリア軍に加わって戦った．その後彼はいくつかの大学を経てチューリッヒ大学に落ち着いた．そしてここでその不滅の業績をやり遂げたのである．ド・ブローイの考えに心を動かされ，またそれについてのデバイとアインシュタインの積極的な評価からも刺激を受けて，彼はそれを本物の波動論に発展させたのであった．最初はすべてを相対論的に扱ってみたが，その結果は実験事実と一致しないものとなった．そのため彼は意気消沈して，一時はこの仕事を投げ出してしまった．

何ヵ月かしてシュレーディンガーはもう一度この問題に立ち返って，今度は非相対論的な近似を使ってみた．そうすると，実験データと一致する結果が得られたのである．以前の相対論的な理論が実験と一致しなかったのは，実は電子のスピンを考えに入れなかったためである．スピンという考えは，当時としては全く新しいもので，理論家たちもまだあまりなじみになってはいなかったのである．

この研究は1926年の1月に発表された［*Annalen der Physik* **79**, 361 (1926)］．この論文の中に彼はあの有名なシュレーディンガー方程式を次のように書いた．

$$\nabla^2\psi(x,y,z)+\frac{8\pi^2 m}{h^2}[E-U(x,y,z)]\psi(x,y,z)=0$$

この形の方程式は，波動を研究していた数理物理学者には前からおなじみのものであった．実際これはすべての波動についての典型的な方程式なのである．音波，電磁波等々，すべての波動は数学的にはシュレーディンガー方程式に非常によく似た方程式によって扱われる．そのうえ，シュレーディンガーの論文が出るすぐ前に，ゲッチンゲン出身の有名な数学者，リヒアルト・クーランとダヴィッド・ヒルベルトが『数理物理学の方法』という名の書物を公刊したが，ここにはシュレーディンガーの論文を理解するのに必要な数学的な下地が全部盛り込まれていたのである．実のところ，シュレーディンガー自身も，自分の方程式を具体的な場合に当てはめた時に出てくる問題の数学的な解を，このクーランとヒルベルトの本の中で見つけたこともあった．

シュレーディンガーの方程式で，$\nabla^2$ はラプラス演算子 $\partial^2/\partial x^2+\partial^2/\partial y^2+\partial^2/$

$\partial z^2$, $E$ はその系のエネルギーであり，$U(x, y, z)$ はその系を特徴づけるポテンシャルである．たとえば水素原子の場合には $U(x, y, z)=Ze^2/r=Ze^2/\sqrt{x^2+y^2+z^2}$ である．$\psi(x, y, z)$ という関数をシュレーディンガーは「場のスカラー (field scalar)」と呼んだ．その説明についてはまた後でお話ししよう．ところでシュレーディンガーの方程式には「許容される解」というものがある．それはある特定の $E$ の値に対する時だけ $\int|\psi(x, y, z)|^2 dx\, dy\, dz$ が有限になるような解のことである．こういう $E$ の値のことを固有値という．そしてこの固有値の集まりがあるスペクトルを形成するわけである．水素原子の場合には，ボーアのエネルギー準位と等しい値を持つ離散的なスペクトルと，正のエネルギーに対応する連続スペクトルが出てくる．こうして量子化ということが自動的に行なわれるのである．エネルギー準位というものは振動する弦の固有振動数，つまりいろいろな弦楽器から出る楽音に似ている．

シュレーディンガーの論文は，何部かに分かれて『アナーレン・デア・フィジーク』に載った．これはプランクやアインシュタインの記念碑的な発見を載せたのと同じ学術誌である．論文の全体の題は「固有値問題としての量子化」である．この論文はたちまち全世界からの注目を集め，賞讃の的になった．シュレーディンガーと，アインシュタイン，プランクその他，錚々たる人々の間に交わされた手紙がその証拠である．プランクは自分のセミナーで話をしてほしいと，シュレーディンガーをベルリンに招いた．すでに高齢に達していたプランクが，決定的な，理にかなった形の量子力学をついに見ることができてどんなに喜んだことか，それは感動的な光景であった．

ところで，それ以前に現われたハイゼンベルクの仕事がわりあい地味な受け取られ方をしたのに対して，シュレーディンガーの成功がこれほど即座に，またひろく認められたのは何ゆえであったか．その一つのたしかな理由は，シュレーディンガーの用いた数学が物理学者にとってなじみ深く，その方法の全体が数学的には波動の古典的な理論と異なるものではなかったことにある．若いフェルミでさえ，ハイゼンベルクの考えをつかむにはたいへんな困難を感じた．一方シュレーディンガーの論文の方は，すぐに自家薬籠中のものとして，それが発表されるとすぐさま，フェルミは友人や弟子たちにこれを説明したものであった．フェルミはハイゼンベルクの数学につまずいたわけではない．それはたやすくマスターしたが，ハイゼンベルクの物理的な考えがつかみにくかったのである．シュレーディンガーの成功のもう一つの理由は，その方法が，ハイゼンベルクの方法よりもはるかに容易に具体的な問題に応用できたので，実験との比較もできたことであった．

しかし，ここに一つ未解決の大きな疑問があった．シュレーディンガーの$\psi$，波のように伝播する不思議な「場のスカラー」とはいったい何なのだろうか．しばらくの間シュレーディンガーらは複素数$\psi$の絶対値の2乗が電荷密度になる，つまり電子そのものが分解して雲のように拡がっているというふうに考えていた．だがこの説明はきわめて疑わしいものであった．というのは，電子はほとんど点であって，空間内の非常に小さな領域に局在している，と信ずるには充分な理由があったからである．図7.5は水素原子に対するボーアの軌道を，また図8.7はシュレーディンガーの電荷雲を示したものであるが，実はどちらも本当に存在するものではない．唯一の揺るぎない概念は数式で表わされた数学的な抽象物である．その式は実験の状況にあてはまるように解釈できるが，そのほかの概念はそうではない．

コペンハーゲンでは，シュレーディンガーの理論は高く評価されたが，その$\psi$についての説明は受け容れられなかった．ボーアはシュレーディンガーを招いてその理論に関連する諸問題を討論したが，この解釈には批判的で，反対する態度を取った．延々と続く議論はたいへん骨が折れて，ついにシュレーディンガーは疲労困憊して加減が悪くなり，ボーアの邸宅で床に就いた．彼はそこに泊っていたのである．ところが招待主はそれでもシュレーディンガーとの議論をやめず，寝室でこれを続けたのであった．ボーアは心の優しい丁寧な人で，自分の客の居心地が良いように心底気を遣う人であったことを思い出していただきたい．だが，こういう物理学の肝心な問題になると自分を抑えられなかったのである．

シュレーディンガーのその後の生涯は，彼が生きた時代を映す鏡とも言えるものである．彼はベルリンでプランクの後を継いだが，1933年にナチズムの到来に嫌気がさしてドイツを去り，オックスフォードに移った．1936年には故国オーストリアのグラーツに帰ったが，これは少々軽率な行ないであった．というのは，ヒトラーがオーストリアをドイツに併合した1938年には，故国

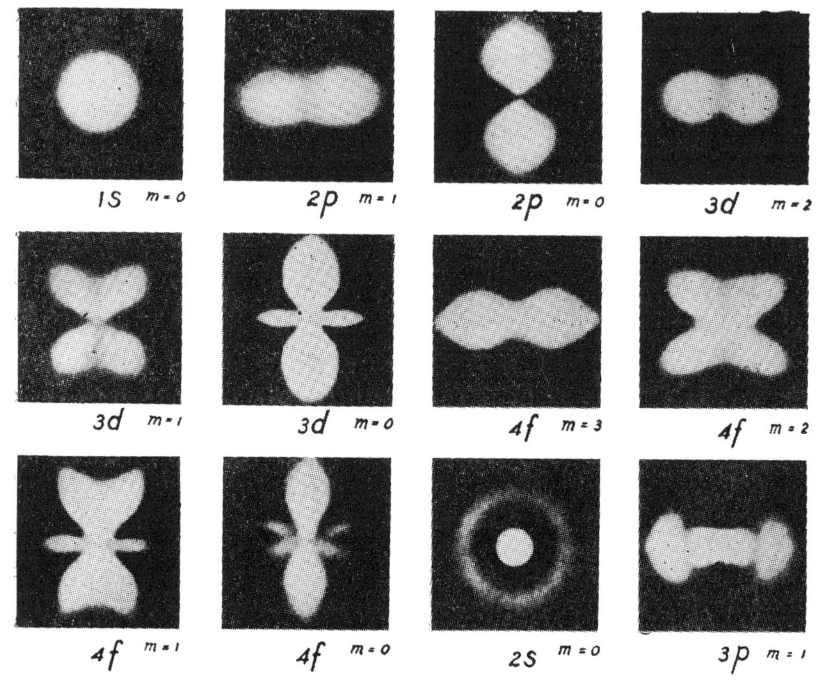


図8.7　水素原子の定常状態に対するシュレーディンガーの電子雲．これは「電子の密度」，すなわち，原子が量子数の特定の値によって指定される状態にある時に，ある点に電子を見出す確率 $|\phi|^2$ を示したもの．図で，最初の数は $n$，すなわち主量子数，$s, p, d, f$ などの文字は，歴史的な由来により，$h/2\pi$ を単位とした角運動量の値を示すのに使われている．$s$ は $l=0$ に，$p$ は $l=1$ に，$d$ は $l=2$ に，$f$ は $l=3$ に対応する．$m$ は原子の配向を与える磁気量子数である．［H. White, *Physical Review* **37**, 1416 (1937) より］

を追われるという結果にしかならなかったからである．彼は持ち出せただけの所有物をリュックサックに詰め込んでローマにやってきた．そしてフェルミを探し出して，ヴァチカンに連れて行ってくれと頼んだ．ヴァチカンでは，ほんの短い間，保護を受けてかくまってもらえただけで，そこからダブリンの高等学術研究所に行き，1955 年までここにとどまっていた．ダブリンでは『生命とは何か』という小さな本を書いているが，これは生物物理学者に相当な影響を与えたものである．その後ウィーンに帰り，ここで 1961 年に亡くなった．

さて，ここで $\phi$ の問題に戻ろう．それは役に立つ代物だが，その本性はとら

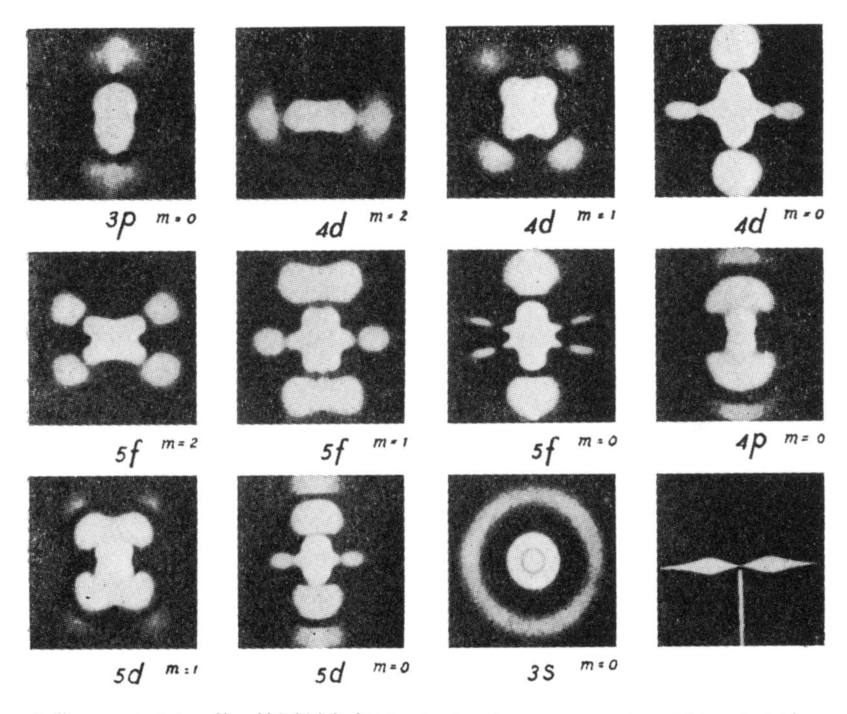


え難い．デバイの若い協同研究者だったワルター・ヒュッケルがものした次の戯れ歌はそれをよく表現している．

> エルヴィンはえらくたくさんやって見せる，
> プサイを使った計算を．
> けれどもこいつがまだ見えぬ，
> プサイはほんとは何なのか．
> （フェリックス・ブロッホの英訳より）

$\psi$ の意味は，1926 年にマックス・ボルンの解釈が現われて次第にはっきりしてきた．ボルンは，それは電荷密度ではなくて確率密度だと言う．すなわち，$|\psi(x, y, z)|^2 d\tau$ は座標が $(x, y, z)$ である点を含む体積要素 $d\tau$ の中に電子を見出す確率だというわけである．この考え方が皆をびっくり仰天させる問題になったのも不思議はない．というのは，力学の理論が確率を与えるということは今までにないことだったからである．もっとも，1917 年にアインシュタインは例のAとBを持ち込むことで，原子にまつわる現象における確率の役割をすでに

示唆してはいたが.

さて，ここで一つの大きなハードルがうまく乗び越えられた．シュレーディンガーやアメリカ人の若手，カール・エッカルト，その他の人々がそれぞれ独立に，ハイゼンベルクの理論とシュレーディンガーの理論は数学的に同等であることを確かめたのである．ある問題に対してシュレーディンガーの方程式の解き方がわかればハイゼンベルクの行列も計算することができるし，その逆も言える．いわばそれは一つの問題を幾何学的なやり方で解くか，それとも解析的なやり方で解くかというようなものである．であるから，波動力学と行列力学は同等なのであった．いや，むしろ全く同じことなのだと言ったほうがよい．

ディラックの理論もやはり，ハイゼンベルクの理論やシュレーディンガーの理論と同等なのである．この三つのどの場合にも，量子化を引き起こすもとになるのは

$$pq-qp=\frac{h}{2\pi i}$$

という関係である．ハイゼンベルクの場合には $p$ と $q$ は行列であり，シュレーディンガーの場合には $q$ はただの数で $p$ は微分演算子

$$p=\frac{h}{2\pi i}\frac{\partial}{\partial q}$$

である．ディラックの場合には $p$ と $q$ は非可換性の代数に従う特殊な数，ということになる．具体的な問題についてのどんな計算でも，この三つの方法は同じ結果を与える．

## 方程式の意味

数学で表わされたことに説明をつけるという問題は，実はかなり厄介なことなのである．光も物質もある面では粒子としての性質をもつし，また別の面では波としての性質をもつ，ということは確かな事実である．ここで粒子とか波とか言っているのは，古典的な，巨視的な意味におけるものを考えているわけである．そこで，いったい光は波動現象なのか，それとも粒子でできているものなのかという問いが起こる．同様な疑問は，たとえば電子についても起こってくる．

こういう疑問に答えるには，1905年にアインシュタインが用いた考え方や方法に頼るほかはない．その時，彼は，一見当り前のことに思えた同時性の概念を分析するやり方を示して，そこから皆をあっと言わせるような結果に到達したのであった．

同じような方法を用いて，古典的な意味での粒子の軌道とか，波動などという概念は，それを微視的なものに当てはめようとすると駄目になるということがわかるのである．これを最初に示したのはハイゼンベルクの1927年の有名な論文である．ある実験をすることによって，いま波動現象を相手にしているのだということを人の目に「見せる」ことはできる．だがそれと同時に，同じものに対して粒子的な現象を見るのに必要な実験を行なうことは不可能になるのである．またその逆も成り立つ．こういう何とも把え難い事情の根元にあるのが量子条件である．

一つの粒子の座標と運動量を同時に決定しようとすると，粒子の二重性——粒子性と波動性——に由来する矛盾に突き当たることになる．この困難を具体的に解き明かすためにハイゼンベルクは，電子のような粒子がもっている二重性（波動性と粒子性）が原因になってこの種の測定が不可能になることを示す実験をいろいろ取り上げて論じたのであった．そういう測定結果の精度は，ハイゼンベルクによって確立された不確定性原理と呼ばれる有名な関係によって制限を受ける．座標の測定にからむ避けられない誤差を $\Delta q$，運動量の測定にからむ同様な誤差を $\Delta p$ とすると

$$\Delta p\,\Delta q \simeq \frac{h}{2\pi}$$

になる．この「誤差」と言うのはもちろん，実際に使う器具が不完全であるために起こる誤差を意味するものではなく，たとえば量子の放出とか，スリットを通り抜ける波の回折などのように避けられない現象に付随して起こる誤差の意味である．

上に記した不確定性の式は，量子条件 $pq-qp=h/2\pi i$ にはっきり関係づけられる．したがって不確定性の式は，それを表わす行列が互いに交換しないような二つの量に対してのみ成立する．ハイゼンベルクがこういう考え方を述べた論文はボーアから絶讃を受けた．手紙によってこの理論を知らされたパウリは，

これを拍手喝采して迎えた．

日常生活では，私たちは人間的な尺度で測れる対象を扱っているので，不確定性原理が要請する制約を実際に経験するような機会には出会わない．したがってそれに気がつかないのである．つまり巨視的な対象を観測する場合には，その対象の挙動に対して観測そのものが惹きおこす擾乱は完全に無視できるほど小さいので，論理的に不確定性原理から課されるはずの制約を実際に感ずることはない．物体から光量子が出て人の目に達する場合（その物体を知覚するためにはこれが必要である），1個の光量子放出によって物体が受ける反動は，それが結晶の小片であっても，問題にならないくらい小さい．だからここでは，観測を行なうために必然的に出てくる運動量の変化を心配する必要はない．しかし，光量子を放出する粒子が原子内の電子であると，反動はその後の運動に充分影響を及ぼすだけの大きさになる．したがってこの時には観測操作はその対象に擾乱を与えることになる．そしてこの場合に，座標と運動量を測定するのに理論上考えられる過程を詳しく検討すると，不確定性関係に導かれるのである．

このことは，一つ例を挙げて説明するのがいちばんわかりやすいだろう．いま，全く同等な系がいくつもあるとするか，あるいは同じ系に同じ実験を何度も繰り返すとしてみよう．使っている器械は完全なものであるとする．すなわち測定について技術的な制約はないとする．しかし自然法則から課される制約を無視することはできない．さて，一つの電子の座標を何回も測定するものとして，各回ごとに得られる値を $q$ とする．$q$ の平均値は $\langle q\rangle$ である．そして $\Delta q$ を $\sqrt{\langle(q-\langle q\rangle)^2\rangle}$ で定義しよう．これはすなわち，$q$ の平均二乗偏差の平方根である．また $p$ についても同様に考える．さらに今の測定は，$x$ 方向に幅 $a$ をもつスリットを電子が通り抜けるのを観測することで行なわれるものとしてみよう．そうすれば $\Delta x=a$ である．またこの電子がスリットを通り抜けて送られる方向は $y$ 方向で，スリットに完全に垂直であり，その速度は $v_y$ であるとする．しかしスリットを通り抜けた後では，この電子は始めとは違う方向を取る可能性がある．なぜなら電子は回折を受けるからである．このために電子は $x$ 方向の速度ももつようになる．その速度の幅は回折角から決まり，だいたい $(\lambda/a)v_y$ の程度である．$\lambda$ としては，ド・ブローイ波長 $h/mv_y$ を代入すべきで

ある．以上の関係からただちに

$$\Delta x\, \Delta p_x = am\frac{\lambda}{a}v_y = h$$

が得られる．スリットの幅を狭めて $a$ を小さくすると，ちょうど $a$ が減った分だけ $\Delta p_x$ が大きくなるのである．以上の事柄の根底にあるのは，質点というものが粒子のようにも，また波動のようにも振舞うということである．だから片方の観点だけからでは正確な記述はできないのである．

また，もう一つ別の不確定性関係もある．それはある時間の長さ $\Delta t$ の間にエネルギーを測定するときの精度を $\Delta E$ とすると，

$$\Delta t\, \Delta E = h$$

となる，というものである．

こういう関係自体，古典物理学では知られていなかったものであるが，またこの関係のために，量子力学の問題は普通の巨視的なやり方とは全く違ったふうに設定される．たとえば水素原子のような力学的な系があるとしよう（ここでは簡単のためにスピンは考えないことにする）．この時，軌道であれ何であれ，とにかく電子の二重性のために観測にかからないようなものを考えても意味がないのである．しかしエネルギーとか角運動量とか，その他，観測できるものを考えるのはさしつかえない．理論からは，測定の結果出てくる可能な値の一覧表が得られる．特に水素原子のエネルギーの場合には，それは $-2\pi^2me^4/h^2n^2$ という負の値と，あらゆる正の値とになる．（ここで電子が核から充分遠方にあって静止している時のエネルギーをゼロに取ってある．）角運動量については その一覧表は $lh/2\pi$ となる．ここで $l$ はゼロまたは正の整数である．さらに理論は，ある条件のもとでその一覧表に載っているどれかの値を見出す確率も教えてくれる．これに対して古典物理学では，その一覧表には連続的な値が含まれることになり，またある与えられた条件のもとでそのうちのどの値が得られるか，を正確に指定できるのである．

もう少し専門的な立場で，物理学の問題の量子力学的な設定の仕方というものを，ほんの要点だけでものぞいてみたいという読者は付録10をごらんいただきたい．

## 現実の新しい見方——相補性

ボーアは量子力学の基本的な考え方をさらに深めて，相補性という概念に到達した．二つの量があって，片方を測定することが，もう一つを同時に正確に測定することを妨げるようになっている時，この二つの量は相補的であるという．これと同じく二つの概念についても，その一方が他に制約を課するようになる時，この二つの概念は相補的である[1]．対応原理が厳密には言い表わしにくく，むしろボーアの考え方の表現とでも言うべきものであったのと同じように，相補性というものも厳密な概念というよりは，やはり一種の考え方というべきものである．

1930 年，ハイゼンベルクはこういう考え方の間の関係を次のような表[2]にまとめている [Heisenberg, *Die Physikalischen Prinzipien der Quantentheorie*]．

| 古典論 | 量子論 | | |
|---|---|---|---|
| | 第一の立場 | 統計的関係 | 第二の立場 |
| 時空的記述 | 時空的記述 | | 抽象的な数学的体系——時空的記述を行なわない |
| 因果性 | 不確定性関係 | | 因果性 |

量子力学に特有の，物理的な問題の設定の仕方と，またそれに対する量子力学の答え方は一見不満足なものと見えるかも知れない．この原因は主に，それが，私たちが日常の経験に基づいて頭の中に描いている普通のイメージにあてはまらないためである．しかし，もし現実性というものを観測できる事柄と定義するなら，実はこの理論は厳格にその現実性に固執しているのである．そしてこの考え方は本質的なものとして確率の概念を持ち込んでくる．もっともその確率は時として 1 になる——言い換えると完全に確定してしまうこともある．この理論は，アインシュタインが 1905 年に特殊相対性理論に基づいて行なった時空の概念の分析と同様に，習い性となった私たちの考え方を棄てることを要求するものなのである．

だがこういう大変革は万人のお気に召すわけではない．アインシュタインは，量子力学への道を拓いた人であるが，そのアインシュタインでさえ確率的な物

図8.8　左から，フェルミ，ハイゼンベルク，パウリ．1927年，コモ湖にて．ハイゼンベルクは，この少し前に行列力学と不確定性原理を発見していた．パウリは，ちょうど排他原理を発見したばかりの頃．またフェルミも，この排他原理に基づく統計法を発見したばかり．（F. ラゼッティの好意による）

理学と，ボーアをはじめとするコペンハーゲン学派の物理学者たちによる量子力学の定式化には抵抗を示した．とはいえ，もちろん，それが首尾一貫していることと，実験的な証拠とも一致することは認めてはいたが，このような解釈はどうしても気に入らず，何かもっと決定論的なものに代られると考えていた．一方，時が経つにつれて新しい世代は量子力学に順応して行った．相変わらず懐疑的な姿勢を保ちつづけたのは，何とこの新しい学説の創始者に数えられる人たち，すなわちド・ブローイやシュレーディンガーであり，またある程度ディラックもそうであったことは注目に値する．

1927年にヴォルタの歿後100年を記念して（イタリアの）コモで開かれた物理学国際会議は，いわば量子力学の公式の除幕式であった（ヴォルタはコモの出身である）．この会議には，この頃の主要な物理学者が大勢出席していたが，その中には何人か割合，若い世代に属する人たちも混じっていた（図8.8）．ボーアは量子力学について，認識論的な問題にまで立入って話をした．アインシュタインの姿が見られないのは目立ったが，これは埋合せる由もなかった．ア

インシュタインはムッソリーニの国に足を踏み入れることを潔しとしなかったのである．しかしこの2,3週間後，アインシュタインはブリュッセルのソルヴェイ会議の席に顔を見せた．ここには量子力学の権威者たちも揃って参加していた．すなわちハイゼンベルク，ディラック，パウリ，ボーア，ボルン等々である（図8.9）．アインシュタインはあらゆる手を尽くして不確定性原理に対する反例を作り上げようとした．これによってこの新理論の土台をくつがえそうと目論んだわけである．毎朝，朝食の時間に彼は，新理論を矛盾に導くものと思える巧妙に仕組んだ反例をボーアに向って持ち出すのであった．ボーアはそれに取り組んで，アインシュタインの批判に欠陥を見つけ出すまで考え抜いた

図8.9　1927年ソルヴェイ会議に参加した人たち．これは量子力学をテーマにして開かれ，この新しい分野は，この会議をもって，いわば公けに認められることになった．例の，アインシュタインとボーアの議論が行なわれたのもこの時である．前列，左から，I. ラングミュア，M. プランク，M. キュリー，H.A. ローレンツ，A. アインシュタイン，P. ランジュヴァン，C.E. ギュイ，C.T.R. ウィルソン，O.W. リチャードソン．中列，左から，P. デバイ，M. クヌードセン，W.L. ブラッグ，H.A. クラマース，P.A.M. ディラック，A.H. コンプトン，L.V. ド・ブローイ，M. ボルン，N. ボーア．立っているのは，左から，A. ピカール，E. アンリオ，P. エーレンフェスト，E. ヘルツェン，T. ドゥ・ドンデール，E. シュレーディンガー，E. フェルシャフェルト，W. パウリ，W. ハイゼンベルク，R.H. ファウラー，L. ブリュアン．(ソルヴェイ協会)

が，その挙句は，アインシュタインにまた別の例を突きつけられるのが落ちであった．最もきわどく難しい例の一つなどは，当のアインシュタインの創作である一般相対論の助けを借りてはじめて解決できたのである．とうとう最後にアインシュタインも正当な反例は見つかっていないことを認めざるをえなくなったが，それでも彼は「神はさいころ遊びはなさらない」という信念を曲げはしなかった．これは彼がボルンに宛てた手紙の中で書いた言葉である．

ハイゼンベルク，パウリ，ディラック等々の量子力学の創始者たちは，この理論の発展において決定的な時期のうち，かなりの期間をコペンハーゲンのボーアの研究所で過ごしている．この人たちがボーアや自分たち同士の間で，充分に時間をかけて議論したことは，考えをはっきりさせ，この学説を純化し確立するうえで大いに役に立った．ここでの知的な交わりや，互いに助け合って難点を克服した思い出や，皆で寝食をともにしたことなどがおのずと団結心をかもし出して，科学における「コペンハーゲン精神」を生み出したのである．この精神はややもすると一種の正統派的な傾向を帯びる気味もあった．これは，こういう状況のもとではよく起こりがちなことなのである．とはいっても，この場合の正統派的傾向はこちこちに固まった偏向ではなく，いかにもボーア流にいくつかの分派を包容していた．これはあまり輪郭がくっきりしていないほうがボーアの好みに合っていたせいもあるにちがいない．言うなればボーアはデンマークの霧が好きだったのである．彼のお気に入りの格言にこういうのがある．

| | |
|---|---|
| Nur die Fuelle fuehrt zur Klarheit | 〔豊饒を欠く所，明察なし |
| Und im Abgrund liegt die Wahrheit | 混沌の中に真理あり〕 |

ここでボーアの一つ話を付け加えよう．これはもういろいろなところに書かれているのだが，それにしてもやはりこの人の人柄とユーモアを浮き彫りにするような話なので捨て難いのである．ボーアには休暇を過ごすための別荘があった．彼はこの家のドアに馬の蹄鉄をくっつけていた．客の一人がちょっとびっくりして，馬の蹄鉄をつけると運が良くなるという話を信じているのか，と尋ねると，ボーアは「いや，そうじゃない．でもそれを信じない人にも幸運を運んでくれると聞いたものでね」と答えたのである．

1927年まで，相対論的な形式の量子力学はなかった．ド・ブローイをはじめ，いろいろな物理学者が相対論的な理論を見つけ出そうとあれこれやってみたがみなうまく行かなかった．どれも，不合理な結果になるか，あるいは実験的な証拠と食い違うかしてしまったのである．

だがついに1928年に至ってディラックが，電子について相対論的に不変な方程式を書き下すための数学的な方法を見つけ出した．そしてその中で，数学的な手続きが自然に，粒子に新たな内部自由度を持ち込んでくることもわかったのである．この自由度は，その値が $h/4\pi$ であることをはじめとして，電子スピンのあらゆる性質を備えていることが明らかになった．さらにそれは $eh/4\pi mc$ という値の磁気モーメントも持っている．この，ほとんど奇跡的とも言える結果は，ディラックの理論の大きな強みとなった．これ以前の非相対論的な理論では，スピンと磁気モーメントは，他の部分とは別個に，いわば特別扱いとして持ち込まなければならないものであったが，ここに至って何もかも自動的に出てくるようになったわけである．ところでディラックの方程式は，電子の運動を記述するばかりでなく，同時に電子と質量は同じであるが，正の電荷を持つ粒子の運動をも記述するのである．こういう粒子はディラックがその理論を定式化した当時はまだ見つかっていなかった．ディラックはこの望まれざる粒子をなんとかして陽子だと見なそうとしたが，それには重大な難点があった．パウリはその著書『量子力学』の中で次のような意見を表明している．「この理論を，それが導く結論を無視して，今の形で救おうとするのは，どう見ても無理である.」後の方でお話しすることになるが，実は正の電子は本当に存在する．そして1932年にこれが宇宙線の中に発見された時，ディラック理論の欠陥はその勝利の一つに転じたのである．ディラックの理論にはスピノールと呼ばれる新しい数学的な道具が必要になる．これは四成分ベクトルとある点で似た性質を持つものである．

ディラックのこれらの論文をもって，量子力学の主要路線は確立されたと言ってよい．これによって生まれた自然の記述というものは，古典物理学よりもずっと抽象的であると同時にずっと実験に密着したものとなっている．

芸術の世界と科学の世界には何か奇妙な並行性があるようである．プランクの時代には印象派の人々が新しいスタイルの絵画を推し進めていた．そして量子力学が形造られて行く頃には，ピカソのような芸術家たちがますます抽象化の方向に向っていって，たとえば顔が二つある人物像を描いたりするようになった．もっとも，片方の顔が波動的でもう一つの顔が粒子的だとは言えないだろうが．

### 謎は解けても疑問は残る

物理学に一つの突破が起こる時はいつも（私はこの突破などというあまりに乱用されている言葉は嫌いなのだが，それが本当にぴったりの時には使わざるをえない），包括的な理論が出てくるばかりではなく，それまで経験的には知られていても本当の説明はできず，ただ現象的に，当座の仮説や経験的な係数などを用いて論ぜられていたたくさんの具体的な現象をも説明するものである．量子力学についてもやはり，この種のはなばなしい応用の道がひらけた．ただし応用と言っても，それは技術的な面への応用という意味ではない．そういうものはもっと後で起こったのである．私が意味するのは，これまで長い間知られていたが，説明がつかないままに残されていた現象を説明することである．

ヘリウム原子の理論はハイゼンベルクが最初に仕止めた成功の一つである．ここで初めていくつか思いがけない特徴が出てきたのである．たとえば，ヘリウム原子にはエネルギー準位に二つの組があり，一つの組からもう一つの組に輻射を放出して移ることはできない．一つの組では，二つの電子のスピンは互いに平行になっている．またもう一つの組では反平行である．この二つの組の間のエネルギーの違いは，かつてのボーア流のモデルでは全然説明できないものであった．ところがハイゼンベルクは，この現象を軌道という観点から理解するなどということには拘泥せず，ただ量子力学の規則に従って波動関数とエネルギーを計算しただけで正しい答を出したのであった．このエネルギーの違いは，実は電子同士の不可弁別性に関係しているもので，古典的には説明できない現象に基づいているのである．

これに続いて水素などの分子における共有結合の理論が出された．もうアヴォガドロの頃から，水素分子は二原子分子であることはわかっていたが，ではどういうわけで二つの水素原子が引き合って結合するのだろうか．またなぜ三つ目の原子はそれに結合しないのだろうか．なぜ水素や酸素は分子を作るのに不活性ガスはそうならないのだろう．これらは理論化学における最も単純な疑問のうちに数えられるものであったが，1927年まではその答は出ていなかった．ここでワルター・ハイトラーとフリッツ・ロンドンがハイゼンベルクの指導のもとに，初めて同種の原子の化学結合についての理論を提出したのである．この理論は科学の全分野に浸透していき，やがて数々の目覚ましい成果を挙げることになった．ライナス・ポーリングは化学の領域でそのパイオニアの一人である．

その他にも，数多くの古来の問題が新しい量子力学の攻撃のもとに次々と攻め落とされた．衝突の理論はボルンによって扱われた．そしてこの研究が $\psi$ の本質に関わる統計的解釈の糸口になったのである．ディラックはパウリの排他原理に深い量子力学的な説明を与え，またそれと同時にフェルミ統計を再発見した．常磁性の理論はパウリの手で解明された．フェリックス・ブロッホは周期的なポテンシャルの場の中で電子波がどのように動くかを計算して金属の理論を大きく前進させた．ハイゼンベルクは強磁性の問題において，たとえば鉄のような強磁性体の中に勝手に強い内部磁場を仮定していたこれまでの現象論に正当な理由づけを行なってこの現象を説明した．以上に劣らず重要な成果として，ジョージ・ガモフや，エドワード・U. コンドンとR. W. ガーネイの二人がそれぞれ独立に，粒子がポテンシャルの障壁を通り抜けるという効果を発見し，さらにそれを一見謎と見られていた原子核のアルファ崩壊の説明に応用したことが挙げられる．この結果はラザフォードの心を深く動かすことになった．ラザフォードはこれまで，数学に頼りすぎて直観に乏しい理論にはあまり信を置いていなかったのである．

数年の間，量子力学を理解し，今日のできの良い大学院生程度にその取扱い方を知っていれば，何か本当の発見をするに充分だという時期があった．もちろん，当時は量子力学の骨組だけでも，それをマスターするのは容易なことではなかった．こういう乱戦状態の時期が過ぎると，今度はこれを体系的なものにすることが是非とも必要になってきた．いちばん始めの発見を述べた論文には，概して読みにくいものが多いが，1929年近くになると，いろいろな観点をもっと体系的に説明した書物などが出るようになった．ディラック，ハイゼンベルク，ボルン，ヨルダン，パウリはいずれもこういう書物や解説論文を書いている．これらの仕事が，今日の学生たちに使われている最近の教科書の土台になっているのである．またゾンマーフェルトも『原子構造とスペクトル線』に補篇をつけ加えている．

非相対論的量子力学は今日では少なくとも原理的な問題においてはすでに完結した領域となっている．これはその手本となった古典力学の壮麗な一般化である．またこれは対応原理を擁護するものでもある．というのは，巨視的な物体についてはそれが古典論と同じ答を与えるからである．

一方，相対論的な量子力学の進展状況ははるかにはかばかしくない段階にある．ディラックの理論はスピン1/2の粒子に限られていて，これと異なるスピンについてはいろいろ難しい問題がある．だが実はあらかじめ与えられた電磁場の中におけるスピン1/2の粒子についてさえ問題がないわけではない．ここで摂動論を展開することはできるのだが，それが発散してしまうのである．高エネルギー領域に切断を持ち込むことでこの状況を切り抜けることはできる．しかしそうすると相対論的な不変性を失ってしまう．こういう問題はあるにしても，とにかく今ではきわめて高い精度で計算が行なえる段階にはなってきている．たとえば電子あるいはミュー粒子の磁気モーメントは100億分の3の精度で計算できる．そしてその結果は100億分の2の誤差範囲内で実験と一致するのである．これは物理学における測定値と計算値として最高水準のものにあたる．

しかし1972年にディラックは量子力学の進展をめぐって開かれた会議を次の言葉で締めくくっているのである．

> さてこの状況をどうしたものでしょうか．未だに量子力学の根本法則が得られていないということは，私には明らかだと思われます．相対論的な理論を手にするまでには，今使っている法則は何らかの重要な修正を受ける必要があるでしょう．現在の量子力学から未来の相対論的な量子力学に移行するための修正は，ボーアの軌道理論から現在の量子力学への修正に劣らず革新的なものになるということも充分に予想されます．こういう徹底的な変更が行なわれる際には当然，統計的な計算と併せてこの理論の物理的な解釈をめぐる考え方にまで修正が加えられても少しも不思議はありません．[Dirac, "The Development of Quantum Mechanics," Acc. Naz. Lincei, Roma, 1974]

# 第9章

# 奇跡の年1932年——中性子，陽電子，重水素，その他の発見

1900年にプランクの論文が出てから1913年にボーアの論文が出るまでの間は，量子力学の研究に没頭したのは比較的少数の物理学者に限られていた．これに対して，1913年から1928年の理論の完成に至るまでの間には，この研究は新しい世代の物理学者の全精力を吸収し尽くした観がある．その例外といえばラザフォードのまわりに集まっていた人々であった．この時期には理論のほうが実験に比べて優勢であった．とはいっても本当は実験からの支えがなければどうしようもないのである．理論から出てくる結果はまことに驚くべきもので，巨視的な物体に基づく日常の経験とは非常にかけはなれているのだから，それを信じるためには何としても実験的な証拠が必要なのである．その良い例が，一見納得し難いようなシュテルン‐ゲルラッハの実験である．

1928年にディラックの相対論的な電子論が出た後では，物理学は一つの曲り角を過ぎたという感じであった．こういう感じ方が当時本当にあったのであって，後になって想像したものではないという証拠として，たとえばこの頃ローマ大学の物理学研究所長をしていたオルソ・マリオ・コルビーノ教授（Orso Mario Corbino, 1876–1937）の，なかなか興味ある講演がある．イタリア科学振興協会は，科学のいろいろな分野で現に起こっていることを「一般知識人」に報せようという目的で毎年，集会を開いていた．フェルミやE. ペルシコ等は何度も新しい物理学についての話をして，イタリアの公衆にその成果を説明しようと努めた．1929年のこと，コルビーノは，さらに広く今後の物理学における問題点を概観してみようと思い立って，フェルミと充分討論を重ねた後，1929年9月21日，「実験物理学の新なた目標」と題する講演を行なった．これはいくつかの点で的を射た予言となっている．そこからところどころ抜き出して引用してみよう．

まだ理論が遅れている研究分野の一つは，液体および固体の中で分子や原子が配列する機構に関係した問題であります．分子の擬集力の源が電気的なものだということはもうよくわかっています．X線を使って調べてみると，原子もしくは原子団が規則正しく結晶を作って並んでいるのが，ほとんど目に見えると言えるくらいはっきりとわかるようになりました．しかし原子中の電子の集まりに関係した物理的定数を計算によって予言することは，まだようやく始まったばかりです．ですからこの分野には理論物理学者のやるべきことがいっぱいあります．また実験のほうを見ましても，この分野はまだまだとても研究し尽くされたとは言えません．ここで一つ昔から答の出ていない問題を挙げてみます．それは，こういう原子の集まりの構造に対して，自然の中では自発的に起こるような変化を人工的に生じさせることはできないものか，ということです．もしこれができれば，たとえば石炭や石墨などをダイヤモンドに変えることもできるでありましょう．これは科学にとっても決して興味のない問題ではありますまい．このように，物質の固体や液体の状態を扱う物理学，高い圧力やきわめて高い温度，あるいは低い温度などの効果を扱う物理学は，今日または明日の理論物理学者，実験物理学者にとって大いに有望な領域だと考えてしかるべきものと言えます．そのうえ，その応用は実用面でもきわめて重要なものになるのであります．

さて，今度は物理学の研究における最も大事なところに話を移しましょう．それはすなわち新しい現象の発見であります．たとえば電流ならびにそれがもたらすさまざまな効果，X線，放射能などと言ったものは，いずれもかつては新しい現象だったのです．よくよく考えたうえで，私はちょっと向こう見ずとも思われるような意見をここであえて申し述べることにいたします．私は，現代物理学は地球上で自然に起こるか，または実験的に作り出される可能性のある現象についての基本的な知識を，もう手の中に収めていると信じています．したがって，原子核の人工的な変換の分野（これについてはすぐ後でまた触れるつもりですが）を別にすれば，今後私たちの子孫は物理学における新しい大きな発見にあずかることはできないであろうと思われます．電気科学の誕生や光学の発展や新しい放射線の発見などを目のあたりにした人たちと同じような経験を彼らがすることはありますまい．

……

したがって，物理学において新たな大発見が行なわれる可能性は原子の内側の核に探究のメスを入れるというところにしかありません．これは，これからの物理学者にとってやりがいのある仕事になると思われます．

……ですからラザフォードの実験は，今までのところ化学元素の人工変換を起こす可能性を与えるものとしてただ一つのものです．しかしこの効果は非常に稀にしか起こっていないので，原子が一つ一つ崩壊する場合を個別に見つけ出すことしかできません．したがって，化学的な方法で検出できるだけの量の水素を集めようとしたら何十万年もかかることになります．明らかにラザフォードの方法は，今日の私たちにとっては最大限有力な方法には違いありませんが，やはりまだ私たちの要求を満たすには充分ではないのであります．原子を何か別のやり方で攻略することはできないものでしょうか．

……技術的な難点と経費の面の問題，これは本来克服できるはずのものですが，これだけが，この偉大な計画の前途に立ちふさがっています．その目的は，ただ単に化学元素を相当に多量に変換させるにとどまるものではなく，莫大なエネルギーを伴う現象を観測することでもあるのです．こういうエネルギーの放出は，時として原子核の分裂や再結合の際に起こるものです．

いろいろな元素の原子核は前にお話ししたとおり，陽子，すなわち水素原子核と電子からできています．ところがいくつかの陽子が結合している場合に，たとえばヘリウム核を作るには 4 個ですが，そうやって結合したものの質量は陽子 4 個の質量の和よりもほんの少し小さいのです．このように重さが減ることを原子核の質量欠損と呼んでいます．ところで相対性理論が要請するところによれば，こうして質量が減ると，それに伴って莫大なエネルギーが解放されるはずなのです．したがって，4 個の陽子からヘリウム核を作る場合には，ヘリウムが 1 グラムできるごとに，およそ 15 億キロカロリーのエネルギーが解放されるはずで，これは 200 万キロワット時にあたります．その逆の現象，すなわち 1 グラムのヘリウムを水素原子核に分解するには，当然のこととしてそれだけのエネルギーを使う必要があります．こういう原子核に関わる現象においては，この現象が並みはずれて重要なものであることはもうあえて強調するまでもないと思いますが，物質からエネルギーへの変換，あるいはまたその逆の変換が，変換を受ける物質 1 グラムあたり 2500 万キロワット時といった大きな規模で起こるわけであります．

したがって，実験物理学における大きな進歩は，通常の領域ではもうあまりないかもしれませんが，原子核を追究していくところには，多くの可能性が開けていると結論してよいのであります．これこそ今後の物理学者にとって最も魅力ある分野です．そして現今の趨勢に従うにせよ，今お話ししたような将来の方向に向うにせよ，とにかく大きな動きに関わっていくためには，理論物理学の成果をちゃんと把んでおくことと，ますます大がかりになっていく実験手段を手にすることが，実験家にとってぜひとも必要なことになってきます．理論物理学の成果についての生きた知識なしに，また充分な実験装置を持たずに実験物理学をやろうとするのは，現代戦に飛行機や銃砲なしで勝とうとするに等しいのであります．

……

……こういうわけで，仮に物理学が飽和状態の段階に向かって進んでいるとしても，それを，たとえば生物学のような別の分野に応用することを研究するのは，本当の専門家，つまり現代物理学が蓄えたものをマスターしている人々が先導していくなら，科学的にも実用的にも最大の価値ある結果を産み出すことになるでしょう．ちがう手法をただ一緒に用いてみるということでなしに，もしも同じ頭の中に生物学の考え方と新しい物理学の考え方とを融合させることができれば，さらにいっそうすばらしいことでありましょう．

ヘルマン・フォン・ヘルムホルツ，あの前世紀の偉大な自然探究者でありますが，この人はベルリンに行って物理学を教えるために，齢50歳にして生理学教授の椅子を棄てたのであります．時代はこの思い切った転身を許したばかりか，大いに励ましもしたのです．その結果は，当の彼にとっても，また科学全体にとっても，大きな成功となって報いられました．今日では事情が反対になっています．実験物理学は，この上は望み難いような成熟と完成の域に急速に達しつつあります．しかし，また一方，その手段はすべて，もっと進歩が遅れている科学の諸分野に対して，いつでも用立てることができるのです．

コルビーノは物理学の新しい方向についての自分の考えをはっきりと打ち出しているが，新しい時代が始まるのを感じ取っていたのは，むろん彼一人ではなかった．この頃には，方々の大学の新しい世代の物理学者たちが原子核の問題に転向しはじめていた．パリとケンブリッジの半ば独占的な地位は揺らいできて，マリー・キュリーとラザフォードに代って新しい名前が現われてきた．ワルター・ボーテ，ジェイムス・チャドウィック，フレデリック・ジョリオといった人たちが舞台の中央に進み出てきた．そのうえ，量子力学の発展にはあまり貢献しなかったアメリカはここに至って大いに重要性を増すようになった．またヨーロッパでも，新たな実験の中心地が形成された．たとえばローマがそうであるが，ここはもう前からフェルミのおかげで理論の中心地として高く評価されていたのである．

さて，こうして始まった新たな動きが，いずれも1932年に至って稀に見る豊かな実を結ぶことになった．この年はたまたま画期的な発見が一団となって現われた年で，それが世に与えた衝撃はまさに，始めにお話しした1895年当時を思わせるものがあった．主なものを年代順に挙げてみると，中性子，質量2の水素の同位体，すなわち重水素，電荷が正の電子，すなわち陽電子，加速器の時代の到来，それから少し遅れてベータ線の理論と人工放射能の発見，などがある．確か私は，ハンブルク大学で物理学セミナーが始まる前のお茶の時間に，このうち二つの発見の報せを同時に耳にした憶えがある．

## 中性子の発見

まず最初の事件は中性子の発見であった．これには複雑な，また劇的ないきさつがある．X線の発見などは一夜のうちに起こったわけだが，そういう類いのいろいろな発見とは違って，中性子の発見には2年の歳月を要したのであった．おまけにこれには見落とせない前史までついている．ラザフォードは前からたびたび陽子と同じくらいの質量を持つ中性の粒子があるのではないかということに思いをめぐらせていた．彼はこれを，水素原子の中の電子が核の中に落ち込んで電荷を中和したものとして考えていたのである．こういう仮想的な粒子がどんな挙動を示すかということについてラザフォードが予測したところは，1920年のベイカー講演の中にもあるが，これが，前に述べたように彼の弟子たちの頭の中に，この種の粒子の存在の可能性を忘れさせずに刻みこむ結果となった．

ワルター・ボーテ（図9.1）と彼に師事していた学生H.ベッカーが1928年，ベリリウムをポロニウムから出るアルファ粒子で照射した時（図9.2），実はこの二人は中性子の発見に向けて一歩を踏み出したのであった．この時の二人の狙いは，ラザフォードが観測した壊変現象を確かめることと，またそれが高エネルギーのガンマ線の放出を伴うものかどうかを知ることにあった．電気計数装置を使って彼らは透過性の強い放射線を見出し，これをガンマ線だと解釈した．そしてこの放射線のエネルギーを見積るために，その吸収係数を測定してみた．またその観測をリチウムやホウ素についても行なってみたうえで，ここに見られるガンマ線は初めのアルファ粒子以上の大きいエネルギーをもっていると結論した．したがってこのエネルギーは原子核の壊変から生じるものとするほかはない．この研究は2年にわたって続けられた．

ワルター・ボーテ（Walther Bothe, 1891-1957）はベルリンの近くのオラニエンブルクの生まれで，マックス・プランクの数少ない弟子の一人であった．彼はベルリンの国立研究所でガイガーのもとで研究活動を始めたが，第一次大

図 9.1　ワルター・ボーテ（Walther Bothe, 1891–1957）（左側）と，C. D. エリス．1931 年，ローマにて．うしろに写っているのは，左から，E. アマルディ，G. プラツェク，G. C. ウィック．（E. セグレ撮影）

戦中にロシア軍の捕虜となってシベリアに送られた．ここで数学と理論の方面を勉強し，またロシア人女性と結婚した．戦争が終ると国立研究所に戻って電気計数法を開発した．彼が初めて閃光を数えるという骨の折れる仕事に，ラザフォードとガイガーの眼の代りに電気回路を持ち込み，これによってこの方法の威力を格段に高めた点は特筆に値する．ここで用いられた同時計数法は[1]，その後もボーテと共同研究者のコールヘルシュターやロッシ等の手で原子核物理学におけるいろいろな問題や，宇宙線，コンプトン効果の研究に応用された．

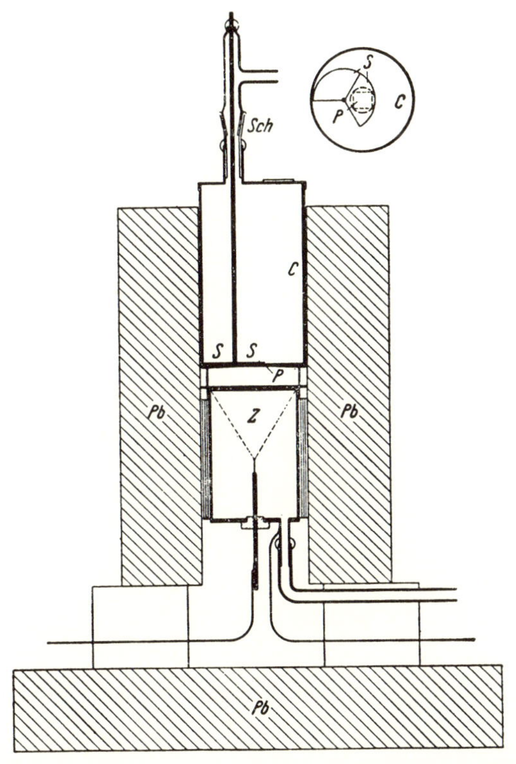


**図 9.2**　ポロニウムの衝撃を受けたベリリウムから放出される高透過性の $\gamma$ 線の存在を明らかにした，ボーテとベッカーの装置の図解．図の $Z$ はガイガー・カウンターである．［*Zeitschrift für Physik* **66**, 289 (1930) より］

ボーテは第一級の物理学者であった．まさしく物理学者中の物理学者であり，世間一般の知名度はともかく，物理学者の間ではよく知られた存在であった．また彼の才能は芸術の方面にも及んでいて，ピアノや絵は専門家の水準に達していた．彼には少々難物めいたところもあったが，すぐれた知性と科学者としての完全さのゆえに物理学者仲間の間で大きな尊敬を集めていたのである．

さて，やはりこの頃，1931 年あたりにたいへん重要な科学者が二人登場してくる．それはイレーヌ・キュリーと，夫のフレデリック・ジョリオ（図 9.3）である．イレーヌ (Irène Curie, 1897-1956) はマリー，ピエール・キュリー夫妻の娘で，性格，体つきともに母親そっくりであった．イレーヌはこの母の手

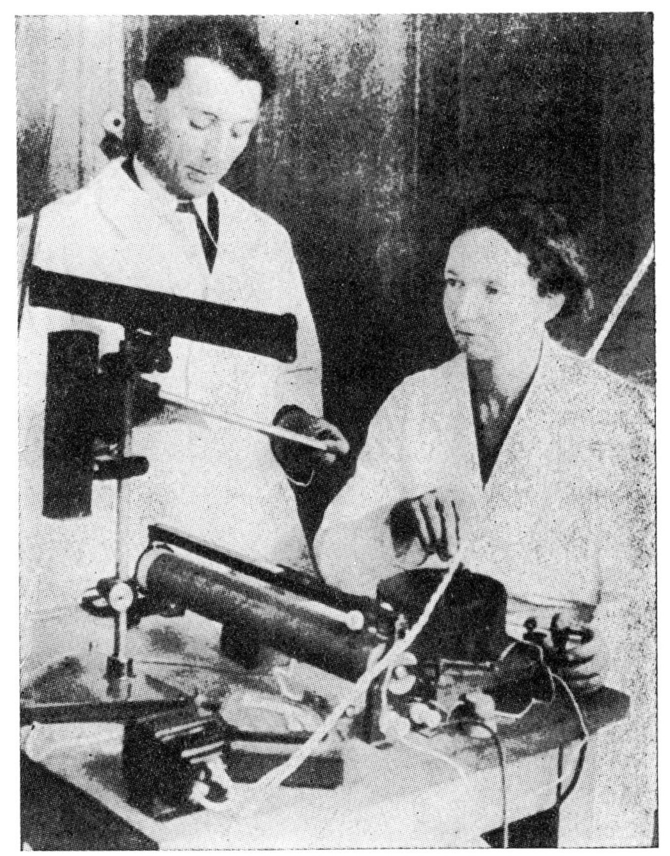

**図 9.3** フレデリック・ジョリオ (Frédéric Joliot, 1900–1958) とイレーヌ・キュリー (Irène Curie, 1897–1956). 図 2.8 の若い女性は，今や一人前の立派な科学者となり，これから夫とともに大きな実験的成果を挙げることになる. [F. and I. Joliot-Curie, *Oeuvres Scientifiques Complètes* (Paris: Presses Universitaires de France, 1965)]

塩にかけて育てられたのである（父は 9 歳の時に亡くなった）. イレーヌが子供の頃，マリーも含めたある科学者，知識人の仲間たちは，自分たちの子供を自分たちで教えるための初等学校を開いた. もちろんここでマリーは科学の先生である. 第一次大戦中マリーがフランス軍のために放射線班を組織した時には，イレーヌを助手として連れて行った. その血筋とこういう教育をもって，

**図 9.4**　パブロ・ピカソが描いたフレデリック・ジョリオ．(J. フルヴィックの好意による)

イレーヌが科学に身を向けたのは当然である．そして自然，彼女は母親の研究所に入った．

フレデリック・ジョリオ (Frédéric Joliot, 1900–1958) をマリー・キュリーに推薦したのは彼女の昔からの友達のランジュヴァンで，もともとはその並みはずれた技術的な能力を買ったのである．彼の初めの仕事の一つは，きわめて強いポロニウムの放射線源を作ることであり，またそれに続いて霧箱を作製する仕事があった．ジョリオ（図 9.4）はこの仕事をどちらも手際良くやってのけたばかりでなく，1927 年にはボスの娘，イレーヌと結婚したのであった．こうして先達の歩んだ道を受け継ぐ申し分のない二代目ができ上ったのである．ジョリオは陽気で活潑なうえに気持も優しくまた想像力に富んだ人物であった．彼はモーリス・シュヴァリエにちょっと似たところがあったと思う．しかし私は彼とはほとんど近づきがなかったし，またシュヴァリエに至っては映画で見

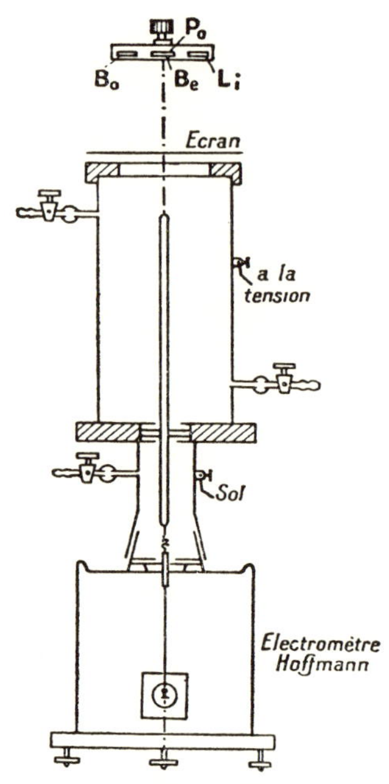


**図 9.5** ジョリオとキュリーが，Po-Be から放出される中性の放射線によって陽子が反跳を受けることを明らかにするのに使った装置の図解．いちばん上に放射線源が置かれており，中間に電離箱がある．電離箱は電位計（下）に接続されている．［*Comptes-rendus Academie des Sciences, Paris* **194**, 273 (1932) より］

ているだけなのだが．

ジョリオ夫妻が数々の大発見をなしとげたのはいずれも第二次大戦の前のことである．フランスが降伏するとジョリオは抵抗運動に加わり，1941 年から 1945 年までの間人民解放戦線の秘密議長の座にあった．戦後には原子エネルギー局の長官を務めたが，彼の政治見解が極左的な傾向を帯びていたためにフランス政府の目には適性を欠くと映り，ここから解任されることになった．彼は一貫して国際共産主義運動の主要人物，というより首唱者の一人である一方，オルセイに新しくできた科学研究所の所長の地位にあった．イレーヌは短期間，フランス政府の科学研究関係の閣僚を務めたこともある．二人ともわりあい若くして亡くなっているが，これはおそらく放射線や放射性物質をいささか不用

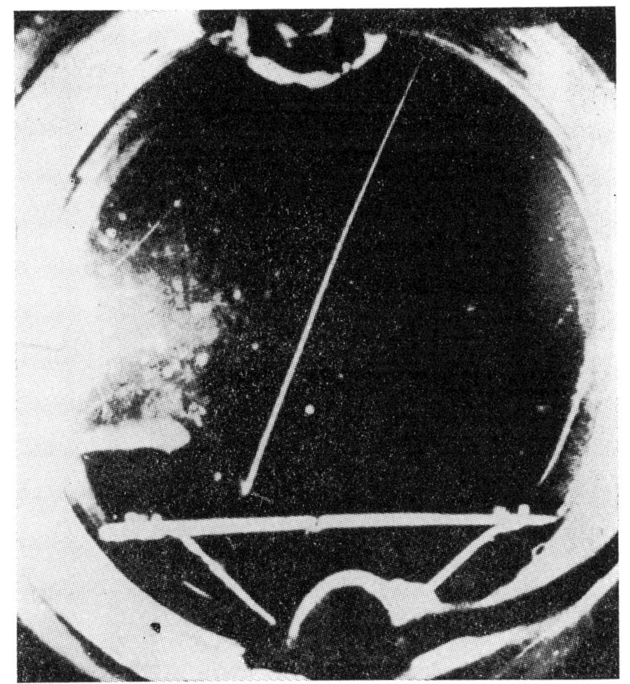

**図 9.6**　中性子との衝突で動き出した反跳陽子の霧箱中での飛跡．中性子は電荷をもっていないので飛跡を残さない．[*Comptes-rendus Academie des Sciences, Paris* **194**, 847 (1932) Gauthier-Villars より]

心に扱ったのが災いしたのではないかと思われる．

さて，ジョリオ夫妻は自製の高強度ポロニウム試料を使ってボーテの言う透過性の放射線を研究することにした．1932 年 1 月 18 日に二人はきわめて重要な意味を持つ驚くべき観測結果を報告した．この放射線はパラフィン箔から陽子をはじき出すというのである．二人はこれを電位計を結合した電離箱[2)]を使って発見したのであるが，その結果は非常に不思議なものだったので，霧箱を使って直接確かめることにした．こうして 2 月 22 日には第二の観測結果を誌上に発表して，陽子がたたき出されることを確証したのである（図 9.5, 9.6）．ところでボーテの透過性ガンマ線が陽子をはじき出すのはどうしてそんなに不思議なことなのだろうか．ガンマ線の光子が衝突して自由粒子をはじき出すのは一種のコンプトン効果で，これは電子についてはよく知られている．しかし

**図 9.7** ジェイムス・チャドウィック (James Chadwick, 1891–1974)．かつてラザフォードの学生であり，後，同僚ともなったチャドウィックは，最もすぐれた原子核物理学者の一人に数えられる．彼が行なった中性子の発見は，その後の原子核物理学の発展全体の土台となった．(ニールス・ボーア図書館)

普通のコンプトン効果では，はね飛ばされる電子は軽いので ($mc^2=0.51$ MeV) 反跳を受けやすい．だが陽子となるとその 1836 倍も重いのでそう簡単にははね飛ばされないのである．たとえば玉突きの玉同士が衝突するならどちらも簡単にはね返るが，自動車に玉突きの玉がぶつかっても自動車は目に見えるような動きを起こさないだろう．

キュリーとジョリオが自分たちの観測結果をコンプトン効果として解釈しようとした時には，次の二つの点できわめて不自然な仮定を置いたのであった．その時入射する「ガンマ線」が持たなければならないエネルギーと，その衝突に対して想定せざるをえない衝突断面積についてである．この断面積は，電子の場合について正しい計算を単純に拡張して得られるものに比べて 300 万倍も大きいのである．ジェイムス・チャドウィック (James Chadwick, 1891–1974) がラザフォードに，この 1 月 18 日付のキュリー－ジョリオの論文の内容を報告したが，御大は，彼らの解釈を聞くに及んでいつになく激しい調子で「そんなことは信じられん」と言ったらしい．この同じ論文を読んで，ローマにいた

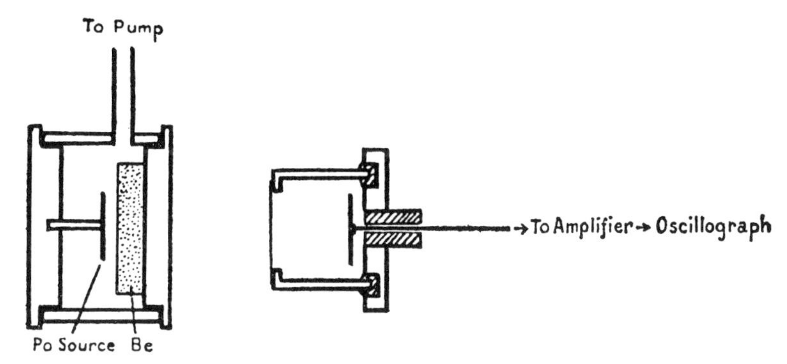


**図 9.8**　チャドウィックが中性子を発見する際に使った装置．左には Po–Be 源があり，右にあるのは電離箱で，これは増幅器に接続されている．［*Proceedings of the Royal Society, London* **136**, 692 (1932) より］

若い物理学者，エットール・マヨラーナは持前の皮肉屋気質を発揮してこう言っていた．「何とも間の抜けた話じゃないか．あの二人は中性の陽子を発見したのに，それに気がついていないんだ.」しかしこの点，キャヴェンディッシュにいたチャドウィックのほうがもっとうわ手だった．彼はポロニウム＋ベリリウムを放射線源として用いてこの実験を繰り返したのだが，出てくる放射線を水素だけでなくヘリウムや窒素にも当ててみた（図 9. 7, 9. 8)．そしてこの際の反跳を比較することによって，その放射線には陽子とほとんど等しい質量を持つ中性の粒子が含まれていることを証明できたのである．これを彼は「中性子 (neutron)」と名づけて，その結果を 1932 年 2 月 17 日に『ネイチュア』誌に送って公表した．こうしてキュリーとジョリオはまんまと大発見を逸してしまった．

チャドウィックが素早く成功をつかんだ理由は，一つには彼の頭には元来，中性子という考えに対して準備ができていたことがある．彼は以前にも強い放電やその他の方法で中性子を作り出そうという試みをいくつかやっていたのである．中性子の発見に関する論文の中で彼は「これらの実験の中には，全くとんでもないほどばかげたものもあった」と言っている．チャドウィックの偉いところは中性子がまだ出てこないうちはそれを見つけず，ついにそれが現われるや間髪を入れず明白にかつ充分納得のいくやり方でそれを確認したことである．これは，すぐれた実験物理学者のしるしなのである．

ラザフォードが，中性子の発見に対するノーベル賞はチャドウィックがもらうべきだと頑張ったといううわさがあったが，それも当然であった．この時誰かが，ジョリオ夫妻も大事な貢献をしているが，と言うと，ラザフォードは「中性子についてはチャドウィックだけだ．ジョリオたちはあのとおりの切れ者だから，大丈夫近いうちに何か他のことでもらうことになるよ」と答えたという話である．

中性子の発見から，核物理学にとって深い意味をもつ帰結が続々と生み出された．1930年までは誰もが，原子核は電子と陽子でできているという仮説を受け容れていた（この点は，この章の始めに引用したコルビーノの講演にも見られるとおりである）．ベータ崩壊の際には電子の放出が見られること，またこれまで知られている原子核のうち，最も軽いものは陽子そのものであったことなどから，この仮説はもっとも至極と思われた．そのうえ原子核の質量はだいたい陽子の整数倍になっている．この仮説に従うと，質量14の窒素の原子核は14個の陽子と7個の電子を含むはずで，14個の陽子がその質量を与え，7個分の陽子の電荷が7個の電子と打ち消し合っていることになる．電子の質量は陽子のそれに比べて無視できるし，またここでアインシュタインの式 $E=mc^2$ に従って結合エネルギーを考慮する必要がある．しかし，実はこの仮説に対立する重大な難点がいくつかあった．まず第一に，電子のように軽い粒子を原子核程度の体積内に閉じこめておくには，不確定性原理によってきわめて大きなポテンシャルの壁が必要になるのだが，そんな障壁を作り出せるのはいったいどういう力なのか，という点がわからなかった．さらに悪いことには，分子分光学という物理学の全く別の分野の実験が，窒素原子核はフェルミ粒子を偶数個含んでいるはずだということを文句なしに示していたのである．陽子と電子はフェルミ粒子であり，電子－陽子構成説に従うなら窒素核の中の両者の合計は21個，すなわち奇数になってしまう．こういう次第で，この仮説には明らかに重大な欠陥があった．ところが，原子核は，いずれもフェルミ粒子である中性子と陽子からできていると仮定すると，今言った点や，またスピンに関連した別の難点などもみな，たちどころに取り除かれてしまう．この理論に従うなら，質量14の窒素核は7個の陽子と7個の中性子を含むことになるからフェルミ粒子の数は偶数である．この仮説は，ソ連の D.イワネンコとドイツのハイゼンベルクがそれぞれ独自に推し進めたものである．マヨラーナも同じ結論に達していたのだが，その考えを公表しなかった．

中性子－陽子構成説に基づく原子核のモデルは，今ではひろく受け容れられていて，もう確定したと言ってもよい．そうすると今度はこのモデルの完全な理解に達するためには，陽子－陽子間，陽子－中性子間，中性子－中性子間の相互作用を研究することが重要になってくる．そうして最終的には原子核のあらゆる性質を，こういう相互作用から導くことが望まれる．部分的にはいくつか有意義な成功を見ているが，この野心的なプログラムは未だ完成されてはいない．実験的研究は1930年代に始まり，その後多年にわたって間口も奥行きも拡がってきたが，それが明らかにしたところによると，原子核に特有の力は，中性子－中性子間，陽子－陽子間，陽子－中性子間でどれも同じものだというのである．ハイゼンベルク，E. U. コンドン，ユージン・ウィグナー等といった人たちがこの事実に理論的な表式を与えたが，それは，中性子と陽子は実は同じ粒子（核子）で，内部座標の値が異なる二つの量子状態のそれぞれにある，という考えによるものである．これは，電子が磁場によって設定された方向に平行なスピンを持ったり，反平行なスピンを持ったりするのと全く類似の事柄である．このようにスピンと似たところがあるので，核子の内部座標は荷電スピンと呼ばれていて，よく$T$という記号で表わされる．この荷電スピンは，普通の空間の中で考えるのではなく，特殊な抽象的空間で考えるべきものである．数学的にはこれは，たとえば交換関係などの点で角運動量と同じ量子力学的性質を持っている．それに固有の空間内で荷電スピンは三つの成分を持つベクトルであり，第三成分は次の式で電荷と関係づけられる．

$$Q = T_3 + \frac{N}{2} + \frac{S}{2}$$

ここで$Q$は電荷であり（陽子なら1である），$N$はその系に含まれる核子の数，そして$S$はストレインジネスというものであるが，これについてはまた後でお話ししよう．原子核に対しては$S=0$である．こうして中性子の発見は数々のいやな難点を取り除いたうえに，原子核の新たな理解への道を開いた．だがそれは原子核にからむもう一つの基本的な問題，すなわちベータ崩壊の問題には解決を与えなかった．これについてもまた後に述べる．

## 重水素の発見

チャドウィックが中性子に関する報告を『ネイチュア』誌に送った次の日に，アメリカの『フィジカル・レヴュー』誌にはもう一つのきわめて重要な論文が届いた．それは質量2の水素の同位体の発見を報じたものである．この論文の著者は，ニューヨークのコロンビア大学化学教授をしていたハロルド・C. ユーレイ，ワシントンのコロンビア特別区にある政府規格基準局の低温部門の部長，F. G. ブリックウェッド，コロンビア大学のG. M. マーフィーの三人であった．

ハロルド・ユーレイ (Harold Urey, 1893-　) はインディアナ州の牧師の息子である．父はハロルドが6歳の時に亡くなり，母はまた牧師と再婚した．一家はたいへん貧しく，ハロルドは早くから自分で稼がなければならなかった．やがてモンタナ州立大学に進み，1917年にここの化学科で学士の資格を得た．次いで軍需産業を営んでいた化学会社に勤めたが，事情が許すようになると早速モンタナ大学に戻って化学の専任講師になった．1921年になって博士号を取るためにバークレイの俊才ギルバート・ニュートン・レウィス (Gilbert Newton Lewis, 1875-1946) のもとに赴いた．ここでようやく彼は本当の研究機関にたどり着いたわけである．レウィスはもともと物理化学と熱力学が専門であったが，好奇心と想像力に富む精神の持主で，きわめて多岐にわたる題目に手を拡げていた．その扱い方には，時に事の軽重の判断が充分でない点があったにしても，人を勇気づけるものであった．彼はバークレイの化学部を統轄していたが，その創設は多分に彼自身に負うものであった．レウィスは，化学に関連した広範な種々の分野にわたって多数のすぐれた弟子をもっていた．ユーレイもその一人である．

博士号を取るとユーレイは特別研究員としての援助を受けてコペンハーゲンに出かけた．そこで1924年当時の原子物理学を学び，A. E. ルアークと一緒に一冊の本を書いたが，その本はアメリカの化学者たちに新しい考え方を拡めるうえで大いに役立ったものである．そして1929年にはコロンビア大学の化学教授になり，ここで重水素を発見したのである．第二次大戦中，彼はマンハッタン計画の中で拡散によって同位体を分離する仕事を受け持った．戦後になってシカゴ大学に行き，その後サン・ディエゴのカリフォルニア大学に落ち着いた．戦後の彼の研究活動は主に惑星や月の問題に向けられている．ユーレイの性格は熱中型で，また良いと思うことはためらわずに支持するというアメリカによく見られる伝統的な気質の持主である．

天然に存在する元素には何種類かの同位体が混ざっていることがわかり，一種類の同位体だけの原子量が正確に測られるようになったが，その結果，もうアストンの頃から，一種類の同位体だけでもその質量が整数にはならないということが見出されていた．ここでも普通にやるとおり $C^{12}$ の原子量がちょうど12になるように原子量の単位を取ることにしよう．このとき単一の同位体であっても，その原子量が半端な数になるのは原子核の結合エネルギーのためである．これに対して，化学的な原子量が半端な数になるのは，まず何よりも化学「元素」は実は同位体の混合物になっているためである．たとえば塩素の化学的な原子量は35.46であるが，これは原子量34.97と36.97の二つの同位体の混合物なのである．すでに1919年にオットー・シュテルンは原子量1.0079の水素は二種類の同位体の混合物ではないかという可能性を考えている．そして彼はこの可能性を仲間のM. フォルマーと一緒に追究してみた．ところがその結果は否定的であった．この二人は，1と1.0079との違いはすべて仮想的な質量2の新しい同位体が混ざっているためだと仮定したのであるが，そうするとそれはおよそ1パーセントくらいの割合で存在しなければならないことになる．この考え方は基本的には正しいものであったが，重水素原子は実は約0.015パーセントくらいの割合でしか入っていないので，数量的には間違っていた．

その後いくつかの元素についてバンド・スペクトルをたいへん丹念に調べたところから，酸素と窒素における微量の同位体が発見された．次いで水素の場合をユーレイとその仲間たちがもう一度取り上げて，液体水素の分溜によって微量の同位体を濃縮し，ついに重水素の存在を分光学的に確認することに成功したのである（図9.9）．この重水素は原子核物理学において特別重要になる同位体である．それにある種の原子炉においてはこれが実用的な面で役立ってもいる．

この1932年という奇跡の年は，また粒子加速器の目覚ましい働きが始まり

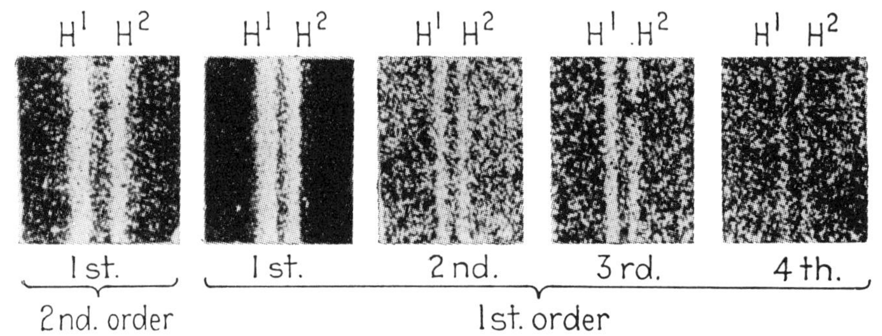


図 **9.9**　水素の同位体についてのライマン系列のスペクトル．ここには，原子核の質量のちがいのために，重水素のスペクトル線が，普通の水素のスペクトル線からずれている様子が示されている．図 7.3 にある，スペクトル線の振動数を与える公式には「換算質量」が入っており，これは重水素と普通の水素ではちがった値になる[3]．

だした年でもある．そしてこの加速器が核物理学に一つの転換を来たす運命を担っていたのであった．ところで，加速器に関して M. S. リヴィングストンと E. O. ローレンスが書いた基礎的な論文の一つが，たまたま重水素の発見を報じる論文と背中合わせになって出ている．これが『フィジカル・レヴュー』誌に届いたのは 1932 年 2 月 20 日で，ユーレイの論文の 2 日後，また中性子の発見を報じたチャドウィックの論文の 1 週間後のことである．

## 陽　電　子

これらの発見の興奮もまださめやらぬうちに，今度は宇宙線の分野からまた一つ，あっと言わせるような出来事が現われた．この宇宙線というものはもう今世紀の始めから知られていた．それが地球の外からやってくるものだということは 1912 年頃に確立された．これは主に V. F. ヘス (V. F. Hess, 1883–1964) が自ら気球に乗り込んでなしとげた仕事のおかげである．ヘスはいろいろな高さで検電器の自然放電を測定することによって，地球に含まれている放射性物質が起こすイオン化作用と，地球の外からやってくる透過性の強い放射線が起こすイオン化作用とを区別することができた．その他，物理学と地球物理学の両方からのみごとな研究がいろいろあって，結局，ある等方的な放射線が全宇宙にわたって拡がっているという結論が出てきた．この放射線は電子と高エネルギーのガンマ線から成るものと推測されていた．しかし，地表で観測される放射線は宇宙空間からやってくる一次線ではなく，それが地球の大気圏を通過する時に生じる放射線である．この点がいろいろな解析や説明をするうえでいつも厄介な問題となった．山の上や気球内で行なわれる高所観測の結果はある程度，一次線と二次線を区別する手がかりにはなったが，やはり問題は依然として錯綜を極めていた．

この頃，カリフォルニアのパサデナにいたロバート・アンドリュース・ミリカンを中心とする一派が非常に精力的に宇宙線の研究を繰り拡げていた．ミリカンはこれまでに非常に巧妙な技法をいろいろと開発していたし，また宇宙線の研究に多大の貢献をした科学観測隊や研究グループなどを組織していた人である．ミリカンの考えが何もかも正しいわけではなかったが，時として彼は独断的で自分が予想した考えに反する証拠は認めたがらないようなところもあった．

R. A. ミリカン (R. A. Millikan, 1868–1953) は大勢の家族を抱えた貧しい牧師の息子であった．アメリカの科学者にはこういう人が結構多いのである．彼が少年時代を過ごしたのは中西部の小さな町である．やがてオバーリン・カレッジに入学したが，ここでは 2 年生の時に物理を教えてくれと頼まれた．ところで彼はこの前に物理は一度も勉強したことがなかったのである．それでも彼は奨学金を得てコロンビア大学に行けるようになるまでここで物理を教えていた．そしてコロンビア大学で 1895 年に博士号を取った．それからしばらくドイツに行った後，シカゴ大学の A. A. マイケルソンの助手になった．ようやく 1909 年になって初めて彼は本格的な研究計画に着手することができた．それは電子の電荷の決定と，その後に来るプランク定数の決定に関わるもので，どちらも実験的な成果として第一級のものである．1921 年にはシカゴ大学からカリフォルニア工科大学に移り，ここで大きな物理学研究所の陣容を整えた．これはある期間の間，アメリカで最良の研究所となった．ミリカンの性格は物理学者の間にはあまり見られない類いのものであった．彼はすぐれた宣伝家で，難しい時代にも巨額の金を集める手腕があった．また自分の名もためらわずに売り込んだ．科学と宗教の話をするのが好きで，宇宙線のことを「原子の産ぶ声」だとか「天体の音楽」などと言っていた．こんなわけで，宗教活動団体がカリフォルニア工大に「イエスは救いたもう」という大看板を立てかけると，学生の中には「それミリカンの手柄とならん」などといたずら書きをする者もいたのである．

しかしミリカンの自己宣伝は科学上の業績や行政的な実績から見て充分に根拠のあるものであった．物理学における彼自身の実験的な研究は，カリフォルニア工大の多くのすぐれた研究グループの手で，他のいろいろな分野にも拡張されて行った．ここでは宇宙線，分光学，X線，核物理学などの隆盛が見られた．ミリカンの指揮のもとに，化学，生物学，工学その他の分野の研究所が創立されて，科学において前途有望な人々が集められた．この人々の中にはその後世界的に有名になった人も多い．またウィルソン山とパロマ山の天文台は天文学において指導的な役割を担うものであった．

ミリカンの人柄には，その生い立ちと境遇が反映しているといえよう．彼は，マーク・トゥエインが巧みに描き出している時代の中西部に見られた牧歌的な雰囲気の中に育った．その多才ぶりは，法廷の書記を振り出しに，体育コーチなどをやり，やがて世に隠れもない大実験物理学者となるに至るまでの仕事の変わりようを見ても明らかであろう．宗教や哲学についての見解は単純，時として素朴であり，また研究のスタイルとしては理論的なアイディアよりもテクニックや実験装置を工夫する能力を重視したが，これらはすべて，この時代のアメリカ全体の特徴でもある．弱点もあり，単純すぎるところもあったが，彼には彼一流の高邁な倫理的理想というものがあり，また一種の気高ささえあったのである．

ミリカンの弟子のうち，最も重要な人物の一人にカール・D. アンダーソン（図 9.10）がいる．アンダーソンは 1905 年のニューヨーク生まれで両親はスウェーデン人である．アンダーソンはもっぱらカリフォルニア工科大学で研究生活を送り，長年にわたってすぐれた業績を挙げた．1930 年には霧箱の作製に取りかかったが，これは磁場がかけられ，また金属板が配置してあって，観測する粒子がそれを通り抜けるようにしたものであった．この装置を用い，粒子の磁場による振れと，金属板を通過する際の挙動を観測できたのである．

この方法，またその改良や変形を使ってアンダーソンとその弟子たち（S. ネ

図 9.10　陽電子を発見したカール・D. アンダーソン（右側）とその弟子で泡箱を発明したドナルド・グレイサー. 1950 年頃.（E. セグレ撮影）

ッダーマイヤー等）は長期間にわたって数々の重要な発見をした．その中でも初期に属する一つの発見は 1932 年 8 月 2 日のことであった．この日彼は一枚の写真を手にした．これは図 9.11 に転載してあるが，電子が鉛の板を通過して霧箱の中で止まったところが写っている．どちら向きに動いたかは，電子が鉛板を通過する時に運動量を減らされ，したがって飛跡の曲率が増えることからわかる．この場合電子は上向きに進んだにちがいない．ところでこうして運動の向きと磁場の向きが定められてみると，この飛跡は正の電荷を持つ粒子のもので，負の電荷を持つ普通の電子のものではないのである．ではそれは陽子であろうか．これはありえない．というのは鉛板を通り抜けられるだけの運動量を持つ陽子の飛跡なら，霧箱の磁場の中で目に見えるような曲がり方はしないはずだからである．逆に，飛跡が曲がっている以上，鉛板を通過できるだけの運動量は持っていないはずだと言っていい．この写真を詳しく検討すると，どうしてもこれは正の電子，今の呼び方に従えば「陽電子（positron）」だと結論するほかないのである．1932 年にはアンダーソンはディラックの電子の理論に不案内で，ディラックが陽電子の存在を予言していたことを知らなかった．彼はこの結果を簡単な論文にして発表したが，これはきわめて確実な実験的証拠だったので物理学者の誰もが，確かに彼は正電荷の電子を観測したのだ

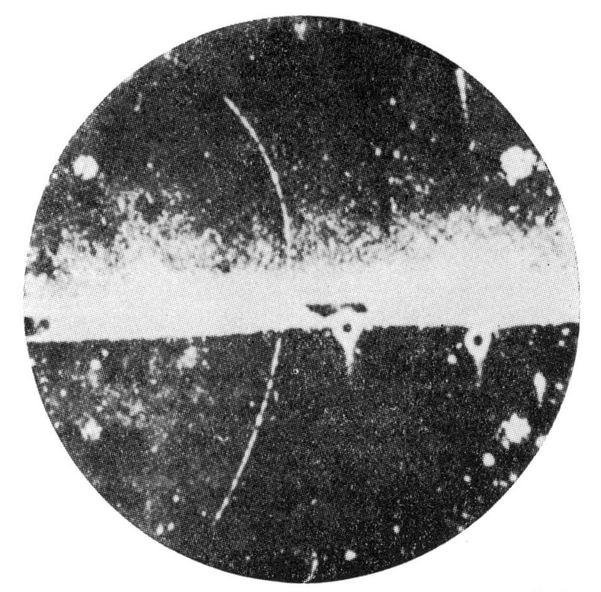

図 **9.11**　磁場をかけた霧箱で撮影された宇宙線中の陽電子．電荷が正の場合，軌跡の曲線の半径，磁場の向き，粒子の速度が左手座標系を作る．陽電子は下からきて，鉛の板を通り抜け，ここで減速されている．速度が減ったことは，写真の上側で軌跡の曲率が大きくなっていることからわかる．[C. D. アンダーソン撮影，*Physical Review* **43**, 491 (1933) より]

とただちに認めた．これがまたディラックの理論の勝利ともなったことは言うまでもない．

アンダーソンの発見の後になって，他の物理学者も自分たちがもっと前に撮った写真の中に陽電子の飛跡を見つけ出した．前にはこの飛跡を見逃していたか，誤って解釈していたか，さもなければそれが陽電子の存在を証明するに足るほどはっきりしたものではなかったか，であった．

このアンダーソンの仕事が出る少し前に，ブルノ・ロッシはガイガー－ミュラー計数管を三つ，三角形の頂点に置き，そのまわりを鉛で囲ったところ，これらが同時に信号を発するのを観測した．この場合，鉛から放出された荷電粒子が少なくとも二つ同時に存在すると仮定しない限り，信号が一致することの説明は難しい．この実験の結果は非常に信じ難く見えたので，最初に投稿を受けた学術誌はこれを却下した．そこでそれは別の雑誌に送られたのである．こ

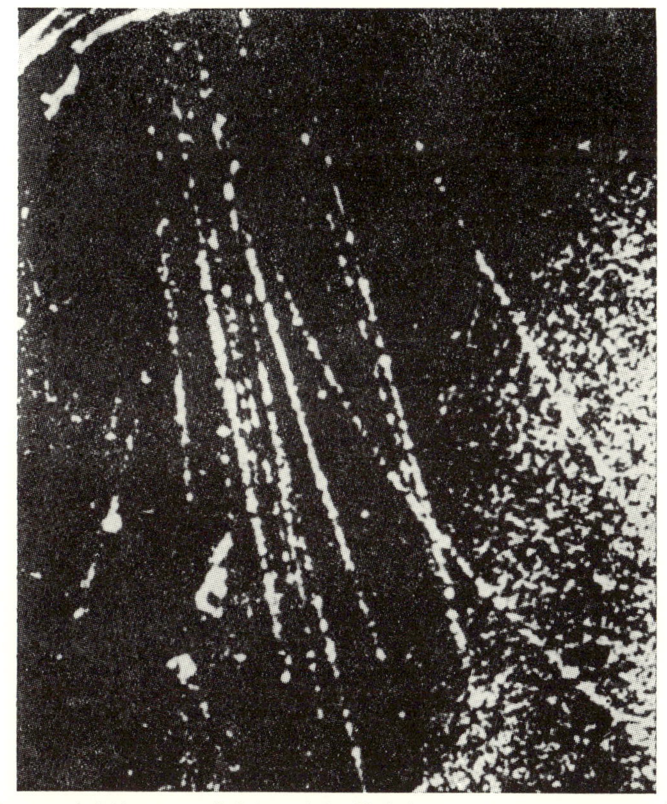

**図 9.12**　宇宙線によって作られた電子と陽電子のシャワー．シャワーは，宇宙線が電子－陽電子対を生成することによって起こる．この写真は，P. M. S. ブラッケットと G. オッキァリーニが，霧箱をガイガー・カウンターで制御して撮影したもの．［*Proceedings of the Royal Scciety* **139**, 699 (1933) より］

の謎を明らかにするために P. M. S. ブラッケットと G. オッキァリーニが，霧箱を囲んで配置された計数管から同時に三つの信号が出ると霧箱の膨張装置が作動するように工夫してやってみた．そうすると霧箱の中にまさしく正電荷と負電荷の粒子のシャワーが見られたのである．この実験はキャヴェンディッシュ研究所で行なわれた（図 9. 12）．少々尾ひれがくっついた気味もあるが，ともかくこの発見にまつわる一つの話がある．オッキァリーニは自分で現像した写真を見るや否や，ラザフォードの家に飛んで行った．女中さんがドアを開けると，すっかり興奮したオッキァリーニは思わずその女中さんにキスをしたという．そしてラザフォードはその写真を見ると，この頃お金に困っていたオッキァリーニに50ポンドの小切手を書いて渡したというのである．

このシャワー現象は，ガンマ線がいわゆる物質化を起こして電子－陽電子の対に変わり，それがまたガンマ線を生じるという過程が繰り返されて起こるものと説明されている．この物質化という現象は，原子核，それもなるべく重い核の方がよいが，それがあるところでしか起こらない．ここで原子核は，この過程においてエネルギーと運動量が保存されるのを保証するために必要なのである．

実はイレーヌ・キュリーとジョリオはアンダーソンより前に，ポロニウム＋ベリリウムから生じる放射線を研究している際，霧箱で陽電子を見ていたのである．ところがこの二人は，それが放射線源から出てくるのではなく電子が放射線源に向って運動したものと解釈したのであった．それにしてももちろん，放射線源に向って動く電子がどこから来たのか，ということが問題になったはずなのだが……．キュリーとジョリオは中性子ばかりでなく陽電子までも見逃してしまったことを悔やんだに違いない．1933年の4月，二人はもう一度，霧箱の操作を開始して，5月23日にポロニウム＋ベリリウムの放射線源から出る硬いガンマ線（その線源からは中性子の他にこれも放出される）が物質化によって電子－陽電子対を生成することを確かめた．その2ヵ月後の7月には，対の他に単独の陽電子をも見つけた．これは注目すべきことであったが，もっと注目に値するのは，この単独の陽電子のエネルギーがある範囲の連続的な値を持っているらしいということであった．

## 新しい核物理学

1933年10月22日から28日にわたって開かれた第七回ソルヴェイ会議は原子核の問題に当てられた．核の問題はこの頃物理学において関心の的になっていたのである．これまでこの章でお話ししてきたいろいろな発見はどれも皆新しい現象だったので議論の話題には事欠かなかった．図9.13にこの会議に参加した顔ぶれが見られる．この中で旧世代側の代表人物はM.キュリーとラザフォードである．新世代のほうにはジョリオ，チャドウィック，イレーヌ・キュリー，ボーテ，フェルミ，それにE.O.ローレンス等の顔が見える．アメリカ人はローレンス一人であった．この会議録に目を通してみると，この頃どんなことがわかっていたか，どんなことに疑問が持たれていたか，どんな混乱が見られたかなどを知ることができる．中には当時だいたい解決ずみであるか，あるいは解決の見通しがついているような問題もあり，また一方にはまるきり混沌としているようなものも見られる．

最も頭を悩ませた問題の一つはベータ崩壊であった．これは何とエネルギー保存の原理まで疑わせるように思われた．ベータ崩壊の前後で原子核はそれぞれはっきりした状態にあるのに，出てきた電子は連続的なエネルギー・スペクトルをもっている．崩壊で出る電子のエネルギーがその前後の核のエネルギーの差に等しくないとしたら，余分なエネルギーはどこに行ってしまったのだろうか．何年も前からこの問題はいろいろ検討されていた．たとえばガンマ線がこの行方のわからないエネルギーを受け持っているのではないかということもしらべられた．熱量測定の方法まで動員されて，いろいろな実験が行なわれたが，この余分なエネルギーの行方を明らかにすることはできなかった．そのうえ，普通なら保存されるはずの角運動量やその他の物理量もやはり保存されないという困難もあった．絶望のあまり，ボーアは，原子核現象においてはエネルギーの保存則を捨てなければならないと考えるまでになっていた．パウリはもっと保守的で，1930年以来，一つの考え方を提案していた．つまりベータ崩壊の際，電子とともに軽い中性の粒子が出る，これは観測にはかかっていないがとにかく何らかの仕方で余分なエネルギーを取り去ってくれて，エネルギー保存をはじめいろいろの保存則をみたすようにしてくれる，というのである．ローマではパウリの言う軽い中性の粒子を普通「ニュートリノ（neutrino)」という名で呼んでいた（イタリア語で小さい中性の粒子という意味である）．これはチャドウィックの「ニュートローネ」（イタリア語で大きな中性の粒子という意味）と対比して名づけられたわけだが，このニュートリノという名前は，1933年の暮れ，フェルミがこれに基づくベータ崩壊の本当の理論を打ち立てて以来，世界中で採用されるようになった．

このソルヴェイ会議におけるベータ・スペクトルの話といえば，ジャン・ペランの息子のフランシス・ペランが，ここで非常に重要な意見を述べている．

それは，キュリーとジョリオの霧箱写真に見られる陽電子が，連続的なエネルギー分布をもっている事実は，ベータ崩壊のスペクトルを連想させる，ということであった．これがどれほど正鵠を穿ったものであるかは，当の彼自身も知らなかったのである．

この会議で議論の的になったことの中に，もう一つ驚くべき実験結果がある．それはハンブルク大学でオットー・シュテルンと協同研究者のI. エステルマン，O. フリッシュたちがこの会議の直前に得たものである．彼らはシュテルン－ゲルラッハの実験を水素分子についてやってみて，電子の磁気モーメントではなく陽子が持っている核磁気モーメントを測定することに成功した（図9.14)．陽子の磁気モーメントは電子の場合よりも3桁くらい小さいと予想されていたので，この実験はたいへん難しいものであった．この予想はボーア磁子の表式の分母に粒子の質量が入っているのを見ればうなずける．これを単純に当てはめて考えれば陽子と電子の磁気モーメントの比は質量の比の逆数，すなわち1/1836だということになるからである．これが，ちょうどその頃ハンブルグに滞在していたかの偉大なパウリも含めて理論物理学者の予想したところであった．パウリはシュテルンにこう言った．もし面倒な実験をする趣味があるというならそれをやるのも良かろうが，結果はもうわかっているのだから

**図 9. 13**　1933 年ソルヴェイ会議に参加した人たち．この写真には，老若併せて，当時の原子核物理学の最重要人物が顔を揃えている．坐っているのは，左から，E. シュレーディンガー，I. ジョリオ－キュリー，N. ボーア，A. ヨッフェ，M. キュリー，P. ランジュヴァン，O. リチャードソン，E. ラザフォード，T. ドゥ・ドンデール，M. ド・ブローイ，L. ド・ブローイ，L. マイトナー，J. チャドウィック．立っているのは，E. アンリオ，F. ペラン，F. ジョリオ，W. ハイゼンベルク，H. クラマース，E. シュターエル，E. フェルミ，E. ウォルトン，P. ディラック，P. デバイ，N. モット，B. カブレラ，G. ガモフ，W. ボーテ，P. ブラッケット，M. ローゼンブルム，J. エレラ，E. バウアー，W. パウリ，M. コシンズ，J. フェルシャフェルト，E. ヘルツェン，J. コックロフト，C. エリス，R. パイエルス，A. ピカール，E. ローレンス，L. ローゼンフェルト．（ソルヴェイ協会）

時間と労力の無駄になることも確かだ，と．この実験が進行している途中，これをめぐって開かれたセミナーが終ったところでシュテルンはいあわせた人たち全員に自分の予想する結果を署名入りで紙きれに書いてもらい，集めた紙をポケットにしまい込んだ．さて実験が終ってみると，驚いたことに陽子の磁気モーメントは皆が素朴に予想した結果のおよそ 3 倍も大きいことがわかったのである．これは陽子が複雑な構造をもっていることを最初に示したものの一つである．

**図 9.14**　オットー・シュテルンの研究室，ハンブルク，1931 年．O. R. フリッシュが，陽子の磁気モーメントを測る装置と一緒に写っている．フリッシュはリーゼ・マイトナーの甥で，彼女に協力して，ハーンとシュトラスマンの，ウランの核分裂についての実験の解釈を見出した．(E. セグレ撮影)

ソルヴェイ会議が終って，参加者はそれぞれブリュッセルで聞いたことに思いをめぐらせながら家に帰った．それからわずか 2, 3 ヵ月のうちに，またいくつか新たな大発見が現われたのである．

フェルミはベータ崩壊のことをずっと考えていた．彼は，定性的な考えとしてニュートリノは大いに気に入っていたが，それを量子力学の法則に従う定量的な理論にまでもっていく必要がある．ここで一つ難しい点があった．通常の理論では粒子の数は一定であるが，この場合には，ベータ崩壊が起こる瞬間に，電子とニュートリノが創り出されるという点が本質的である．しかし光についても同じような効果が見られるのも確かである．つまり一つの原子が高いエネルギー状態から低いエネルギー状態に飛び移る瞬間に光量子が創り出されるとも言えるのである．

ディラック，パウリ，ハイゼンベルクたちが 1928 年にすでにこの問題に取り組んだ．この問題についての彼らの初期の論文が場の量子論と量子電気力学の道を拓いたのであるが，これはまたなかなかに難解であった．彼らはマクスウェルの電磁場を交換関係という量子論の規則に従って量子化した．ここから 1905 年にアイシュタインが予言した光量子の存在が数学的に導かれてくる．1929 年になってフェルミは，ディラックが 1927 年に書いた輻射の量子論の論文に目を止め，そこに出ている結果を見て，この問題を自分流のもっと簡単なやり方で扱ってやろうと考えた．そこに出てくる難しい論法が，当時はディラックの理論を理解するうえの障害となっていたので，それを使わないでやってみようと思ったのである．そうして量子電気力学に関する有名な論文を書いたのだが，これは輻射の理論を並の物理学者にも開放する役を果たした．この論文は論理の運びも厳密で結果も正しいものであるが，そこではこの数年前に O. クライン，P. ヨルダン，E. ウィグナー等が発明した生成・消滅演算子は使われていない．これらの演算子はその名が示すとおり，粒子を作り出したり消したりするもので，フェルミ粒子とボーズ粒子とでは違う性質を持っている．そしてこれはフェルミがまだよく身につけていなかった数学的な技法を必要としたのである．

ブリュッセルから帰ると，フェルミはいよいよこの演算子の使い方を自分のものにしなければ，と思った．しばらく勉強してみてもうよくわかったと思えるようになって，腕試しの「演習問題」をやってみる気になった．そこでベータ崩壊を，できるだけ電気力学と平行なモデルによって記述することに取りかかった．そのためには新たな基本的相互作用，すなわち重力や電気力と同様な，新しい自然力を持ち込まなければならなかった．この，いわゆる弱い相互作用，あるいはフェルミ相互作用には一つの新しい普遍定数 $g$ が必要になってくる．そしてこの定数はベータ崩壊の実験から決められるのである．フェルミの理論はベータ線スペクトル，ベータ崩壊に対する平均寿命，その他この種の崩壊がもついろいろな性質を説明することができた．この理論は，その後中国人の T. D. リーと C. N. ヤンによって付け加えられた本質的な事柄と相まって，今日でも依然として正しいものである．リー，ヤンの仕事については第 12 章でお話しすることにしよう．フェルミのベータ崩壊の研究業績は，おそらく彼の理論面での代表作とも言うべきもので，素粒子物理学において基本的な重要性をもっている．フェルミは1933年の暮れに，その原稿を『ネイチュア』誌に送ったが，編集者はあっさりこの掲載を断わってきた．その後間もなくこの原稿は別のところに掲載されたのである．

ちょうど私たちがローマでベータ線の理論を勉強している時に，キュリーとジョリオのたった1ページの報告が現われて，これを読んだ私たちは啞然としたものだ．

パリで何が起こったか．ソルヴェイ会議でキュリーとジョリオが，ある物質にアルファ線を当てた時に陽電子が出て，それが連続スペクトルを持つということを報告したことは前に述べた．引き続き彼らはこの現象についての研究を行なっていたが，そこで得られた結論が1934年1月19日付で『ネイチュア』の速報欄に載った（図9.15）．これにはこう書かれている．

> われわれが最近行なった実験で，きわめて衝撃的な事実が現われた．アルミニウム箔をポロニウム試料の上に置いて照射した時に起こる陽電子の放出は，この放射性の試料を取り除いた後でもすぐには止まない．アルミニウム箔は依然として放射能をもち続け，放射線の出方は通常の放射性元素と同じく指数関数的に減衰する．同じ現象はホウ素やマグネシウムについても観測された…….

この1ページの論文こそ，前にラザフォードがした予言，すなわちキュリーとジョリオはその当時味わった失望を近いうち何か大きな事で償うようになるだろうという予言を成就するものであった．まさしくここで二人は人工放射能という今世紀最大の発見の一つをなしとげたのである．かくして二人はノーベル賞を授与されたが，これで中性子と陽電子をみすみす取り逃がしたことにも償いがついたと思えたことであろう．ここで私は実験家諸氏に，短くても内容豊富な論文を書くことを心掛けるように注意したい．ノーベル賞委員会はえてして1ページ論文に好意的と見えるが，この点，大学の昇格審査委員会と対照的である．こちらのほうは（本当はこんなことはめったにないと私は信じているが）時として論文の重さで判定を下すかのように思われているのである．

さてジョリオ夫妻はただちに放射化学の標準的方法によってこの新しい放射性物質を，標的として用いたアルミニウムから分離し，その化学的性質を確か

Artificial Production of a New Kind of Radio-Element

By F. JOLIOT and I. CURIE, Institut du Radium, Paris

SOME months ago we discovered that certain light elements emit positrons under the action of α-particles[1]. Our latest experiments have shown a very striking fact: when an aluminium foil is irradiated on a polonium preparation, the emission of positrons does not cease immediately, when the active preparation is removed. The foil remains radioactive and the emission of radiation decays exponentially as for an ordinary radio-element. We observed the same phenomenon with boron and magnesium[2]. The half life period of the activity is 14 min. for boron, 2 min. 30 sec. for magnesium, 3 min. 15 sec. for aluminium.

We have observed no similar effect with hydrogen, lithium, beryllium, carbon, nitrogen, oxygen, fluorine, sodium, silicon, or phosphorus. Perhaps in some cases the life period is too short for easy observation.

The transmutation of beryllium, magnesium, and aluminium α-particles has given birth to new radio-elements emitting positrons. These radio-elements may be regarded as a known nucleus formed in a particular state of excitation; but it is much more probable that they are unknown isotopes which are always unstable.

For example, we propose for boron the following nuclear reaction:

$$_{5}B^{10} + _{2}He^{4} = _{7}N^{13} + _{0}n^{1}$$

$_{7}N^{13}$ being the radioactive nucleus that disintegrates with emission of positrons, giving a stable nucleus $_{6}C^{13}$. In the case of aluminium and magnesium, the radioactive nuclei would be $_{15}P^{30}$ and $_{14}Si^{27}$ respectively.

The positrons of aluminium seem to form a continuous spectrum similar to the β-ray spectrum. The maximum energy is about $3 \times 10^{6}$ e.v. As in the case of the continuous spectrum of β-rays, it will be perhaps necessary to admit the simultaneous emission of a neutrino (or of an antineutrino of Louis de Broglie) in order to satisfy the principle of the conservation of energy and of the conservation of the spin in the transmutation.

The transmutations that give birth to the new radio-elements are produced in the proportion of $10^{-7}$ or $10^{-6}$ of the number of α-particles, as for other transmutations. With a strong polonium preparation of 100 millicuries, one gets only about 100,000 atoms of the radioactive elements. Yet it is possible to determine their chemical properties, detecting their radiation with a counter or an ionisation chamber. Of course, the chemical reactions must be completed in a few minutes, before the activity has disappeared.

We have irradiated the compound boron nitride (BN). By heating boron nitride with caustic soda, gaseous ammonia is produced. The activity separates from the boron and is carried away with the ammonia. This agrees very well with the hypothesis that the radioactive nucleus is in this case an isotope of nitrogen.

When irradiated aluminium is dissolved in hydrochloric acid, the activity is carried away with the hydrogen in the gaseous state, and can be collected in a tube. The chemical reaction must be the formation of phosphine ($PH_3$) or silicon hydride ($SiH_4$). The precipitation of the activity with zirconium phosphate in acid solution seems to indicate that the radio-element is an isotope of phosphorus.

These experiments give the first chemical proof of artificial transmutation, and also the proof of the capture of the α-particle in these reactions[3].

We propose for the new radio-elements formed by transmutation of boron, magnesium and aluminium, the names *radionitrogen*, *radiosilicon*, *radiophosphorus*.

These elements and similar ones may possibly be formed in different nuclear reactions with other bombarding particles: protons, deutrons, neutrons For example, $_{7}N^{13}$ could perhaps be formed by the capture of a deutron in $_{6}C^{12}$, followed by the emission of a neutron.

[1] Irène Curie and F. Joliot, *J. Phys. et. Rad.*, 4, 494; 1933.
[2] Irène Curie and F. Joliot, *C.R.*, 198; 1934.
[3] Irène Curie et F. Joliot, *C.R.*, meeting of Feb. 20, 1934.

**図 9.15**　1934 年 2 月 10 日の『ネイチュア』に載った，キュリーとジョリオの論文．ある種の原子核（Al, B, Mg）をアルファ粒子で衝撃して得られた人工放射能の発見を報じたもの．これらの生成物は陽電子を放出して崩壊する．

めた．こうしてこの時起こった核反応は次のようなものであることがわかった．

$$Al^{27}_{13} + He^{4}_{2} = P^{30}_{15} + n^{1}_{0}$$

ここで燐の放射性同位体 $P^{30}_{15}$ は半減期約 3 分で次の反応に従って崩壊する．

$$P^{30}_{15} \rightarrow Si^{30}_{14} + e^{+} + \nu$$

化学記号のうしろで上下にくっついている数は質量数と原子番号 $Z$ である．核反応を表わすにはボーテが導入したもっと簡単な形もよく用いられる．たとえば $P^{30}_{15}$ ができる反応なら $Al^{27}_{13}(\alpha, n)P^{30}_{15}$ という記号で表わされる．ここで最初の記号は標的となる物質を，括弧の中のはじめのほうは入射粒子，後のほうは出てくる粒子を，そしていちばん最後の記号は反応生成物を示している．

人工放射能の発見からは測り知れないほど多くのものが生み出されている．

年老いたキュリー夫人は，もうこの時助かる見込みがないほど病状が悪化していたが，娘にこう書くことができた.「私たちはあの古い研究所の栄えある日々に，今再び立ち帰りました.」彼女がこう言ったのも至極もっともであった.キュリー夫人は放射能に関する自著の新版に人工放射能について短い一節を挿入するのがやっとであった．そしてこれは夫人の死後に出版された.

# 第10章

# エンリコ・フェルミと核エネルギー

エンリコ・フェルミは1901年9月29日にローマで生まれた．父親のアルベルト・フェルミはイタリア国有鉄道の管理職で，母親のイダ・デ・ガティスは結婚前には学校の先生をしていた．フェルミの祖父はまだ北イタリアのピアチェンサの近くで土地を耕していたが，たいへんな勤勉と質素によって一家の暮し向きはかなり良くなり，エンリコが生まれた頃にはつつましくはあったが心配のない生活を送るようになっていた．

エンリコはローマで育ち，そこの高校に通った．彼は何につけても一番の模範生であった．まだ子供の時分から数学と物理には根っからの大きな興味を見出していた．10歳の時に，大人たちの話の中で $x^2+y^2=r^2$ という方程式が円を表わしているということを耳にして，その意味を自分で発見することができたという．

フェルミには少し年上の兄がいたが，二人のうち兄の方がもっと才能があると見られていた．この兄は15歳の時に思いがけなく外科手術中の悲運な事故で亡くなってしまい，たいへん仲良しだったエンリコは，これによって強い衝撃を受けた．しばらくの間深い悲しみに沈んでいたが，やがて彼はこの兄の同級生エンリコ・ペルシコと友達になった．二人は終生親交を絶やさない間柄となり，またともにイタリアで最初の理論物理学教授の座に就くことになる．

フェルミの父は国鉄の同僚のアドルフォ・アミデイと親しくしていた．この人は科学技術について相当な知識をもっていた．アミデイが初めてエンリコに会ったのは彼が14歳の時であるが，すぐにアミデイは彼のなみなみならぬ才能を認めたのである．そしてこの少年に自分の数学や工学関係の本を借してやり，読書の指導もした．若いエンリコは代数，解析，幾何学などの本を勉強し，またそこにあったたいへんな数にのぼる練習問題を解いてまたたく間に数学の

**図 10.1** オルソ・マリオ・コルビーノ，物理学者，兼政治家（右）．一緒に写っているのは，A. ゾンマーフェルト（中央）と R. A. ミリカン（左）．エンリコ・フェルミを，ローマ大学の理論物理学教授の地位に推薦して，ローマに物理学の中心を興すうえで力になったのは，このコルビーノである．(カリフォルニア工科大学)

素養をしっかり身につけてしまった．アミデイによると，それらの練習問題の多くはなかなかむづかしいものだったという．エンリコが高校を卒業した時，アミデイは，ピサの高等師範学校で大学授業料免除の特待生競争の試験を受けたらどうかと勧めた．フェルミもこれに同意して，入学試験ではやすやすと一番の成績を取った．この時の彼の答案は今でも高等師範の保管書類の中に残っている．

論文試験の題は「音の性質について」というものであった．この受験生は半ページほどの序論を書き，ついで棒の振動を例に取ってそれを詳しく論じた．そこでは棒についての偏微分方程式を立て，その固有値と固有関数を求め，また棒の運動をフーリエ解析によって取扱う等々の議論が展開されていた．この当時はもちろん，今日の博士号取得志願者でさえ，全然参考書なしで初めからこれほど洗練された議論を展開できる人はめったにないであろう．しかもそこ

図 10.2　ローマ大学物理学研究所．パニスペルナ街にある．

には一つとして誤りが見られないのである．これを見てびっくりした試験官のピタレリ教授は，規定には口答試験はなかったがこの受験生に会ってみることにした．そしてしばらく彼と話した後，ピタレリは，自分の長い教師生活の中でもこんな学生には会ったことがない．フェルミは間違いなく試験に合格するだろう．そのうえ将来，彼がすばらしい業績を挙げることもあらゆる点から見て請合える，といったことをフェルミに語った．フェルミはこの時のことを，ピタレリ教授に大いに感謝しながら私に話してくれたことがある．

高等師範でフェルミは独力で勉強した．ここで彼の教師となったのは図書館で見つけた本である．友人のペルシコへの手紙の中に，フェルミは自分の進み具合をこと細かく報告している．それによると（彼は人に自慢するタイプではなかったことをお断わりしておく），1 年後にはもうフェルミは相対論と量子論ではピサ大学随一の権威と見なされていたということである．ピサでフェルミはまた一人，フランコ・ラゼッティという友人を得た．彼についてはまた後でお話しすることになろう．1922 年に博士号を受けるとすぐさまフェルミはローマにいる家族の所に帰り，大学の物理学研究所長を訪ねた(図 10.1，10.2)．

その時の様子をフェルミはこんなふうに書いている.

> 私は1922年に卒業した直後，ローマに帰ったところでO.M.コルビーノ上院議員と知り合いになった．この時私は20歳，コルビーノは46歳であった．彼はこの国の上院議員で，またずっと社会教育相もしたことがあり，さらに学界での第一人者の一人としても広く知られていた．こんなわけで，私は自己紹介をした時には当然のことながらいささかびくついていたが，彼が私の研究について親切に，しかも深い関心を示しながら議論を始めだすと私の恐れはたちまち消えてしまった．その後，私はほとんど毎日のように彼に会い普通の話をしたり科学上のことで議論したりしていたが，これは私にとってはっきりしていなかったいろいろな考えを明らかにするのに役に立ったばかりでなく，弟子がその師に抱くような深い尊敬の念を呼び起こしたのである．この尊敬の念は，私が彼の研究所で特別に仕事をするのを許してもらっていた何年かの間に日増しに大きなものになっていった．彼に近づいた人は誰でもこういう気持を感じたに違いないと思う．彼の親切な態度，また当人にはありがたくない事実でも少しもその人の気持を傷つけずに伝えてくれる賢明で機知に富んだやり方，心底からの誠実，そのうえ科学的な問題ばかりでなく人間的な問題にも寄せられる深い関心，それらは何人にもただちに彼に対する好意と讃嘆の念を呼び起こさずにはおかなかった．
> [Fermi, *Collected Papers*, vol. 1, p. 1017 (Universiy of Chicago Press, 1962)]

## ローマでの発見

コルビーノには一つの夢があった．それはイタリアに物理学を復興させることである．彼がこよなく愛着を感じていたこの学問は，かつてヴォルタやアヴォガドロの頃にほしいままにした光輝の時代が終ってから，イタリアではほぼ100年間というもの，ずっと沈滞したままであった．コルビーノは賢いうえに心が広く，全く嫉妬心というものは持ち合せない人だったので，ただちにフェルミの中に自分の夢をかなえてくれるものを見て取ったのである．そのために彼はフェルミをいつも勇気づけて惜しみなく援助したのであった．初めイタリア政府の奨学金を受け，またその後ロックフェラー財団の奨学金を受けてフェルミはドイツとオランダに行き，そこで国際的な物理学者たちの仲間と知り合いになった．彼は精神的にはもうすでにピサの学生時代に辺境イタリアという殻を脱け出していたが，こうしていまや，からだじたいでこの殻をのがれたのであった．

ドイツではフェルミはしばらくゲッチンゲンのボルンのもとで過ごした．ここでハイゼンベルクやパウリにも会ったが，フェルミはほとんど孤独だったので結局のところここに滞在したことはそれほど実りある結果とはならなかった．ライデンではもう少し良いめぐり合わせになった．ここではエーレンフェストが彼の才能を見抜いて大いに励ましてくれたのである．イタリアに帰るとフェルミはフィレンツェ大学で非常勤の教職に就いた．次いでサルディニアでのあるポストをめぐる資格競争で失敗するというちょっとしたつまずきがあった後，コルビーノがローマ大学の理論物理学教授の席をつくることに成功した．この部門に教授のポストが設けられたのはイタリアではこれが初めてのことであり，フェルミはこれに任命されたのである．ちょうど同じ頃ペルシコもフィレンツェに新しく設けられた理論物理学教授の席に就いた．これは1927年のことであるが，この時までにもうフェルミはパウリの排他原理に従う粒子にあてはまるフェルミ統計を発見して国際的な名声をかち得ていた．

第5章でボーズとアインシュタインが古典統計力学にある種の変更が必要になることを示したということをお話しした．それは問題になっている粒子同士が互いに同等であることを考えに入れるためであった．そしてボーズはこの考えを光量子に適用し，アインシュタインはそれを分子に適用したのであった．しかしこの二人の考え方では排他原理のために必要になる制限は考えられていない．というのは，その時期にはまだ排他原理というものが知られていなかったのである．したがってボーズ-アインシュタイン統計はこの種の制限を受けないような粒子に対して正しいものになる．こういう粒子をボーズ粒子と呼んでいるが，これらはみな整数のスピンを持つ粒子である．一方，半整数のスピンを持つ粒子は排他原理の制約を受ける．そしてこの場合にはフェルミ統計を使わなければならないのである．そのような粒子はフェルミ粒子と呼ばれている．特に電子，陽子，中性子もフェルミ粒子の仲間に入るのでフェルミ統計は非常に応用範囲が広いものになる．たとえばこれは金属の問題において基本的な役割を果たしている．

さてローマに落ち着くと，これまたコルビーノの助力によってフェルミはそこにフランコ・ラゼッティ (Franco Rasetti, 1902-　　) のためのポストも手に入れた．こうして二人はここに前途有望な学生のグループを集めることに着手した．年代順に言うと，私，エットール・マヨラーナ，エドアルド・アマルディ，その他の人々で，勉強する意欲も能力もある連中が集まってきて小さなグループを作ったのである．初め，このローマのグループは主として分光学と原子理論をやっていたが，フェルミと彼の友人たちはもっと新しい題目のほうが有望であり，未来は核物理学にあると考えて方向転換をした．この転換には当然時間もかかり努力も必要であったが，結局それはみごとに報いられたのである．

前に述べたように1933年の暮れ，フェルミは，理論上基礎的な位置を占めるベータ崩壊の問題を解くのに成功した．この仕事の結果そのものが重要であることは言うまでもないが，その他にこの仕事は湯川秀樹が強い相互作用の理論を作り上げるうえで，着想の源ともなり，また手がかりにもなったという点でも重要な意味を持つものであった．これについては第12章でお話しすることにしよう．フェルミのベータ崩壊の理論はその後の時の試錬にさらされても揺るぎない位置を守り続け，年月の経過とともにますます重要なものになってきたのである．

やがてローマは名声を博し，実験物理学の面でも理論物理でも，世界的に重要な中心地となっていく．これからその模様をお話ししよう．

人工放射能という大発見の成果を充分に活用するにはある改良を必要とした．それは投射粒子として中性子を使うことである．キュリーとジョリオの先駆的な実験では，アルミニウムに衝突させるアルファ粒子100万個に対して1回の割合で壊変が起こった．こんなに効率が低くなる主な理由はアルミニウムの原子核が静電力によってアルファ粒子を反撥し，アルファ粒子が標的核に接近するのを邪魔するためである．そこでフェルミは，中性子の場合にはこういう電気的な反撥力はないから効率は1に近いものになるはずだと思いついた．だが一方，中性子源として，アルファ放射能を持つ物質とベリリウムを組み合せたものを使うとすれば，アルファ粒子1個あたりについて中性子が出る率はごく小さい．というのは，そこでベリリウム核の壊変が起こる時しか中性子が出てこないからである．だがベリリウムは原子番号が4であるために（電気的反撥力が小さいから）ともかくこれだけの壊変を起こせる程度にアルファ粒子はベリリウム核に浸透できる．そこから出た中性子は原子番号に無関係にほぼ効率1で標的核の壊変を起こせる．結局，アルファ＋ベリリウムから出る中性子を使えば，どんな元素でもベリリウムと同程度の確率をもって壊変を起こすことになる．特にだいたい $Z$（原子番号）が10以上の元素に対しては，それと反応を起こす可能性を持つものは，天然の粒子源を使う限り，中性子しかない．こういう簡単な考えに導かれてフェルミは中性子を投射粒子として使ってみることにした．これに踏み切ったことが，その後に全く思いがけない発展を生む道を開いたのである．

はじめフェルミは手に入る元素を全部，原子番号の順に照射していった．水素，リチウム，ベリリウム，ホウ素，炭素，窒素，酸素などではうまくいかなかったが，それでも彼はあきらめなかった．そしてついにフッ素に至って放射能が現われたのである．

それに続く3年間というもの，猛烈かつ迅速に研究が進められた．フェルミと協同研究者のアマルディ，O. ダゴスティーノ，ラゼッティ，私（後になってB. ポンテコルヴォも加わった）たちは当初およそ40種の新放射性物質を発見した．これは実用的にも理論的にもたいへん重要な意味を持つ事柄であった．まずこのために原子核の体系的な研究にとってその材料が大いに増えたし，またやがてこれが事実上あらゆる化学元素について放射性トレーサーを与えることになり，それによって化学や生物学における応用技術を一変させるのに役立ったのである．

1934年の春，私たちはこの頃知られている中ではいちばん重い元素――ウラン――を照射した．そうするといくつもの放射性寿命と放射性物質が見つかった．その前にウラン以外の元素についてはどの場合にも $(n, \alpha)$，$(n, p)$，$(n, \gamma)$ 反応のうちの一つか二つが起こることが観測されていた．さらに，化学的な方法によって，ウランの場合に生ずる放射能は，鉛より原子番号の大きい既知の元素から出ているものではないこともわかった．そこで私たちは超ウラン元素がつくられたものと考えたのである．たとえば $U^{238}$ から $(n, \gamma)$ 反応で $U^{239}$ ができ，次いでこれがベータ崩壊を起こして $93^{239}$ を生ずるというわけである．ここで私たちは少なくとも一部分で間違っていた．超ウラン元素が作られたことは（そしてその中に今言った反応が含まれていたことも）そのとおりだったが，私たちが観測したのは実は全く別のある事柄だったのである．私たちの実験はパリでキュリーとジョリオが，またベルリンでハーンとマイトナーが追試し，その範囲をさらに拡大した．この人たちは私たちが得た結果の大部分を確認したのであるが，この研究の範囲を拡げるにつれてますますいろいろな物質が見つかり，崩壊の起こり方についてもますますこみ入った経路を考えなければならなくなった．そこで生成されたいろいろな物質がどういう順序で生まれてきたかということについて納得のいく仮説を立て，それらを周期律表のいちばん後に並べることはますます難しくなってきた．私たちは一つの謎にぶつかったという気持だったが，もとよりそれがいったい何であるのか知るよしもなかった．

私たちの結果は慎重な形を取って発表された．フェルミは終始一貫してこの仮想的な新元素に名前を付けるのに反対したが，これは，彼にはこの実験の解釈がどうもしっくりいかないように思えたからであった．フェルミはファシズムの産物であるイタリア・アカデミーの会員であり，1934年あたりにはもうイタリアで科学者の仲間内に限られない有名人になっていたが，フェルミ個人としてはどんな形であろうと宣伝というものは嫌いだったのである．この仮想的な新元素にたとえばリットリオというような（リクトルはローマ時代の官職で，そのしるしとして束桿をたずさえていた）何かファシストに因んだ名前をつけてファシズム体制の威光を増すということについて，表だった圧力ではないにしても，少なくともほのめかしくらいはあったにちがいないと思う．コルビーノは抜群に当意即妙の才を備えていた人だったので，これに対してこの新しい元素はたいへん寿命が短いものだからファシズムの記念としては適当ではないと指摘した．1938年のノーベル賞講演で初めてフェルミはこの新元素に対する仮の名前を提案した．しかし，これは悪い時機だった．というのはちょうどこの時，ハーンとシュトラスマンが核分裂を発見しつつあり，したがって，この新元素は（外交的表現をすれば）不充分な化学の産物にほかならないということが明らかになったのである．

その話とは別に1934年の秋，私たちはまた一つ驚くべきことにぶつかったが，これはたいへん重要な意味を持つものであった．私たちはなかば偶然に，またなかば鋭い観察のおかげで，パラフィンをくぐり抜けた中性子は，ラドン＋ベリリウム源から直接出てきた中性子よりも，核反応を起こすうえではるかに有効に働くということを見出したのである．この事実が確かめられるとただ

**図10.3**　中性子によってひき起こされる放射能の研究論文の筆者たち．左から，O. ダゴスティー，E. セグレ，E. アマルディ，F. ラゼッティ，E. フェルミ．1934年10月22日に書かれた速報に署名した中には，B. ポンテコルヴォもいたが，この写真には入っていない．(E. セグレ撮影)

ちにフェルミは次のような思いがけない説明を考え出した．すなわちパラフィンを通り抜ける間に中性子は弾性衝突を受けて減速されるが，この遅くなった中性子はある種の核反応を起こすうえで，速い中性子よりもずっと有効に働くのではないかというのである．たった2, 3時間のうちに私たちはこの仮説を検証することができた．そして1934年10月22日の夜，つまりこの効果を発見したその日のうちに，フェルミ，アマルディ，ポンテコルヴォ，ラゼッティ，セグレの連名で1ページの速報を書き上げて，この事実とその説明を揺るぎなく確立したのである（図10.3)．ここに名を連ねた誰にとってもこの仕事は生涯における一大傑作であった．コルビーノは遅い中性子が大きな実用的価値を持つようになる可能性を見逃さなかった．もちろんこの時にはまだ誰も遅い中性子が核エネルギーの鍵になるとは予測できなかったのであるが，コルビーノは私たちに特許を取っておくべきだと強く主張した．

さていよいよ私たちは1935年を迎えた．この年はエチオピア戦争，スペイン市民戦争，その他，第二次大戦の前ぶれとなる事件の年である．事情に通じて物事をよく考える人々の眼には，ヨーロッパの事態が破局に向っていることは明らかであった．ほぼこの頃にいろいろな理由で，ローマ・グループはばらばらになってしまった．ラゼッティはこんな事態に嫌気もさしていたし，また危険も感じたのでアメリカに渡った．私はローマからかなり離れたシシリーにあるパレルモ大学の物理学教授の席を得た．ポンテコルヴォはパリに行ってジョリオの研究陣に加わった．フェルミとアマルディだけがローマに残っていた．1937年には，不幸なことにコルビーノが思いがけなく亡くなってしまった．

さらに悪化していく一般情勢もますます私たちのグループを崩壊させる方向に追いやった．ローマ－ベルリン枢軸（ベルリンから見ればベルリン－ローマ枢軸であるが）の形成によるイタリアのドイツへの隷属，イタリアでの反ユダヤ人法の公布，その他数々の無謀な政策が推し進められて事態をどうしようもないものにしていった．

## 核分裂の発見

1938年の秋，ボーアはフェルミに彼がこの年のノーベル賞の最有力候補に上っていると知らせた．こんなことは先例のない規約違反なのであるが，この時期における例外的な事情からやむをえず行なわれたことであった．この頃，フェルミはイタリアを離れる決心をしていて，ストックホルムでノーベル賞を授与された後，妻や子供たちと一緒にそのままニューヨークに赴いた．彼がかつて訪れたことがあるコロンビア大学は，彼を待っていて大いに歓迎したのであった．

フェルミがニューヨークに着くか，着かないかの時，プリンストンでの講義に赴く途中のボーアが，核分裂が発見されたという電撃的な報せを持ってきた．これはちょうどフェルミがノーベル賞受賞式でストックホルムにいた頃にハーンとシュトラスマンの手によってなされたのである．このことをフェルミはそれまで全然知らずにいた．ハーンとシュトラスマンはウランを中性子で照射した時の生成物の中に放射性のバリウムを見つけ出したのである．これを見て彼らは仰天したのであるが，実験には何の落度もなくこの結果を信じないわけにはいかなかった．その発見を公表した論文の中で彼らはこう言っている．

> これらの研究の結果，われわれが以前に提案した壊変系列において挙げた物質の名前を変えなければならなくなった．すなわち，以前ラジウム，アクチニウム，トリウ

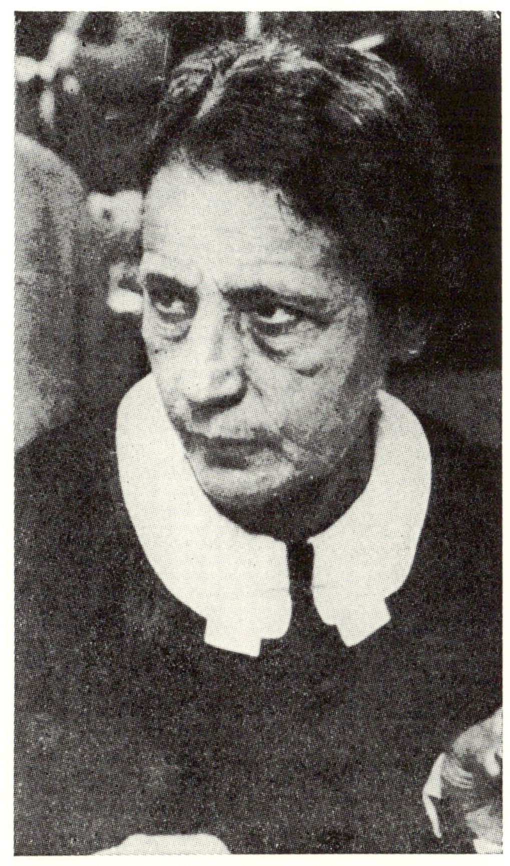

**図 10.4**　リーゼ・マイトナー (Lise Meitner, 1878-1968)，1937 年．初めプランクの助手をしていたが，その後，ベルリン・ダーレムのカイザー・ヴィルヘルム研究所で研究職に就き，核物理学のいろいろな問題を手がけた．ナチスの手から逃れざるをえなくなるまでは，オットー・ハーンと協同で研究をした．彼女は，原子核分裂の発見において，きわめて重要な役割を果たしている．

ムとしていたところを，バリウム，ランタン，セリウムに置き換える必要がある．物理学者とも近い間柄にある核化学者の立場としては，こうしてこれまでの核物理学の経験いっさいに相反するようなことを掲げるのは気の進まないことではある．[*Naturwissenschaften* **27**, 11 (1939)]．

このハーンが，前にカナダにいたラザフォードのもとに最初にやって来た人々の中にいたあのハーンと同一人物であることは言うまでもない．フリッ

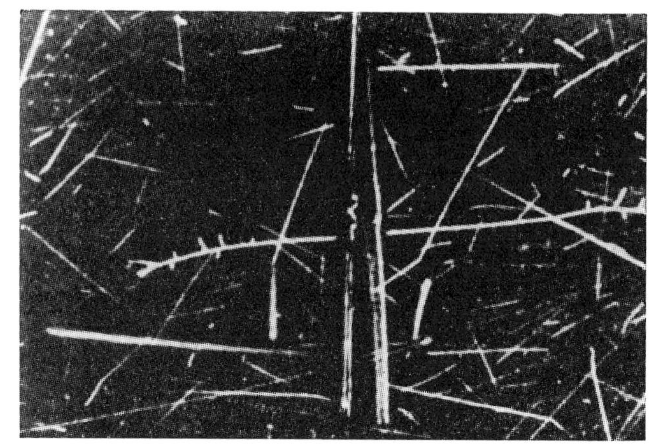

**図 10.5** 中性子によって生じたウランの核分裂．ウランを含んでいる，画面に垂直な薄い箔から，二つの分裂破片が飛び出している．この破片の飛跡は，ほとんど水平方向に伸びており，衝突によって生じた小さな枝分かれで，それと認められる．［I. K. Bøggild, *Physical Review* **76**, 988 (1949) より］

ツ・シュトラスマン（Fritz Strassmann, 1902-　　）はハーンの弟子である．ハーンはナチスに対して敵意を持っていたのだが，なんとかカイザー・ヴィルヘルム研究所での首をつないでいた．核分裂を発見した時ハーンは59歳であった．彼はそれまでの輝かしい研究生活を，この最大の発見でさらに飾ったのである．だがこの時，リーゼ・マイトナー（Lise Meitner, 1878-1968）がその場にいられなかったのは，彼にとって返すがえすも残念なことであった．彼はマイトナーとこれまで長年にわたって一緒に仕事をしていて，ウランを中性子で照射した時の生成物の研究もその中に含まれていたのであった（図 10.4, 10.5）．彼自身も，また他の有力な科学者たちもこの気心の優しいリーゼをヒトラーの人種憎悪の狂暴な手から守るために大いに骨折ったのであるが，やはり彼女の生命を守るにはこの国から逃れるほかなかった．彼女はヒトラーが彼女の母国のオーストリアを併合するまではなんとかベルリンにとどまって仕事をしていたのだが，この併合の後になるとその身に生命に関わる危険が迫ってきた．そこでついにオランダの友人たちの助けでドイツからオランダに抜け出し，さらにスウェーデンに渡り，ここに安住の地を見出した．ハーンはその驚くべき実験のことを，その事実に確信が持てるようになるとすぐに彼女に書いて報せた．マイトナーはクリスマス休暇の間に訪ねてきていた甥のオットー・フリッシュにその手紙を見せた．（このフリッシュは前にオットー・シュテルンの協同研究者として出て来た人である．）

この時彼もやはり亡命してコペンハーゲンにいた．フリッシュと叔母はハーンの得た結果を何と説明したらよいか頭をひねった．事実そのものには議論の余地がないと思えたので，何とか説明を見つけねばならなかった．あれこれ考えた末，多分ウランの原子核が二つの大きなかけらに分かれる——彼らの言い方によれば分裂する——のではないかという考えが二人に浮かんできた．実はこの現象については早くも1935年に一人の女性化学者が一言していた．それは私たちのローマでの実験の一部を批判してイダ・ノダックが書いた小論の中に見られる．ノダックは，ウランがこわれて二つの大きなかけらに分かれるということが起こっていないのかどうかを私たちが確かめていない点に異論を唱えたのであった．この論文のことは私たちも知っていたし，ハーンとマイトナー，キュリーとジョリオ，また多分キャヴェンディッシュの連中，その他いろいろな所にも知られていた．だが当時，これは正当に評価されなかったのである．そのうえノダックは，自分の仮説を立証しようと思えば比較的簡単な実験でできたはずなのだが，それを一度もやろうとしなかった．

1939年1月，核分裂という考え方がわかるとただちにフリッシュは，電離箱に線形増幅器を結合し，分裂でできたかけらが生ずる大きなパルスを探したところ，やはりそれが見つかった．この実験によって，ハーンとシュトラスマンの結果について彼が考えた解釈にも結着がついたわけである．それに続いて他にも大勢の物理学者がこの結果を確かめた．核分裂の報せが公表されてから数日のうちにこれを実験的に確認したグループは，私が知っているだけでも少なくとも四つか五つはある．どうして私たちがローマで核分裂の発見に至らなかったのか不思議に思う方もいるかも知れない．私たちの実験は核分裂を立証するすれすれのところまで行っていたのである．私たちはウランを中性子で照射した時に生ずる可能性がある寿命の短いアルファ放射能を見ようとするにあたって，こういう放射能は高エネルギーのアルファ粒子を出すだろうと仮定した．そこでこの飛程の長いアルファ粒子を止めるために試料をアルミニウム箔で覆ったのであった．そうしてそのために結局何も見ないことになってしまったのである．もしここでアルミニウム箔を取り除いていたら，核分裂破片が生ずる大きなイオン化パルスが見えたことだろう．仮にそうだったとしても，私たちがこれに正しい説明を与えることができたかどうかは何とも言えない．あちこちの研究室でもやはりこの実験が行なわれたが，そこで引き出された結論は検出器に何か間違いがあるというものだった，という話を私は耳にしている．多くの場合，人は予期していることしか見て取らないものである．これはX線や中性子や陽電子の例にも見られるとおりである．

## 原子爆弾への歩み

原理的には核分裂から連鎖反応に向かう道はさして長くもない．核分裂生成物は必然的に，これと同じ質量数の安定な核に比べて中性子が多すぎることになる．この過剰を取り除くにはベータ崩壊というゆっくりした過程を取るか，あるいはもし充分なエネルギーがあれば直接中性子を放出するかのどちらかである．この第二の場合には二次中性子がまた新たな核分裂を引き起こすのに使える可能性があり，さらにもしその数が充分多い時には，第一世代よりもっとたくさんの中性子を出すことになる．このやり方で，どんどん増えていく連鎖反応を達成することができる．そこでもしもこの連鎖反応が制御されずに非常に急激に進行すると，ものすごい爆発が起こる．こうして原子爆弾，もっと正確に言うなら原子核爆弾ができることになる．また一方，もしこの反応が制御できて定常状態にもっていければ，これで動力源が手に入る．つまり二つの道が同時に開けるわけで，一つを取れば原子爆弾に至り，もう一つを取れば核動力源に至る．科学技術の応用というものは，えてしてヤヌスの神のような二面性を伴っているのである．このようなさまざまのアイディアは何人もの物理学者の脳裡に浮んだのであるが，それを心の中にしまっておいた人もいれば，特許を取ろうとした人もいた．また，それがもたらす不幸を恐れていっさいを秘密に保ち，その開発をやめさせるか，あるいはせめてそれを遅らせるかしようと試みた何人かの物理学者もいた．しかしこの試みは実際問題として難しく，結局くじけてしまった．フェルミは核分裂を実験的に研究してみようと決心し，大がかりなものではないがコロンビア大学でこの研究に着手した．彼は，連鎖反応はただの白昼夢にすぎないものか，それともまともに見込みがあると言えるものかの見きわめがつく程度に核分裂が起こる過程の詳細な点を確かめたいと思った．この大いに興味ある問題を詳しく述べることはあまりにも紙数を要する．そこで結論だけ言わせていただくと，同位体分離を全然行なわない自然のままの物質については，連鎖反応はやっと起こるか起こらないかの境目にあるような過程なのである．したがってどちらになるのかはっきりさせるのは難しいわけである．

だが未曾有の威力を持つ核爆発物ができるかも知れないということは，科学空想読物の産物ではなく，きわめて真剣に考えるべきことだという点はもう疑いようもなかった．特にもしもそれを狙う者の一人がアドルフ・ヒトラーだとしたら大変なことである．最も早くから，原子エネルギーの問題を研究し，またこれに注目するよう呼びかけていた物理学者には，ハンガリア人のL. シラード，E. ウィグナー，E. テラー，オーストリア人のV. ワイスコップ等がいるが，中でもフェルミはその筆頭であった．こうして大勢のアメリカ科学者が自発的な動員体勢に入るという特異現象が起こったのである．実験が開始され，自発的に機密保持体制が敷かれた．1939年8月には，シラードをはじめとするハンガリア人の積極派が仕事の進み具合が遅いことを心配してルーズヴェルト大統領に直接働きかけてみようと計画した．そして大統領に宛てて現在の状況とその意味するところを説いた手紙を書き，アインシュタインにその差出人になってほしいと頼んだのである．この2，3ヵ月前にフェルミも同じようなことをアメリカ海軍のお歴々に説いて警鐘を鳴らしたのであるが，政府機構の動きは遅く，当初そこから出た援助はほんのわずかであった．アメリカでこうしたことが起こっている間に，イギリス，フランス，そしてドイツでも同じような動きが始まっていた．

さてその間にボーアが理論的な根拠に基づいて次のような予想を立てた．$U^{238}$ はエネルギーが1 MeV 以上の中性子を照射する時しか核分裂を起こさない．一方，遅い中性子は，天然ウランの中に137分の1しか含まれていない微量同位体 $U^{235}$ だけに核分裂を起こすであろう．間もなくA. ニールとJ. R. ダニングがこの仮説を実験で確かめた．そうするとウランで爆弾を作るには同位体を分離しなければならないことになる．これは最も楽観的な物理学者はともかく，たいていの人は恐れをなしてしまうほど絶望的ともいえる企てであった．

## 超ウラン元素

1940年にE. マクミランとP. アベルソンが最初の超ウラン元素を同定することに成功してそれをネプツニウム（$Np^{239}$）と名づけたが，これは比較的寿命の長い94番元素の同位体に壊変するのではないかと考えられた．1940年のクリスマスに私はニューヨークを訪ねて，フェルミと原子番号94，質量数239の原子核の予想される性質についてじっくり話し合った．これは後でプルトニウム239——$Pu^{239}$——と呼ばれるようになったものである．その時，特に私たちの興味をそそった点は，その寿命が長いらしいことと遅い中性子の衝撃で核分裂を起こしそうだということであった．もしそれが本当ならこれが $U^{235}$ の代用品になれるので，同位体を分離する必要はなくなるわけである．もちろん，この新しい物質の相当量を用意するには，それを生成する原子炉を作らなければならないが，天然ウランがその原子炉の燃料として使える可能性がある．

テクネチウムとアスタチン（179ページ参照）の研究をしたおかげで，私には人工化学元素についていささか経験があった．また適切に同定こそしなかったが，ネプツニウムについても研究したことがあったのである．

プルトニウム法の実用性を明らかにするためには，その原子核の性質をつきとめるのに充分な量だけこの新しい人工元素を作り出さなければならない．特に，遅い中性子の衝撃でどのくらい核分裂を起こしやすいものか，あるいは専門的な言い方をするなら遅い中性子に対する核分裂断面積がどのくらいになるか，を確かめる必要があった．またもしそれが $U^{235}$ の代りに使えることがはっきりすれば，今度は爆弾に必要な量だけそれを作り出さなければならない．これも簡単なことではなかったが，もう一方の同位体を分離するほうは確かに恐ろしく難しいしお金もかかるのである．1941年の初めの数ヵ月の間にJ. W. ケネディ，G. T. シーボーグ，A. C. ワールそれに私，の四人がバークレイのサイクロトロンでおよそ1マイクログラムの $Pu^{239}$ を作って，これが核燃料として使えることを明らかにした．

こうして今や原子爆弾を作るのに二つの方法があることになった．すなわちウランの同位体を分離するか，あるいは充分な量のプルトニウムを作るかすればよいわけである．同位体を分離するのは，大型質量分析器のための装置一式を作るか，気体拡散の方法を使うかのどちらかでやれるかもしれない．プルトニウムを作るには，まずそれを生産する原子炉と，その次にそれを分離精製する化学工程を必要とした．人工的に加速した荷電粒子を原子核に衝突させて充分な量のプルトニウムを作り出す方法はなかったのである．

ところで爆発を起こす$U^{235}$か$Pu^{239}$のどちらかが使えるようになったとしても，まだ爆弾そのものを作る仕事が残っている．

## 物理学の動員

やがて核エネルギーと核兵器を生み出すことになるこのきわめてこみ入った企画の科学的な面についてもっとお話しする前に，ここでその政治的な面の歴史のあらましを述べておこう．これまでおもに物理学者が自分たちだけでやってきた初期の活動について述べたが，ここで音頭を取ったのがほとんどヨーロッパ人だったことは一言に値する．アメリカ政府の助成金の規模はごく小さなものであった．コロンビア大学には1940年2月に6000ドルが交付され，次いで1940年11月から1941年11月までの12ヵ月分として4万ドルが交付されたが，これなどは比較的多いほうであった．

戦争の初めの頃にはアメリカ政府も，最有力なアメリカの物理学者たちも，レーダーその他の急を要するプロジェクトにかかり切りだった．彼らは核エネルギーの解放ということが実用になる見込みについては懐疑的で，さし迫った必要を優先した．核エネルギーや核爆弾などといっても，どうも現実離れしすぎていて，非常時の乏しい人的資源や物的資源を集中させる値打ちがあるのかどうかはっきりしないように思われたのである．一方イギリスの研究機関では戦局が最も急迫した時でも原子核研究が続けられており，イギリスの仲間と接触を保っていた多くのアメリカ科学界の指導者たちはこれを見て心を動かされた．

アメリカで政府が本腰を入れてこれに関わるようになったのは1940年から1941年にかけてである．いろいろな委員会が作られては再編されたり解散されたりしたが，1940年の6月には強い影響力をもった国防研究委員会(NDRC)が出現していた．この委員長は，MITの電気工学の教授で発明家でもあるヴァンネヴァー・ブッシュであった．大統領はNDRCに絶大な権限を与えたが，その中にはウラン問題の管轄権も含まれていた．有機化学者でハーヴァード大学の総長をしていたJ. B. コナントが原子核についての事柄ではブッシュの代理を務めた．全米科学アカデミーによる調査も核エネルギーの重要性とその実現の見込みを確認した．

1941年も終りに近づく頃には人々の気持にも大きな変化が生じていた．スマイス報告書[1)]の言を借りると「おそらくウィグナー，シラード，フェルミたちには，1940年ごろと同じく原子爆弾の可能性について絶対的確信はなかったかもしれない．しかし他の大勢の人たちのほうはこのアイディアそのものと，その結果起こりうべき事柄を身近に感ずるようになってきていた．烈しい戦いのさなかにあったイギリスとドイツの両方で，この問題はやってみる価値があると考えられていたのは明らかであった……」．結局これに総力を挙げて取り組むことが決定されたのである．そしてこれを統轄する委員会は能率化され再編されたが，その指導は常にブッシュとコナントに委ねられていた．この他の委員としては，前に規格基準局にいたL. ブリッグス，A. H. コンプトン，ユーレイ，ローレンス，それにスタンダード石油開発会社から来たE. V. マーフリーらがいた．

ルーズヴェルト大統領は定期的にこの計画の現在の進行状況と今後の見込みについての報告を受けていた．1942年には陸軍が資材調達と技術的な面でこれに積極的に協力することとなり，この目的に沿って同年9月，マンハッタン管区が編成された．国防長官はこの軍の活動をL. R. グローヴス将軍に任せ，彼が計画全体の指揮者となった．グローヴス将軍はワシントンのペンタゴン（国防総省）の建設で名を挙げた職業軍人であるが，知性に富み，正直で勇気のある人物で，管理能力にすぐれていた．グローヴスはこれまでとは全然違う新しい環境の中に来たわけであるが，きわめて短期間にここでの物事や人間を正しく判断することに馴れた（図10.6）．

この核エネルギー計画というものがどんなに入り組んだものであったかということをお伝えするのは，ほんの上っ面だけにしてもなかなか容易なことではない．ここで全く新しい工学技術を生み出す必要があったのであるが，そこには工業的な規模においてはかつて一度も出くわしたことがない問題がいろいろからんでいたのである．まず大学の研究所——コロンビア，バークレイ，シカ

図 10.6　サー・ジェイムス・チャドウィックと L. R. グローヴス将軍——大違いながら親しい間柄 (1944 年). (英国原子エネルギー局)

ゴなど——で作業が開始された. その後, 研究と生産の中間段階に位置するような特設の研究所が作られた. その場所はイリノイ州のアルゴンヌ, テネシー州のオークリッジ, ワシントン州のリッチランド, 等々である. やがて仕事が進んで行くと, 主だった工業関係の会社にほとんど儲け抜きの契約で開発や作業が委託されるようになった. 何しろさまざまな企画がからまり合っていたので, それぞれ離れた場所に散らばりながら全く新しい技術に取り組んでいる研究所や工業施設の間の調整も必要であった. そのうえ, 事の性質上, 機密をできる限り保持する必要があり, このために事を円滑に進めるのがいっそう難しくなった.

平常の場合ならこんなことには何年もかかったであろうが, 戦争のために急を要したので, ふつうに取られるいろいろな段階を飛び越えて進んだ. たとえば本来ならやるべきであるパイロット・プラントなどは省略することがしばしばあった. こうして核分裂の発見から 4 年経つと最初の臨界原子炉ができあがった. この原子炉は 1942 年 12 月 2 日にシカゴ大学のスタッグフィールド (運動場) で運転を開始したのである. またプルトニウムの発見から最初の爆弾までに経過した時間も同じく4年であった．個々の研究室にはそれぞれはっきりした目標をもつ任務が与えられていて，それが達成されるとその研究室は解散になり，その構成員はまた新しい別の仕事に割り当てられた．

この計画は全体としてこの上ない成功を収めた．その原因として私なりに考えるところを後で述べてみたいと思う．そのうえ，財政の面から言っても比較的安上がりな費用ですんだ．1940年のドル相場で合計30億ドルである．

さてここでこの計画に関わるもっと専門的な面と，科学者側で指導的な役割を果たした人物についての話に戻ることにしよう．

フェルミは主にプルトニウム生産に必要な連鎖反応のほうを受け持っていた．ここでの問題は，天然ウランと適当な中性子の減速剤を，自然に反応が持続するのに必要な量だけ，つまりいわゆる「臨界系」に達するように，組み合わせることであった．この臨界系が過剰な中性子の源になり，その中性子が $U^{238}$ に吸収されるとまず $U^{239}$ を作り，次いでそれがベータ崩壊を起こして $Np^{239}$ と $Pu^{239}$ ができるのである．この最後のアイソトープは半減期が2万4000年なのでウランから化学的に分離することができる．原子炉に用いられる物質は普通のウランと減速剤としての黒鉛であった．これで連鎖反応を起こすのはなかなか難しかったのだが，同位体の分離や濃縮には当時，恐ろしく面到な問題が未解決のままだったので，科学者たちは濃縮などの方法を避けたのである．おもな問題は中性子の余計な吸収と，形状に左右される中性子の外への洩れを最小限に食い止めることであった．特にウランと黒鉛をできるだけ純粋にすることが重要であった．この研究でフェルミは大科学者であるばかりでなくすぐれた技術者でもあることを証明し，こと中性子に関する限りは百姓をしていた先祖に劣らず少しの無駄も惜しむ倹約家ぶりを発揮した．ローマ時代に得た遅い中性子についての専門知識がここでたいへん役に立ったし，またイタリアで行なわれた理論的な研究は，核分裂を起こす物質から生ずる中性子を考慮に入れた拡張や修正を受けたうえで，初の原子炉を作るための理論面での土台となったのである．もちろんフェルミはこの仕事を一人でやったわけではなく，大勢の学生や若い同僚の献身的な協力があった．たとえばH. L. アンダーソン，W. ジン，L. マーシャル，A. ワッテンバーグ，B. T. フェルド等，その他，これらに劣らず重要な働きをした人たちがいる．E. ウィグナー，A. ワインバーグ等は工業界との連携を図るうえでかけがえのない働きをした.

私たちが$Pu^{239}$を発見した後，この最初のマイクログラム単位の微量から，爆弾に必要なキログラム単位の純粋な金属プルトニウムに至るまでには重要な化学上の進展を要した．シカゴ大学にあった冶金学研究所（暗号名）は，照射を受けたウランからプルトニウムを抽出する過程の研究を先導した．工業界では，デュポン社の手でテネシー州オークリッジにこのパイロット・プラントを作り，その後ワシントン州に実地の生産工場を建設した．冶金学的な研究はロス・アラモスの研究所で完遂された．ここで指導的な役割を果たした科学者の中にはG.T. シーボーグ，J.W. ケネディ，C.S. スミスといった人たちがいる．またデュポン社，ユニオン・カーバイド，その他の企業にいた大勢の技術者たちの協力もこの成功に決して欠かすことができないものであった．

質量分析器によるウラン同位体の分離は，初めバークレイでローレンスの指導のもとに，R.L. ソーントン，W. ブロベック，その他大勢の人たちの協力を得て行なわれた．そして生産段階になるとオークリッジのイーストマン社に移されたのである．

気体拡散による同位体分離のほうはJ.R. ダニング，H. ユーレイ等の指導で行なわれ，オークリッジの工業施設の操業はケレックス社とカーバイド・アンド・カーボンケミカル社が受け持った．

いよいよ核爆発物が手に入ると，今度はそれを爆弾に組み込まなければならない．この，爆弾を設計して実際に作るということも，全く新しいことで簡単な話ではなかった．そのうえ爆弾についての研究は，その材料ができるまで待っているわけにはいかなかった．材料が用意できる時までに，組み立て方も用意ができている必要があったのである．理論面での予備的な研究が小規模ながら，バークレイで J. ロバート・オッペンハイマー（J. Robert Oppenheimer, 1904-1967）の指導のもとに始められた．数ヵ月後には爆弾を作る目的専用の研究所が必要だということがはっきりしてきたので，すでにマンハッタン計画の指揮にあたっていたグローヴスはオッペンハイマーをこの所長に選んだ．

オッペンハイマーは原子力時代の人物の中で最もよく議論の的になり，また評価も分かれている人の一人である．ニューヨークの裕福なドイツ系ユダヤ人の家に生まれた彼は，幼時から学校や教師をはじめ，いろいろな教育の機会において常に最高のものに恵まれて育った．彼は早熟で，その才能を認めた家族はそれを伸ばすためにあらゆる手立てを惜しまず彼を励ました．彼はどちらかというと，あちこちつまみ食いをする傾向で，科学だけにとどまらず，たとえば哲学，言語学，芸術などいろいろな方面の勉強をした．そのやり方は洗練の域には達していたにしても，おそらくやや深みに欠けるきらいがあったのではないかと思われる．頭の切れは抜群で，そのうえ驚くべき記憶力の持主でもあったが，いつも自分の才能を強く意識していて，いくぶん横柄な態度になりがちなところがあった．この弱点が多くの敵を作ることともなったのである．

彼はハーヴァード大学で物理学を学び，ここではP. W. ブリッジマン(P. W. Bridgman, 1882–1961) の影響を受けた．この人は高圧関係の研究で知られていた物理学者である．1925年にオッペンハイマーはハーヴァードで化学の学士号を受けた．次いでヨーロッパに渡り，まずはじめにケンブリッジのキャヴェンディッシュ研究所に行き，その後ゲッチンゲンに行ってM. ボルンの指導のもとに物理学で博士の学位を取得した．ヨーロッパでいろいろな研究者仲間と出会い，アメリカに帰るとバークレイとパサデナのカリフォルニア工科大学にそれぞれ活潑な理論物理学の一学派を主宰して，両方を往き来して過ごした．若い頃のオッペンハイマーは政治的な問題をたいへん純真な気持で受け止めて，強い左翼的傾向をもつようになったが，これは私にはロマンチックで，かつ批判精神を欠いたものに思えた．

グローヴスがオッペンハイマーを選んだのは驚くべきことのように思われるかも知れないが，実はこれは確かに適切な処置であった．オッペンハイマーはそれまではどちらかというと物事に注意を欠いた世間知らずの理論物理学者だったが，この任にあたるとよく難局に対処して専門的な面でも管理者の面でも立派な研究所長であることを証明したのである．また彼は，たとえばニールス・ボーアからグローヴス将軍に至るまでのさまざまな人物を，それぞれどう扱ったら良いかもちゃんと心得ていた．

新しい研究所の用地としては人里離れた所でしかも特殊な地理的条件を備えた所が必要であった．オッペンハイマーはニューメキシコの高原を子供の時からよく知っていて，ロス・アラモス学校という私立の男子校があった，すばら

図 10.7 ロス・アラモスでの日曜散歩．立っているのは，左から，E. セグレ，E. フェルミ，H.A. ベーテ，H. シュタウプ，V. ワイスコップ．坐っいてるのは，エリカ・シュタウプとエルフリーデ・セグレ．（E. セグレ撮影）

しく眺めの良い場所をその用地として選ぶことに力添えをした．この用地に必要な手はずが短期間に整えられて，研究員として普通ではちょっと見られないような顔ぶれの科学の逸材が集まった（図 10.7）．そして最初の三つの原子爆弾がここで作られることになるのである．

戦後，いろいろな理由からオッペンハイマーは政治団体や科学者団体の中で非常に重要な存在となった．そして彼を極端にほめそやして傾倒する人たちがいた反面，深く拭い難い憎悪の念を彼に対して抱く人々もいたのである．彼は政治問題で毀誉褒貶の的になり，敵対者たちはこの国を救うために彼を引きずりおろさなければならないと決心した．こうしてアイゼンハウアー政権のもとで彼の忠誠について聴聞会が始まり，それはオッペンハイマーには不利な結果に終った．そして彼は「危険人物」の宣告を受け，公職から追放されたのである．この事件は科学者の仲間の間に強い衝撃を呼び起こし，科学者はこの問題では二つの陣営に分かれた．何年か経って，ケネディ大統領とジョンソン大統領時代のアメリカ政府は，彼の原子核研究の功績に対してフェルミ賞を授与して，この献身的な働きをした人物に下された不当な断罪を修正した．しかしもうこの時オッペンハイマーは政治活動からは身を退いていて，プリンストン高等研究所の所長として物理に戻っていた．彼はここで1967年に亡くなった．オッペンハイマー事件はいろいろなドラマや伝記をはじめ，膨大な数にのぼる著作物を生み出している．本書の参考文献の中には，私が真実に近いと思うもの，全くの架空ではないと思うものをいくつか挙げておいた．

新しい技術を創り上げて行く途中では，一時この計画の進行を阻み，先の成行きにも不安を与えるような危機に直面することもときどきあった．当の私もこういう危機的な局面の一つに直接関わり合ったことがある．それはO. チェンバレンやC. ウィーガンド——当時学生であった——等が加わっていた私のグループが$Pu^{239}$の自発的な核分裂の研究をしていた時のことである．$Pu^{239}$とともに$Pu^{240}$というアイソトープが原子炉の中でできるが，これは非常に速く自発核分裂を起こすので，その頃考えられていた方法では爆弾に組み込めないことがわかった．その場合，爆弾は前駆爆発を起こして駄目になってしまう．これは深刻な難問であった．ここが何とかならなければ全計画の半分は戦争目的に役に立たなくなるのである．やがてこの点の救済策が見つかった．だがそこに至るには全く新しい発明が必要であった．この発明には以前C. D. アンダーソンの弟子であったネッダーマイヤーが核心的な役割を果たしている．

もう一つの危機は第一号の生産炉[2)]を作動させる時点で起こった．核分裂生成物のうちのあるものが思いがけない高率で中性子を吸収し，そのために連鎖反応を止めてしまうことがわかったのである．この生成物が原子炉を中毒させ，それが自然に崩壊してしまうと，また原子炉は活動を始めるが，そうなっても，またその生成物ができれば止まってしまうことになる．ところが技術者たちが，不慮の事態が起こった場合には原子炉の規模を大きくして反応率を高めることができるように用心深い設計をしておいてくれたおかげでこの難点は克服でき

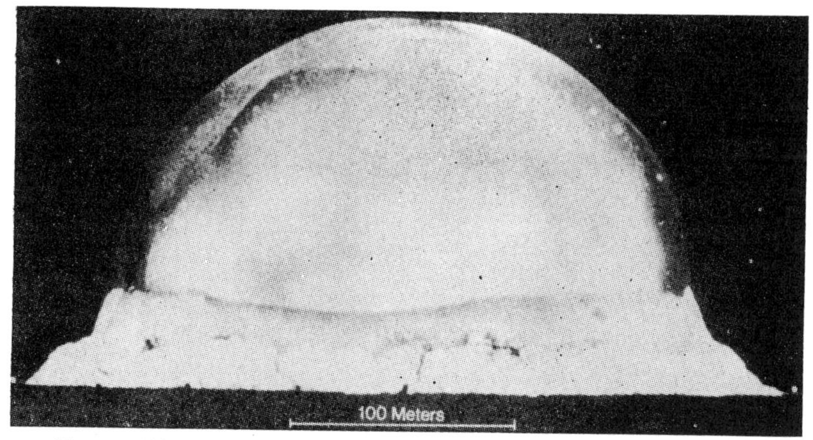


図 10.8　最初の原子爆弾の実験，「トリニティ・テスト」. 1945 年 7 月 16 日，ニューメキシコ，アラモゴルドの近くのジョルナダ・デル・ムエルトにて，爆発開始より 1/40 秒後．（ロス・アラモス科学研究所）

た．かねて物理学者たちには，こういう技術者たちの慎重なやり方が「無駄」な費用を食い，材料の浪費にもなるのが気に入らなかったのだが，ここで技術者たちは立派に面目を施したわけである．これらはただ二つの例だが，この種の危機的な局面は他にもたくさんあった．

ロス・アラモスの本来の目的は，1945 年 7 月 16 日の明け方に起こった最初の原子爆弾の爆発をもって達成された（図 10.8）．合衆国憲法に従って軍の最高指揮権を握る大統領はこの爆弾の使用についての最終的決定を下す立場にあった．トルーマン大統領はいくつかの諮問機関に意見を求めたが，そのうちの一つとして科学者のグループも含まれていた．そして選択の意味とその結果を充分理解したうえで彼自身の結論に達したのである．はたしてその決定が賢明であったのか，今に至るまで議論が分かれるところである．しかしその当時，彼に別の道が選べたとは考え難いのではなかろうか．

ここでそれに続いて起こった軍事，政治上の出来事をあれこれ論ずるつもりはない．戦後もロス・アラモスはアメリカの主要な国立研究所の一つとして軍事目的と平和利用目的の両方にあてられているのだが，この研究所にも，またロス・アラモスの町にももはやあの戦時中に見られた面影はない（図 10.9）．ここも新市街建設の他の例と同じく，政府の設計士や建築家の手によって独特

図 10.9　1943 年当時のロス・アラモスの景観．今日，ロス・アラモスはアメリカ国立科学研究所の所在地となっている．(E. セグレ撮影)

な自然の美しさは容赦なく破壊され，ありきたりの町に変わってしまった．だがあのロス・アラモスは，かつてここに集まった人々の思い出の中に，若々しく情熱に満ちた比類のない一時期の象徴として今もなお生きている．

## この爆弾で起こったこと

原子エネルギーと原子兵器の開発がこれほどすみやかに進められて成功を見たことで，多くの人々は，こういう途方もない規模の事業もお金さえ注ぎこめばいつでもまたやれるはずだという気持を抱くようになった．だがこの見解はあまりに楽観的にすぎる．全く新しい原子核技術がこれほど速く開発できたことにはいろいろな理由がある．ここで，そのうち特に重要だと思われるものを二つだけ挙げておこう．

第一に技術的な問題に関して機が熟していたということがある．これに先立つ数年の間の種々の発見が，技術的に好都合な状況を造り出していたのである．第二に，ヒトラーの恐るべき目論見は明らかに目に見えていたので，誰にも——この誰にもという点を強調しておきたい——ヒトラーの破壊の手に立ち向かって戦うために自分の仕事を進んで投げうつ覚悟ができていたのである．このためいろいろな研究所に，必要とあればいつでも能力のピークにある若い有能な人々を集めることができた．こんなすばらしい人材が集まったことははじめてであったし，それ以後もない．このことはグローヴス将軍にもよくわかっていた．彼はいつかロス・アラモスに来た折，ここにいた人たちから生活条件についての不満を持ち出された時にこう言ったものだ．「政府は今まで誰も見たことがないようなたいへん高価な変わり者たちの蒐集をこしらえて私に面倒を見ろというわけだ．まあ気持良くやってもらえるようにしなけりゃなるまい.」ロス・アラモスでは，ボーア，チャドウィック，フェルミ，フォン・ノイマン，オッペンハイマー等は古年兵の組だったが，ここの若い科学者のうち少なくとも6人が後でノーベル賞受賞者になっている．研究者の平均年齢はおよそ30歳であった．

ドイツで終戦までにどの程度この爆弾の開発が進んでいたのか，また，本当にアメリカがドイツに先を越される恐れがあったのかどうか，という点がよく問題になる．連合軍がドイツに進攻した後になって，私たちは初めてドイツの原子核研究についての信頼できる情報を手に入れた．原子核研究の情報蒐集にあたったアルソス機関[3]によれば，ドイツ側の計画は核分裂の発見後間もなく始まったが，あまり進捗はしなかったのである．ドイツでは連鎖反応も実現していなかったし，実際に使えるだけのプルトニウムの用意も，ウランの同位体分離も行なわれていなかった．進歩が遅かった理由としては組織，技術，軍事，それに工業上の諸問題がある．その他，この計画の指導者たちの人物そのものにも原因があった．意欲よりも能力のほうが欠けている人もいれば，仕事に気が進まなかった人もいたのである．

ソ連の様子についてはあまりよくわかっていない．ソ連のこの方面の研究できわめて重要な地位にあったI. V. クルチャトフの伝記によると，プランや話は早くから始まっていたが，本格的な研究に入ったのはようやく1942年になってからだという．それは主に自発核分裂を発見したG. N. フレロフ，以前レントゲンの協同研究者で，ロシア物理学における重要人物であったA. ヨッフェ，ラザフォードが目をかけていたP. カピッツァといった人々が推進したのである．カピッツァは1937年に母国で休暇を過ごした後，ケンブリッジに戻るのをソヴィエト政府に差し止められたのであった．ところでこの時期は，ナチスの侵攻のため，非常に研究条件は悪かった．ソヴィエト政府はアメリカの手で爆発が行なわれ，戦争が終った後になって核兵器に力を入れ始めたものと思われる．1947年の12月にソヴィエトで初の原子炉が臨界に達した．ソ連が初めて原爆実験を行なったのは1949年の8月，そして核分裂・核融合併用爆弾の実験を行なったのは1953年8月である．アメリカはこれと同種の爆発実験を1951年に行なっている．疑いもなく，ソ連はアメリカが先立って得た経験を知り，これを利用したのである．

イギリスの取り組みは，前にもお話ししたようにそれがアメリカに対する励ましになった点でたいへん重要な意義があった．アメリカの努力をここに向けさせ，皆にその価値を納得させるうえでかけがえのない働きをしたのである．そして間もなくこれはアメリカの取り組みの中に合体されて行った．カナダもやはりアメリカの枠組みの中で重要な貢献をしている．また日本でも小規模ながらこの種の試みが行なわれていた．

科学の軍事利用ということの結果はさまざまで，科学に役に立つものもあるし，そうでないものもあるが，ここで一つはなはだしく有害なものに注意を呼びかけずにはいられない．それは秘密というものが入り込んできたことである．これは科学の環境をいちじるしく汚染し，その影響はいまだにすっかり消えてはいないのである．軍事上の機密が必要なことは明らかだし，工業界の秘密も，もう定着してもいるし正当化できるやり方である．しかし科学における秘密というのは自己矛盾である．その定義からして科学というものは知識を分かち合い，その発見を万人に明らかにすべきものである．科学の歴史を振り返れば，偉大な人物でありながら——たとえばニュートンのように——いろいろな理由から自分の得た結果を秘密にしておいた人も確かにいた．だが時が経つにつれて，これが重大な失策だったことははっきりしたのであって，今日では科学者たちは何でもできるだけ早く，時にはあまりにも早く，公表しようとする習慣になった．

戦争中は，直接軍事的な重要性をもつことが明らかな結果については，軍事上の必要からそれを秘密にせざるをえなかった．核分裂の発見の直後，自発的に慎重な扱い方が取られようとしたことはすでに述べたとおりである．主にジョリオ夫妻の反対にあってこういうやり方はいくらも続かなかったが，仮にそれが続いたとしても，何らかの意味のある結果になったかどうか疑問である．一方，アメリカの科学者たちが取った，もっと狭い範囲に限られた行動のほうは成功を収めた．

マンハッタン管区ができると，機密保護の責任はグローヴス将軍の負うところとなった．彼はこの難しい問題を良識ある柔軟な態度で処理した．しかしその後，機密保護の法律ができ，それが官僚機構に委ねられると，しばしばそれ自体が目的として扱われ，元来それはあまりおもしろくない必要悪だということは忘れられてしまう．その結果，乱用も生じたし，また別の悪いことも起こった．戦争以来，秘密はしばしば望ましい技術の発展を遅らせたし，大事な決定が行なわれるにあたって，どの道軍事的な利益を高めることにならないにもかかわらず，公けの場での率直な討論を妨げたりしてきた．その最たるものは「原爆の秘密」を信じ込んでいる人々や，そのたぐいのペテン師どもである．科学者全部が一致して賛成できることはそうたくさんはないが，秘密というものの意義を認めず，できるだけ早くそれを取り払いたいという要求はその一つなのである．

以上，原子エネルギーとマンハッタン計画についてかなり詳しく述べたのは，それ自体が重要であり，しかも科学に密接に関連した問題であり，また私が少なくともその一部を経験したことだからである．しかし，この事業は他に類例がないわけではないということも忘れずにおいていただきたい．たとえばレーダーの歴史は原子エネルギーの歴史といくつかの点で共通の特徴を持っている．ここではE. アプルトン，M. テューヴ，G. ブライト他，地球物理学の電離層に関する問題を研究していた人たちの研究や発見が道を拓いた．実はこれははるか世紀の変わり目にまでさかのぼり，マルコーニが遠距離通信を手がけて地球の丸味に頭を悩ませていたところが発端なのである．軍事的応用の基礎はすでに用意され，その技術はちょうどよい時に熟して，ブリテンの戦いの帰趨に実質的な影響を及ぼした．最初イギリスにレーダー専門の軍事科学研究所が作られ，その後アメリカにも同様のものができた．ここでもやはり才能ある科学者の驚くべき集中が見られ，また戦後の時代になって天体物理学から分子分光学にわたる壮大な応用の道が開けたのである．

## フェルミの最後の仕事

もう一度フェルミの生涯に戻ろう．戦争が終ったとき，フェルミは，原子核物理学がもう成熟の段階に達しつつあり，自分にとってはもうあまり魅力的がなくなったとはっきり感じていた．原子炉から，かつてなかったような中性子線が得られるようになり，これを使って特に固体の分野で間違いなく物理学にいくつか新しい章をつけ加えるような実験ができることは確かであったが，やはり彼は興味の中心は他に移りつつあることを感じたのである．皮肉っぽい笑いを浮かべながら彼は，かのドーチエ，ムッソリーニの「自己革新か，死か，そのどちらかだ」という言葉を持ち出したりしたが，彼はまさしく自己を革新する気になっていた．

シカゴ大学には新たに三つの研究所を建てる計画があった．一つは放射線生物学研究所，もう一つは金属研究所，第三は原子核研究所である．シカゴ大学はマンハッタン技術管区の指導者のうち何人かを引っ張ることに成功したが，その中にはユーレイとフェルミもいた．フェルミには原子核研究所の所長を引き受ける気はなく，これを親しい友人 S.K. アリソンの有能な手に委せて，管理面の雑用から解放された所に身を置いた．彼は時間の全部を教育と研究にあてたかったのである．そうして活躍目覚ましいシカゴ学派を作り上げたが，ここからは何人か戦後の主だった物理学者が育っている．たとえばリーとヤンがそうである．フェルミのセミナーはきわめて広範な主題にわたって行なわれる議論のおもしろさで定評があった．ここでいろいろなアイディアが生み出され，それがさらにその先の重要な仕事につながって行った．同僚や学生たちは自分の出した新しい考えについてフェルミの部屋に相談に行き，そこで何か新たに大事なことを教えられたり，フェルミとの共同論文を作り上げたりして帰って来ることもたびたびであった．そういう時，やってきた当人には漠然としかわかっていなかったことを，フェルミはすぐにその場でさらに発展させたり変えていったりすることができたのである．

フェルミ自身が大きな関心を寄せた分野は二つあり，この方面で彼は実験的な研究を続けたいと思っていた．それは高エネルギーとコンピューターの応用の分野である．ロス・アラモス時代，J. フォン・ノイマンとたびたび話し合ったところから彼は電子計算機の可能性を高く評価するようになり，ロス・アラモスにある最初の計算機を使うために事情の許す限りここに帰っていた．これはその後のものに比べれば幼稚な仕掛けではあったが，これを使って彼は，たとえば統計力学のような新しい方向に向けての実験を行なったのである．これに関連して一言しておくと，今日いうところのモンテ・カルロ法[4)]の発明者はフェルミだということを私は知っている．もちろんこれにフェルミの名前はついていないのだが，実はフェルミがこれを考え出したのはローマで中性子の遅緩を研究していた時のことである．この問題について彼は別に何も論文として発表はしなかったが，手廻しの加算器など，手もとにある計算機でいろいろな問題を解くのにこの方法を使っていた．

高エネルギー物理の実験はそれに見合う性能の加速器と切り離すことはできない．シカゴでも一つ加速器が建設中であったが，バークレイのほうがもっと進んでいた．この頃バークレイは加速器の本家であった．フェルミはシカゴのサイクロトロンの建設に直接手を出していた．何か手に入れたい時には，彼はいつもこういうふうに自分の手で作ったのである．彼は「自分でやる主義」の大の信奉者で，機械仕事から最高に長ったらしくて退屈な数値計算に至るまでこの原則を押し通した．加速器の完成を待ちながらその製作にあたっている間，フェルミは当時知られていた限りの素粒子理論を徹底的に勉強した．後の用意のためにできる計算はみな自分でやり，数値まで計算した．この時の勉強ぶりは 1951 年に彼がエール大学で行なったシリマン講演にその跡をとどめている．シカゴの加速器が心配なくその機能を発揮するようになると，ただちにフェルミは同僚や学生と協同してパイ中間子－核子衝突の研究に取りかかった．この分野でも彼はやはり重要な発見，陽子－パイ中間子衝突における共鳴現象の発見をなしとげた．この実験の解析にあたってフェルミたちはロス・アラモスの計算機を広範に利用した．

戦後，フェルミはイタリアを何度も訪れて講義をしている．1954 年の夏，これが彼の最後の訪問となったが，この時はパイ中間子物理についての連続講義をした．だがこの時すでに彼ははっきり診断のつかない病気に冒されていた．9 月にシカゴに帰り，ただちに原因究明のための手術を受けたところ胃癌が見つかったが，これはもう手遅れだった．彼は，ソクラテスのような平静と，超人的な強さをもって自分の最期を迎えた．1954 年 11 月 29 日，53 歳であった．ここに理論と実験の両面で，あらゆる分野にぬきん出た物理学者として最後の人は消えていった．ますます専門化が進んで行く中で，再びこのような物理学百般の達人が現われるかどうか，はなはだ疑わしい．

# 第11章
# E.O. ローレンスと粒子加速器

## 大規模物理学

前の章で，物理実験の規模がおよそ100万倍も大きくなったということを言った．こんな増大が起これば当然のこととして研究というものの性格にも大きな変化が生ずる．長さの尺度を100万分の1に縮める時にはまことに歴然とした効果が現われる．その時，物理学は古典物理から量子物理に移るのである．実験手段や方法の能力限界を100万倍に変えることも，やはり必然的に莫大な変化を生み出さずにはおかない．物理学の活動の規模がこのように飛躍的にふくれ上がったこと自体興味ある現象であるから，ここで少しこの問題に触れておきたい．

物理学が巨大化したことは普通，粒子加速器と結びつけて考えられている．これはある程度正しいのであるが，実は後の発展に見られるいろいろな特徴はもっと早くから現われていたのである．その特徴として次のようなものが挙げられる．科学と技術との結びつき，研究が協同作業的な性格を帯びたこと，国際的な性格をもつ研究所が現われたこと，ある一つの技術を中心とするように研究所が専門化されたこと，研究者が無期限雇用の研究職と短期滞在の研究員に分化したこと，などである．ところで，こういう特徴をすべて備えた研究所はすでに19世紀の終りにハイケ・カメルリン・オンネス（Heike Kamerlingh Onnes, 1853–1926）によって低温現象を研究する目的をもって創められている．

H.カメルリン・オンネス（図11.1）はオランダのフローニンヘンの生まれで，初めここで勉強し，その後ドイツのハイデルベルクに学んだ．彼はその頃のオランダの二人の大理論家——H. A. ローレンツと J. D. ファン・デル・ワールスの影響を受けている．フーコーの振り子についての学位論文を書き，1882年にはライデン大学の物理学教授となり，以来全生涯をこの地で過ごした．

**図 11.1** H. カメルリン・オンネス (Kamerlingh Onnes, 1853–1926). ライデン低温研究所の創立者. この研究所は, 長年にわたって低温物理学の最先端を行く存在であった. 後の大きな国際的研究所に典型的に見られる科学上, 組織上の特色の多くが, すでにこの研究所に現われていた. (ノーベル財団)

ここで彼は低温研究所の創設に全力を注ぎ, こうしてでき上がった研究所は, その後, 長い間世界をリードした.

低温現象と低温実現技術についての研究から, カメルリン・オンネスは物理学と工学の両方にまたがる数々の傑作を生み出した. この研究所の活動はきわめて旺盛で, ある時期にはそこで得られた成果を発表するのに独自の雑誌を必要としたほどである. そしてこの雑誌は低温物理学者にとって一種のバイブルともなった. 1904 年, カメルリン・オンネスはライデン大学の総長になり, その就任講演でライデン低温研究所の最終目標と当面の問題を明確に述べている. これはまた彼が後のノーベル賞講演で述べたところでもある. 研究所というものがはらむ問題に対する彼の考え方と, そこで提唱した解決策とは, 今でもなお妥当性を失わず, 現代の大規模な国際的研究所に適合する. 今では専門化した国際的研究所は低温だけでなく, 粒子加速器, 強磁場の発生, 高密度中性子束用原子炉, 天体観測, 等々のためにつくられている.

ライデン研究所の研究活動には低温科学を確立するのに必要なおびただしい数にのぼる測定が含まれていた. その中には絶対零度近傍での温度目盛の研究, 比熱, 蒸気圧, 帯磁率, さらに低温実現装置の開発, 等があった. この研究所

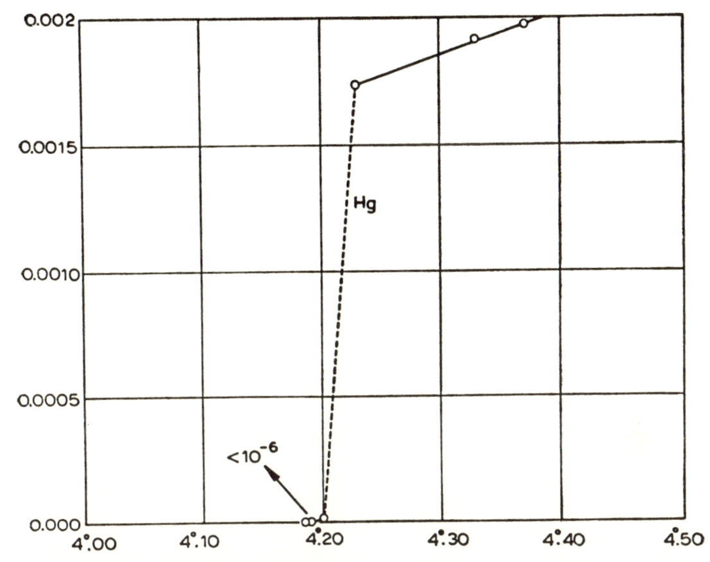


図 11.2　水銀の電気抵抗を温度の関数として表わしたもの．抵抗は 4.2°K で突然消失する．超伝導状態の出現のためである．このグラフは，1913 年のカメルリン・オンネスのノーベル賞講演から取った．（ノーベル財団）

の技術的な成果の最高峰はヘリウムの液化で，これは 1908 年に達成された．こういう低温での物質の性質の研究からいろいろ驚くべき現象が明らかにされたが，中でも最もいちじるしいものは超伝導（1911 年）——すなわち水銀その他の物質の電気抵抗が充分低温になると突然消えてしまう現象——である（図 11.2）．

さてこのようにカメルリン・オンネスの仕事は大規模物理学の最初の例ではあるが，加速器の建設者たちの多くはライデンの研究所建設よりもはるかに時代がおくれているので，彼らはこのことをあまり知らず，したがってまたこれを模倣したわけでもなかった．

## 初期の加速器

加速器を作ろうという動機は，天然の粒子源から得られるものよりももっとエネルギーの高い粒子をもっと多量に作り出す必要から生じたものである．そのうえ，天然放射線源から出る粒子は実際上，電子，ガンマ線，アルファ粒子

図 11.3　ジョーン・D. コックロフト (John D. Cockcroft, 1897-1967). キャヴェンディッシュ研究所の自分の実験台で. 1932 年. (キャヴェンディッシュ研究所)

に限られている. 一方, いろいろな点で陽子が, また 1932 年以後は中性子も, ますます重要性を加えるであろうことはすべての兆候が指し示していた.

1917 年にラザフォードの先駆的な実験が行なわれた後, 原子核壊変というきわめて重要な分野に進歩をもたらすには, 粒子を実験室の装置で加速するのが最善の方法だということが明らかになった. これについての最初の試みは1925 年頃にアメリカで G. ブライト, M. テューヴ他の人たちの手で行なわれた. この人たちはテスラ・コイル (高圧変圧器) を作り, 粒子を加速するのに用いら

**図 11.4**　コックロフトとウォルトンの静電加速器．コックロフトが放電管の下にいる．この装置で，コックロフトとウォルトンは，リチウムとベリリウムの原子核を崩壊させた．人工的に加速した粒子で崩壊を起こしたのは，これが最初である．（キャヴェンディッシュ研究所）

れる管にこれから得られる電圧をかけたのである．この少し後，ベルリンのA. ブラッシュとF. ランゲは陽子の加速にインパルス発生器を用いた．また彼らは雷雲から高電圧を得ることまで試みた．実際これで原子核壊変を起こしたのかもしれない．しかしこの方法は実用的ではないし，それに危険でもある．事実，一人の物理学者が雷に打たれて命を落としている．カリフォルニア工科大学にいたC.C. ローリツェンとH.R. クレインは変圧器のシリーズをカスケード状に重ねたものを使って，高電圧X線管と陽子加速管に電圧をかけた．また，プリンストンにいたR. J. ファン・ド・グラーフは新型の静電起電器を作った．これは今でも広く用いられているある種の装置の先祖である．

しかし人工的に加速した粒子で初めて壊変に到達したのはキャヴェンディッシュ研究所のジョーン・D. コックロフト（John D. Cockcroft, 1897–1967）とアーネスト・T. S. ウォルトン（Ernest T. S. Walton, 1903–　　）である（図11. 3, 11. 4）．この二人は最初スイスのH. グライナッヘルが発明した電圧増幅回路をさらに発展させたものを作ったが，ラザフォードはこれを物理学に応用してみたいと思って絶えず二人を励ました．こうして彼らは得られた電圧を放電管にかけて陽子を加速した．そして1932年に770 kVの電圧でリチウムを二つのアルファ粒子に崩壊させることができたのである．

これらの研究ではいずれも，何らかの方法で得られる電圧を放電管にかけているので，粒子に1 MeVの桁のエネルギーを持たせるには実験室内で1 MV（100万ボルト）の高電圧を実現する必要がある．だがこんな高電圧にはいろいろな点で技術的な困難や危険がつきまとうのである．早くも1922年に高電圧を使わずにすむもっと巧妙なやり方が，いろいろな物理学者や技術者から提案されていた．そのあるものは粒子を加速するのに電磁誘導を使うもので，また他のものは繰り返し加速方式を使うものである．E. O. ローレンスは繰り返し加速方式を実地に成功に導いた人の筆頭である．またD. カーストは誘導加速器（ベータトロン）を開発した．

### ローレンスとサイクロトロン

ノールウェー人の血を引くアーネスト・O. ローレンス（Ernest O. Lawrence, 1901–1958）はノースダコタ州のカントンに生まれた．ここは当時まだアメリカの開拓者精神が名残りをとどめているような所で，伝統的な考え方も失われていなかった．つまり極度に労働を尊重すること，自由主義的な傾向が時には徹底して保守的で反動的とも言えるような面につながること，個人主義，独立自尊の風，地方分権思想などといったものである．父が学校の校長をしていたので，アーネストは子供の時からいろいろな本を手にすることができたが，その中には科学関係の本もあった．ほどなく彼は無線送信機などの機械を作るのを楽しみとするようになった．

ローレンスは利発聡明な資質に恵まれ，パブリック・スクールを終えるとエール大学に進んで勉強の仕上げをした．さてこういう形の教育を受けたのではあるが，物理学にしろ，他の分野にしろ，洗練された素養を身につけたとは言い難い．しかし物理的な直観力や，何かをなし遂げようとする旺盛な意欲や，人を扱う能力には恵まれていたのである．つまり心底において彼は科学者というより発明家であった．エジソンより教育はあるにしても，この大発明家と彼には一脈相通じるところがある．かつて J. J. トムソンがエジソンに X 線の話をしかけたが，どうも話題を変えたほうが良さそうだと悟ったという話がある．これと同じようなことがフェルミとローレンスの間にもあったらしい．原子核物理学ばかりか肝心の加速器学においても，ローレンスよりはよく事情に通じている物理学者は大勢いたが，お膝もとの放射線研究所でもそうであった．とは言え，彼が自分自身の発明を中心として設立したこの研究所において，やはり彼は欠くべからざる要素であり，ユニークな存在であった．そしてこの研究所を，彼は一種独裁的な流儀で指揮し，大きな成功を収めたのである．彼の科学よりはむしろ，その非凡な統率力，熱狂的な献身，それに彼の人柄がもっと重要である．

エール大学では，ローレンスは大いに前途有望な才能ある学生と見なされていた．彼は年若い教授としてカリフォルニア大学に魅力を感じ——当時この大学は拡張期にあった——1928 年にここに赴いた．1929 年のこと，雑誌を拾い読みしていた時に『アルヒーフ・フュル・エレクトロテヒニーク（電気技術文献）』に載っている R. ヴィーダレーエの論文の中の図を見てはっとした彼は，ここでサイクロトロンの着想を抱いた（図 11. 5）．

前にも述べたように，比電荷 $e/m$ のイオンが一様な磁場の中で磁力線に垂直な初速度を持つ時には半径 $r=mcv/eB$ の円を描き，角速度は $\omega=eB/mc$ となって $v$ や $r$ によらない．そこでイオン源を磁場の中に置き，イオンの軌跡の一つの直径上に周波数 $\nu=\omega/2\pi$ の交流電場を $B$ に垂直に加えてイオンがこの直径のところに来るたびに加速されるようにしてやれば，繰り返し加速ができることになる．電場を通り抜けるたびにイオンはある一定のエネルギーを獲得し，このエネルギーが通り抜ける回数だけ倍増されるわけである．これに必

**図 11.5**　アーネスト・O. ローレンス (Ernest O. Lawrence, 1901–1958). 彼が手にしているのは，最初のサイクロトロンの一つ．後のものに比べれば，ごく小さな寸法である．(ローレンス・バークレイ研究所)

要な性質を持った電場を作るには二つのD字形の箱を向き合わせたものを使う．この二つの箱はその形から「ディー (dee)」と呼ばれている．ディーには周波数 $\nu$ で変化する交流電圧がかけられる．そして全体を真空の箱の中に納めておくのである．(図 11.6)

イオンは二つのディーの間に作ってある隙間を通り抜けるたびにエネルギー $eV$ を受け取る．ただし $V$ は二つのディーの間の電位差である．イオンの軌跡は，イオン源を起点とするらせん形になり，最後にその粒子はある径路に向うように曲げられ，この径路を通って排気した箱から外に飛び出すのである．繰り返し加速ができるおかげで，この装置にかかっている電位差は，同じエネ

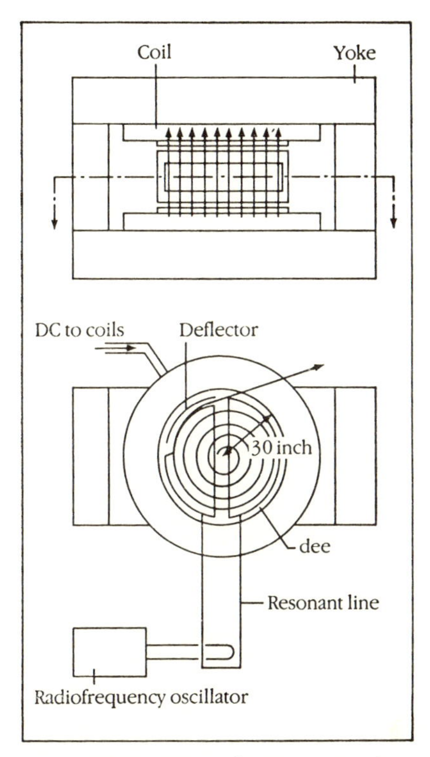


**図 11.6**　サイクロトロンの原理の図解.［E. Segrè, *Nuclei and Particles*, 2nd ed., 1977 より］

ルギーを一回の加速で得ようとする場合に比べてずっと小さくてすむ. このようにして高電圧にまつわる難点を避けることができるのであるが, これは技術的な利点として測り知れない価値を持つものである.

おそらくサイクロトロンの着想自体は, ローレンスがそれを得た時点で全く新しいものではなかったかも知れない. しかし, それを実現しようとする彼の意気込みと目的意識が新しいものであった. 彼は N. E. エードレフソン, M. S. リヴィングストンをはじめとして次々にいろいろな人の協力を得てそれを実際に作り上げた. その後, 全生涯にわたってローレンスはますますエネルギーの大きいサイクロトロンやその他の加速器を次々と建設した. 彼の進み方は, G. マルコーニが交信距離を遠方にひろげようとして重ねた努力とどこか相通ずるものがある．

ローレンスには資金と技術的な援助が必要であった．そこで彼は個人や財団に頼みに行ったが，その際，少なくとも初めのうちは，サイクロトロンが医学にも応用できそうだという点を強調して説いてまわった．この点は大いに自分自身の人道主義的な抱負にもかなうところだったのである．技術面で役に立つ助手を引っぱってくるにあたっては，人もつりこんでしまうような彼の熱意と，この企てが成功疑いなしと見えた点と，もう一つ，1930 年代に見られた物理学者の就職難が助けになった．ローレンス自身は気前よく外部の人にその機械を使わせたし，また遠近を問わず，仲間の科学者たちにサイクロトロンで作られた放射性物質を分けてやっていた．そのうえ，技術的な手段として欠かせないものを彼に使わせてもらったおかげでなし遂げられた研究については，彼も間接的ではあってもかけがえのない力添えをしたことになるはずなのだが，論文に自分の名を連ねるのは潔しとしなかったのである．またサイクロトロンを作りたいという人には，誰にでも進んで青写真を貸して，何かと助けにもなっていた．

ほどなく彼は，専門的な能力というものは統率力よりもたやすく求められることに気がついて，もっぱら広い意味での取りまとめ役として自分のすぐれた管理能力を振るい，専門的な仕事はほとんど全くと言ってよいほど協同者たちに任せることにした．若く才能のある物理学者にとって彼の研究所はなかなか魅力のある所だったので，すぐれた科学者を職員に迎えることには不自由はなかった．彼はこういう人たちをよく観察したうえで，冷静な判断のもとに，それぞれの才能を研究所全体の利益になるように振り向けた．そのとき，何をやるかはかなりの範囲で各人の自由に任せたが，ただ仕事に対する限りない献身を要求した．彼はいつも技術的な問題にはたいへん楽観的で，加速器についての多くの問題は腕力で片がつくか，さもなければ辛抱強く頑張っているうちに難問の解決策が出てくるはずだと信じていた．ある時ローレンスはサイクロトロンの電極に一つの修正を施すことを提案した．そこで骨折った末，調整がすんでやってみたところが望ましい結果は見られなかった．ここでいかにもローレンスらしい一言が発せられるのである．「うん，これでよし．これでビームが駄目になるならその逆の修正をやればよくなるに違いない．」

ある時期にわたって彼のグループには科学者として第一級の人材が集まり，ここで加速器の専門家に育っていった．その中には，M.S. リヴィングストン，E. マクミラン，L. アルヴァレ，R. ソーントン，D. クックシー，W. ブロベック，R.R. ウィルソンといった人たちがいる．実際，加速器製作者の第一世代は，大部分，バークレイの放射線研究所（現在のローレンス・バークレイ研究所）で育ったのである．ドン・クックシー（Don Cooksey, 1892-1977）は中でも特別な位置にある．彼は物理でエール大学博士号を取った資産家の紳士であった．そして非常に早くからローレンスの才能を認めて自分の生涯をこの人と協力することに捧げたのである．彼はローレンスを讃え，理解し，また好きだった．彼はあらゆる面で——技術的な面でも，財政的な面でも，人間的な面でも——ローレンスを助けた．その献身と忠誠ぶりは無限であったが，利己的なところやさし出がましいところは全くなかった．こうして彼はローレンスのさまざまな企てを成功に導くうえに最も重要な役割を果した．

最初のサイクロトロンは直径数インチ〔1インチは2.5センチメートル〕のものであった．イオンがそこで円を描くはずのガラス製の真空室は片方の手の中に入れてしまえる大きさである．その次のものはもう少し大きく，1930年にみごと作動するところまでこぎつけた．サイクロトロンで最初の崩壊が行なわれたという報告が出たのは1932年である．1936年に私が初めてバークレイに来た時にはもう37インチ・サイクロトロンがあった．これはフェデラル電信会社のいらなくなった磁石を譲り受けて製作したもので，強力な放射性同位体源を作り出していた（図11.7）．次いで1939年には60インチ・サイクロトロンが作られた（図11.8）．これらの器械はいずれも物理学や化学の重要な研究に用いられたのである．

1930年代の初め，ローレンスはサイクロトロンを使って原子核物理学を手がけてみようとした．そこで彼が得た結果には間違っていたものもあった．この問題について彼は，彼に賛成しないキャヴェンディッシュ研究所の物理学者たちと延々と手紙のやりとりを重ねた．このエピソードはその後彼がほとんどもっぱら機械の開発に向かうきっかけになったのかもしれない．彼の本領はまさしくこの領域にあったのであるから，彼の決心は科学の進歩にとって幸いであった．ともかく彼は主としてサイクロトロンの性能に関心を向けるようにな

**図 11.7** M.S. リヴィングストンと E.O. ローレンス．バークレイのカリフォルニア大学，ル・コント・ホールで 37 インチ・サイクロトロンの隣りに立って．このサイクロトロンのもともとの大きさは 27 インチであったが，1936 年に，37 インチに大きくした．これは，中性子の磁気モーメントの測定や，初の人工元素，テクネチウムを作り出すのに使われた．（ローレンス・バークレイ研究所）

り，その科学への応用にはあまり関心がなかった．キュリーとジョリオが人工放射能を発見する 1 年か 2 年前に，実はローレンスはサイクロトロンの中にキュリー－ジョリオが観測したものの何千倍もの量の放射性物質をせっせと作っていたのである．ところが彼は，自分が放射能に取り巻かれていることに気がつかなかったのであった．後で核分裂についても同じようなことが起こった．ローレンスは科学上の発見に興味がなかったわけではないが，原子核の研究で機械の開発を犠牲にする気はなかったのである．機械を使用する時間のほとんどが，その維持管理や，機械の改良や，医学研究のほうに振り向けられた．こ

図 11.8　バークレイのカリフォルニア大学，クロッカー研究室に作られた 60 インチ・サイクロトロン．1944 年．立っているのは，左から，D.C. クックシー，D. コルソン，E.O. ローレンス，R.L. ソーントン，J. バッカス，W. サリスベリー．サイクロトロンに乗っているのは，L.W. アルヴァレと E. マクミラン．このサイクロトロンで，いろいろな超ウラン元素が作られた．（ローレンス・バークレイ研究所）

れでは技術的な活動と知的な努力をこの機械の原子核研究への利用に集中させることは無理であった．

ローレンスを取り巻く若い物理学者たちは，彼が倦まず機械の開発に邁進するのにいつも感心していたわけではない．彼らは機会さえあればいつでも，いわば内緒でサイクロトロンを科学的な目的に使おうと努めていた．今になってみると私は，ローレンスがひたすら一つの目的に向かって進んだことは，この機械の発達を成功に導くのに必要なことだったのだと思うようになった．他の研究所では物理学者たちはサイクロトロンを作ると，できるだけ早くそれを科学的な研究に使おうとしたが，それで満足な結果は得られなかった．それは機械がしょっちゅう修理中ということになり，長期を要する研究には使えなかったからである．それに両方の分野に秀でた人材を見つけることも難しい．二つの目的を同時に掲げてやっていくのは，当時のものよりずっと大きく，はるかに多額の財源をもつ研究所でなければできない相談である．

放射線研究所は普通の大学の研究所とはたいへん違う構成になっていた．このために大学評議会は早くも 1932 年に，それが物理学科とは別個の存在だと認めることになった．その後，放射線研究所と物理学科の間には，ある程度嫉妬や摩擦などもあったにしても，大むね友好的で誠意すら見られる共存関係が続いたが，これはどちらにとっても測り知れない利益をもたらした．

放射線研究所の資金面のことは主としてローレンスの肩にかかっていたのであるが，これは彼にとってなかなか難しい問題であった．資金はたいへん乏しく，そのうえ世の中は不況の時代であった．ローレンスは寄付をしてくれそうな人を探したり，振興策のために奔走したりするのに多くの時間を割かなければならず，しかもたいていバークレイの外に出て行く必要があった．彼は科学者に似あわず宣伝活動が得意で，またおそらくそれが肌に合ってもいた．彼の人柄，楽観主義，これまでに収めた成功，また彼が自分の要求を実現する時の責任感に溢れたやり方などが，寄付を頼まれた人たちの心を動かしたのであった．研究所はできるだけお金を節約しながら緊縮財政で運営されていた．

## 政治と個性

1930 年代には，J. R. オッペンハイマーはバークレイの理論物理学教授で，ローレンスの親しい友人兼相談役であったが，この二人は科学に関する姿勢のうえでも政治的な立場においてもほとんど正反対なのであった．これほどかけ離れた二人の人物の間の偽りのない親しい友情は驚くべきことと思われるかも知れない．そのよって来たる所以を明らかにするにはこの二人の人間を注意深く分析する必要があろう．多分二人はお互いに，自分にはない資質に惚れこんだものと思われる．

後にヨーロッパの情勢が慌しく破局に向かって動きだしていた頃，オッペンハイマーは極左勢力のスローガンに共鳴したが，ローレンスは中西部の伝統を守ってどちらかと言うと孤立主義の立場にくみしていた．そのうえ，ローレンスは軍事目的にとって原子エネルギーが重要になる可能性を認識していなかった．しかしヨーロッパで戦争が勃発するとローレンスは，なんとしても英帝国を滅ぼしてはならない，そのためにやれることは何でもやって助けになるべきだ，という気持になった．そして研究仲間で親友の間柄でもあるマクミランとアルヴァレを説いて，最緊急課題のレーダーの仕事をマサチューセッツ州のケンブリッジで手伝うことにさせた．原子エネルギーや原子兵器は，ローレンスの目には科学空想物語と映っていたらしいが，こういう意見を抱いていたのは彼一人ではなかった．事実多くのアメリカの指導的な物理学者も同じように考えていたか，あるいは少なくともレーダーの研究に比べて原子計画にはずっと低い優先権しか認めていなかった．これもさしあたっての見通しという点では，おそらく正当であった．ある一時期には核エネルギーを主唱していたのは，だいたいヒトラーとムソリーニから逃れてアメリカにやって来ていたヨーロッパの物理学者たちであった．その後，ローレンスやコンプトン等アメリカ側の主だった人たちも，原子核関係の仕事が秘めている可能性を認識して指導的な立場につくようになった．この人たちは，ヨーロッパからきた連中が頭に描いている計画の規模が全然現実的ではないことを見て取った．これに要する努力を，アメリカ人たちは一桁過少に見積っていたのに対し，ヨーロッパ側は三桁も甘く見ていたのである．

真珠湾攻撃のあと，ローレンスの姿勢はがらりと変わって，ただちに研究所を戦時体制に置いた．そしてウランの同位体を分離することが至上命令だと知ると，この困難かつ肝要な問題に最も直接的な方法で挑む決意を固めた．つまり何百という巨大質量分析器を作ろうというのである．彼は，同位体分離はどうしてもこの流儀でやるのだと頑張り通し，結局それに成功した．しかしその費用は莫大なものになったし，またそれが成功したのも，少なくともある程度はこれと並行して開発された拡散法のおかげだと言える．そのおかげで少しは濃縮した原料を分析器に入れることができたのである．最初に作られた原爆のうち，広島に落とされたものの中には，実際オークリッジのカルトロンで分離した $U^{235}$ が入っていた．カルトロンというのはローレンスの質量分析器につけた名前である．

戦争中，ローレンスの友人オッペンハイマーは原子爆弾の製造にあたったロス・アラモス研究所の所長になった．ここで彼は生まれて初めて大きな実権と責任を担ったのである．戦争が終った時にはローレンス，オッペンハイマーのどちらもそれなりに成熟していたが，特にオッペンハイマーは，かつての直情的な左翼思想に変化を生じていた．二人とも世間が注目する存在になっていたが，これはオッペンハイマーにとっては全く新しい経験であった．やがて二人の立場は次第に離れて行き，しまいには水素爆弾を作ることの是非をめぐって行なわれた激しい論争の中で，それぞれ対立する派の旗頭となるに至った．この時の二人の争いについては数々の本やドラマが書かれている．こういう文学的産物は，えてして極端に党派的であり，多くはローレンスに対立的であるが，また一方ある公的なローレンス伝などは，あたかも聖徒伝の如き趣きがある．

ローレンスとオッペンハイマーの敵対関係の根は，二人の個性とそれぞれが置かれた新しい環境にある．二人は今やおのおのが関係している諸大学において，科学行政ばかりか国家政策についても，それぞれに異なる意見を傾聴してもらえる立場にあった．そしてそれぞれの意見に同調する親しい友人たちが熱烈な支持者として後押しをしていた．特に重要なのは，ローレンスとオッペンハイマーが，国際情勢の評価や，アメリカおよび世界全体にとって何が望ましくまた可能なことであるかという点について非常に異なった考え方をしていたことである．オッペンハイマーは国際人的な観点に立ち，アメリカの実力とその限界についても現実的な観方をしていて，将来ソ連との間に軋轢が起こることを心配していた．ローレンスのほうはもっとアメリカの実力に自信を持っていて，力や技術による解決策と軍備の有効性に信頼を置いていた．どちらも自分の主張が正当であることを深く確信し，自分が平和のために努力していると信じていたのである．この食い違いが今もなお残っていることは言うまでもない．

ソ連が初の核爆発実験を行なうと (1949 年 8 月 29 日)，ハンガリア生まれの理論物理学者エドワード・テラー (Edward Teller, 1908-　　)，ローレンスや L. W. アルヴァレ等は，アメリカの安全を保障するためには無制限の威力を持つ熱核爆弾——ここで無制限というのは使用された材料の量だけに制約を受けるような威力という意味である——を作るのに全力を挙げる必要があると固く信じるようになった．この問題について諮問を受けた政府機関，中でも原子力委員会の総括顧問委員会（J.B. コナント，H. ロウ，C.S. スミス，L.A. デューブリッジ，O.E. バックレイ，オッペンハイマー，フェルミ，I.I. ラビ）は，これらの人たちと意見を異にした．これについては原子力委員会の大多数も同じ考えであった．そこでテラー，ローレンス等の一派は政治家や軍人たちを説得する運動に乗り出した．その対象は，軍の高官や上，下両院議員，閣僚などをはじめとして多方面にわたっている．機密保持ということのために公開の討論が抑えられて，毒された雰囲気がみなぎった．最後に1950年1月トルーマン大統領が決定を下したが，それは積極派の意向に沿うものであった．ローレンスの進言になる計画のうちのあるものは技術的な面で勘違いがあり，失敗に終って大きな金の無駄使いになった．だがロス・アラモスでポーランド生まれの数学者S. ウラムとE. テラーが行なった発明のおかげで水素爆弾が作れることになった．そこでこの研究所が爆弾を作り，1952年11月に爆発実験が行なわれた．

ところでこのロス・アラモス研究所では，所内の対抗意識や個人的な衝突がもとになって，テラーと所長の N. ブラッドベリーとの間に仲違いが生じた．ブラッドベリーはオッペンハイマーの後を継いだ所長である．これを見たローレンスはカリフォルニアのリヴァモーアに第二の兵器研究所を作るように働きかけた．そこで彼が支配権を振るうつもりだったのである．この研究所は1952年に発足したが，この争いの主人公同士の間の敵意はこれで消えたわけではなく，前に286ページで述べたオッペンハイマーの忠誠についての問題の際にまで尾を引くことになったのである．

リヴァモーア研究所はアメリカの軍関係の機関を率いる人材を生み出す所ともなった．H.F. ヨーク，H. ブラウン，J. フォスターといった人たちは皆，ローレンスに惹かれた若手の物理学者で，次々にリヴァモーア研究所の所長を務め，その後長い間アメリカ軍の研究開発計画を指導する立場にあった．

生涯最後の数年間に，ローレンスはカラーテレビ方式を発明してその開発にあたった．しかしこれは企業にはほとんど影響を与えなかった．ローレンスが心底から平和を願っていたのは疑いないことである．だが不幸なことにこの人の見解はしばしば素朴に過ぎ，結局は，かえって，人々の安全を脅かす軍拡競争の後押しをしたことになった．専門家としてジュネーヴの軍縮会議に出席している間に，彼は年来の持病になっていた大腸炎の再発に見舞われた．すぐ家に飛んで帰ったが，その 2, 3 週間後の 1958 年 8 月 27 日，手術を受けた直後に亡くなった．

## 果てしない高エネルギー競争

戦争が終ってしばらくの間，アメリカでは科学研究をいかに援助するか，その方針が定まらない時期があった．国家科学基金（NSF）の設立が提案されていたがまだ日の目を見ずにいた．海軍は海軍研究所を通じてその伝統的な活動とはかけ離れた分野ですぐれた仕事を進めていた．戦時中のマンハッタン管区の後を継いで新たに創設された原子力委員会も自分を置くべき位置を見定めかけていた．ローレンスは自分が何をしたいか，はっきりした考えをもっていたし，また戦争中の働きと個人的な信頼感のおかげでグローヴス将軍とも友好的なつながりがあった．こうして彼は早いうちから一貫した支持を受けるのに成功した．最初は将軍の支持，後には原子力委員会からの支持である．だが彼は原子力委員会とカリフォルニア大学との間の取り決めに基づいて，非常に大幅な自由裁量権を自分の手に残しておいた．こんなわけで，戦前の乏しい諸条件とは打って変わって充分な援助を受ける身となったローレンスは，悠々として自分の好きな仕事に戻って行くことができた．戦争の前にローレンスは 100 MeV という当時としては莫大なエネルギーのサイクロトロンを作る計画を立てていた．相対論に基づく難点[1]をいわば力づくで克服してみるつもりだったのである．

この装置に使う磁石はもう前からできていて，戦争中はカルトロンの研究に転用されていた．はたしてこの装置が最初の目論見どおり満足に働くものだったのかどうかは何とも言えないのであるが，幸いなことにそれを試す必要がなくなった．それは戦争中にロス・アラモスでマクミランが相対論的な難点をかわす方法を発明したからである．この方法には「位相安定（phase stability）」の原理[2]が使われている．たまたま，ソ連の V. I. ヴェクスレルも同じ方法をそのちょっと前に発明していたが，マクミランはこれを知らなかった．冷静な頭脳を持つ紳士であったこの二人は，ただちに起こったことを了解した．そしてお互い同士の信頼感の上に立って，先着争いは避けて良い友達になり，この関係はヴェクスレルの早すぎた死に至るまで続いたのであった．

さてさらにその上を行く高エネルギーの加速器を作るとなると，また別の難点もあったが，数年後には第二の発明が行なわれてこれも克服されることになった．それは「強収束 (strong focusing)」の方法である．実はこれにもまたちょっと妙ないきさつがあった．1949年のこと，科学界にはまるきり名を知られていなかったギリシャ系アメリカ人の技術者でN. クリストフィロスという人が，ローレンスのもとに「強収束」を得る方法を記した特許申請書を送ってきた．加速器の中の粒子束は，そこでたいへんな回数の旋回を行なう間中，いっしょにまとまっている必要がある．こうなってはじめて何回も繰り返して加速ができるわけで，これは高エネルギーに達するためには欠かせない条件である．そして強収束の方法では軌道を比較的小さな管の中に収めることができるのであるが，これは実用面でたいへん重要な結果である．ところがどうやらローレンスはこの特許申請を読まなかったらしい．そしてそれを誰か同僚に回したのだが，彼もざっと目を通しただけでそれを理解できなかった．

それから数年して1952年に，E. D. クーラン，M. S. リヴィングストン，H. シュナイダーの三人は，クリストフィロスの仕事のことは全然知らずに同じ方法を再発明してそれをみごとに数学的な形に表わし，この原理による加速器を作る計画を立てた．それを知ったクリストフィロスは当然のことであるがびっくり仰天した．これは原子力委員会にとって頭の痛い問題になった．結局，原子力委員会は事実を認めてクリストフィロスをその傘下の研究所の一つに雇うことでこの問題に決着をつけたのであるが，彼は1972年に55歳で急死するまでこの研究所で働き，その間にも次々にいろいろな発明をした．

戦争直後はまさに加速器の規模に飛躍が見られた時代であった．バークレイでは放射線研究所の科学者と技術者たちが，例の磁石を使って184インチ・シンクロサイクロトロン (図11.9) と，電子加速器のシンクロトロンを作った．ここでも位相安定の原理が取り入れられている．このバークレイのシンクロサイクロトロンは初めて人工的に中間子を作り出した装置である．それに続いてベヴァトロンが現われた．これは6.4 GeV に達し，陽子－反陽子対を作り出した (図11.10)．同様の装置が世界の別の地域にも建設された．たとえばアー

**図 11.9** 戦後，建設された 184 インチ・シンクロサイクロトロン．この写真に写っているのは，この装置の作製に従事した大勢の職員の一部である．この装置で，初めて人工的に中間子が作り出された．(ローレンス・バークレイ研究所)

バナにあるイリノイ大学では D. カーストが，外から電場をかけずに電磁誘導で加速する方式の電子加速器を作った．ベータトロンと呼ばれるこの種の加速器は，戦前にカーストが発明して小規模な試作も行なわれていたものである．シカゴではフェルミ等がバークレイと同様のシンクロサイクロトロンを建設した．ブルックヘヴン国立研究所は，東部の諸大学が連合してニューヨーク州のロングアイランドに新たに建設した研究所であるが，ここで M. リヴィングストン等は 3 GeV に達するコスモトロンを作り上げた．ソ連は秘密裡にデューブナに 10 GeV の加速器を作り，1955 年にジュネーヴで行なわれた原子力平和利用会議でその存在を明らかにした．

こういった事業では，その組織，財政，構造などの面で従来に比べていろい

**図 11.10**　建設中のベヴァトロン．これは陽子のためのシンクロトロン，すなわち，陽子シンクロトロンで，エネルギーは 6.4 GeV に達し，初めて，陽子－反陽子対を作り出した．右端下にいる人の大きさに注意してほしい．(ローレンス・バークレイ研究所)

ろな変化があるが，それに伴って科学は，それぞれの地方団体や個人による援助よりも，政府に頼る度合がますます大きくなってきた．その結果政府は科学政策に対してずっと大きな影響力をじかに振るうことになり，このために方々に国立研究所の建設を見ることになった．最近ではいろいろな国が援助を分担するようになって，国際研究所が発展している．そしてエネルギーが $10^{13}$ eV に達する世界加速器の話まで持ち上がっているが，それには参加する意志のある国々から総額 10 億ドルの援助が必要になるのである．

国際研究所の原型はスイスのジュネーヴにある CERN (Centre Européen pour la Recherche Nucléaire, ヨーロッパ原子核研究機関) である．ここはヨ

図 11.11　イリノイ州，バタヴィアのフェルミ国立加速器研究所の航空写真．いちばん大きな円は主加速器で，半径は 1 キロメートルである．この加速器から三本，実験用のラインが突き出している．中央研究所の，16 階建，曲線形のビルが，実験用ラインの基点の位置に見える．（フェルミ国立加速器研究所）

ーロッパのいろいろな国々が共同で経費を分担している．この研究所は素粒子物理学においてヨーロッパがアメリカに匹敵する地位を獲得するうえで大きな力になった．戦前から戦中にかけて，ヨーロッパの各国政府に見識がなかったことと，戦争の破局が災いして，この研究所ができるまでは，ヨーロッパはアメリカにひどく遅れていたのである．

今日最大級の加速器は次のような所にある．イリノイ州バタヴィアのフェルミ国立加速器研究所 (FNAL)，これはエネルギーの最高記録 (500 GeV) を保持している，ソ連のセルプコフ (76 GeV)，ブルックヘヴン国立研究所 (33 GeV)，CERN (300 GeV)，ここには重心系のエネルギーを FNAL よりさらに大きくできる貯蔵リング[3]がある．ただしビームの強度は弱い．また CERN では 1977 年に 500 GeV の加速器が完成している (図 11. 11)．

これまで主として陽子加速器についてお話ししてきたが，電子の加速のほうも多かれ少なかれ重粒子の加速と並行して進められてきた．この開発には相対論的な力学が必要欠くべからざるものになったが，これはちょうど月に行くのにニュートン力学が本質的な役割を果たしたのと同様である．仮にまだ相対論に何らかの疑いを抱く人がいたとしても，その人にとってこのことが相対論の何より直接的な証拠になってくれるだろう．高速の電子が円軌道を描く時に輻射を出すことからくるエネルギー損失を考えると，円形加速器よりも線形加速器のほうが有利である．それで非常に高いエネルギー領域に対しては再び線形加速器が登場するのである．たとえばカリフォルニアのパロ・アルトには長さ2マイル〔3200メートル〕のスタンフォード線形加速器 (SLAC) があり，電子，陽電子，光子などを作り出している．ここでは貯蔵リングに逆方向のビームを貯えておいて衝突させることによって，重心系で 8 GeV のエネルギーに到達している．

実は高エネルギーを目指す競争には一つ重大な問題が持ち上がってくる．それは粒子のエネルギーが投射粒子や標的粒子の静止質量エネルギーに比べて大きくなる時に起こる．エネルギーとして大事なのは投射粒子の実験室系のエネルギー $E_{\mathrm{lab}}$ ではなく，投射粒子と標的粒子の重心系でのエネルギーである．たとえば新しい粒子を作り出すうえで意味があるのは後者である[4]．陽子が陽子に衝突する時，この重心系のエネルギー $E$ は，極度に相対論的な領域においては $E=\sqrt{2Mc^2E_{\mathrm{lab}}}$ という式で与えられる．陽子に対しては $Mc^2$ は 0.938 GeV であるから，実験室系で 1000 GeV のエネルギーを持つ陽子が，もう一つの静止している陽子に衝突する時の重心系のエネルギーはたったの 43 GeV にすぎない．装置の費用は実験室系のエネルギーに比例して増えていく．いや，あるいはそれよりもっと急激に増えるかも知れない．こういうわけで，実験室系のエネルギーを増やすことで高エネルギー競争を行なおうとするのが財政的に損な計画であることは明らかである．

一方互いに逆向きの 22 GeV の陽子ビームを衝突させれば，1000 GeV の加速器と同じだけのエネルギーが重心系で得られる．ただしその場合，強度はずっと落ちる．目下のところ，逆向きビーム方式が極端に高い重心系のエネルギーに対する唯一の答である．

1979 年の時点で，電子－陽電子衝突に対する重心系のエネルギーの最高記録は約 30 GeV で，これはドイツのハンブルクの近くにある Desy（ドイツ電子シンクロトロン）で得られたものである．しかし宇宙線は $10^{20}$ eV という断然高いエネルギーの記録を保持している．将来を見越しても，こんなエネルギーを実験室で作り出すことはできないであろう．だが宇宙線は制御が効かないし，そのうえ極度に高いエネルギーのものは非常に稀にしか見られないから素粒子の研究に使うのは難しい．

このように素粒子物理学の歩みは機械を必要とするという条件によって制約を受けてくる．次の章で，研究の前線となっているこの分野を扱うことにしよう．

# 第12章
# 原子核を越えて

戦争が終ったところで，これまで軍事研究に動員されていた物理学者たちはこれからのことを考えなければならなくなった．大部分の人々は，戦時中の仕事に加わるために一時的に離れていた大学に，ある人は教授として，またある人は学生として戻って行った．さて，物理学の重心はすでにヨーロッパからアメリカに移っていた．それは，一つにはヨーロッパは爆撃のために大きな痛手をこうむったがアメリカはそれを免れたからであり，また一つにはレーダーや原子爆弾など軍事目的の事業が進められたことと，コンピューターの使用が始まったこととで，科学研究においてアメリカが優位に立つようになったからである．もう一つ，枢軸諸国の愚かな政策のために，これらの国々が自国の科学における人材の相当な部分を失ったことも，前の二つに劣らず重要な原因として挙げられる．それに荒廃したヨーロッパでの生活は，戦後になっても人を引きつけるものではなかった．

物理学では，いくつかの点で大きな変化が起こっていることが明らかに見て取れた．原子核物理学においては，実験データの量は莫大な増え方をしていて，定性的にも定量的にも，さらにデータが増えていくことは目に見えていた．また加速器や原子炉においても新たな発明が行なわれて，これまで考えられなかったような性能を持つ放射線源が得られるようになった．その他，レーダーから導かれた技術も全く新しい可能性を開くのに役立った．

科学は大衆の想像力を捕えるようになり，その結果として公的な財源からも相当な資金援助が受けられるようになった．アメリカでは科学研究を援助する目的で国家科学基金が提唱されていたが，それを履行するための立法措置がなかなか進まず，思うように役に立たなかった．その間，事態がはっきりするまで海軍と原子力委員会は純粋な学術研究に資金援助をしてその代りを務めるという決定をした．原子力委員会は，核エネルギーに関連するあらゆる活動を管理する目的で戦後新たに創設されたものである．海軍がこのような行動に踏み切ったことは，その歴史を顧みると一驚に値する．海軍の最高司令部では，軍自体の目的にとっても，活潑で完全に自由な科学研究計画に全くひもがついていない資金援助をすることは，艦隊に一つやそこら巨艦を増やすよりも役に立つという結論に固まったのである．こうして海軍は，あらゆる種類の質の良い科学研究で，海軍の目的とは直接関係のないものに金を出すことになった．

また戦後の学生も，その前の世代とは大いに変わっていた．前世代よりも人間的に練れていたし，また技術的な面の素養においてもまさっている人が多かった．オークリッジで技術者として働いた兵士は，何年か大学の研究室で修業を積んだのに劣らぬ実際面の知識を身につけていたし，アメリカ海軍の水兵の中には相当の電子工学の知識を持っている人も大勢いた．

こういったことが皆，戦後間もない時代，アメリカで科学が隆盛を見たことの原因となっているのである．

## 素粒子

さて，ここで一つ新しい分野が生まれかかっていた．と言うよりは，古くからあったある分野が花を開き始めたと言うべきかも知れない．それはいわゆる素粒子の研究である．大戦以前では，陽子，中性子，電子，陽電子，光子，ニュートリノなどがおなじみであったし，また宇宙線の中に，質量が電子の 200 倍くらいの粒子も見つかっていて，これは当時メゾトロンと呼ばれた．そしてこの世界をつくる要素はわりあい簡単なものだと思われていた．とはいっても，陽子と電子と光子しか知られておらず，これで物の成り立ちがいっさい説明できると思われていた 1929 年頃ほどではなかったが．よく事情に通じていた物理学者には，素粒子が物理学における次の最前線になることは目に見えていた．素粒子は最も基本的な数々の問題を提供していたし，さらに種々の新しい実験手段が現われる日ももう間近に迫っていて，やがてこれらがこの前人未踏の領域への前進を許すであろうことが予期されていた．

核物理学や固体物理学など，他の分野も明るい希望に満ちていた．確かにそこで提供される問題はおもしろいし，応用としては素粒子物理よりももっと重要でもある．しかしやはりそれは素粒子に比べるとそれほど本質的なものとは言えない．という意味は，その一般性や新しさは素粒子の問題ほどではないし，また確立されている概念を変えたり，何か新しく思いがけない概念を持ち込んだりする可能性も少ない，ということである．

その他の分野で，物理学に関係はあるがその本流からはちょっと脇にそれたもの，たとえば地球物理学，天体物理学，分子生物学などにもやはり将来性が見られた．しかしそれをやるためには，物理学者としては全く新しい分野の勉強をし直したり，新しい考え方を養ったりする必要があるが，それはなかなか容易なことではない．それでも何人かの物理学者は鞍替えに必要な努力をやりとげて，ある人々はみごとな成果をもって報いられた．

自分の分野で最前線に出たいと思った物理学者たちは素粒子物理の方に向かって行った．

戦争が終った時点では，高エネルギー粒子源はやはり宇宙線しかなかった．したがって観測ができるのは神様がそれを送って下さる時に限られるわけで，そうなると物理の他の分野のように自分の思う通りに，粒子のエネルギーを変えたり，いろいろ違う条件を作ったりして実験を行なえる可能性はなかった．しかし他方，検出方法にかなりの進歩が見られ，数年の間，宇宙線は粒子源として加速器にひけを取らない位置を占めていた．それは特に，当時宇宙線は実験室内で用いられる何物にもまさる高いエネルギーを持っていたからである．またその他に宇宙線には全然元手がいらないという際立った利点もあったので，これは特に戦禍を受けたヨーロッパの国々にとってはまたとない神の賜物であった．とりわけイギリスとイタリアには宇宙線研究の伝統があり，これが戦後間もなく復活したのである．

アメリカではもっぱらますます巨大な，性能の良い加速器で宇宙線のエネルギーに到達することに向けて努力が注がれた．一方ヨーロッパでは，少なくとも当分の間こういうことは財政的に無理だったので，検出方法を改良することに努力が集中した．ここで，きわめて簡便で，しかも最大の威力を発揮するような進歩が遂げられた．それは光速に近い速度で動く荷電粒子を検出できるように写真乳剤が改良されたことである．遅い粒子はよくイオン化を起こすので検出もしやすいのであるが，観測した現象について有意義な解析をするには光速に近い速度で動く粒子こそ何より重要になる．イギリスとイタリアで宇宙線と写真乳剤を使って研究していた人々は真に重要な発見をすることができた．こうして彼らはお金がかからなくて，しかもきわめて興味深い物理の一分野を見出したわけである．もちろんその後，お金がかからない素粒子物理などというのは単なる幻想と化し，素粒子は実は物理の中でも最高に金のかかる分野の一つになったのである．しかしそのうちに財政事情も良くなり，ヨーロッパにも巨大加速器ができるようになった．

## 日本における新しい科学

さて物理学そのものの話に戻ることにしよう．ここで初めて一人，日本の物理学者が登場するのであるが，それは理論的な新しいアイディアにおいて卓抜な湯川秀樹（1907–1981）である．

湯川のことに入る前にすこしまわり道をして，日本における西欧の物理学の発展を振り返ってみたいと思う．1868年の明治維新の時点で，すでに日本には独特の技術が発達していたが，西洋で言われる意味での科学というものはなかった．1853年にペリー提督が来訪し，外国貿易のために開港を強いられてから，日本の指導者たちはこの国を近代化する決意を固めた．その時彼らは「科学」の重要性を悟り，フランス人とイギリス人の物理学教授を一人ずつ招いて，東京でそれぞれ自分の分野を教えることを託したのである．しかし言葉の違いからくる難儀は大きく，そのためにこの二つの学派はずっと別々に自分の道を進んだほどで，しばらくの間はイギリス物理学とフランス物理学というものが別々に在る始末であった．また何人かのサムライがヨーロッパに物理を学びに派遣されたりもした．どうやらこの人たちは，科学に対する関心は限られていたようであるが，愛国的な熱情に満ちていて，軍人精神をもって科学を勉強したのである．こういうサムライたちの一人が残した自伝（日本語でしか読めないが）を見ると，この人が猛烈な反西洋主義者で，西欧の野蛮人に対する侮蔑に満ちていたことがわかる．こういった感情には西洋が収めた成功に感嘆する気持も混ざっていて，今にして思えばこれは危険な組合せと言うべきである．初めのうちこのサムライは，西洋の科学に何ができるかという気持でいた．ところがある日のこと，自分の乗っていた船の船長から乗客に，その日の午後，海の真ただ中で別の船と出合うはずだという報せがあった．そして確かにそのとおりになったのを見てとうとう彼も兜を脱いだのであった．

こういう日本の初期の草分けとなった人たちに続いて，もっと下地のできた人たちが現われるようになった．この人たちはある程度科学そのものに理解も興味もあり，ただ国のためだけに身を捧げるつもりはなかった．その中で最も重要な人物は長岡半太郎（1865–1950）である．この人は世紀の変わり目の頃にヨーロッパを訪れているが，そこで当時話題になっていた物理の重要な問題に触れる機会もあったらしい．やがて長岡は日本の科学の指導者の一人になり，またそれと同時に行政面でも大きな影響力を及ぼす人物となった．長い間東京大学で物理を教えていたが，1931 年に大阪に新しく帝国大学が創設されるに及んで，そこの学長の地位に就いた．もっとも彼はこれにはあまり乗り気でもなかったようだ．

長岡の情熱は主に科学と愛国心に向けられていた．その頃スコットランドのグラスゴーに滞在していた彼の先輩田中館愛橘に宛てた 1888 年の手紙は，おもしろいことに英文で綴られているが，ここにはその頃の彼の心情が余すところなく吐露されている．そのような心情はその後，時とともに変わっていったかも知れないが，ともかくそこにはこんなふうに書かれている．

> 俺たちは大きく目を見開き，感覚をとぎすまし，思慮分別を働かせて仕事をするんだ．疲れを知らずに，一瞬たりとも休まずに．たとえ見たところ一心に仕事をしている連中でも，なにか耳目をうばうものや，うまいものや，もうけ話があったりすると，すぐに仕事を止めてしまうような連中が俺たちの仕事場に入ってきて仕事のじゃまをするのを許しちゃいけない．白人の方が万事にすぐれているなんていう道理はないのだ．君のいうとおり，俺はこういうヤッチャ・ボッチャな民族をうち負かすことが出来るようになることを望む．それも 10 年か 20 年のうちにだ．俺たちの子孫が白人に勝利するのをジゴクから望遠鏡でのぞいたってしようがないと思うがどうだ．白人をうち負かすのにもう一つの大きな要件は，俺たちの仕事をどうやって自分でするかだ．これはたいへんむずかしいぜ．第一歩として，俺たちは日本語で書くことができない．俺たちの書いたものを西洋人に理解させることができない．俺たちは彼らの言葉を借りて白人たちに理解させなけりゃならないんだ．じっさい，君がびっくりしているように，白人はくだらないことについてだってしゃべれるのに，俺たちときたら，話すのに十分な材料があったってしゃべることが出来ないことがあるんだから．これ

は俺たちの欠点だ．だから，できるだけ明瞭かつ流暢にしゃべったり書いたりすることを練習しなきゃならんのだ．俺は英語，フランス語，ドイツ語のどれかを選べばよいのではないかと思うんだがどうだ．この点をようく考えてくれ．

さて，こんな夢物語りをすることはやめにして，ここでおこっていることをしゃべることにする．［K. Koizumi, "Historical Studies in the Physical Sciences," vol. 6, p. 87 (1975)．なお，この訳文は，板倉聖宣著『長岡半太郎』（朝日新聞社，1976年），pp. 91-92 より引用させていただいた．同書には，板倉氏が訳文としてこのような文体を選んだ理由も示されている．］

長岡は西欧の学術誌にたくさん論文を出しており，その内容は磁性，分光学，その他の題目にわたっている．中でも最も注目すべきものは1903年の，太陽系に似た原子モデルを提唱した論文である．また磁性は，今日まで日本の物理学者が好んで取り扱い，理論でも実験でも重要な貢献をし続けてきた題目の一つである．

しかし日本の科学に最も大きな影響を及ぼしたのは仁科芳雄（1890-1951）である．彼ははじめ東京で電気工学を勉強したが，その後ヨーロッパに渡って理論物理学に転じた．コペンハーゲンではボーアの研究所で研究し，ここでスウェーデンのO. クラインと協同でコンプトン散乱の断面積を計算した．これは当時としては，理論的な技法における一つの力作と呼んでよい．またドイツに行ってハイゼンベルクのもとで研究もしている．その後日本に帰って理化学研究所で活動した．ここは半官半民の研究所で，日本の科学に対して主要な影響力を持っていた所である．彼より年下の日本の物理学者で最も著名な人たちは大部分，直接もしくは間接に仁科学派と結びついている．

さて，その人自身の発見から言っても，また後進を育てた点においても，最も重要な人物は湯川秀樹（図12.1）である．彼は地理学教授小川琢治の息子で1907年に東京で生まれたのだが，1932年に妻の家に養子として入り，湯川の姓を名乗った．彼はもっぱら日本で教育を受け，おもに京都において学んだ．彼の素養はある程度独学で身に付けられたものと言ってよい．量子力学は同級生の友人，朝永振一郎（1906-1979）と一緒に原論文や本を読んで学んだ．仁科がヨーロッパから帰ると，朝永は理化学研究所に行った．朝永は後に電気力学についての研究によって名を知られることになる．湯川は大阪大学に職を得たが，ここにはヨーロッパ留学から帰ってきた物理学者の菊池正士がいた[1]．菊池は

**図 12.1**　湯川秀樹（左から三人目）．1948 年，バークレイを訪れた折．他に写真に写っているのは，左から，フェルミ，セグレ，G.C. ウィック．湯川は，日本人物理学者のうち，初めて日本だけで科学教育を全うした人である[2]．彼の理論は，中間子を核力の量子として把えた．（E. セグレ撮影）

理化学研究所から移ってきていたのである.

1935年に大阪で湯川は一つ画期的な論文を書いた. これは完全なものではなく, また全部が全部正しいとも言えなかったようであるが, ともかくそこには本質的な, 新しい考えが盛り込まれていた. この考えの豊饒さは次第に明らかになり, その後の発展に深い影響を及ぼすことになったのである.

その後湯川は京都大学に活気に満ちた理論物理の一学派を作った. また『理論物理学の進歩 (*Progress of Theoretical Physics*)』という雑誌を創刊したが[3], これは特に素粒子の理論の分野で世界的に重要な位置を占めるようになった. いろいろなアイディアが欧米の文献と独立にこの雑誌に発表され, それと同じものを, 日本の雑誌を手にする機会がなかった人々が, 同じ頃かその後になってまた自分で発見する, といった例がよくある. こういうことは, 特に第二次大戦の最中とその直後に多く見られた.

数式と英語とが, 日本の物理学と西欧の物理学の間の架け橋になってはいるが, 日本の物理学からは時として何か異質の文化的基盤というものを感じることがある. もちろんこれは科学の進歩にとって有益なことであろう. そのために大いにちがった観点から物事を究めていくことができるからである.

湯川は日本人としては初めてノーベル物理学賞を受けた人である. それは1949年のことであるが, これが母国で彼にたいへんな名声を与えることになった. 日本の人々は, 科学において西洋と同格の位置に達している生きた証しとして, この人を一目見ようと彼の所にやって来たものである. かくして長岡も, 1950年に亡くなる前に自分の夢がかなえられるのを見たわけである.

ここで湯川の議論を簡単に要約してみよう. 光子が電磁場とそれが及ぼす力に結びついたものであることはよく知られている. 湯川の問いは, 核力の場に結びつく量子の特性は何か, ということであった. そしてほとんど不確定性原理と相対論だけを応用した簡単な推論によって, 核力の量子は有限の静止質量を持つはずである, という驚くべき結論に達したのである. 彼はこの静止質量が, 電子の質量の約200倍になるはずだと見積った. 言い換えるとこの量子は静止した状態でそのエネルギー $mc^2$ が約100 MeVにあたることになる. そのうえこの粒子は次の三つの形を取るはずだということもわかった. すなわち電気的に中性か, 負の電荷を持つか, 正の電荷を持つか, のいずれかで, 電荷の絶対値は陽子と同じである.

湯川の推論は次のようなものである. 核力はその作用半径として $10^{-12}$ ないし $10^{-13}$ cm という値をもつ. という意味は, この距離 $r_0$ になると力が急に小さくなるということである. これに反して通常の電気力のポテンシャル $U(r)=e/r$ の場合にはこのような特性距離はない. さてそこで二つの核子の間に働く力を, 片方が量子を放出し, 相手がその量子を吸収することによって起こるものと解釈することが可能である. この量子が, 放出を行なう核子から吸収を行なう核子まで行くには $r_0/c$ 以上の時間が必要である. なぜなら, 相対論によればその速度は光速 $c$ を越えられないからである. そして量子が動いている途中ではこの量子の分だけ余分な質量があり, それに対応して $mc^2$ だけエネルギーも余分になるので, エネルギー保存則は破れていることになる. だがエネルギーの測定は, それにかける時間を $t$ とすると

$$\Delta E = \frac{h}{2\pi t}$$

以上の精度で行なうことはできない. これは量子力学の不確定性原理のためである. したがって, いわば $\Delta E$ だけのエネルギーを「借りる」ことができるわけで, そうしてもエネルギー保存則の破れを確認しようがないのである. そこで今, この $\Delta E$ を $mc^2$, $t$ を $r_0/c$ と見なせば

$$m = \frac{h}{2\pi r_0 c}$$

となる. このように量子が有限な質量を持つと仮定するとおのずと作用半径も有限になるのである. ここで $r_0$ の値として $2\times10^{-13}$ cm を採り, 普遍定数にはそれぞれの値を入れると $m$ は電子の質量の約 200 倍, あるいは $mc^2$ は約 102 MeV のエネルギーになることがわかる.

実験的な根拠から, 中性子と陽子, 陽子と陽子, 中性子と中性子の間に働く力はどれも等しいことがわかっているが, ここから例の量子の電荷は $\pm e$ または 0 であることが要請される. こうして湯川は質量が電子の約 200 倍で, 電荷は中性, または正か負の一単位であるような粒子が存在し, これが原子核と強く相互作用することを予想したのである.

フェルミも, ベータ崩壊の理論を展開したとき同じような考えを抱いていた.

ニュートリノは何らかの場の量子ではないかと考えたのであるが，ここから特に意味のある結論は得られなかったので何も発表しなかったのである．湯川はフェルミのベータ崩壊についての論文を勉強していて，自分の論文でもこれをはっきり引用している．この湯川の論文は1935年に『日本数学物理学会記事（*Journal of the Mathematical and Physical Society of Japan*）』に載った．これは注目は引いたが大騒ぎになったわけではない．当時まだ誰も湯川が予言したような粒子を見た者はいなかったので，これは一つのおもしろい想像だというのが大方の受け取り方だったのである．

## パイ中間子の発見

1937年になってはじめて，宇宙線を研究していた人たち，たとえばC. D. アンダーソン（陽電子を発見した人）や協同研究者のS. H. ネッダーマイヤー（その後初めて原子爆弾を作る時に大事な発明をした），M. L. スティーヴンソン，J. C. ストリート，R. B. ブロードたち，またその他の人々が，その中に電子と陽子の中間の質量をもつ粒子を見出した．最も正確と思われる測定によると，その質量は電子の約200倍であった．この粒子は「メゾトロン（mesotron）」と名づけられたが，不安定な粒子で単独で存在する時には平均寿命約2マイクロ秒で崩壊する．この平均寿命は，高度や仰角をいろいろに変えて宇宙線の強度を測った結果から巧妙な推論で得られたが，後にはF. ラゼッティによって直接の測定も行なわれた．しかし宇宙線の実験家たちは，最初にその観測をした頃には湯川の仕事に気がついていなかった．そして戦争のために実験の仕事の進み具合も鈍り，また日本は西洋から孤立してしまった．日本の物理学者たちは，湯川が予言したものと同じくらいの質量をもつ粒子が存在する事実を重大だと思った．しかし一方，メゾトロンがまさしく湯川の粒子だと断定するには，いくつか難点があることにも気がついていた．とりわけメゾトロンの平均寿命があまりに長すぎる点が問題であった．またメゾトロンが物質の中で止まる時には，必ずというわけではないにしてもたいていの場合，止める媒質の原子核と相互作用をする．この現象の研究から一つ重要な実験上の発見が生まれた．それをなし遂げたのは三人の若いイタリアの物理学者，M. コンヴェルシ，E. パンキーニ，O. ピッチオーニである．

この三人はドイツ側ににらまれていて，見つかればドイツに連れて行かれて強制労働ということになりそうだった．そこで連中の目から身を隠してローマのある地下室で秘かに研究を続けていた．そして彼らは，正と負のメゾトロンは物質の中で止められる時に違う振舞いをするということを見出したのである．正のメゾトロンは真空中とほとんど同じような崩壊の仕方をする．負のメゾトロンは，重い原子核で止められる時には捕獲されてその核の崩壊を起こすが，炭素のような軽い核に捕獲される時にはそのかなりの部分が真空中と同じように崩壊する．これは湯川の粒子について予想される振舞いとは違っている．湯川の粒子なら原子核が軽かろうが重かろうがそれと激しく反応するはずである．というのはメゾトロンが原子核に充分近づくやいなや核力のためにその核の崩壊が起こるはずだからである．ところが実験の結果によるとこういうことは起こらず，したがってメゾトロンを湯川の粒子と見るわけにはいかない．

これはまことに不思議な事態である．湯川は電子の約200倍の質量を持つ粒子を予言している．そして確かにそういうものが見つかったのだが，それは予言されたものではないというのである．理論物理学者はコンヴェルシ，パンキーニ，ピッチオーニが出した結果を前にして途方に暮れたが，しかしこれは実験的な観点から見ると疑う余地はないように思えた．何とか説明を見つけようとして理論家たちの努力が続いた．そして日本では，谷川安孝，坂田昌一，井上健が，またアメリカではH. A. ベーテとR. マルシャクが，独立に今言った難点を取り除くような仮説を提出した．それは，観測されたメゾトロンは湯川の中間子が崩壊してできたもので，湯川の中間子のほうはまだ観測にかかっていない，というものである．魅力的なもっともらしい仮説を作るということは重要である．しかし，ある事実を確かめるということとはまた全く別のことである．

ここで一つの新しい実験技術，と言うよりある古い技術を改良したものが現われて，これが有力な道具となった．第一次大戦の前にラザフォードの研究所にいた日本人物理学者の木下季吉が，アルファ粒子が写真乳剤を通過する時，その飛跡に沿って現像可能な乳剤粒子の集まりを残す，ということを明らかにしていた．これによって，この粒子の軌跡が目で見られるわけである．（ここで量子力学はどうなったのだろう？　不確定性原理は？　粒子の波動性は？　と

**図 12.2** G. オッキァリーニ（左）と C.F. パウエル．1960 年頃の物理学会の折．(E. セグレ撮影)

いった疑問が生じるかもしれない．この点については，たとえばハイゼンベルクが詳しく論じていて充分満足のいく答が用意されているということで安心していただきたい.）さて，木下が用いた乳剤は比較的よくイオン化を起こす粒子だけに反応するものであった．したがってこれでは電子は検出できなかった．

ブリストルのセシル・パウエル教授（Cecil Powell, 1903–1969）はラザフォードと C.T.R. ウィルソンのかつての弟子で，主として気体放電の方面で研究活動を続けていた人であるが，粒子の検出方法にも絶えず関心を払っていた．今度の素粒子物理学における大きな進歩にはこの人が決定的な役割を演ずることになるのである（図 12.2）．彼はパイ中間子発見の糸口となった出来事について次のように語っている．

1945 年にブリストルのパウエルの所に，終戦前ブラジルからイギリスに戻った G. P. S. オッキァリーニがやって来て一緒に仕事をすることになった．オッキァリーニは写真乾板法のこの先の可能性を熱心に追究していたが，乾板の記録能力の改良について少々考えるところがあってイルフォード社に相談を持ち込んだ．飛程の測定の信頼性についてはもう心配ないことがわかっていたが，現像された粒の数が充分多い時しか飛跡は見分けられない．これは粒子が単位長さを通過する間に原子からたたき出すイオンの数に依存し，その粒子の速度が大きいほどイオンの数は少なくなる．それで結局，当時の実情は，比較的低速の粒子だけは検出できるが，光速に近いような粒子はほとんど記録に残らないというありさまであった．ところが宇宙線ではこういう高速の粒子がいちばん数が多いのである．

乳剤の記録能力を改良できそうな方法はいくつかあった．たとえば個々の乳剤粒の大きさや感度を増やしたり，あるいは乳剤の単位体積あたりに含まれる粒の数を増やしたりするといったやり方である．当時イルフォード社にC. ウォラーという化学者がいたが，この人が，ここの製造法からいくと臭化銀の濃度を相当に高めた乳剤が作れそうだと気がついた．この新しい乳剤を露出して現像してみると，実際みごとな改良に達していることが明らかになった．

1946年の終りに近い頃，オッキァリーニはこの新しい乳剤を塗った小さな乾板をいくつか持って——大きさ2cm×1cm，乳剤の厚さ約50ミクロンのものを2ダースほど——ピレネー山脈中，高度3000 mのミディ山頂にあるフランスの天文台に出かけて行き，そこで乾板を宇宙線にさらした．さて，これをブリストルに持って帰って現像してみると，たちまちここに全く新たな世界が出現していたことが明らかになった．遅い陽子の飛跡には銀の棒と言っても良いくらいに現像粒が並んでいたが，乳剤の微小部分を顕微鏡を通して見ると，当時人工的に実現できる限度をはるかに越えたエネルギーを持つ宇宙線粒子が起こした崩壊の跡がいっぱい見つかったのである．それはまるでにわかに禁断の園への入口が開け，中に入ると樹々は鬱蒼と茂り，人気もないところにありとあらゆる珍しい果物が枝もたわわに実っているといった光景を思わせるものであった．

この初めての観測で，研究室には熱気がみなぎり，みんなは期待に胸を躍らせた．ちっぽけな露出ずみの乾板を夢中になってのぞいて探しまわりはじめ，同時に実験材料をもっと手に入れる算段を整えた．この時には乾板観察用の顕微鏡も何台か揃っており，それを扱う役の娘さんたちがいて，熱の入った宝探しが始まったのである．ほとんど毎日何かどうかわくわくするような新しいことが出てきた．これを始めるにあたって，顕微鏡をのぞいている人には，とにかく何か「事件」（たとえば崩壊のような）が見つかったら，誰か物理学者を呼んで，そこに何か大事なことが示されていないか吟味してもらうように，と言ってあった．間もなく，当時学部の最終学年にいたピーター・ファウラー（ラザフォードの孫）が，ある出来事を見てくれと呼ばれた．これを見るとある小さな崩壊に関して一つの粒子があるらしく，その飛跡の様子から200 $m_e$ くらいの質量を持つと思われるが，その飛程は崩壊が起こる所で終っていたのである．ここで観測された飛跡の説明としては次の二つしか考えられない．一つは，その粒子が止まった場所と，それとは関係のない崩壊が起こった場所とがたまたま一致した，というものである．もう一つは，ここにあるいくつかの飛跡はお互いに関連していると考えるのであるが，この場合，起こった過程ははっきりしている——比較的小さな質量を持つ粒子，すなわち中間子が，その飛程の終りに来て原子核の崩壊を起こしたにちがいない．この時中間子はほとんど「静止」した状態にあり，せいぜいほんのわずかの運動エネルギーしか持っていない．

ロンドンのインペリアル・カレッジにいるD. パーキンスも新しい乳剤を使って同じような実験をしていたが，やはりこの数日前にこれと非常によく似た「事件」を見つけていた．こうして，よく似た性質の出来事が二つ観測されたとなると，無関係な飛跡がたまたま同じ所に並んでいるという可能性は考えられなくなり，乳剤中の原子の核に負電荷の中間子が捕獲され，それが崩壊を起こしたのは確かだと思われた．

顕微鏡をのぞく観察者もすぐに中間子の飛跡を見分けるこつを憶え，その飛程が終る所で同様な崩壊が起こる例をたくさん見つけ出した．全くのところ，観察者が生き生きした興味をもってやってくれることが，この仕事が進む一つの重大な要素だったので，彼らが，自分が見つけた事件の解釈の仕方を学び，自分がしていることの意味もわかるようになるためには，われわれは相当な苦労を惜しまなかった．[Seminario matematico e fisico di Milano, Simposio in Onore di G. Occhailini, Milan, 1959, p. 148]

こうしてパウエル－オッキァリーニのグループはついに，まさしく湯川の仮説が要請するとおり原子核の崩壊をひき起こす中間子を見つけ出したのである．そして念入りに飛跡を解析して，中間子はおよそ139 MeV/$c^2$の質量を持つという結論を出した．また時には中間子は約106 MeV/$c^2$の粒子と，質量がゼロにきわめて近い粒子，おそらくニュートリノに崩壊することを示すような飛跡も見られた．

この106 MeV/$c^2$の粒子は，1個の電子と，1個を越える（おそらく2個の）ニュートリノに崩壊するのであった．106 MeV粒子は容易にメゾトロンだとわかり，一方止まると同時に激しく原子核崩壊を起こす新しく見つかった139 MeV/$c^2$粒子のほうは，湯川が予言した中間子であると判定された．今ではメゾトロンのことを「ミュー粒子（muon）」と呼んでいて，湯川型の粒子は「中間子」，あるいは「パイ中間子（pion）」と呼んでいる（図12.3）．これからは，この呼び方を使っていくことにしよう．

今言ったことがはっきりするように，パイ中間子とミュー粒子が崩壊するときの反応を記号で示しておくことにしよう．ここでパイ中間子を$\pi$，ミュー粒

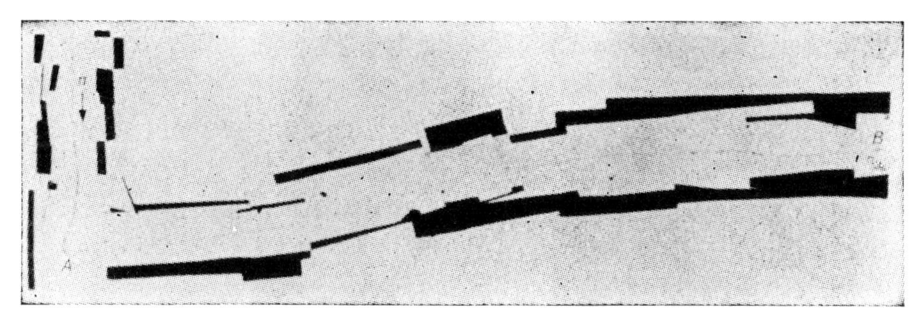

**図12.3**　パイ中間子の最初の写真の一つ．これは，1947年に，C. ラッテス，G. ミュアヘッド，G. オッキァリーニ，C.F. パウエル等が，写真乳剤を使って得たもの．パイ中間子は，図のA点で止まり，ここで崩壊して，ミュー粒子を放出している．これはパイ中間子とミュー粒子の間の関係を示すもので，どちらも宇宙線の中に存在する．(C.F. パウエルの好意による)

子を $\mu$ という記号で表わす．負電荷のパイ中間子の場合を考えることにするが，正電荷の場合も同様である．

$$\pi^- \longrightarrow \mu^- + \tilde{\nu}$$
$$\mu^- \longrightarrow e + \nu + \tilde{\nu}$$

先ほど述べたように，正のパイ中間子，負のパイ中間子のどちらも激しい核反応を起こす．こういうことが全部，顕微鏡を使って写真乾板から読み取れるのだが，それ以外何の装置も使わずにこれができたということは驚くべきことである．もっと厳密にいうなら，その他に高所で乳剤を露出させる時に使うブリキ缶がいるだけである．やがて乳剤の厚さを増やしたり，うまい現像のやり方が発明されたり，感光物質以外のものを加えたり，といったことが行なわれて，この方法は高度に完璧なものになっていった．こうして練り上げられた方法で，飛跡を残す粒子の速度，質量，電荷，等々の性質を測ることも可能になった．しばらくの間，この方法は素粒子を研究するうえで断然優位を占めていた．その後，泡箱その他の方法がこれに取って代わるようになったが，今でも役に立つ方法であることに変わりはなく，特殊な場合には実際に用いられている．

これらの発見に刺激されて，同じ方法を用いて，厖大な研究活動が始まった．これはいたって安上がりの方法ではあったが，一日中顕微鏡をのぞいて飛跡を

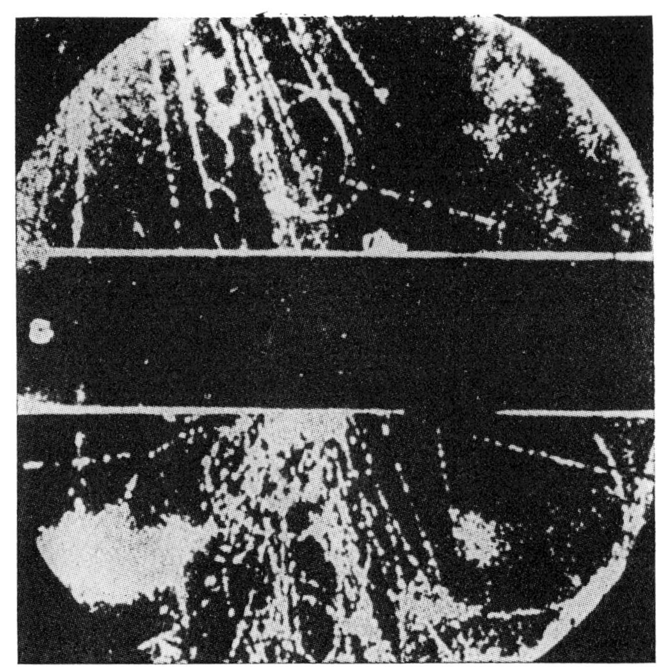

**図 12.4**　宇宙線からのV粒子を初めて捕えた G.D. ロチェスターと C.C. バトラーによる霧箱写真．このきわめて歴然たる写真が撮られた後，ほとんど2年近くの間，同種のものは全く出てこなかった．この写真のV粒子は，現在，$K^0$ と呼ばれている．［*Nature* **160**, 885 (1947) より］

探し，それを測定するのをいとわないスキャナー（たいてい若い娘さんだった）が大勢必要になった．これは終戦直後のヨーロッパの国々，特にイタリアにはうってつけの仕事だった．この国は大きな戦争の傷手をこうむり，失業率も高かったのである．こんなわけでイタリアはこの種の研究で一つの重要な中心地となったが，これもイタリアで素粒子物理学がさかんになった原因の一つなのである．

## 続々と現われた新粒子

宇宙線の中に見つかった新粒子はパイ中間子やミュー粒子だけではない．1946 年のこと，マンチェスターで G.D. ロチェスターと C.C. バトラーは宇宙線現象の霧箱写真をたくさん撮って，その中にV字形の飛跡を見つけた（図 12.

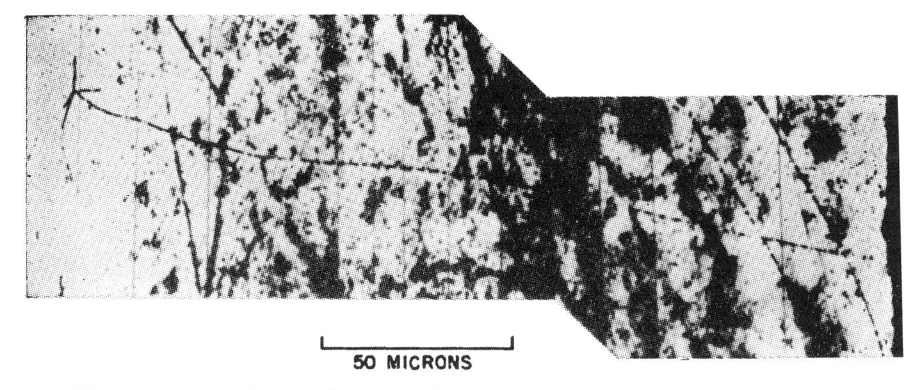


**図 12.5**　バークレイの 184 インチ・サイクロトロンで作り出された，初の人工パイ中間子の写真（写真乳剤による）．これを撮ったのは，E. ガードナーとC. M. G. ラッテス．ここで初めて，宇宙線ではなく，加速器によってパイ中間子とミュー粒子が作り出された．（ローレンス・バークレイ研究所）

4）．この飛跡は，だいたい 494 MeV/$c^2$ の質量を持つ粒子が，飛んでいる途中で二つのパイ中間子に崩壊してできたものとしか説明しようがなかった．この現象の二度目の例が見つかるにはその後 1 年以上もかかったのであるが，上述の解釈には疑う余地がなかったので新種の粒子の存在を信じざるをえなかった．当時この粒子は，飛跡の形から V 粒子と名づけられた．図 12.4 にもこの粒子が見られるが，今ではこれは $K^0$ 粒子という名で呼ばれている．

写真乳剤法はパイ中間子，ミュー粒子ばかりでなく多くの新粒子の存在を明らかにした．たとえばブリストルのグループは $K^+$ あるいは $K^-$ と呼ばれる粒子を発見したが，これは三つのパイ中間子，正のパイ中間子二つと負のパイ中間子一つ，またはこの正負を逆にした組合せに崩壊する．また新しい高エネルギー加速器が登場すると，新粒子の一覧表は一段と長いものになっていった．加速器のエネルギーはまずパイ中間子を作れるだけの大きさに達し，その後には，それまでに宇宙線の中に発見されたあらゆる粒子に加えて，それ以外にもいろいろな粒子を作り出すまでになった．

初めて新粒子を作り出せるだけのエネルギーに達した装置は 184 インチ・バークレイ・サイクロトロンである（図 12.5）．1948 年に E. ガードナー，C. G. ラッテス（ブラジル出身のオッキャリーニの弟子で，ブリストルでパイ中間子の発見に加わり，その後ブリストルからバークレイに移った）等は検出器として写真乳剤を用いて，サイクロトロンでパイ中間子が作られたことを確認した．その少し後，これまたバークレイで，B. モイヤーが学生たちと協同で中性パイ中間子の崩壊に伴って生じるガンマ線を検出した．電荷を持つパイ中間子の平均寿命は $2.6\times10^{-8}$ 秒であるのに対して，この中性パイ中間子の平均寿命は $0.8\times10^{-16}$ 秒である．この理由は，中性中間子は電磁的相互作用によって崩壊するが，この崩壊の仕方は荷電中間子に対しては禁止されていて，それらははるかに弱いフェルミ相互作用によって崩壊を起こすしかないからである．中性パイ中間子は加速器によって発見された最初の素粒子で，それまで出てきたもののうち大部分は，まず宇宙線で見つけられたのであった．

サイクロトロンでパイ中間子が生成されるようになったおかげでパイ中間子ビームを作ることができ，粒子源として宇宙線に頼っている限り全く手が出せないような実験も行なえるようになった．これ以後，宇宙線は，地球物理学，宇宙論，その他の分野を研究する手段となり，素粒子物理学においては重要性が失われた．極度に高いエネルギー領域を別にすれば，加速器に太刀打ちできなくなったのである．少し後になると，シンクロトロンやベータトロンなどの加速器で電子を加速して直接，中間子を生成したり，あるいはまず光子を生成した後，それによって中間子を作り出したりできるようになった．

ブルックヘヴン国立研究所で「コスモトロン」が稼動しだすと，エネルギーはまた飛躍的に増大した．コスモトロンは1952年に1000 MeV すなわち 1 GeV を越えた．1953年にはこの装置で，前にロチェスターとバトラーが宇宙線の中に発見したV粒子が作り出された．だがこの頃には事態はかなりこみ入ったものになっていた．宇宙線にはパイ中間子やミュー粒子ばかりでなく，何種類か核子より重い粒子も含まれていることがわかった．これらの粒子はいろいろな崩壊の仕方をするが，その崩壊生成物の中には必ず中性子か陽子が含まれる．こういう粒子はハイペロンと呼ばれている．そのうち特に重要なものを，それぞれの崩壊の仕方も併せて示しておこう．

$$\Lambda \to \mathrm{p}+\pi^-(1116) \qquad \Sigma^+ \to \mathrm{p}+\pi^0(1189) \qquad \Xi^- \to \Lambda+\pi^-(1321)$$

意味がはっきりするように，ここでは現代流の書き方を使った．括弧の中の数は $\mathrm{MeV}/c^2$ で表わした質量である．他に，ここに書かれているものとは違ったいろいろな崩壊の仕方がある．またこれらの粒子は違う荷電状態にも存在しうる．

ハイペロンの他に，上述のK粒子も宇宙線の中に含まれていることがわかった．これはパイ中間子よりは重いが核子よりは軽い粒子で，いろいろな仕方で崩壊する．たとえば次のようなものがある．

$$\mathrm{K}^{+} \rightarrow \pi^{+}+\pi^{0} (494)$$
$$\rightarrow \mu^{+}+\nu$$
$$\rightarrow \pi^{+}+\pi^{+}+\pi^{-}$$

さて$\Lambda$粒子は重大なパラドックスを提供した．これは比較的簡単に作られるが崩壊はたいへん遅い．これは量子力学のある一般原理，すなわち，容易に作れる粒子はまた容易に崩壊する，という原理に反する．この難点を取り除くような説明がいくつか試みられたが，ついにA.ペイスと西島和彦がそれぞれ別個に，本当に正しい説明を考えついた．観測にかかった$\Lambda$粒子の生成とその崩壊はちょうど逆の過程で起こると万人が思い込んでいたのだが，実はそうではなく全く別のもので，生成と崩壊の間には何も必然的な関係はないのである．$\Lambda$粒子の生成は必ずK粒子を伴って起こり，その反応式は

$$\pi^{-}+\mathrm{p} \rightarrow \Lambda+\mathrm{K}^{0}$$

である．一方$\Lambda$崩壊の反応式は$\Lambda \rightarrow \mathrm{p}+\pi^{-}$である．つまり$\Lambda$の生成はいつもK粒子の生成とからんで起こるが，崩壊のほうはそうではない．生成は湯川型の強い相互作用によるものであるが，崩壊は弱いフェルミ相互作用によって起こるのである．

この「奇妙な」現象を説明するために，1953年にM.ゲルマン，中野董夫と西島和彦がそれぞれ独立に新しい量子数の存在を提唱し，他に良い呼び方もないのでこの量子数を「ストレインジネス（奇妙さ，strangeness）」と呼んだ．果たしてこのストレインジネスが何か他の性質なり力学量なりと，たとえば角運動量とある種の量子数の間に見られるような関係を持っているものかどうか，ということは全くわかっていないが，とにかくこれを考えるといろいろなことがうまくおさまり，今述べたことの他にもいくつかのパラドックスが解決されるのである．それぞれの粒子に，0, ±1, ±2，等々のストレインジネスを割り当てたうえで，反応にあずかるすべての粒子のストレインジネスの和は，強い

**図 12.6** マレイ・ゲルマン．1961 年．素粒子物理学の主要人物の一人で，これまでに，この分野に多くの新しい考えを導き入れている．(E. セグレ撮影)

相互作用のもとでは不変に保たれるということを仮定する．こうすると，ある種の反応は許容し，あるものは禁止するような選択規則が得られるが，この結果は実験的な事実とも一致するのである．

粒子が組を作って生成されることと，それに関連したストレインジネス現象論とは，1954 年にコスモトロンが，組を作る粒子を生成できるだけのエネルギーに到達すると，ただちに実証された．W. B. ファウラー，R. P. シャット，A. M. ソーンダイク，W. L. ホイットモアは，この実験を行なうためにずっと引き続いて粒子の検出ができる拡散型霧箱を使った．この後間もなく，多くの物理学者がいろいろな方法を使って同様な結果を確かめた．

マレイ・ゲルマン（図 12.6）は現代の理論物理学におけるエースの一人である．彼は 1929 年にニューヨークで大学教授の息子として生まれ，エール大学に学んで，22 歳の時にマサチューセッツ工科大学で博士号を取った．その後シカゴに行き，ここで多くのこの世代の理論家と同じくフェルミの影響を受けた．現在，彼はカリフォルニア工科大学の教授であるが，よくいろいろな国に出かけて行く．ゲルマンは素粒子物理学の分野でいくつかの重要な理論的発見において決定的な役割を果たしてきたが，それらは他の物理学者と時を同じくして，しかも独立な発見であった．ストレインジネスの場合には中野・西島と，八道説[4]の場合にはY. ネーマンと，クォークの考えについては，G. ツヴァイクとかち合っている．このように彼の存在は理論物理の仲間にとってはいつ出し抜かれるかわからない脅威の源であろう．また同時にゲルマンは，そのあり余る頭脳の力（これは他の理論家にも共通の点である）を，スワヒリ語なども含めて数種の言語を学ぶのに振り向けたり，生物学の先端を追っかけたり，エコロジーを研究したり，さらに種々の問題で政府に助言したりすることなどに使っている．

1951年にはシカゴで，中間子を作り出せるシンクロサイクロトロンが働き出した．フェルミはこの日をじりじりしながら待ち望み，それが早く完成するように自分で努力した．こうしてようやく彼は念入りに準備をしていた実験の仕事に戻ることができた．そして努力は報いられた．死を迎える少し前に，彼は思いがけない新現象を見つけ出した．陽子と正のパイ中間子との衝突断面積に大きな極大値が見られたのである．これは明らかに準安定な複合粒子が形成されたしるしであって，このことを時には共鳴状態と呼んだり，ただ素粒子と呼んだりする．フェルミによる最初の発見の後，この種のものは何百と確認されて，この方面は今日でも一つの活潑な研究分野となっている．

## 反核子

それから少し経った後，長い間疑問となっていた一つの問題に決定的な答が出る可能性が生まれた．かつてディラックが陽電子を予言し，それが後にアンダーソンによって実際に見出されたことを思い出してほしい．ディラックの理論を単純に陽子に拡張して考えると，陽子と絶対値は等しく符号は反対の電荷を持ち，質量は陽子に等しい反陽子というものがありそうだと思える．しかしこういう単純な拡張解釈は必ずしも保証されない．それはたとえば陽子の磁気モーメントが，ディラックの理論をもとにして素朴に予測したところとはたいへん違っているということをシュテルンが発見したのを見ても明らかである．

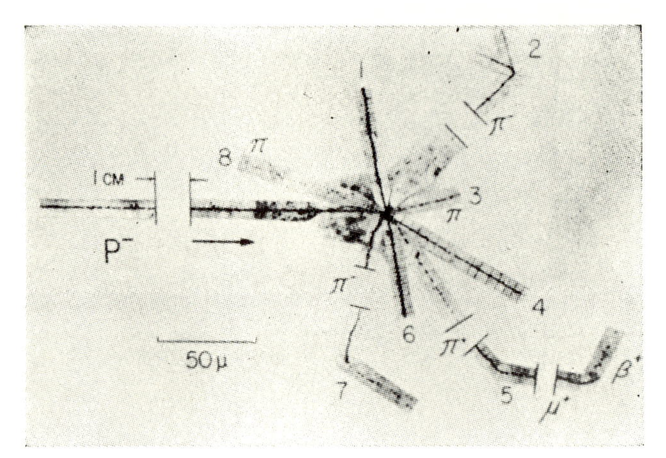


**図 12.7** 原子核用乳剤で捕えた反陽子消滅．反陽子（p⁻）が止まり，別の原子核の，一つの核子とともに消滅している．パイ中間子，その他の粒子が衝突が起こった点から飛び出している．観測された粒子のエネルギーは，反陽子の静止質量エネルギーより大きい．このことから，もう一つ別の粒子も消滅したことがわかる．（ローレンス・バークレイ研究所）

したがって反陽子の存在についてはっきりとイエス，ノーの答を出すのは重要なことであった．宇宙線現象の観測からも，この問題についてある程度の手がかりは得られていたが，はっきりした答は出なかった．

1955 年，バークレイのベヴァトロンが 6 GeV のエネルギーに達した．このエネルギーは重心系で約 2 GeV に相当し，反陽子ありとすれば，陽子－反陽子対を作り出すのに必要な最小の値であった．そして O. チェンバレン，C. ウィーガンド，T. イプシランティス，それに私の四人が，反陽子の存在を充分確信できるように実証することに成功した．こうして反物質というものがあることも確かになったのである．全くの話，まるまる反世界というものさえ考えられるわけであるが，今までのところそんな反世界が本当に存在するのかどうかはわかっていない．

粒子と反粒子の間の対称性は，物理学における新しい真理の一つである．どの粒子にもそれぞれその反粒子があって，これはもとの粒子と等しい質量を持ち，電荷は反対で，ストレインジネスは大きさが等しく符号は反対，スピンは等しく磁気モーメントも同じ大きさで符号は反対，である．要するにあらゆる性質が，等しいか正反対かのどちらかなのである．原子核において，中性子と陽子を皆反中性子と反陽子で置き換えると反原子核ができる．それに反電子——すなわち陽電子——を着せると反原子ができる．その反原子で反分子を作り，という具合に進めば完全な反世界ができ上がるのである．そして反世界に住む反人間にとってはどんな物事もここにいる私たちと同じように見え，同じような挙動を示すことになる．世界と反世界の間には何も内在的な違いはなく，天体観測をしても，ある星が通常物質でできているのか，反物質でできているのかを知ることはできない．しかしもしも物質と反物質が出会うと（図 12.7），そこで互いに打ち消し合いが起こり，両方が持っていたエネルギーは非常に短い時間のうちにニュートリノ，反ニュートリノ，ガンマ線に転化して消滅が起こった場所から光の速度で飛び去るのである．

## パリティの破れ

反陽子の発見は多少とも予期されていた事柄であったが，ほぼ同じ頃，これとは違って，今まで物理学を広く支配しており，間違いないと思われていた一つの教義に対して，その反証が示された．何か物理の実験を行なって，それを直接見る場合と，完全に歪みのない鏡に映して見る場合とを考えると，今見ているのはそのどちらの場合なのかを判定する方法はないのである．人を直接見る場合と鏡に映して見る場合とを考えるなら，その人の上着のボタンが普通どおりか，その反対かを判定することはできる．これと同じく，あるネジが右回りか左回りかを判定することもできる．しかしこういうことは人が勝手に持ち込んでいる習慣に関わっているのであって，自然が従う法則ではない．心臓が右側にある人でも全く支障なく生活できるはずなのである．こう言うと，電磁気学の法則の中には本来右手なり左手なりに結びついたものがあるではないかと思われる読者もいるかも知れない．しかし注意して考えれば，これもあたっていないことがわかる．その場合に右手とか左手とかが出て来るのは，実は電荷の符号を定める習慣に関わっているのである．素粒子における強い相互作用と電磁的相互作用はすべて，この鏡映対称性に厳密に従っている．このように，ある現象と，それを鏡に映したものとが，両方とも起こりうるか，あるいは両方とも起こりえないか，のいずれかである，という事実を「パリティの保存

(conservation of parity)」と呼んでいる.

ある規則性が多くの場合に正しく成立するというような時には，ついそれをまだ検証が行なわれていない領域にまで広げてしまいがちなもので，さらにそれを一つの「原理」にまで祭り上げてしまうといったこともよくある．場合によってはそのケーキを哲学的考察という砂糖の粉でまぶし上げることにもなる．事実こういうことが，アインシュタインが出る以前，空間と時間という概念をめぐって行なわれていたのであった．パリティ保存の法則についてもやはり同じようなことがあって，それが実験によって覆された時には，たとえばパウリのような物理学者も大いに動揺したのである.

パリティ非保存の発見に導く一連のでき事は，1955年に，K粒子の仲間で当時は$\theta$と$\tau$と呼ばれていた粒子の崩壊を観測するところから端を発した．この二つの粒子は，実験で測定したところ同じ質量を持っていて，平均寿命も同じであったが，崩壊の仕方は違うのである．ここで素直な解釈は，この二つが実は同じ粒子で，それに二通りの崩壊の仕方がある，ということである．こう考えても別に変なところはない．人がいろいろ病気で死ぬように，同じ放射性原子が違う崩壊の仕方をすることもある——たとえばベータ粒子を出したり，アルファ粒子を出したりして——ということはキュリーやラザフォードの時代から知られているのである．だがK崩壊の場合不思議だったのは，それがパリティの保存則に従わないように見えたことであった．パリティの保存則からは，一つの粒子が崩壊するのに二つのパイ中間子を放出する場合と三つのパイ中間子を放出する場合の両方があるということは許されない．ところが$\theta$と$\tau$粒子の場合にはまさにこのことが起こるように見えたのである．この深刻な矛盾点は，中国人物理学者ツン・ダオ・リー（李政道）とチェン・ニン・ヤン（楊振寧）によって全く思いがけないやり方で解決された．この二人は，弱い相互作用の場合，パリティが保存されるという直接の証明は何もないことを指摘したのである．この弱い相互作用というのは1933年にフェルミが発見したもので，ベータ崩壊を起こす相互作用である．弱い相互作用がパリティを保存しないとなれば何も矛盾はないわけである．さらにこの二人は，まだ仮説の段階にとどまるパリティの非保存を確認する実験も提案した．この時の事情はちょっとはだかの王様の話に似ている．二人のぺてん師が王様の着物を織るために金の糸

図 12.8　チェン・シュン・ウー（右）と W. パウリ．弱い相互作用についての基礎的な研究をしたウーが，ここで，ニュートリノ仮説の提唱者と一緒に写っている．ニュートリノは弱い相互作用において重要な働きをするのである．

をもらい受けたが，その着物は賢い人の目にしか見えないのだと言う．誰もが自分にはその着物が見えないと正直に言うのは恥ずかしくてたいそう美しいと賞めそやした．行列を見た一人の子供が「王様ははだかだ」と叫んだ時になって，はじめて真相があばかれた，という話である．

リーとヤンの論文が誌上に発表されたすぐ後，これまた中国人物理学者チェン・シュン・ウー（図 12.8）を指導者とする，コロンビア大学とワシントンの政府規格基準局（NBS）から集まった物理学者グループと，またその他に二つのグループが，それぞれ別個に実験を行なって，弱い相互作用の場合，パリティの保存は一つの神話でしかなかったことを実証して見せた．

ウーのグループが見つけ出したのはこういうことであった．放射性のコバルト核を，皆スピンの向きがある一つの方向を向くように揃えておくと，そこから放出される電子の数はスピンに平行な方向の方が逆向きの方向より多くなる，というのである．もしパリティが保存されるとすれば，平行な方向と逆向きの方向とに同じ確率で出るはずである．電磁的な現象であるガンマ線の放出については確かにそうなっているが，弱い相互作用によって起こるベータ線放出の場合，パリティは保存されないのである．

さて，ここに登場した三人の中国人物理学者はどんな人だろうか．チェン・シュン・ウーはバークレイで私が初めて指導した学生であった．彼女は故郷の上海からここにやって来たのである．この人の意志の強さと仕事への献身ぶりにはマリー・キュリーを思わせるものがあるが，彼女はもっと現実的でエレガントであり，また機知にも富んだ人である．科学上の仕事はほとんどベータ崩壊に向けられており，この方面でいくつか重要な発見をなし遂げている．やはり中国人物理学者のルーク・ユアンと結婚して，今では若手の物理学者ヴィンセントの母親でもある．

チェン・ニン・ヤンは1922年アンホイ（安徽）省のホーフェイ（合肥）に五人きょうだいの長男として生まれた．父は北京の近くにある清華大学の数学教授をしていた．ヤンも，その友達のツン・ダオ・リーもともにクンミン（昆明）の国立西南大学に学んだ．戦後ヤンはアメリカに渡りフェルミに就いて大学院課程の勉強をするのが望みだったが，フェルミがどこにいるのか知らなかった．コロンビア大学に行ってみると，フェルミはもうシカゴに移っていた．そこでシカゴに赴いてフェルミの研究陣に加わったのである．最初実験をやったが，これはあまりぱっとしなかった．だがしばらくするうちに彼の理論の才能が頭角を現わしてきた．1946年にはテラーのもとで博士論文を書いたが，その後またフェルミのもとで研究することになった．

リーは1926年上海に生まれ，ここで学校教育を受けた．そして大学でヤンと出会ったのである．指導教授のター・ヨウ・ウーは，彼がシカゴで勉強するためにフェローシップをとってくれた．こうしてリーはシカゴのフェルミのもとで1950年に博士号を取った．リーとヤンは博士号を取得してからいくつかアメリカの主だった大学で研究をつづけたが，その間，長年にわたって二人協同の仕事をした．パリティ非保存についての歴史的な論文の他にも，二人は統計力学から場の理論にわたるいろいろな問題で重要な理論的成果を挙げた（図12.9）．現在ヤンはストーニーブルックのニューヨーク州立大学に，またT.D.

**図 12.9**　8人のノーベル賞受賞者．ニューヨーク，ロチェスターでの1960年ロチェスター会議の折．左から，E. セグレ，C.N. ヤン，O. チェンバレン，T.D. リー，E. マクミラン，C.D. アンダーソン，I.I. ラビ，W. ハイゼンベルク．これは，素粒子物理のための重要な定例会議であった．そして，西側とソ連の物理学者の間に，初めて科学的な交流が行なわれる機会の一つともなった．(L. クーザー撮影)

リーはコロンビア大学にいる．

かつて中国が文明の一つの担い手であったことは，ヨーロッパの初期の旅行家たちが目撃して大いに驚き，今に語り伝えているとおりである．この偉大な国が革命の動乱の時期を乗り越え，歴史上果たした役割を再び回復するようになったら，物理学への貢献もどれほどすばらしいものになるかということは，この三人の中国人物理学者からもうかがえる.

他の二つのグループは，ミュー粒子が崩壊する場合についてパリティの非保存を確認した．シカゴ大学ではA.M. フリードマンとV. テレグディが写真乳剤を使った実験を，コロンビア大学ではR.L. ガーウィン，L.M. レーダーマン，M. ヴァインリヒがエレクトロニックスを使った実験を行なった．この人々は，ミュー粒子が崩壊する時に電子が放出される方向と，もとのミュー粒子のスピンの向きとの間に相関があることを見出したのである．以上の先駆的な発見が行なわれると，ただちに大勢の科学者たちが，パリティの非保存に関連してどちらが起こるかが問題になるようなありとあらゆる現象をあさり始め，ほんの短い間にこの問題をめぐって何百という論文が出された．また実験のほうもこれに劣らぬ速さで行なわれて，ここに持ち出されたあれかこれかの問題に決着をつけていき，こうしてベータ崩壊をめぐる事柄はすっかり解明されたのである.

前にも述べたように，パリティ保存が破れる時には一つの現象とその鏡映像とを見分けることができる(図 12.10)．ところが実はまだそのうえに驚くべきことがあって，もう一度この対称性が復活することになるのである．と言ってもそれは前とは違う段階の話で，ある現象の鏡映像は，ちょうどその実験を反物質で行なった時に見られるはずのものになっている，というのである．現実の状態を鏡に映すと，P変換を施した状態と呼ばれるものに移る．またすべての粒子をその反粒子で置き換えることをC変換という．この二つの変換を続けて行なうと PC 変換になる．CP 変換の方はまず粒子を反粒子に変え，次に鏡に映すのであるがこれでも同じ結果になる．そこで現実の状態に対して CP なり PC なりの変換を施すと，再びもとと同じ状態が出てくるわけである．C変換とP変換の他にT変換というものを考えることもできる．この変換では速度が全部逆になるのである．その結果起こる現象は，ちょうど実験の映画フィルムを逆向きに回して見るようなものである．さて，現実に起こっている現象に対してこの三つの変換——C, P, T——をすべて行なうと，再び現実に起こっている現象そのものか，あるいは現実世界で起こりうる現象が出てくる．この事実は，相対性のような非常に一般的な仮定から証明できるもので，それゆえに理論物理学者にとってはたいへん愛着の深い重要な事柄なのである．そして

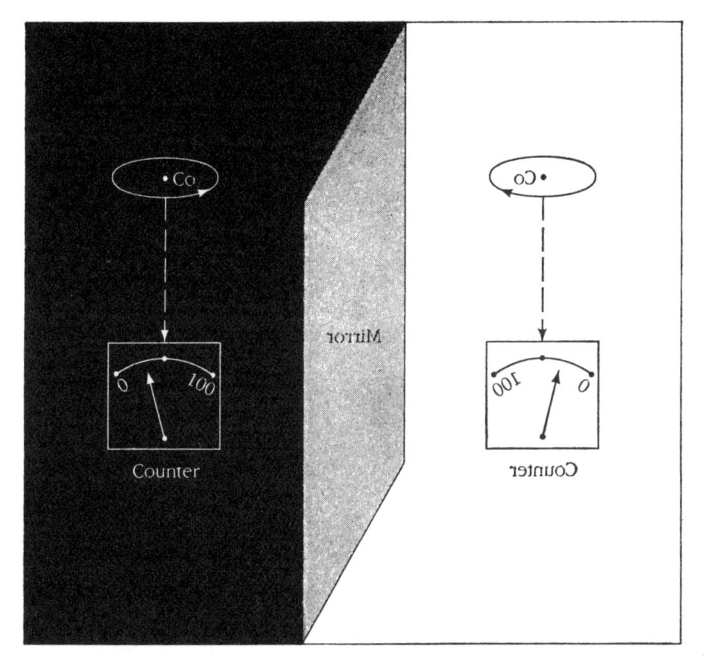


図 12.10　$Co^{60}$ の崩壊とその鏡映像.［C. N. Yang, *Elementary Particles, A Short History of Some Discoveries in Atomic Physics* (Princeton University Press, 1962)］

実は先のパリティ非保存をめぐって発見された諸事実は，同時に，CP 変換がそれ自体で物理法則を不変に保つ変換になっていることを示すものでもあった．そうだとすると，もし CPT 変換も不変なものであるなら，T変換もやはりそれ自体不変になっているはずである．

さて，話がここでおしまいになればめでたしめでたしとなるわけだが，正確に言うと，実はまだこのうえにこみ入った事情がある．1964 年のこと，J. H. クリステンソン，R. ターレイ，V. L. フィッチ，J. W. クローニン等が，中性K中間子の崩壊において CP 対称性が破れる例があることを見出したのである．それは小さな効果ではあるが疑う余地はない．これに対して，この場合 CP の破れをちょうど埋め合わせるようにTの破れも起こっているおかげで CPT 不変性のほうは損われていない．以上がこれまでに知られている限界なのである．

パリティ保存の破れはおそらく理論における戦後最大の発見と言うべきであ

ろう．これは，不充分な検証の上に立っていつの間にか原理の座にまで上がってしまっていた先入観を打ち砕いたのである．

ここで，ちょっと脚注のようなつもりで付け加えたいことがある．それは，アメリカの物理学者 R. T. コックスが，ベータ崩壊においてパリティが保存されないことを早くも 1928 年に観測していたと言えるのではないか，ということである．彼は，二重散乱の実験にベータ崩壊で出た電子を用いた時に，ある対称的でない結果を認めたのであるが，このことは入射電子がスピンの偏極を起こしていることを示すものである．そしてこれはパリティの保存に反するはずであるが，彼は，パリティは保存されるものと信じ込んでいたので，その実験を熱電子を使って繰り返した．熱電子は偏極はしていない．そのために熱電子を用いた場合には前に現われた効果は出てこなかった．そして以上の結果を彼は，初めにやったほうの実験には何か間違いがあったらしいと考えることで片づけてしまった．これもまた，研究者自身に意外な結果に対する心の用意ができていなかったために発見を取り逃がした一つの例である[5]．

## 泡　　箱

フェルミが初めて共鳴状態というものを陽子－パイ中間子系で見つけ出したことは前に述べた．その頃には誰も，非常に多数の共鳴状態が，しかもあらゆる系に存在するなどとは思ってもみなかったのである．ところが泡箱方式の発明が行なわれると，これが堰を切ったように続々と現われ出した．まず陽子－反陽子消滅の過程で 2，3 の共鳴状態が見つかった（図 12. 11）．次いで，あらゆる種類の反応において何十，何百と見つかるようになった．1960 年代には，物理学者は共鳴状態あさりに大わらわであったが，これは今でも精力的に行なわれている．

しばらくの間，この泡箱という新しい技術は共鳴状態の研究を席巻する勢いであったが，これはちょうど，もっと前に写真乳剤法が素粒子物理学を牛耳っていたのと同様である．泡箱というのは荷電粒子の通り道を見せてくれる装置である．すでに 1910 年に C. T. R. ウィルソンが飽和蒸気の中を通る荷電粒子の飛跡を，そこに沿って凝縮が起こることを使って目に見えるようにしたことは前に述べた．箱を急に膨張させると中の蒸気が過飽和になり，荷電粒子が通

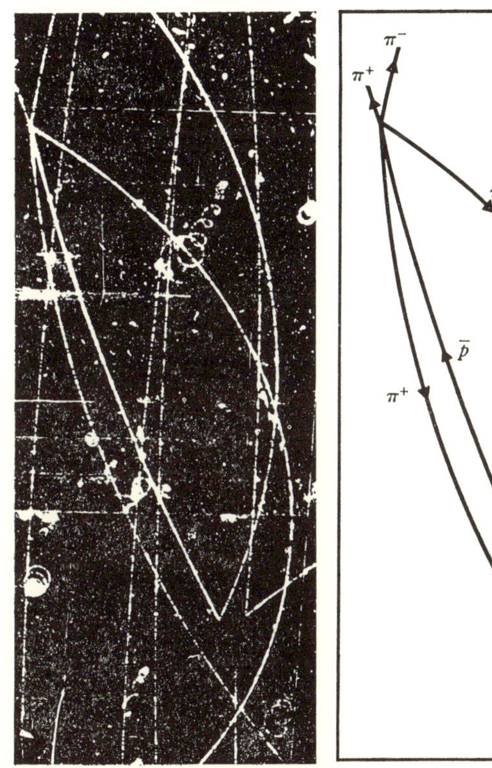

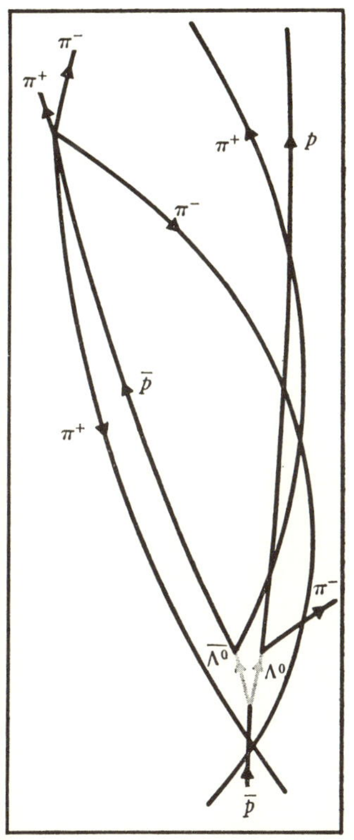


**図 12.11**　水素を満たした泡箱で，中性ラムダ－反ラムダ粒子対の生成と崩壊を撮った写真．図解において，右の $\Lambda$ 粒子は，陽子（p）と負のパイ中間子($\pi^-$)に崩壊している．反ラムダ粒子（左）は，反陽子（$\bar{\text{p}}$）と正のパイ中間子($\pi^+$) に崩壊している．液体水素中の一つの陽子とぶつかって，反陽子は消滅し，四つのパイ中間子が発生している．（ローレンス・バークレイ研究所）

り道に沿って残したイオンのまわりに水滴が凝結する．横から強い照明を当てるとその霧が目に見えるようになる．これは高空を飛んでいる飛行機が残した飛行雲が目に見えるのと同じである．ウィルソンの霧箱には輝かしい歴史がある．これが明らかにしてくれたものの中には，初の人工放射性壊変の飛跡，中性子が衝突して動き出した反跳陽子，陽電子，シャワー現象，等々がある．しかしこれには一つ，大きな弱点がある．それは，ガスは密度が小さい，言い換えれば単位体積あたりわずかの物質しか含んでいない，という点である．

1952年，ドナルド・A.グレイサー (Donald A. Glaser, 1926- ) が，この場合の気体を液体で置き換えたらどうかと思いついた．こうすると密度は大ざっぱに言って1000倍くらい増える．彼は沸点に達した液体を用意して圧力を急に下げ，この液体の温度が沸点より高くなった時にイオンの通り道に沿って気泡が作られるのを観測した．グレイサーはエチル・エーテルを満たした小さな箱から始めて，この技術を改良して行った．初めて飛跡が見られるようになると，今度はいろいろ違う液体でやってみた．このうち最も大事なものは液体水素とキセノンである．液体水素は標的として簡単なものになるし，キセノンは原子番号の高い標的になるからである．グレイサーはこの分野の草分けであったが，その後生物学の方に転じた．彼の考案した泡箱は，また他の物理学者の手でその規模もその領域も拡大された．

L. W. アルヴァレ (L. W. Alvarez, 1911- ) はローレンスの影響のもとに育った物理学者の一人で，それだけに大規模な実験計画を好む傾向がある．たいへん想像力に富んだ人物で，シカゴ大学ではA. H. コンプトンに師事して宇宙線の分野でいくつか重要な成果を挙げたが，間もなくバークレイに移り，サイクロトロンについての研究を行なった．戦争中はローレンスの勧めに従って MIT に行き，ここでは，視界が悪い時にレーダーの誘導で航空機を着陸させる方式を考え出した．MIT からロス・アラモスに移ったが，後に広島に原爆を落とす飛行機に乗るのだと言って頑張ったりしたこともあった．アルヴァレには，これは歴史的な事件だと思える場合には自らその現場に立ち会いたいという強い衝動があった．彼は重要な人物に会うのが好きで，大科学者に対して一種崇拝的な感情を抱いていた．戦後バークレイに戻ると，すぐに線形加速器の建設の計画を立ててそれを指揮したが，その後にはリヴァモーア計画に熱中した．

グレイサーが泡箱を発明すると，アルヴァレはこれが大いに見込みのあるものだと見て取って，液体水素を入れる桁はずれに大きなやつを作ってやろうと決心した．この計画は技術的な面で相当に大がかりなものであったが——さすがのローレンスもちょっと心配したほどである——アルヴァレはいろいろな方面の技術の専門家を募って一大グループを作り上げ，ローレンス流のやり方で熱意をあおり立てた．こうしてますます大きな泡箱を作っていき，ついに長さ

72インチ〔180センチメートル〕に達するところまで行った．これは大きめの浴槽くらいになる．今日最大の泡箱は直径数メートルに達し，液体水素が数万リットルくらい入るようになっている．これに比べればアルヴァレのは「たったの」500リットルしか入らなかった，ということになる．

この種の装置はたいへん複雑なもので非常に高価である．その費用は加速器の費用にも匹敵する．しかしこれは加速器を利用するうえで本質的な役割を果たすもので，素粒子の研究にとっては最も有効な手段の一つである．その能力を充分活用するには，何百万枚という写真を半自動的な方法で素早く精査する必要がある．精査装置から出て来る情報はコンピューターに入れて解析する．このコンピューターのプログラミングが，この方式を成立させるうえで難しい点であった．かつてブラッケットは窒素の壊変が写っている霧箱写真（147ページ）を，じかに立体鏡で眺めて解析したのであった．これと，今日泡箱で行なわれている操作とを比べれば，どれほど驚くべき進歩がなされたか，よくわかる．泡箱とコンピューターとの結婚からは実に多くのものが生み出されてきた．今では，大きな研究所で撮ったフィルムが世界中到る所に提供されるようになっていて，利用者はそれを繰り返し繰り返し調べては，生の材料からいろいろな結果を掘り出している．

## 野放し状態から秩序へ

泡箱，写真乳剤，それに放電箱[6]のようなさらに新しい方法がそれぞれ相補い，これらの装置は巧妙に組合わされて，現在素粒子についての実験的な情報がどんどん蓄積されている．

こうして得られたデータはかつての原子のエネルギー準位のデータを思い起こさせる．言うまでもなくこういうデータを分類して体系的なものに整理することは，素粒子物理学の使命である．さて，このように目標ははっきりしているのだが，それを果たす方法となると，これは明らかになっていないのである．1949年にフェルミとヤンは，陽子と中性子（その反粒子も加えて）の二種を基本的な構成要素とする複合粒子モデル[7]を考えた．その後ストレインジネスが発見されたのに伴って，構成要素としては三種類のものが必要になった[8]．坂田昌一とその弟子たち（池田峰夫，小川修三，大貫義郎）は1955年から，中性子，陽子，$\Lambda$ 粒子とそれぞれの反粒子を基本粒子とする一つのモデルを，独特の数学的な扱い方をしながら発展させた．だがこの仕事は実験事実に合わなかった．そのうち，いろいろな経験事実が積み重ねられてきたところで，ゲルマンとネーマンの二人がそれぞれ独立に一つの解決策を思いついた．ゲルマンが論文の予稿を発送したのは 1961 年の 1 月 20 日であるが，ネーマンはゲルマンのことは知らずにほぼ同じ結論に到達して 1961 年の 2 月 13 日に論文を投稿したのであった．

ユーヴァル・ネーマン（Yuval Ne'eman, 1925-　　）はイスラエルの物理学者であるが，かつてはイスラエル軍の現役将校で，ある平和な時期にロンドン大使館付きの武官を務めていた．ここで彼はあいている時間に物理と数学を勉強してみることにした．そうしてアブダス・サラムに弟子入りをしたのである．サラムはパキスタンの物理学者で，ロンドンのインペリアル・カレッジで教えていた．間もなく，数学に強いネーマンは，実験で知られている素粒子のグループと，数学で群論と呼ばれている理論との間には，ある関係があることに気がついた．中でもハドロン[9)]は（SU 3）と呼ばれる特殊な群に結びつけられる．ここでは専門的な詳しいことには立ち入らずに名前だけを挙げて，ただ，この数学のおかげで，ちょうどメンデレーフの周期律表のような具合にたくさんの素粒子をいくつかの族に分類できるのだと言うにとどめよう．ここからたいへんはっきりした規則性が出てきて，それによってまだ見つかっていない素粒子を予言することまでできるのであるが，この予言はその後の実験で確かめられている．メンデレーフの周期律表についても，その当時やはり同じようなことがあった．すなわちこの化学者は自分の考えた表について何も理論的な根拠は持ち合せていなかったが，ただ化学者なりの自信をもってそれを未知の元素にまで当てはめた．メンデレーフの周期律表をちゃんと説明するには，その後 60 年もかかって発展した原子物理学の完全な知識が必要であった．（SU 3）による分類についてもある程度同じことが言えるだろう．しかしクォークの考えによって（SU 3）の説明もずっと充実してきたようである．

（SU 3）から出てくる数学的な結果はたいへん抽象的なものであったが，ここで「クォーク（quark）」と呼ばれる補助的な基本粒子の存在を仮定すると，この結果の説明がつきそうである．この名前をつけたのはゲルマンで，彼はジョージ・ツヴァイクとちょうど同じ頃にこれを考え出したのである．ゲルマンが「クォーク」という名前をつけたのは，ジェイムス・ジョイスの『フィネガンの徹夜祭』をよく読んでいた証拠で，この名前はその中から取ってきたものである．単独で存在するクォークはまだ一度も見つかっていない．もしもそれがあるなら容易に見分けられるはずの特徴をクォークは持っているのである——たとえば電子や陽子の3分の1あるいは3分の2の電荷を持っている．これまで物理学者たちは月の石から宇宙線のシャワーまで，ありとあらゆる所で念入りにクォークを探し続けてきたが，まだそのかいもないままである．それにしてもクォーク仮説からは（SU 3）の他にいろいろなことが説明できるので——たとえば諸粒子の質量，磁気モーメント，散乱断面積等々——この仮説は相当に重みをもっている．仮にクォーク仮説が，素粒子物理学の発展における一つの過渡的な段階にすぎないとしても，過渡的な段階というものは，たとえばボーアの模型的な理論がそうであったように，大きな進歩を呼び起こせるものだということを心得ておくべきであろう．

理論家たちはなぜクォークが姿を隠したままでいられるかということの理由も見つけ出している．まず古典物理学の場合を考えると，ここでは単独の磁極というものは存在せず，もし磁石を二つに切ったとすると普通の磁石が二つできるだけで，二つの磁極に分かれるわけではない．クォークの場合もこれと似た事情になっているらしい．たとえばパイ中間子はクォーク一つと反クォーク一つで出来ているとされる．そしてこの二つを分けようとすると，それに用いられるエネルギーがまた新たにクォーク－反クォーク対を発生させ，もとの二つが分かれた瞬間に今できた対のうちのそれぞれが，もとのクォークと反クォークにくっついてしまう．このようにして，この場合パイ中間子が二つできるだけで単独のクォークはできないのである．さて，この問題は別として，クォーク仮説では当初，三種類のクォークと，それぞれの反クォークを考えていた．この三つは u, d, s と名づけられていたが，それは upward（上向き），downward（下向き），sideways（横向き）から取った記号である．そしてこの三種は重粒子数，荷電，ストレインジネス，という三つの保存量と深い関係がある．ここで，保存されるというのは，どんな反応もこの三つの量の値を変えられない，という意味である．つまりこの三つの量は，自然現象に現われるすべての反応式の両辺で等しい値でなければならないのである．もっとも，弱い相互作用ではストレインジネスが変わることがある．だがこの場合も残りの二つの量はやはり不変である．

クォーク仮説はきわめて魅力的ではあるが，最近になってちょっと気がかりな徴候を見せ始めている．まず第一に，クォークは「色 (color)」と呼ばれるまた別の量子数を持たなければならないということがわかった．この「色」には三種類ある．量子力学の構造に重大な破綻を来たさないためには，どうしても「色」という量子数が必要になってくる．というのは，これを考えないとスピンと統計の間の関係（267ページ）をはじめとして，いくつか大事な原則が破れてしまうからである．こうしてクォークの種類は九つになり，またもちろんそれぞれの反クォークもあることになる．だが問題はこれだけではない．

1972年に三人の若い物理学者，シェルドン・グラショウ，T. イリオプロス，ルチアーノ・マイアーニがこういうことに気がついた．これまで，起こってもよさそうなのに実は起こらないある種の現象があって，これが不思議がられていたが，もしも第四のクォークの存在を考えれば，この現象は禁止される事柄としておのずと説明がつく，というのである．この第四のクォークはある特殊な性質を持たなければならないが，それについては彼らが詳細にわたって規定している．この議論は非常に間接的な論法なのであるが，そもそも第四のクォークが本当にあると認めるなら，全く厳密なものである．それから2年経ったところで，きわめて注目すべき粒子の一族が数週間のうちに新たに発見されたが，これは先の第四のクォークによって説明できることがわかって，ここに第四のクォークは確固とした支持を受けることになったのである．

この方面の実験面での進歩の一翼を担った人にサミュエル・C. C. ティンがいる．この人は1936年にアナーバー（ミシガン州）で生まれた．中国人の両親がアメリカを旅行中にたまたま早産が訪れたのである．一家は生後2ヵ月の彼を連れて中国に帰り，彼は20歳になるまで中国で育った．それからアメリカに戻ってミシガン大学で勉強の仕上げをした．さてティンは彼が言うところの「重光子 (heavy photon)」に特に興味をひかれた．これは電子－陽電子対に崩壊する粒子で，彼は陽子やベリリウムが高エネルギーで衝突する時の生成物の中にこの粒子を探そうとしたのである．この種の衝突からはあらゆる種類の粒子が作られるが，電子－陽電子対は実に稀れにしか見られず，$10^6$ 回の衝突のうちで1個の割合である．ある粒子が確認されるような目に見える飛跡のことをその粒子の「しるし (signature)」というが，電子－陽電子対の「しるし」はたいへん特徴のあるもので，まず他と見誤まるようなことはない．ティンのグループはさがし求めていた粒子を実際に見つけ出したが，何ヵ月間も公表を控えていた．それは万一他のものと取り違えているようなことがあってはならないと万全を期したためである．そうしてようやくその結果を誌上に発表する運びとなったが，ここでびっくりすることが待ち受けていた．

カリフォルニアのスタンフォードで，SLAC（スタンフォード線形加速器センター）とバークレイの物理学者たちの協同グループも，これまでに同じ粒子を観測していたのである．だがこの場合には，別の反応でその粒子を作ったのであった．すなわち電子－陽電子衝突である．電子と陽電子をそれぞれ逆向きに加速してぶつける（この場合二つの粒子の重心は静止している）という巧妙な方式が開発されたおかげでこれができたのであった．この種の衝突型加速器には SLAC の大線形加速器であらかじめ加速した粒子を入射させたのである．バートン・リヒターはこの方式を完成させる推進力となった人々の一人であるが，これができ上がると，その主な利用者の一人となった．そして SLAC の物理学者たちは，電子－陽電子衝突から予想以上に多くのハドロンが発生することを認めた．そのうちに，衝突する粒子のエネルギーとしてある値を選ぶと，全く予想外の大きな割合でこの現象が起こることが知られ，ついに一つの鋭い共鳴状態が確認された．これはそのエネルギーにしては異常に長い寿命を持つ一つの粒子に対応するものであった．これが起こったのは，ちょうどティンが自分の発見した粒子に最終的な確認を行なっていた時と何日も離れてはいなかったが，両者が同じものであることは明らかであった．1974年12月2日発行の『フィジカル・レヴュー・レターズ』には双方からの速報が同時に掲載された．ところが困ったことに双方はこの新粒子の名前について合意に達しなかった．ティンはJという名前を主張し，スタンフォード側は $\psi$ という名前を主張したのである．ここでは，二重の呼び方をしてややこしくならないように後者に従うことにしよう．ところで『フィジカル・レヴュー・レターズ』の同じ号には，これまた $\psi$ の確認と精密な測定結果を報じた第三の速報まで入っていた．これはイタリアのフラスカティにある電子－陽電子衝突型加速器で得られた結果であった．ローマの物理学者たちは先に電話でこの発見の報せを受けていた．ここの装置は公称能力としては $\psi$ 粒子の生成のしきい値よりも低いエネルギーしか出せないことになっていたが，彼らは強引にエネルギーを上げてぎりぎりの限界にまで持って行った末に，ついに $\psi$ 生成のしきい値を越えることができた．

$\psi$ 粒子の不思議な点は，大きな質量――3098 MeV――を持ちながら，しかも寿命が $10^{-23}$ 秒という値になることである．これは短い時間ではあるが，それにしてもこの粒子が強い相互作用で崩壊するとした場合に生成する粒子の運動エネルギーから予想される値に比べると，少なくとも1000倍は長いのである．このように $\psi$ 粒子が予想外に安定であるという謎は，前にストレインジネスが考えられた時の事情によく似ている．実際，その原因もちょうど同じようなことで，$\psi$ の安定性は，「チャーム (charm)」と呼ばれる新しい量子数があり，これが強い相互作用では保存されるところからきているのである．しかし，新しい量子数があれば，また新しいクォークが必要になってくる．そしてなんとこれが，まさしくグラショウたちが仮定したクォークだったのである．$\psi$ が最初に出てきたのに続いて，間もなくチャーム・クォークを含む粒子の一族全部が次々に発見された．こうして，クォークには少なくとも四種類があることになった．今，少なくともと言ったのは，1977年にレーダーマン等が行なった実験から，早くもまた新たなクォークが必要になる兆しが見えているからである．おそらくエネルギーが増すとともにもっと多くの新しい量子数が必要になってくるのではなかろうか．いやしくも何らかの完結した理論に到達したいと望む立場からすれば，これはあまり喜ばしい展望とは言えないだろう．

さて，クォークは強い相互作用をする粒子，すなわち，重粒子と中間子（ハドロン）の基本的な構成要素であるが，電磁的な相互作用と弱い相互作用だけを行なう粒子，すなわち軽粒子（レプトン）のほうも，やはりますますその数が増えていく傾向にある．最初，軽粒子には二種類しかなかった．それは電子とニュートリノである．1930年代の終り近くにミュー粒子がこれに加わった．続いてニュートリノには二種類あることがわかった．すなわち電子と関係を持つものと，ミュー粒子と関係を持つものである．この二つは，片方は電子を発

図 12.12　スティーヴン・ワインバーグ（左）とアブダス・サラム（右）．物理学者の聴衆に向かって，自分たちの理論を説明しようと頑張っているところ．1979年．（E. セグレ撮影）

生させ，もう一方はミュー粒子を発生させる反応を起こす点で違っているのである．だがこれで全部ではない．もっと重い荷電軽粒子があることを示す実験もある．おまけにこれらの軽粒子には，またそれぞれの相手となる新しいニュートリノがあるらしい．この軽粒子を SLAC で見つけたマルティン・L. ペル等はそれを $\tau$ 粒子と名づけた．これは「第三の」軽粒子という意味でギリシャ語 $\tau\rho\acute{\iota}\tau o\nu$ から取ったのである．

理論的な立場からは，弱い相互作用と電磁的相互作用を統一し，うまくゆけば強い相互作用までも統一して把えられるような包括的な理論を発展させることに向けて，いくつか真剣な試みが行なわれている．ちょうど電磁気学が電気と磁気を統一しているのと同じように，こういう理論がこれから，より高度の統合を生み出すかもしれない．この方面で，スティーヴン・ワインバーグとアブダス・サラムがそれぞれ独自に，一つの有望な理論を作り上げた．この理論は，それだけが唯一可能なものというわけでもないし，まだ正しいことがはっきり証明されてもいないが，これまでに相当な予言力を発揮してきたし，またごく最近になってなされた発見のいくつかをみごとに統合して見せてもくれるのである．ワインバーグは赤毛のハーヴァードの理論物理学教授であるが，この人はあり余る頭脳を中世の歴史の研究に使っている．サラムは，ロンドンに住むパキスタン人物理学者として前に出てきた人である．今はトリエステ（イタリア）で理論物理学センターの所長もしているが，この研究所は開発途上国の科学者の研究に役立つことを主な目的として創められたものである (図12.12)．

このように素粒子物理学の全体は今なお流動的であり，これから何か大発見を契機として，突然，大きな変革が行なわれるかも知れない状態にある．たとえばサラム－ワインバーグ理論で予言された非常に重い粒子群 (80 GeV/$c^2$) を見つけ出す競争が始まっている．

さて，素粒子物理学の話はこのへんで終りにして，今度は，私自身の仕事とはちょっと縁が遠くなるが，今日の物理学のちがった面に目を向けることにしたい．

# 第13章
# 古い切株から出てきた新しい枝

この章では，これまで触れる機会がなかった物理学の他の分野で，戦後どんなことが起こっているか，そのあらましだけでも述べてみよう．まず第一に挙げたいのは，研究の量が非常に膨大なものになってきたために，ますます細かく専門化が行なわれるようになったことである．その結果として，ますます狭い分野だけに的を絞った新しい学術雑誌が数多く出版される状況である．第二に，戦後の物理学においては，ラザフォードやアインシュタインやボーアのような飛び抜けた人物が見られない，ということがある．

アメリカで出版されている『フィジカル・レヴュー』は，物理学の全範囲を網羅しようとする世界最大の学術誌であるが，これは次の五つの部門に分割されて出ている．すなわち一般物理学および理論，原子物理学，核物理学，固体物理学，素粒子物理学である．このように分かれているのは実際問題としてやむをえない理由があるからである．個人で一部門か二部門以上を購読する人はめったにいないし，また事実，この五部門全部の1年分（約3万ページ）となれば，今日の住宅や研究室にはとても収容しきれない．専門的に物理を仕事にしている人について統計を取ってみると，大方の物理学者の研究は，上述の五つの分野の中に入ってしまう．ただし，教育専門の人や，工学との境界で応用研究をしている人は除く．どんな分類でもそうだが，この五つのグループへの分類もある程度便宜的なもので，グループの間の重なりも相当あるし，境界もはっきりはしない．さて，これらの分野の全部を万遍なく紹介することは不可能であるから，私個人の知識や好みに応じて選んだハイライトだけについて述べる．

## 量子電気力学

何か新しい実験，または理論のテクニックが進んで条件が改善されると，古い問題から予想外の新しい結果が生まれてくる，ということがよくある（たとえば20ページのゼーマンの発見）．新たに重要な事実が照らし出されると，これまでの知識がどれほど不完全なものであったかがわかるし，また技術的な進歩のおかげで，前ならSFめいたこととも思われそうな離れ技まで可能になることもある．

そのみごとな一つの実例は，最も由緒ある分光学という分野から出てきた．水素原子の準位の微細構造は昔から光学的な方法を使って何度も繰り返して研究されてきた．分光学者の中には，これについて全く問題がないわけではなく，したがってディラックの理論に全面的に承服することはできない，ということをほのめかす人もいたのであるが，そういう声は弱々しく，大方の意見は，ディラック理論との一致は完全である，というところに落ち着いていた．この見解に対立するようなことが実験で確認されたためしはなかった．

ところが戦後になって，ウィリス・E. ラム（Willis E. Lamb, 1913-　　）と，学生として彼に就いていたR.C. レザフォードが，分子線とマイクロ波の技術を組合せ，光学的方法に比べてはるかに精密な方法を用いて調べたところ，ディラックの理論との重大なずれが確認されたのである．すなわちディラック理論なら一致するはずの$s_{1/2}$準位と$p_{1/2}$準位との間にエネルギーの違いが見られたのであった（図13.1）．

これとほとんど時を同じくして，ポリカープ・クッシュ（Polykarp Kusch, 1911-　　）は，これまで正確に1ボーア磁子になるはずとされていた電子の磁気モーメントが実はそれより少し大きい，ということを明らかにした．これらの発見は，1947年にオッペンハイマーが主催したシェルター島会議の席で公表された．この会議は，戦争のためにずっと開けずにいたソルヴェイ会議の一種の代用というべきもので，その後にも数回開かれている．1947年の会議では，一般テーマとして場の量子論が取り上げられた．ここでの主題は，電磁場に量子力学の原理を適用することである．量子力学の創始者たちの手で，この方向に向けた試みはすでにいろいろなされていたが，いずれもある限られた範囲で

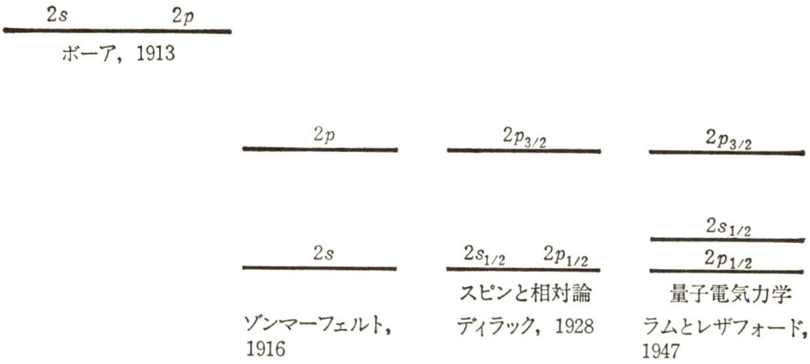

$2s$　$2p$
ボーア，1913

$2p$
$2s$
ゾンマーフェルト，
1916

$2p_{3/2}$
$2s_{1/2}$　$2p_{1/2}$
スピンと相対論
ディラック，1928

$2p_{3/2}$
$2s_{1/2}$
$2p_{1/2}$
量子電気力学
ラムとレザフォード，
1947

**図 13.1**　水素原子のエネルギー準位の理論の歴史的な発展．これは，二番目の準位を例に取ったもので，その主量子数は 2 である．ボーアによれば（1913 年），これは二つの軌道から成り，一つは円軌道（$2s$ 準位），もう一つは楕円軌道（$2p$ 準位）で，どちらも正確に同じエネルギーをもつことになる．ゾンマーフェルトによれば（1916 年），相対論を使って扱うとエネルギーが少し変わり，$2p$ 準位と $2s$ 準位は分れることになる．G. E. ウーレンベックと S. A. ハウシュミットは，スピンと電子の磁気モーメントを導入した（1925 年）．そうすると，今まで二つであった準位が三つになる．すなわち，$2s_{1/2}, 2p_{1/2}, 2p_{3/2}$ であるが，相対論を含めて扱うと，はじめの二つは一致してしまい，結局エネルギーがちがう準位は二種類しかないことになって，この点，前のゾンマーフェルトの理論と同様である．ディラックの理論（1928 年）は，スピンと相対論を関係づけたが，これらの準位の位置や量子数を変えはしなかった．1947 年になって，W. E. ラムと R. C. レザフォードが，$2p_{1/2}$ と $2s_{1/2}$ との間のエネルギーのちがいを見出した（これはラム・シフトと呼ばれている）．そして，このちがいは量子電気力学によって説明されている．

成功を収めるにとどまっていた．理論に無限大の量が現われてきて，これが厳密な結果に到達することを妨げたのであった．数学的には受け容れ難いやり方にしても，ともかくこの厄介な無限大を事実上消去してしまう方法は，ある程度知られてはいたが，満足なものではなかった．

戦争中に日本では，朝永振一郎（1906–1979）等の手でこの方面に相当な進歩が遂げられていたのだが，これが西側にはまだ知られていなかった．さて，シェルター島でラムとクッシュの実験が報告されると，この会議ではその裏づけとなる理論をめぐって延々と白熱した討論が続けられた．そしてハンス・ベーテは，会議が終ってコーネル大学に帰る汽車の中で，初めてラム・シフトの

計算を行なった．これは完全なものではなかったが，この現象を解き明かす一つの手がかりとなるものであった．また，このシェルター島会議には二人の若い理論家が出席していた．以前ラビの所にいたJ.シュウィンガー（J. Schwinger, 1918-　　）と，ロス・アラモスで仕事をしていたR.P.ファインマン（R. P. Feynman, 1918-　　）である（図13.2）．二人は会議が終ってから数ヵ月のうちに，場の量子論をたいへん計算に便利な形に定式化し直し，そこで質量の「くりこみ」の定義も改良した．くりこまれた質量とは，理論で出てくる無限大の質量が，また別の無限大で打ち消されて，実際に観測にかかる量として定義されたものである．

現在この方面で得られている理論と実験との一致はまことにみごとなもので，おそらく物理学全体においても最高の精度に達していると思われる．たとえば電子の磁気モーメントは$2/10^9$の精度で測定されているが，これと計算の結果とは$1/10^9$の誤差範囲内で一致している．ただし，この計算には高次の近似項の不確定に由来する約$3/10^9$の不確定部分がある．このようにみごとな成果を

図13.2　左から，R. P. ファインマン，J. シュウィンガー，朝永振一郎．量子電気力学の研究で，1965年のノーベル賞を分かち合った人たち．(左と中央の写真はE. セグレ撮影．右の写真は，アメリカ物理学協会のノーベル賞受賞者資料室，メジャーズ・ギャラリー)

挙げてはいるが，この理論ではやはり無限大を消去をしたところに論理的な弱点がある，と言わざるをえない．これはディラックも言っていることであり，またほとんどの理論家も同じ意見である．

量子電気力学を定式化するにあたって，ファインマンはある有力な計算法を考え出したが，今ではこれはたいていの理論専攻の学生にとっておなじみのものになっている．それは，いわゆるファインマン図形を使うもので，これによって現象を直観的に表わすことができると同時に解析もでき，数学的な式も導けるのである．ファインマンの方法は，代数的な間違いをしやすい，長くて面倒なたくさんの計算を，手短かにまとめて表わす一種の速記法のようなものである．このおかげで，あとはある決まったいくつかの規則に従っていくだけで，計算はずっと簡単な手続きに変わってしまう．ファインマンの論文が出ると，多くの人たちがそのテクニックを学んでさかんに使いはしたが，その本当の裏づけがよくわかっていたわけではなかった．私の友人のG. C. ウィック（G. C. Wick, 1909-　　）はすぐれた理論物理学者で，当時バークレイの教授であっ

**図 13.3** 1961 年ソルヴェイ会議．坐っているのは，左から，朝永振一郎，W. ハイトラー，南部陽一郎，N. ボーア，F. ペラン，J.R. オッペンハイマー，サー・W.L. ブラッグ，C. メラー，C.J. ホーター，湯川秀樹，R.E. パイエルス，H.A. ベーテ．第二列，I. プリゴジン，A. ペイス，A. サラム，W. ハイゼンベルク，F.J. ダイソン，R.P. ファインマン，L. ローゼンフェルト，P.A.M. ディラック，L. ファン・ホーフェ，O. クライン．第三列，A.S. ワイトマン，S. マンデルシュタム，G. チュウ，M.L. ゴールドバーガー，G.C. ウィック，M. ゲルマン，G. チェレン，E. ウィグナー，G. ヴェンツェル，J. シュウィンガー，M. ツィニ．ここには，年長の人たち，ボーア，ブラッグ，ディラック等と，特に量子電気力学において，もっと若手の推進力となった人たち，朝永，シュウィンガー，ハイトラー，ベーテ等，さらに，この後になって主要な仕事をした人たち，プリゴジン（熱力学），サラム等が一緒に顔を揃えている．（ソルヴェイ協会）

たが，この事態にいたく憤慨していた．理論物理の教授や学生が本当に正しい証明は何も知らずに，計算の規則だけを覚えている，とはそもそも何事か，と

いうのである．そこで彼は，これについての数学的な理論にしっかりした基礎づけを与えることに乗り出して，今や古典的な価値を持つに至った数篇の論文を書いた．1949年には，F. ダイソンが，シュウィンガーや朝永の方法は当然のこととしてファインマンと同じ結果を与えることを示した．これらの人々はほとんど皆，図13.3に顔を連ねている．

フェルミは1933年に弱い相互作用の理論を展開したが，これは当時知られていた場の量子論にならって行なわれたのであった．このフェルミの理論はくりこみ可能なものではないことがわかっているが，相互作用が弱いために第一近似で充分に良い結果を与えるのである．ところが，湯川が提唱した強い相互作用について場の理論を作ろうとすると，超え難い難問にぶつかってしまう．それは，強い相互作用の値に対しては，逐次近似の方法が使えなくなってしまうからである．こういう難点のために，1960年代には場の理論に対する期待が薄らいだ観があるが，今日，これは再び息を吹き返して脚光を浴びるようになった．特に，そこから違う種類の相互作用の理論を統一する可能性が出てきそうに思えるためである．やがて実験的な検証が行なわれて，この望みが裏づけられるか，打ち砕かれるかすることになるだろう．

さて，はたから見ていると，この騒ぎは，運動物体の電気力学の研究におけるアインシュタイン以前の状況に似ているように思える．どうもここには，何か根本的な変更を必要とするような大きな欠陥があるのではなかろうか．時々ある理論が出てきて，これが2,3年流行するとまた色あせてしまい，そのあとにいくつか部分的には不滅の価値ある結果が残る．いずれにせよこういうことは，物理学において別に新しいことでもないのである．

## レーザーとメーザー

1920年代には，私たちはこんな冗談を言い合っていたものだ．心掛けの良い物理学者が天国に行ったら，きっとそこでは，つまみをひねるだけで，周波数，強度，偏り，伝播方向，何でも望み通りの電波が出せるような器械が見つかるだろう，と．1917年にアインシュタインが，この本の126ページに出てきた，あの論文を書いた時には，これが，心掛けの良い物理学者がいただけるご褒美を，この世で実現するための基本となる考え方になろうとは思ってもいなかったであろうが，実は，まさしくそうだったのである．レーザーやメーザーといった器械は，ほとんど事実上この理想的な器械を実現したものと言えるが，これらの器械全部の土台になっているのが，アインシュタインの理論で$B$という係数で表わされている誘導放出の考えなのである．

こういう器械は戦後になって作られたのだが，それはまずたいていの場合，レーダー研究のベテランたちが戦時中に学び，開発したいろいろな技術を，その後科学上の目的に振り向けたおかげである．1954年にチャールズ・H. タウンズ (Charles H. Townes, 1915-　　) が，初めて能動要素として励起された分子――この場合にはアンモニア分子――を用いた増幅器を作った．この技術は，それから世界中の大勢の研究者の手でさらに発展させられて，ついにレーザーやメーザーが生まれた．これらが発生する光のビームは，かつてない強度と単色性を持つうえに，進行方向もきわめてよく揃っている．こういうビームが，どれほどすばらしい性能を持つかということの一例を挙げると，月に鏡を置いておき，これに向かって地球からレーザー・ビームを送り，鏡で反射されて返ってくるのを検出することさえできるのである．レーザーは光学に一大変革をもたらし，このおかげで，これまでになかった現象も観測できるようになった．たとえば非線形光学の諸現象や，ホログラフィーのような新技術の発展を挙げることができる．

## 原子核物理学

私たちがローマで原子核物理学の研究をしていた1934年のことであるが，私は，原子番号を横軸に取り，原子核の中の中性子の数を縦軸に取った図表を用意した．そしてそれまでに知られていた原子核を全部，その中に点の印で書き込んだ．安定な核は黒く，放射性の核は赤く記した．毎週，私たちはいくつか新しく赤い点を付け加えては得意であった．その後数年して，バークレイでちょうど同じような図表を目にしたのであるが，ここでは点の代りに釘に札をぶら下げてあった．この表は一つの壁面全部を占領していて，新しいことがわかると札が取り換えられるのであるが，これがまた頻繁に起こるのであった．戦争が終ってロス・アラモスにいたとき，これまでの大わらわの仕事の後の一休みをしている間に，私はこのような表の最新版を作ろうとした．ところがその頃にはもうここに書き入れなければならないことは何千という数に上っていて，妻のエルフリーデを手伝いに動員しなければならなかった．古いデータ――質量，平均寿命，崩壊の仕方――に加えて，出てくる放射線のエネルギー，中性子捕獲断面積，スピンなどの新しいデータが山とあったのである．でき上がった表は大いに好評を博して，何万枚と複写されることになった．ロス・アラモスの機密保持関係者ははじめは渋い顔をしていたが，ついに印刷して公表することを許可した．今では同じような表が，原子力工業関係の機関，その他の大きな組織で，大勢の研究者の手で作られており，またそれが，原子力艦隊を指揮する提督の肖像の背景などに使われていることも珍らしくない．最近の原子核のデータをまとめたもの（1979年）は1500ページを越える本にぎっしり詰まっていて，まるで電話帳みたいなものになっている．

こういう表を調べるのは，専門家にとっては結構良い暇つぶしになるし，また何か新しい考えが湧く源になるとも言える．観測結果が蓄積されていくと，これまで知られていなかった規則性が発見できるようになり，ここから原子核のモデルがかなり詳しい点にまで発展したり，すばらしい予言力が出てきたりするのである．

原子核のモデルとして最も有力なものの一つに，原子の軌道モデルを原子核に拡張したいわゆる殻モデル[1]がある．これは，古くからあった，いたって自然な考え方である．この歴史は1930年代の初期にまでさかのぼるのであるが，当時，このモデルは原理的な点でも，また実際にこれを使っていくうえでも，数々の難点にぶつかった．まず第一に，核の中にどうして軌道が存在できるのかはっきりしなかった．それは，核内で起こる核子相互の衝突のために，いかなる周期運動も続かないはず，と思われたからである．ところが，実はパウリの排他原理のために，終状態がすでに占有されているような衝突は起こりえないので，この予想は当らないのである．そのうえ，戦後になって実験データが集まると，ここから明らかに殻の存在を示す証拠が現われてきた．そして各軌道のエネルギー準位や量子数が充分な根拠のもとに指定された．また，原子周期律表では，希ガスが出てくるところで，ある軌道がいっぱいになったことがわかるのであるが，原子核の場合にもそれと同じ具合に，やはりある殻がいっぱいになったことを示す「マジック・ナンバー」というものが現われた．原子核のマジック・ナンバーは，2, 8, 20, 28, 50, 82, 126である．原子核が中性子や陽子をマジック・ナンバーだけ含んでいる時に特に安定になる．マリア・メイヤー (Maria Mayer, 1906–1972) はシカゴ大学で詳しく殻モデルを研究していたが (図13.4)，その結果によるとマジック・ナンバーとして正しくない数が出てきてしまった．彼女の話によると，この問題がどうもうまくゆかない，とフェルミにこぼしたところ，フェルミは「核子についてもスピン軌道相互作用を含めるのを忘れてはいないかね」と問い返したそうである．彼女ははっとして，「そうだ，忘れていました．これでみんなうまくいくと思います」と答えた．そして，実際その通りになったのである．

さて，戦禍のどん底にあったドイツでも，メイヤーとは独立に，H. D. イエンゼン, P. ハクセル, H. シュエス等がこれとちょっと似た研究を行なっていた．このシュエスは，前に50ページに出てきたシュエス家の出で，やはり代々専

図 13.4　マリア・メイヤー．シカゴ大学で，原子核の一覧表を使って研究しているところ．この系統立った研究から，彼女は，原子核の殻モデルに導かれた．これは，ボーアの原子モデルと似たところのあるモデルで，原子核に見られるいろいろな規則性を説明できる．（シカゴ大学撮影）

攻の地質学者になり，地球上の元素の存在比を研究していた．彼は，あるいくつかのマジック・ナンバーが特に安定であることを示す徴候を非常におもしろく思って，物理学者の友人とこの問題について話し合った．こうして，最後に彼らはメイヤーと同じ結論に達したのである．

殻モデルは，核子の数がマジック・ナンバーに近いような原子核についてはたいへんうまくいったが，殻が半分空いているような原子核についてはうまくいかなかった．この場合に適するモデルは，殻モデルが完成してからそれほど時を経ないうちに，何人かの物理学者によって考え出された．オーゲ・ボーアはニールス・ボーアの息子で，かつて若い学生の身で父親に従ってロス・アラモスに来ていた人であるが，このオーゲとB. モッテルソンは，コロンビア大学のジェイムス・レインウォーターがはじめに考え出したことをさらに発展させて，ある種の原子核における核子の集団的運動を考察した．それらの原子核では核物質が一種の液体のように振舞っている．殻モデルと集団運動モデルは，それぞれ二つの極端な場合を表わしている．実際には二種類の挙動が共存して，互いに影響し合っているのである．今日ではこの二つのモデルを組合せたきわめて精巧なモデルが考えられ，すべての原子核について多くの事実をよく説明できるようになっている．

最初の超ウラン元素，ネプツニウムとプルトニウムの発見からは，思いがけないいろいろな帰結が生まれてきた．その中には，第10章に見られるような実用的なものも含まれている．だが，話はこれで終ったわけではない．ますます大きい原子番号を持つ，さらに多くの元素がつくられるようになった．

こういうものを作り出す方法はいつも同じである．原子核に中性子が付け加えられ，次いでベータ崩壊が起こって中性子が陽子に変わるのである．たとえば原子炉の中で $Pu^{239}$ を照射すると，中性子捕獲が引き続いて起こることにより $Pu^{240}$, $Pu^{241}$, $Pu^{242}$, $Pu^{243}$ が生じ，これらがベータ崩壊によって質量数241と243，原子番号はどちらも95のアメリシウムの同位体に変わる．さらに95番元素に中性子を衝突させると，これまたベータ崩壊によって96番元素（キュリウム）が得られる，といった具合である．新しい超ウラン元素を作るには，きわめて強力な中性子源を使うことが大いに役に立つ．この点，原子爆弾さえ役に立つのであって，実際，いくつかの新元素は核爆発の破片から見つかっている．しかし，このやり方をどこまでも進めていくことはできない．それは，一つには途中で出てくる同位体の平均寿命があまりに短かくなるためと，もう一つには，こちらが望んでいる反応とは別のものが，それをしのぐ勢いで起こってしまうからである．

原子番号を増やす競争が進んでいくと，中性子を付加する方法はだんだん有利なものではなくなってくる．そこで次に用いられるのが重イオン衝撃である．

たとえば$O^{16}$をぶつけると一度に8個の陽子を付け加えることができる．このためには特殊な加速器が必要になる．しかしこれで望みのものが得られる割合は小さく，しまいには超ウラン元素の原子を一つ一つ，そのアルファ粒子放出や自発核分裂を測定して確認することになる．

ともかく以上のようにして，これまでに原子番号95(アメリシウム)，96（キュリウム)，97（バークリウム)，98（カリフォルニウム)，99（アインスタイニウム)，100（フェルミウム)，101（メンデレビウム)，102（ノーベリウム)，103（ローレンシウム)，といった元素が作られている．アクチニウムから始まる14種の元素は新しい希土類系列をなしているが，このことを反映している呼名もある．すなわちアメリシウムは，希土類元素ユーロピウムと同族である．超ウラン元素はどれも不安定で，アルファ線放出，ベータ線放出，あるいは自発核分裂のいずれかで崩壊する．これらのうちの多くはバークレイで作られたもので，それにあたった科学者グループの中にはG. T. シーボーグ，A. ギオルソ，S. G. トンプソン，R. A. ジェイムス，といった人たちがいる．また，そこで用いられた方法は，中性子衝撃と重イオン衝撃である．

最近になってソ連で，主としてG. N. フレロフの率いるグループが，これについての独自の方法を開発して，より高い原子番号を目指す競争にのし上ってきた．105番と106番元素がこれまでの最終到達点である．

## メスバウアー効果

これは核物理学と固体物理学の両方にまたがる現象であるが，その応用はきわめて広い．この現象を発見したのはルドルフ・メスバウアーで1958年のことであるが，この時彼はまだミュンヘン大学の学生であった．自由な原子核がガンマ線を放出すると核も反跳を受けることになり，この反跳エネルギーが，ガンマ線が持つはずの核の遷移エネルギーから差し引かれる．普通，反跳エネルギーは遷移エネルギーに比べてたいへん小さいが，このため核から出るスペクトル線は小さなずれと幅の拡がりをもつ．しかし，ある種の固体を，ある条件のもとに置く場合には，反跳を受けるのは一つの原子だけでなくその結晶体全体となる．その質量は実際問題として無限大と考えてよいので反跳はない．そうするとスペクトル線の幅は不確定性原理だけによるものとなり，きわめて鋭い線が得られる[2]．うまくいけばエネルギーを $1/10^{12}$ の精度内にまでおさえることができる．光学レーザーで得られる最も鋭いスペクトル線もこの程度である．このように鋭いメスバウアー線が得られるおかげで，他の方法ではとても観測できないような現象も調べられるようになった．たとえば原子核のエネルギー準位についてのゼーマン効果，ある種の相対論的な効果，原子核のまわりにある結晶格子中の原子が，その核に及ぼすいろいろな影響，化学的な効果，等々である．

メスバウアー効果についての研究報告は何千とある．この盛況ぶりは，物理の中の異なる分野の間の関わり合いの深さを示すまた一つの例であり，そしてある一つの分野で発展したテクニックが，非常にかけ離れた別の分野にいかに大きな影響を及ぼしうるか，ということの一例ともなっている．他に同じような例として思い浮かぶものに，ラマン効果[3]や核磁気共鳴[4]，またおそらく最も目覚ましいものとしてトレーサーの使用などがある．こういうところで広い結びつきが見られることは，現今，物理学においてますます強まっている専門化の傾向と際立った対照をなしており，科学における異なる分野の間のつながりを維持していくことの意義，あるいは必要性を改めて認識させるのである．化学の分野では，ずっと以前からこの問題に直面していたので，現在，研究室に「新兵器」を備える点においては化学者のほうが動きが素早いようである．

## 超 伝 導

これまで理論物理，原子物理，核物理からいろいろな例を引いてきたので，今度は固体物理学で行なわれた進歩の例を挙げてみたいと思う．だが，固体物理は残念ながら私自身の専門的な知識からは遠いし，そのうえ適当な例を特別に選び出すのもなかなか難しい．

私が学生だった頃には，非常に詳しい点まではないにしても，とにかく物理学の全分野の発展について行くことが，まだできたのである．フェルミなどは，物理のどんな問題についても最新の動きに通じていたし，私の友人の F. ブロッホ，H. A. ベーテ，R. E. パイエルスは，固体物理学と核物理学の両方で活潑な研究を続けていたものである．しかし，その時代でも，二つ以上の分野にわたって仕事をするということは，ほとんどもっぱら理論家だけに見られたことである．これは，おそらく理論的な方法は，実験に比べれば，分野が異なってもそれほど大きな違いがないためであろう（この点は理論の一つの大きな利点であり，また魅力でもある）．また，最近でも，R.P. ファインマン，L.D. ランダウ，C.N. ヤンなどのように，非常に多岐にわたる分野で大きな貢献をしてきた理論家の例もある．だが，こういう例は，現在少なくなってきている．実験のほうではもっと稀にしか見られない．

研究の量，それに従事する物理学者の数，物理の学術雑誌において割り当てられるページ数，などの点から見れば，固体物理は，今日，物理学における最大の分野である．固体物理が工業面にも最大の応用をもつ分野であることを考えれば，これもまことにもっともなことである．最もすぐれた固体物理関係の研究所がいくつか，直接企業の資金でまかなわれているのも偶然ではない．

ところで，今，私は多分に傍観者の立場からお話しするので，ここでは二つの例だけにとどめることにしたい．初めに超伝導のことをお話ししよう．この現象は，1911 年に H. カメルリン・オンネスによって発見されたもので，彼が長年にわたってもっともっと低い温度を実現することを目指して積み重ねた努力の賜物である．しかし，その後何年もの間，この問題についての進歩は理論，実験ともにあまりはかばかしくなかった．ライデン，その他にいる低温研究者たちはこの現象について，転移温度，磁場の効果，比熱の振舞いなど，おもしろくないことはないが，まず標準的なものと言ってよい特性を調べていた．ところが，1933 年になって，ベルリンの W. マイスナーと R. オクゼンフェルトが超伝導のまた新たな面を発見した．超伝導体の内部では，磁束密度 $B$ は正確にゼロになるということである．この注目すべき性質が，電気抵抗がなくなることと相まって超伝導という現象を定義づけているのである．マイスナーの発見によって，はじめて，超伝導についての巨視的な現象論が出てくる道が拓かれた．この理論は，その後間もなく，F. ロンドンと H. ロンドン兄弟によって展開された（1935 年）．

この二人の結果は，巨視的な理論から要請されるべきものを正確に示していたが，巨視的な理論から微視的な理論に移ること，つまり超伝導体の特性を原子モデルから導き出すような理論に移ることは，以後，多年にわたってなかなか手に負えない問題として残っていた．ようやく 1957 年になって，ジョーン・

バーディーン (John Bardeen, 1908- ), レオン・クーパー (Leon Cooper, 1930- ), J. ロバート・シュリーファー(J. Robert Shrieffer, 1931- )の三人が解決の糸口をつかんだ．その説明は量子力学のあらゆる手立てを駆使した，非常にこみ入ったものである．注目すべきことは，超伝導を扱うために考え出された数学の方式が，元来の問題からかけ離れたところでいろいろ応用されている事実である．原子核物理を例に取ると，核物質でも，超伝導に類する現象がある．このように，この理論の重要性は，もともとの問題に限らず，多体系の振舞いに関連する広範な物理学にまで及んでいるのである．それはきわめて実り多い，一つの新しい考え方を生んだ．

超伝導と並んで，液体ヘリウムのほうにも，もう一つの注目すべき低温現象がある．この問題の重要な部分は，まずソ連で研究が始まった．ここで，実験の面で指導的な役割を果たしたのはピョートル・カピッツァ (Piotr Kapitza, 1894- )であり，理論の面ではL. D. ランダウ (L. D. Landau, 1908–1968)である．ある臨界温度——2. 18°K——以下になると，$He^4$ では「超流体 (superfluid)」と呼ばれる，全く粘性のない相が出現する．そして，この超流動ヘリウムでは，いくつか驚くべき振舞いが見られる．たとえば，これは容器の壁をはい登っていって，それを収めておくはずの入れ物から文字どおり逃げ出してしまうのである．その他にも，これでみごとな噴水ができるなど，いろいろなことが挙げられる．その性質のうちいくつかは，1924年にアインシュタインも予測していたのであるが，やはり自然はアインシュタインにもはるかにまさって想像力に富んでいたのである．

また，ヘリウムには質量3の微量同位体もあるが，ヘリウム3とヘリウム4とは，充分低温になると非常に違う巨視的な振舞いを示す．こういうわけで，低温でのヘリウムの問題も，また一つの驚きに満ちた大きな研究分野となっている．もともとの理論では，$He^4$ の超流動は，それがボーズ統計に従うというところに関係づけられていた．一方，微量同位体の $He^3$ はフェルミ統計に従うのであるが，これを充分な量だけ集めて0. 001°K以下まで冷やしてみると，何とこれまた超流動性を示した．こうして先の理論には修正と拡張が必要となったが，ここでも超伝導に用いられた考え方が手がかりになったのである．

## その他の巨視的な量子効果

量子力学は，まず原子の存在そのものの説明のために要求されたが，間接的には，物質の構造に関わる性質全体の説明に必要なものと言える．普通は，これは目には到底見えない小さい系に適用されているが，固体物理学では，巨視的な物体にも量子力学的な効果が現われることがある．その一例は超伝導と超流動である．この他に，巨視的な現象としてもっと典型的なものに，超伝導金属でできている細い管の内側を貫く磁束が量子化される，という現象がある．これは1961年に，スタンフォード大学とミュンヘン大学で，それぞれ独立に観測された．もう一つの例は，ポテンシャル障壁を通り抜ける量子力学的なトンネル効果という現象である．これは，原子核の場合には，もう何年も前からよく知られていたことであるが，この場合のポテンシャル障壁は，原子核を取り巻く静電的な場によるものである．ここで取上げるのは，ポテンシャル障壁が二つの導体の間に人工的な酸化物層をはさむことで作られているような例である．

障壁に関連した現象のうち，最も興味ある事例の一つが1962年，B. ジョセフソンによって予言され，翌年P. W. アンダーソンとJ. ローウェルがこれを実現した．酸化物層を二つの超伝導体の間にはさむと，このサンドウィッチを通る電流が得られる．この電流には二つの成分がある．一つは定常的な電流で，これは普通の超伝導体の場合とちょうど同じように，起電力を取り除いても流れ続ける．これに第二の交流成分が重ね合わせられるのであるが，後者は，二つの超伝導体の間に電位差$V$が与えられている時だけに見られる．この交流成分の周波数は$\nu=2eV/h$で，これは接合を形成する物質には無関係なのである．この現象は，$V$がわかっている時には$e/h$を測定するための新しい方法となる．またその反対に，$e/h$が知られていれば$V$の測定法となる．これは非常に信頼性が高く，また厳密なので，電圧の単位を定義するのにも使えるのである．

金属と絶縁体の中間的の伝導性をもつ物質——いわゆる半導体——の研究は，ついにトランジスタの発明を生むことになった．ここに至るまでに必要になった段階の一つは，極度に高純度のゲルマニウムを精製することである．おそらくこれまでに，このゲルマニウムほど純度の高い物質が，これだけの量，作られた例はほかにはない．この材料を使って，バーディーン（その後，超伝導の問題の手がかりをつかんだ，あのバーディーンである），W. H. ブラッテン，W. ショックレイ等は，1948年，ベル研究所で初めてトランジスタを作った．今日，トランジスタはきわめて広い用途をもつ素子として，あらゆる電気回路に使われている．その働きは本質的な点では真空管と同じく，増幅，整流，発振などができる．しかしこれには熱電子放出を行なうフィラメントがない．この点が電子工学においてまさに革命を起こしたのである．もしトランジスタがなければ，今見られるコンピューターはできなかったであろうし，また月に人を送ることもできなかったであろう．トランジスタは，コンピューターを出現させ，また私たちの通信手段を変えた点で，今日の文明に深い影響を及ぼしていると言える．

### 物理学の境界領域にあるもの——天体物理学と生物学

物理学に厳密な境界を定めるのは難しい．もし，物理学とは物理学者がやっていることだ，というなら，それは分子生物学，天体物理学，地質学などのかけ離れた分野にまで拡がっていくことになる．

近年，天体物理学，天文学，宇宙論などの分野は驚くべき進歩を遂げたが，これは主として，第二次大戦前には全く手が出せなかった振動数領域の電磁波の観測技術が進歩したおかげである．地球上で観測を行なう電波天文学や，人工衛星で観測が行なわれるX線，紫外線天文学は，戦前には全く思いもよらなかった展望を切り開いた．これまで目を向けられなかったところに，実は大いに興味をそそる光学的な対象があることが明らかになり，従来，普通の光学望遠鏡に頼っていた天文学者たちも，これに注意を引きつけられるようになった．今や天空は，クェーサー[5)]，パルサー[6)]，中性子星，ブラック・ホールなどが繰り広げる，思いがけない宇宙のドラマに満ちた場所となっている．そして，宇宙の起源の問題さえ，かなりもっともだと思われる仮説ができ上がっているのである．

スケールはもっと小さくなるが，核物理学のほうでも，太陽エネルギーの起源について充分納得のいく説明がなされている．これは，確かに太陽系の中で起こっていると思われるあるサイクルの核反応を，実験室で詳しく解析して得られたものである．こういう反応の一つは，陽子をもとにしてヘリウム核を合成する反応である．この反応サイクルは，1938年にH. A. ベーテによって発見された．これは結局のところ，四つの陽子が結合してヘリウム核になり，その間に莫大なエネルギーが解放される，というものである．また，このサイクルには他の原子核も登場するが，これは触媒として欠くことのできない役割を果たす．そして電荷の保存は，陽電子放出が行なわれることで保証される．理論の範囲では核合成の問題は相当な発展を見せており，それについての実験も，小規模ではあるが地球上で，原子炉と爆弾の両方を使って行なわれている．

もしも太陽で起こっている核反応が，天体的な規模ではなしに人間的な規模で起こせて，しかもそれが制御もできるようになれば，地球上で最も重要なエネルギー源になるだろう．これに向けての研究は，現在，世界中で進められているが，これまでのところあまり大きな成功は見られていない．ここで中心になる問題は，ガス状の原子核混合物の中で反応を起こさせることである．このために，放電を用いたり，レーザー光線で加熱するなどといった試みが行なわれている．こうして，かつての気体放電の研究はプラズマ物理学に変貌した．プラズマとは，原子，電子，イオンなどが気体の状態になって混ざっているものである．プラズマの研究が目指している当面の目標は，充分高温・高圧のプラズマを作り出し，その構成要素の間に核反応が始まるまでの時間，それを保持しておくことである．その構成要素は，通常，普通の水素，重水素，三重水素——質量数がそれぞれ1, 2, 3の水素の同位体——である．ひとたびプラズマに核反応の点火が行なわれると，続いて次々に反応が起こり，その時解放されるエネルギーは，プラズマを充分高温に保つことができる．最終的な目的は，発熱を制御できるようにしたうえで，余った熱を取り出し，それを他の熱エネルギー源と同じように実用に供することである．

この計画は，非常に数多くの困難に直面していて，これまでのところまだまだ成功にはほど遠いが，もしこれが実現できれば，その利点もまた莫大なものになるのである．というのは，これで，ほとんど無尽蔵の，しかも「きれいな」エネルギー源が得られるからである．こういう莫大な利益が望みうることと，計画自体に本質的な障害が存在しないところから，科学者や技術者たちは各国の政府の援助のもとにその探究を続けている．当面の主要な問題は，プラズマを閉じこめることである．物質で作った壁ではどんなものでも，プラズマを支配している条件には耐えられそうもないので，閉じこめのためには磁場を使うか，あるいは，まだ発見されていない何らかの妙案を使うほかはない．

これに対して，爆発的な熱核反応のほうは，いわゆる熱核爆弾，すなわち水素爆弾のもとになっているが，これは，その破壊力のために未曾有の危険をはらんで人道に対立している．水素爆弾の場合には，普通の原子爆弾が軽い元素に対する点火剤の役目をする．そしてこの爆弾の威力を制限するのは，そこに用いられる反応物の量だけである．

さて，新しい天文学のほうでは，現在次々と重要な重力効果が新たに発見されているところである．ニュートン以後，1916年に相対論による定式化が行なわれるまでの間は，重力の研究は基本的には少しも進んでいなかった．1916年アインシュタインは一般相対論の定式化を行ない，三つの非常に小さな効果を予言したのであるが，この観測はなかなか難しかった．その後長らく，一般相対論は物理の本流からはいささかはずれていて，限られた専門家しか手を出さない領分になっていたが，現在，その状況は変わってきている．今では「重力波」についての実験を実験室内で行なう計画も立てられ，また実際にそれが始められるようになっている．重力波は，質量を持つものが加速される時に，きわめて少量放出されるものである．宇宙で起こる大規模な現象では，重力波が地球上の装置でも検出できるほどの強さで放出される可能性がある．

天空の驚異の一つとして，太陽と同程度の質量を持ちながら半径はわずか数キロメートルしかない星が観測されている．その密度は $10^{14}$ g/cm$^3$ 程度，すなわち核物質の密度と同じ程度で，たとえていえば水一滴ほどの量が大型石油タンカー500隻分の重さを持つことになる．その主な成分は中性子である．ここには事実上，陽子や電子は入っていない．すでに1934年頃から，ランダウやオッペンハイマー，また彼らの弟子たちは中性子星の存在を仮定して，そのいろいろな性質を計算していた．

中性子星の密度がある限界を越えると，内側の輻射圧が万有引力を打ち消しきれなくなってつぶれてしまう．さてその次に何が起こるかは，まだはっきりわかっていない．最終的には極度に高い密度に達し，あらゆる輻射が重力場に

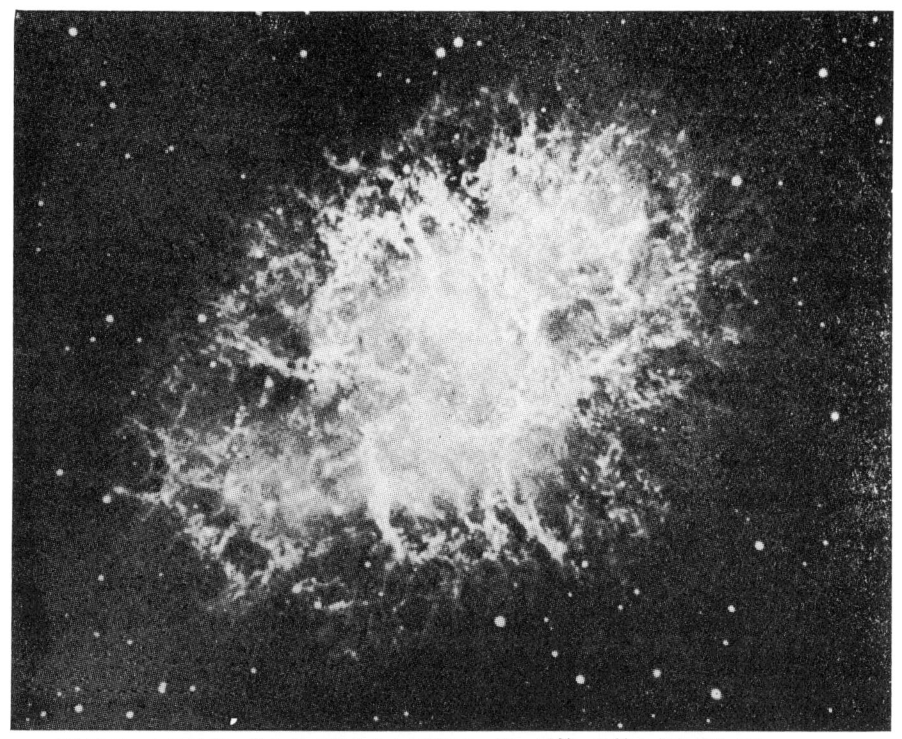

**図 13.5**　かに星雲．きわめて珍らしい天体で，光，電波，X線などを出している．この中心には，脈動的に電波を出す星，すなわちパルサーがあり，これは中性子星が高速で自転しているものと考えられている．この星雲は，1054年に中国の天文学者たちが観測した超新星の爆発の残骸である．（ヘール天文台）

妨げられてこの星の外には出て行けなくなってしまう．こうしてこの星はブラック・ホールになるが，ここからは輻射が出てこないので，これを直接検出することはできない．しかし間接的にブラック・ホールを観測する方法はあるので，実際にそれが観測にかかったと思われる事例もいくつか出ている．

今お話したことに比べて，はるかに確固とした根拠の上に立って言われているのは，宇宙全体に拡がっている黒体輻射が存在する，ということで，これに対応する現在の温度は約 2°K である．この輻射は，$10^{10}$ 年前に起こって宇宙の始まりとなったと思われる大爆発（ビッグ・バン）の名残りだと説明されている．このビッグ・バンの後，宇宙は膨張を続けてきて，現在そこに見られる

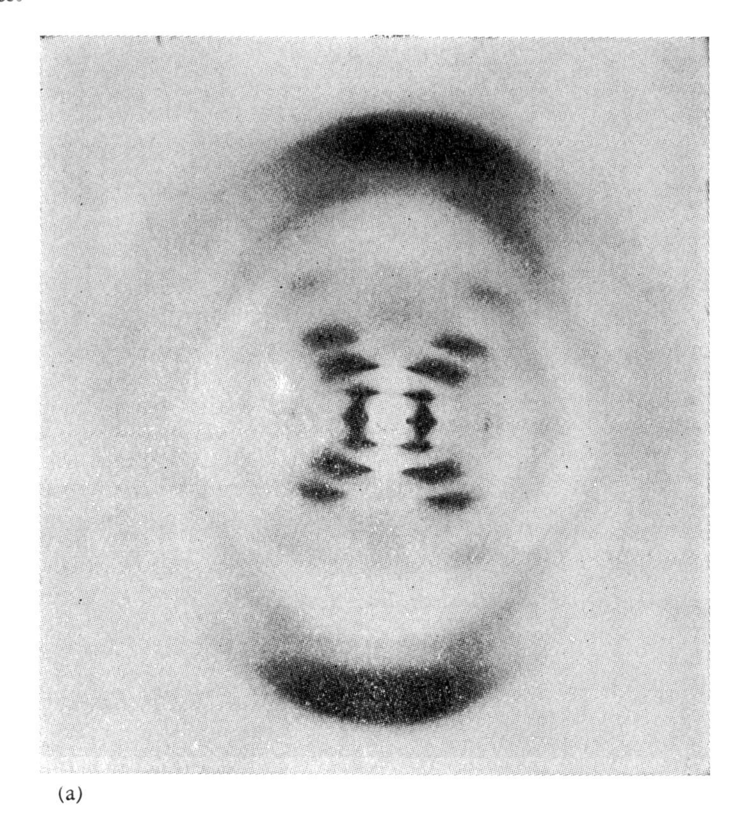

(a)

**図 13.6**　(a) M. H. F. ウィルキンズの研究室のロザリンド・フランクリンが撮ったDNAのX線回折写真．ジェイムス・ワトソンとフランシス・クリックは，この写真から，DNAの二重らせん構造の手がかりをつかんだ．

黒体輻射は，爆発の時点で輻射に転換したものの残存であると考えられている．

以上に述べたことは，現在の天文学を湧き立たせている革命的な発見や理論の，ほんの数例にすぎない．今や天空は，2, 30年前にはまるきり知られていなかった大変動に満ちた場所となり，そして天文学は，おそらく1930年代の核物理学にも匹敵する急速な発展の途上にある．現在，天文学は，若く活気に満ちたたくさんの人材を引きつけているが，この中には，もとは物理学者としての訓練を受けた人が多い．その中のある人々にとってこの分野の魅力は，まさに自分たちの研究には何の実用的応用もない，ところにある（図13.5）．

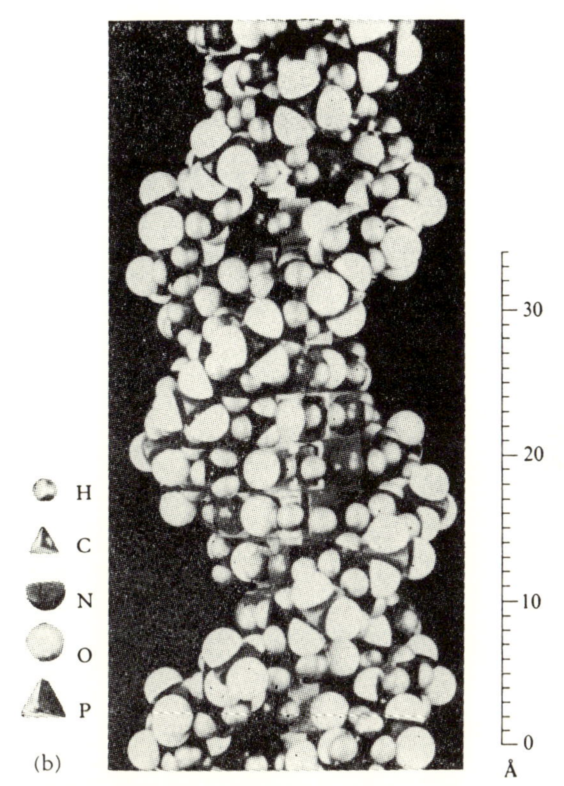


**図 13.6**　(b) DNA の立体模型.（ロンドン，キングス・カレッジの医学研究協議会生物物理部門，M. H. F. ウィルキンズの好意による）

さて，次に分子生物学であるが，これは，戦後の科学が征服した最も意義深く，また広範な分野だと言えるかもしれない．それは，いわば量子力学の発見が物理学に対して持つような意味を，生物学に対して持つものであり，分子生物学が将来，いったいどんなところに私たちを連れていってくれるのか，見当もつかない．確かに分子生物学は物理学とは言えないが，しかし 1929 年にコルビーノが語った次の言葉は，その現状をみごとに予言したものとなっている．「違う手法をただ一緒に用いてみるということでなしに，もしも一つの頭脳の中に生物学の考え方と新しい物理学の考え方が融け合った一体が納められるなら，それはさらにいっそうすばらしいことでありましょう．」実際，この新しい分野で指導的な役割を果たした人々の中には，初め物理学者としての訓練を受け，研究生活を始めた人も 2, 3 にとどまらない．分子生物学の一つの象徴として，図 13.6 に掲げたのは，フランシス・クリックとジェイムス・ワトソンの有名な二重らせんである．これは，生物学において，最深部にある幾多の問題を解き明かしてきた．この二重らせんを発見するにあたって，クリックとワトソンは，まず第一に生物学で前提となるところをすべて知っておく必要があった．そうしたうえで，さらにこれが，X線による詳しい構造解析や，トレーサーを用いる研究や，量子力学と深く結びついた化学結合についての知識などと組合せられることも必要であった．このように，科学や技術における，それぞれ異なった多くの分野がここに結集されて，はじめてこの成功に達したのである．

## 途方に暮れる科学者

今まで，物理学のいろいろな方面での最近の動きを簡単にご紹介してきた．これらは，いずれも高度に知的な内容を持つもので，それがこの道にたずさわる人たちにとっての魅力になっているのであるが，ここで，これらが人類の生活条件に及ぼす影響も考えないわけにはいかない．この問題は，現在，物理学の枠をはるかに越えて盛んに議論されていることであるが，もちろん物理学にとっても非常に大事な問題である．後でまた，この問題に立ち帰って，私の考えるところを少々述べたいと思うが，このことについては，何も物理学者だからといって特別にものを言う資格があるわけではないことはよく承知している．

科学が技術に及ぼす影響という問題はもう少し簡単なものであるが，それにしても，時に人が思いこんでいるほど簡単ではない．科学上の発見が，商品生産や新しい技術に転換されるには，時間もかかるし，また資本，その方面の才能，そしてそれに見合う商品市場と産業の諸条件が必要になってくる．そもそも科学者というものの性格や研究をする動機は発明家とは違う，と私には思われる．エジソンやマルコーニを動かした衝動は，アインシュタイン，ボーアとまではいわなくても J. J. トムソンやヘルツの場合のそれとはまるきり別のものだったに違いないのである．これまでの重要な技術上の発展の根底には多くの物理学者の研究があるが，工業的な開発の過程にまでかかわった物理学者は，仮にいたとしてもごく少数である．

技術が科学の成果を取り込んでいくやり方も，19世紀から20世紀への変わり目の時代とは非常に変わってきている．今日，財政豊かな研究所では，大きなチームを作っていろいろな問題に取り組んでおり，これらのチームには必ずしも成功の如何に関わりなくお金が出されている．チームのメンバーは皆，充分に教育を受け，そのうえ一つの組織の中で仕事をすることにもよく適応できる人々である．エジソンやマルコーニのような独り狼的な発明家とは何という違いであろうか．この人たちは，あまり高度な教育も受けず，また，全く自前の資金で仕事をしていたのである．彼らにとって特許や商取引は絶対的必要であったが，そのうえ，そういうことを長い間自分自身の手でやっていかなければならなかったのであった．さて，科学と工業の関わり合いの問題もたいへんおもしろいが，残念ながらこれは，この本の範囲をはみ出すものになる．

科学研究の組織化という面では，今世紀になって大きな変化が起こってきている．このことは，たとえば大気圏の征服と，宇宙空間の征服とを比べてみればよくわかることである．前者は，数々の発明家たちがそれぞれ自分の方法に独特の工夫を凝らしてやり遂げたのであるが，後者は，科学的な方法を用いる技術者たちの手で行なわれた．ここで一つ，特に注目に値するのは，宇宙空間の征服の途中ではわずかの負傷者しか出ていないのに対して，空を飛ぼうとして死んだ人は大勢いた，という点である．その大きな理由は飛行機の開拓者たちは，空を飛ぶうえで基本となる現象について，ろくにわかっていなかったのに対して，宇宙航空士の背後にいた計画者たちは，実際にそれを試みる前に，必要なことはほとんどすべてにわたって計算や実験をすることができたからである．

宇宙空間の征服は，産業革命を特徴づける諸傾向を最も極端に表現する実例である．産業革命は17世紀の末に，あまり教育のない発明家や職人や事業主などの創意や工夫が大きな力になって始まったが，やがて第二次産業革命にまで発展した．ここでは，大学の研究者と本質的にあまり変わりのない職員を抱え，時の科学の動向にいささかも遅れを取らないような研究機関がその主な担い手になっているのである．

ではここで，科学が人類の生活条件に及ぼす影響の問題に戻ることにしよう．この問題については，これまでに多数の書物が書かれていて，わずか2,3節の中でこれを論じるのは少々気が引けるのであるが．この問題も実は今に始まったことではなく，例えば56ページに引用したピエール・キュリーの言葉にもある．

私にとって，いくつかの点は，はっきりしていると思われる．まず第一に科学は人間の力を増大させてくれる．またそれは，ある動きが続いた末にどうなるかを（少なくとも近似的には）予測させてくれる．しかし個人のレベルにせよ，政府のレベルにせよ，いろいろな決定が行なわれる過程は科学ではなく，私にははっきりとはわからない何かあいまいな要因に左右されているようである．どうもこれは多分に非合理的で，何か行動を促す力だとか発展に向かう衝動だとか意識下のデモンだとか，と言ったものに支配されているのではないかと思われる．したがってはたから見ている人には全く不合理で，破壊に導くものとしか思えないような行動が次々に取られていくということも起こるのである．軍備競争などは最も明白な例である．科学が人間の力を増大させたために，こういう愚かな行動はますます危険なものとなり，生物種の存続まで脅かすようになっている．中には産業革命時のラダイト団[7]のような反動が起こって科学の息の根を止め，悪いことをする能力をこれ以上増さないようにすることを望む人たちもある．仮にそれが実行可能だとしても，もはやこういう解決策は時機を失したものというべきであろうが，第一そんなことができるはずがないと私は思う．

そればかりでなく，好奇心を窒息させることは，人間の深い本性に反する行為である．何を見つけ出すかわからないと恐れるあまり，頭脳を使うことを否定するのは人間性の名に値するものではない．ダンテ・アリギエリはユリシーズの口を借りてこういう言葉を残している．

> 汝(な)が子孫を思え
> 汝は野獣の如く生きるために
> 生れしにあらず
> 智と徳に従う為なり

（ところが，ユリシーズはこの忠告を守ったために，自分自身と仲間を破局に導くことになった．）

楽観的で，少々パングロス的[8]ともいうべき立場に立つ人は，やがて人類はいろいろな決定を下すのに理性の力を用いられるようになるだろうと言う．私にはこの楽観的な見解をそれほどあてにすることはできない．それは第一に，心の持ち方まで変わるのを待っていては間に合わないのではないかと思うからである．

では，私たちは何をなすべきだろうか．特に科学者は何をすべきか．私たちは公衆に向ってある行動が続いていく結果どうなるかということについて絶えず注意を呼びかけるべきであろう．そしてこのことは，正直にかつ知的に行なわれなければならない．

こういう問題にはあまり客観性がなく，政治的，経済的，社会的な行動というものは科学の場合と同じような扱い方にはなじまないということは私も心得ている．問題がたいへん複雑であること，またそれを別々に切り離せないこと，そこに入ってくるデータの性格，そういったことはすべて，これに比べればはるかに単純な物理学の場合とは質的に異なっている．これらはしかし，科学の方法を人間社会の問題に応用しようとする際に障害となる事柄の中のほんの数例にすぎない．

なるほど科学者は自分の分野についての専門的な知識を持ってはいるが，しかし他の問題についてやはりあの暗い力に捕えられる格好な獲物である点は，他の誰とも変わりはない．科学者が受けた教育や訓練が自分の不合理な衝動を克服するうえで役に立つということはありうるが，客観的で冷静な科学者は大衆を超えていると思ったら大間違いである．このことはぜひ当の科学者たちにも，また世間一般の人たちにもよくわかっていただきたい．科学者は魔法の司祭ではないのである．

科学者が仲間に情報を分かつ義務は何より重んじられなければならないが，自分の発見の使われ方にまで責任を持つことは正直言ってできそうもない．科学者は，自分の見い出したことを何に使うかを決定する実権は持っていない．そしてこの実権と責任とを分けて論ずることはできないのである．そのうえ実際問題として，あらゆる発見はきわめて多種多様な目的に使われうるのであるが，そのあるものは私たちにとって良いし，あるものは悪いかもしれない．このことはもう文明が始まった時から知られていることである．例えば鋼は鋤を作ることにも使えるし，また剣を作ることにも使える．現代に例を取れば，ペニシリンや DDT はまさしく恵みとして迎えられたものであるが，今ではその乱用が間接的に恐ろしい結果を生むことも明らかになっている．核エネルギーにしてもこれは人類にとって大きな助けにもなりうるし，またその破滅の手助けにもなりうるものである．そしてこの選択権は科学者の手の中にはないのである．

# 第14章
# おわりに

さて，いよいよこの本の終りにあたって，全般的な結論を述べてみたいと思う．まず第一に言えることは，これまで見てきたところから「物理学者」という一つの決まった型は全く見られないということである．むしろここに見られるのは，きわめて多彩な個性であるが，これは，物理学の進歩にとって必要な働きには非常にさまざまなものがあることを考えれば，驚くにはあたらない．特に両極端をなすような例として，E.O. ローレンスとP.A.M. ディラックを考えてもよい．この二人を比べると，まさに対照的な人物であることがわかるが，それでいて二人とも物理学の進歩にとっては重要な位置を占めているのである．また，二人の巨星——ラザフォードとアインシュタイン——について言うなら，仮に，この二人が科学上の問題で，突っこんだ議論をしようとしても，それはなかなかむずかしいことだったろうと思われる．それぞれが抱いている関心や素養や科学的な想像力等があまりに違いすぎるからである．ローレンツ変換のもとで，マクスウェル方程式が不変になることの重要性をラザフォードに感じ取ってもらうのは容易なことではなかっただろうし，同じく，アインシュタインに原子核変換を確認する技術的な方法の細かい点にまで関心をもってもらうのもむずかしかったであろう．

あえて，重要な物理学者に共通の特徴を挙げるとすれば，仕事に対する大きな情熱，才能，持久力，前向きの姿勢，科学的な想像力などが思い浮かべられる．だが，こういうものは，たとえば，運動選手であろうと，詩人であろうと，あるいは銀行家であろうと，将軍であろうと，およそどんな専門職でもその道で成功するためにはいつも必要になる資質である．中には，分析能力や理論面での想像力等の知的な素質が抜群の人もいれば，また，そっちはそれほどでもないにしても，やはり，すぐれているといった人もいる．何にでも万能な物理学者もいれば，ある狭い領域の専門家もいる．たとえば，H. A. ローレンツの如き人物なら何をやらせてもすぐれた働きを示したにちがいなく，仮に外交や実業の方面に進んだとしても立派にやってのけたと思われる．だが，パウリには，理論物理学以外の何ができただろうか．要するに，すべての道はローマに通じうるが当然，すべての道がローマに通じているわけではないのである．

科学において何かを見つけ出すうえで，確かに幸運というものも一役買ってはいるが，それにしても，多くを偶然に帰するにしては同じ発見が同時に起こった例が多すぎる．そこで，偶然というものよりも，研究が行なわれている歴史的な時点のほうが，もっと重要なものになってくる．歴史の中では肉づきの良い時期もあれば，やせ細った時期もある．さらに，科学の中の一つの分野の発展の仕方には，何かそれ自身の内的な論理というものがあるように思う．したがって，個人崇拝も行きすぎになっては困るわけである．量子力学の三つの形式が時を同じくして発見されたことを考えてみていただきたい．結局冷静に考えると，仮に誰か最高度に偉大な物理学者が生まれなかったとしても，50 年後には物理学はやはり同じ地点にきているだろうというところに落ち着くのである．

## 今後の動向

ここで，物理学の現状に目を向けてみよう．さしあたって，物理学そのものと，その応用とは区別しておいたほうがよい．社会的，経済的な点から見れば，純粋な物理学よりも応用のほうがずっと大事になるかもしれないが，ここでは，自然現象の探究としての物理学を考えているのである．この中には，いろいろな現象を記述し，分類し，相互関連を把えること，またそれらを多少とも包括的な理論の枠組みの中に統合していくこと等が含まれる．

さて，私には素粒子物理学が最も大きな未解決の知的問題を含む領域だと思われる．そこにはほぼ，100 年越しの問題と言えるものもあるのだが，さっぱり解決の手がかりもないために，ともすれば物理学者はそれを忘れがちである．たとえば，どうして電荷はいつも電子の電荷の整数倍になるのか誰も知らないのである．ここで「どうして」という言葉は，ある事実をもう一つ他の事実に関係づけることだと解釈すべきである．「理由」と言われるものはたいていの場合，単に「$a$が真ならば，$b$も真である」という論理的，もしくは数学的な推論にすぎない．そして電荷が量子化されていることは，他のどんな実験事実にも関係づけられていない．この意味で，それは，生の経験的なデータなのである．

また，この他に素粒子物理学の基本的な問題で，やはり書き下すのは至って簡単だが，まだその解答は知られていないものに核子の保存と軽粒子の保存の問題がある．核子の保存というのは，ある閉じた系，あるいは宇宙全体を考えると，その中では陽子と中性子の数の和は不変に保たれるということである．この数を数えるにあたって，反陽子と反中性子の数にマイナスの符号をつけるのは言うまでもない．陽子の平均寿命が，$10^{22}$年よりも長い，つまり宇宙の年齢の$10^{12}$倍以上もあるということが知られているので，この核子の保存という事柄は，充分に確立されていることだと言ってよい[1)]．しかし，核子の保存のもとになる，この，陽子の度はずれな安定性の原因となると，これはまだわかっていないのである．また，軽粒子についても同じような保存法則があるが，やはりその起源はわかっていない．さらに，電子やミュー粒子にはおのおのに対応するニュートリノがある．この二種類のニュートリノはどこが違うかというと，ミュー粒子ニュートリノは中性子と衝突して，ミュー粒子と陽子を作り出し，電子と陽子の対は作らないのに対して，電子ニュートリノが中性子と衝突する時には，ミュー粒子と陽子ではなく電子と陽子だけを作り出すのである．ミュー粒子ニュートリノと，電子ニュートリノのこういう違いはどこから来るのだろう．電子とミュー粒子は，どちらも同じく厳密にディラック方程式で記述されるように見える．ただ，その方程式にパラメーターとして入る質量が違うだけである．どういう理由で，自然は，質量だけが違っていて他の点では全く同じであるような粒子を二つ作ったりしたのだろうか．今挙げたことはどれも，まだ説明が付いていない，すなわち，他の事柄と関係づけられていない事実の例である．最近になって$\tau$という第三の軽粒子が発見された．さて，これはある有限な（ことによると無限の？）軽粒子の系列の始まりにすぎないのではなかろうか．

以上の事柄と対照をなす，関係づけられた現象，すなわち「説明のついている」現象を挙げるなら，運動量や角運動量の保存則がある．この二つは空間の一様性や等方性から数学的に導くことができる．一つの事柄がもう一つの事柄を説明するというのは，こういう意味である．そして，ある深い関係が見出されて，それが，美しさの点でも満足がいくものであり，しかも，そのおかげで独立な「仮説」の数が減るという場合に大きな進歩がなされたことになるのである．今，「仮説」という言葉にわざわざ引用符をつけたのは，物理学ではこの言葉が，普通数学で言われるのとはちがう意味に用いられるからである．数学では仮説と言えば，一連の推論のうちいちばん基になる前提のことであり，したがって多分に任意性を持つものである．ところが物理学で仮説という時，実はそれは何度くり返しても例外なく観測されるような実験事実のことなのである．数学のほうの仮説は，はるかに任意性があり本質的に人間の頭の中で考え出されたものである．一方，物理学で言う仮説は観測や敷衍にもとづいたものであり，また，ある程度美的な基準にも立脚しているのである．だから数学のほうで，非ユークリッド幾何学を展開することは不可能ではないし，また，実際いくつかそれにあたるものもできているのだが，実験と一致しない物理学はそもそも物理学ではないのである．

しかし，実験はどうしても完全に厳密なものではなく誤差を免れることはできない．したがってその結果を解釈するにあたっては，常に何らかの抽象化や理想化が行なわれることになる．物理学者は昔からこれをどうやって進めたら良いかを学んできており，逐次近似を使うことや，自分たちの理論が適用できる範囲を限定すること等に慣れている．この最もよく知られた例はニュートン力学と，その改良として出てきた相対論や量子力学であろう．何であれ，物理の「仮説」はたいていの実際に仕事をしている物理学者の心に恐るべき疑いを生み出しはしない．と言っても，これは別に，現実的な実験家は自分の領域の認識論的な問題には目をつぶっているということではない．また逆に最も批判力に富んだ理論家にしても，この種の疑問のために計算の途中で立往生してしまうわけでもない．皆こういう問題をかかえながら生きる術を身につけているのである．あのボーアでさえ冗談めかしてこう言っている．浅い真実の反対は偽であるが，深い真実の反対はやはり真実なのだ……と．

それはさておいて，先に挙げた素粒子物理学の素朴な疑問に戻ることにしよう．現在ある程度この問題の答えに手が着けられ出したところであり，また，多岐にわたる理論を統合するための重要な試みもいくつか行なわれ始めている．中でも，最も包括的なものは1967年から1968年にかけて，スティーヴン・ワインバーグとアブダス・サラムが，それぞれ独自に創り出した理論である（p.357）．この二人は，弱い相互作用と電磁気学の統一を目指した．今から100年前には，壮大なマクスウェルの体系がついに電気と磁気を統一することに成功したのであった．今言った試みもこれと同じ類いのものと考えて良いであろう．これまでのところ，実験はこの理論とよく合っているようであり，新たに弱い中性カレント[2)]とチャーム・クォークが発見されたことはこのやり方が成功している証拠だと考えられている．今到達できるエネルギーよりも，もっと高エネルギーの領域では，この理論に対する重要な裏づけがいくつか得られることになるだろう．すなわちこの理論に従うと，中間ボゾンと呼ばれるいくつかの粒子が存在するはずであるが，これは弱い相互作用の量子であるという点で光量子と似たところがあるものである．そして，これはたいへん重いので，高エネルギー領域でしか作り出せないのである．もし，これが発見されれば，こういう方向の考え方に対する強力な裏づけになるであろう．

さて，物理学の他の分野にも，やはりたいへんおもしろい問題があり，これは，実用的な面から言えば素粒子のほうで出ている問題よりもさらに重要なものと言えるのであるが，また，その答は，シュレーディンガー方程式の中に暗に含まれていることも確かなのである．ここで含まれていると言ったが，もちろんそれは「彫像というものは皆はじめから大理石の中に入っているものだ」というのと同じ意味合いなのであって，問題はまさに余計な部分を取り除くところにあるわけである．こういう考えをミケランジェロは，ある詩の中でうたっているが，その時彼は冗談を言うつもりではなく一つの哲学的な真実を表現したかったのである．

また，多体系の解を求めることに関連した，理論面の基本的なテクニックについてもいくつか問題がある．これらのテクニックは液体や核物質をはじめその他いろいろな集合体についての理解を大いに進めてくれるものと思われる．さらに，意外に思うかもしれないが，そのテクニックはおそらく素粒子物理学にまで侵入してくるであろう．そういうわけで，これは確かに重要なものであるが，しかし私にはこれまで素粒子物理学から出てきたような深い驚きに充ちた発見——新しい種類の力とか，パリティの非保存のような——が多体問題の理論から出てくるとは思えないのである．だがこう言うのは間違いかもしれない．私の見るところでは，どうも知的発見が起こる可能性と言うと素粒子物理学のほうに行ってしまうのであるが，これはあくまで主観的な意見である．そして，こういうことは科学政策に重大な結果となってはねかえらないとも限らないので，ここでこの意見は万人共通のものではないということを強調しておきたい．

素粒子物理学の分野ではどうしても高エネルギーが必要になるので，費用も実験の複雑さ加減も目玉が飛び出すほどふくれ上っている．その結果，実験が行なわれる回数はますます少なくなっていき，また一つの実験にはますます長い時間がかかるようになっている．お金をかけずに実験ができた頃には，想像力に富んだ物理学者はどんどん自分の考えを出しては次々と数多くの実験をすることができた．かの偉大なファラデーは，実験ノートに１万件以上の実験を記している．ところが現在高エネルギー物理学では，一つの実験に何百万ドルという費用がかかり，時間は５年間もかかり，また，それに何十人という実験家が必要になるとあれば，誰でもせいぜい 2, 3 件の実験をするのが関の山である．そうなれば実験家はどうしても昔とはちがう心構えで問題に当たらなければならなくなる．今日では何をするかということを委員会が決定することも多いのであるが，委員会の想像力というものはあてにできない．委員会はあまり冒険をやりたがらず何か確実な結果が出てくるという保証付きの実験のほうをやろうとしがちなものである．こうして物理学者は，ただとてつもない高エネルギー領域であるという点では興味があるが，その他の点では大しておもしろ味もないありきたりの実験をやろうとすることになっていく．私はいつかこういう実験を艦砲の射程で勝敗が決まってしまうような近代の海戦にたとえたことがある．ネルソン卿の時代にはそうではなく，提督というものは戦いの勘が並みはずれてすぐれていなければ務まらなかったものだ．しかしそうは言っても「戦艦実験」は，これまでにいくつかきわめて驚くべき結果を出していて，これが進歩のためになくてならないものであることもまた確かなのである．

実験に求められている情報がすっかり素性の知れた類いのものだとすれば，それを手に入れるうえで難しいところは主として技術的な問題になる．そうなると，物理学者は装置の開発やそのための技術に大部分の努力を注がざるをえない．この中にはコンピューターで結果を解析するためのプログラムも含まれる．そうして装置ができ上ると，それでできる実験なら何でもやってみるということになる．こういうことにもそれなりに道理はあり，また，普通そこから重要な結果も出てくるのであるが，しかしここでは従来とはいくぶんちがった物理学者が必要になってくるのも確かである．

一つ駄洒落を言わせてもらえば，現代ではもはやラザフォード(Rutherford)では充分でなく，ルーサー・フォード（Ruther-Ford）[3)]になる必要があると言えよう．つまり現代の物理学者は，少なくともある程度は工業家と実業家の素質も備えていなければならないということである．かつては多くの物理学者が，人間関係においては淡白，もしくは内気で，むしろ事物のほうに強くひかれたがために自ずと科学の道を選んだのであった（キュリー夫妻などがその例である）．ところが今日指導的な位置につくためには，まず何よりも人間関係に関心を持っていることが要請されると言って良い（例えばE. O. ローレンスである）．こういうことは特に新しいことではないが，それにしてもファラデーやレントゲンのような孤高の研究者の役割は，だんだんおとろえていく運命にあるようである．

この他にもう一つ，物理学も含めて科学全般に広く見られる趨勢がある．それは専門化ということである．この専門化がますます進む結果として，現在物理学関係の文献も物理学者の数も非常にふくれ上がり，それがまた専門化を加速する．これは，いわば必要悪と言うべきもので，受け容れざるをえない．もっと小ぢんまりしていて，もっと簡単でそれだけに統一があった物理学を見たことがある人々は，それにノスタルジアを感ずるであろうが，やはりこの流れは不可逆的なものである．

たとえば，ラザフォードがはじめて原子核の衝突と変換の研究をした時に使った図6.4の装置と図11.11のフェルミ研究所の様子を比べてみても今言った傾向がよく見て取れるであろう．原理的にはこの二つの装置で行われる実験は同じものである．さらにこの問題は何も実験だけに限ったことではない．例えばここにJ. D. ジャクソンが冗談まじりに取り上げた例がある．これは現代流の公式（図14.1(b)）と1911年の『フィロソフィカル・マガジン』に載ってい

$$y=\frac{Qdm}{2\pi r^2 \sin\phi \,.\, d\phi}=\frac{ntb^2 \,.\, Q \,.\, \mathrm{cosec}^4\,\phi/2}{16r^2} \quad . \; . \; . \quad (5)$$

(a)

$$\begin{aligned}
\frac{d\sigma}{dt}=&\frac{1}{4\pi(s-m^2)^2}\Bigg[\frac{|\sin\theta_t|^2(1+\cos2\varphi_\gamma)|t-(Y+m)^2||t|^{-1}|\gamma_{\frac12\frac12}{}^K|^2(s/s_0)^{2(\alpha_K-1)}\alpha_K{}^2}{|\Gamma(\alpha+1)\sin\frac12\pi\alpha_K|^2}+(1-\cos2\varphi_\gamma)\\
&\times|\sin\theta_t|^2(t-m_K{}^2)^2|t-(m-Y)^2|\Bigg(\frac{\alpha_c{}^2|t|^{-1}|\gamma_{\frac12\frac12}{}^c|^2(s/s_0)^{2(\alpha_c-1)}}{|\Gamma(\alpha_c+1)\sin\frac12\pi\alpha_c|^2}+\frac{\alpha_V{}^2|t|^{-1}|\gamma_{\frac12\frac12}{}^V|^2(s/s_0)^{2(\alpha_V-1)}}{|\Gamma(\alpha_V+1)\cos\frac12\pi\alpha_V|^2}\\
&+\frac{\alpha_T{}^2|t|^{-1}|\gamma_{\frac12\frac12}{}^T|^2(s/s_0)^{2(\alpha_T-1)}}{|\Gamma(\alpha_T+1)\sin\frac12\pi\alpha_T|^2}+\frac{2\alpha_c\alpha_V\sin\frac12\pi(\alpha_V-\alpha_c)\gamma_{\frac12\frac12}{}^c\gamma_{\frac12\frac12}{}^V(s/s_0)^{\alpha_c+\alpha_V-2}}{|\Gamma(\alpha_c+1)\Gamma(\alpha_V+1)\sin\frac12\pi\alpha_c\cos\frac12\pi\alpha_V|}\\
&+\frac{2\alpha_c\alpha_T\gamma_{\frac12\frac12}{}^c\gamma_{\frac12\frac12}{}^T\cos\frac12\pi(\alpha_T-\alpha_c)(s/s_0)^{\alpha_c+\alpha_T-2}}{|\Gamma(\alpha_c+1)\Gamma(\alpha_T+1)\sin\frac12\pi\alpha_c\sin\frac12\pi\alpha_T|}\Bigg)+(1+\cos^2\theta_t-\cos2\varphi_\gamma\sin^2\theta_t)\\
&\times\frac{\alpha_K{}^4|t-(m+Y)^2|t^{-2}|\gamma_{\frac12-\frac12}{}^K|^2(s/s_0)^{2(\alpha_K-2)}}{|\Gamma(\alpha_K+1)\sin\frac12\pi\alpha_K|^2}+(1+\cos^2\theta_t+\cos2\varphi_\gamma\sin^2\theta_t)(t-m_K{}^2)^2\\
&\times|t-(m-Y)|^2\Bigg(\frac{|\gamma_{\frac12-\frac12}{}^c|^2(s/s_0)^{2(\alpha_c-1)}\alpha_c{}^2|t|^{-2}}{|\Gamma(\alpha_c+1)\sin\frac12\pi\alpha_c|}+\frac{\alpha_V{}^4|\gamma_{\frac12-\frac12}{}^V|^2(s/s_0)^{2(\alpha_V-1)}}{|\Gamma(\alpha_V+1)\cos\frac12\pi\alpha_V|}+\frac{\alpha_T{}^2|\gamma_{\frac12-\frac12}{}^T|^2(s/s_0)^{2(\alpha_T-1)}}{|\Gamma(\alpha_T+1)\sin\frac12\pi\alpha_T|^2}+2\sin\tfrac12\pi\\
&\times(\alpha_V-\alpha_c)|t|^{-1}\frac{\gamma_{\frac12-\frac12}{}^c\gamma_{\frac12-\frac12}{}^V(s/s_0)^{\alpha_c+\alpha_V-2}}{|\Gamma(\alpha_c+1)\Gamma(\alpha_V+1)\sin\frac12\pi\alpha_c\cos\frac12\pi\alpha_V|}+\frac{2\cos\frac12\pi(\alpha_T-\alpha_c)\,\gamma_{\frac12-\frac12}{}^c\gamma_{\frac12-\frac12}{}^T(s/s_0)^{\alpha_c+\alpha_T-2}}{|\Gamma(\alpha_c+1)\Gamma(\alpha_T+1)\sin\frac12\pi\alpha_c\cos\frac12\pi\alpha_V|}\Bigg)+4\cos\theta_t(t-m_K{}^2)\\
&\times[(t-(m+Y)^2][t-(m-Y)^2]|^{1/2}\gamma_{\frac12-\frac12}{}^K(s/s_0)^{\alpha_K-1}\alpha_K{}^2\Bigg(\frac{t^{-2}\gamma_{\frac12-\frac12}{}^c\alpha_c\cos\frac12\pi(\alpha_K-\alpha_c)(s/s_0)^{\alpha_c-1}}{|\sin\frac12\pi\alpha_c\Gamma(\alpha_c+1)\Gamma(\alpha_K+1)\sin\frac12\pi\alpha_K|}\\
&\qquad+\frac{t^{-1}\sin\frac12\pi(\alpha_V-\alpha_v)\alpha_V{}^2\gamma_{\frac12-\frac12}{}^V(s/s_0)^{\alpha_V-1}}{|\Gamma(\alpha_K+1)\Gamma(\alpha_V+1)\sin\frac12\pi\alpha_K\cos\frac12\pi\alpha_V|}+\frac{t^{-1}\alpha_T\gamma_{\frac12-\frac12}{}^T\cos\frac12\pi(\alpha_K-\alpha_T)(s/s_0)^{\alpha_T-1}}{|\Gamma(\alpha_T+1)\Gamma(\alpha_K+1)\sin\frac12\pi\alpha_K\sin\frac12\pi\alpha_V|}\Bigg)\Bigg]. \quad (75)
\end{aligned}$$

(b)

**図 14.1**　(a)「私は，計数測定その他，実験の仕事全般にわたって助力をいただいたことで，W. ケイ氏に感謝の意を表する.」(教授アーネスト・ラザフォード，1919 年 4 月)　(b)「我々は，この実験の計画と，初めの部分に参加して下さった，J. シュタインバーガー教授，並びに支持と励ましを与えて下さった W. ポール，P. プライスヴェルク，K. フェイスナーの各教授に感謝の意を捧げたい．また，Luciole での測定を可能にして下さった J. ダウプ氏と P. ツァネラ博士にも感謝申し上げる．L. キャネシ博士には，実験の遂行中絶えずご助力をいただいた．検出装置の作製にあたっては，F. ブリット，K. ブスマン，J.M. フィロー，G. マラトリの各氏のご助力をいただいた．最後に，低速陽子ビームの作動と操作の点で，CPS 研究職員の G. ペトルッチ博士，またとりわけ L. ホフマン博士に謝意を表したい.」(A. ボーム，P. ダリウラット，C. グロッソ，V. カフタレフ，K. クラインクネヒト，H.K. リンク，C. ルビア，H. ティコ，K. ティッテル，1968 年 5 月 30 日)[4)]

(a)

(b)

**図 14.2**　芸術分野での抽象化に向かう傾向．これは，20 世紀の物理学の発展を支配していると思える傾向と並行している．(a)「灰色の木」，P. モンドリアン (P. Mondrian, 1872–1944) 作．これは，写実的な画き方ではないにしても，木の形は，はっきり認められる．(b) モンドリアンの「花咲くりんごの木」，日付は 1912 年．木の形はもはや消え失せて，幾何学的な曲線の集まりになっているが，それでも，前の形を思わせるところがある．（オランダ，ハーグ市，ハーグ公共美術館所蔵）

るラザフォードの公式（図 14.1(a)）とを比べたものである．前者は近頃の大方の研究の典型の如きものであるが，世に名高いのは後者である．

このように，物理学はますます複雑になってきているが，実はこのことが物理学そのものの限界まで決定しかねないのである．この本でも，これまでに次々と段階を追ってますます小さい領域に移っていき，それと同時にエネルギーのほうはますます大きくなっていくことを述べてきた．すなわち，原子，原子核，パイ中間子やクォークなど原子核の構成要素という具合である．ことによるとクォークまで考えればその範囲内で矛盾なく完結した理論ができるかもしれないが，私は内心ここで終らないのではないかという疑いを抑えることができないでいる．もしもそうだとすれば，また次の段階のためにますます多くのお金と努力を注ぎこまなければならない．そしてこの道行きはいつも，もうちょっとで終りそうだと思わせながら実は果てしなく続いていくことになる．こうなるとその限界は，終るあてがないところで，皆がどこまで努力を続けられるか，あるいは続ける気になるかという点にかかっていると言えるであろう．

最後に一言しておきたいのは，直接に感覚でとらえられる経験から離れてますます抽象的なものになっていく傾向は，物理だけに限ったことではないということである．むしろそれは現代の思想や芸術の特徴だと言えよう（図 14.2）．キュリー夫妻の時代には，画家たちはそれぞれ個性的な見方をしたにしても，とにかく現実にあるものを描いていた．ところが量子力学が発展しかかっていた頃になると，すでに芸術家の精神の中では現実は驚くほどデフォルメされたものになってきた．ピカソは二つの顔を持つ女を描いた．と言っても別に片方が粒子的な顔でもう一方が波動的な顔だというわけではないが．そして今日では，もう完全に抽象的な絵画が現われているのであるが，また物理のほうでも深い意味はあってもそれがすぐにぴんとこないような数式が横行しているのである．

## 物理学の生理構造

どうも科学というものは，その構造や発展の仕方が生命体に似ているような気がして仕方がない．というのも第一に科学の体系がきわめて複雑だからである．さしあたって話がはっきりするように物理だけを取り上げて考えることに

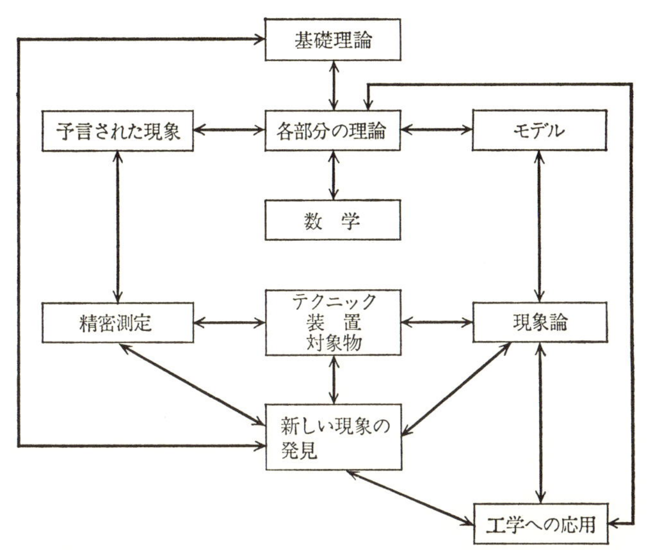


**図 14.3** 「物理学」を形成するいろいろな部分は，相互依存関係の点で，生命体の諸器管に似ている．そこでは，あい関連する諸活動がきわめて複雑な一つの体系を作っており，しかもそれが，時とともに進化していくのである．

しよう．ここで基本的な要素は実験と理論であり，この二つの間には常に持ちつ持たれつの関係がある．しかし実験には物質的な側面で装置と技術が必要であり，また精神的な側面では目標と着想が必要になる．そして技術を必要とするところからこれは工学と結びつくが，また工学のほうも科学のおかげで内容が豊かになる．一方，目標が必要になるところからは理論との結びつきが生まれる．その代わり理論も相手にするものがなければ，また実験のほうからその正しさを絶えず検証してもらわなければ，実りのある仕事として生き残ることはできないのである．さらに理論にもやはりそれ特有の道具――数学――が必要である．長い間，数学は物理学から着想を引き出してきたのであるが，また一方，時には何も応用などは考えずに創り出された抽象的な数学の理論が意外に物理学で使われたりすることもある．さて，時として起こる偶然の発見というものも，今の見方にあてはめる必要があるが，これは生物学における突然変異に似た役割を持っている．これは全く新しい分野に生長する出発点を与える．そしてまた，これも，その有機体の前からあった部分と結びつく必要があり，それによってこの有機体に変化を引き起こすのである．

こういう相互関連を図 14.3 でちょっと図式的に表わしてみた．それぞれ四角で囲んだものは生命体の一つの器官とも見られる．これが一つでも断ち切られると有機体全体が半身不随になったり死んでしまったりする．四角同士の間の関連を示す矢印は，各器官の間で働き合う作用とも見られる．これは比喩ではあるが，その値打ちはある．そのつもりになれば，それぞれの四角や矢印に実際に起こった事柄から具体例を持ってくることもできる．そして，この本の中にもその材料はたくさんあるはずである．

さて，このように複雑な仕組みになっていることがわかれば，もう，あれほどさまざまなタイプの人たちがそれぞれ物理の発展に大きな貢献をするのも別に不思議はないことであろう．それぞれの働きには，それなりに適当な人物というものがある．したがって，どんなタイプの人にもその人なりに実りのある仕事をする可能性があるわけである．

ところで，生命体に似ているということは発展の仕方にもあてはまる．対象とするものばかりでなく，物理の哲学そのものも時とともに変化するが，このことはあらゆる点から考えて今後もやはり同じように続いていくと思われる．それは非常に深い部分でも例外ではない．ガリレオ，ニュートン，アインシュタインの一族がこれきり途絶えてしまうとは思えないのである．

# 付録 1

## シュテファンの法則とヴィーンの法則

シュテファンの法則 $u(T)=aT^4$ は，エネルギー密度 $u(T)$ と輻射圧 $p$ との間の関係 $p=u(T)/3$ から，熱力学を使って出てくる．この $u(T)$ と $p$ の関係は，電磁場に対するマクスウェル方程式から導かれるものである．

熱力学の第一法則は，

$$dQ = dU + p\,dV$$

ここで $U=u(T)V$ は輻射全体の内部エネルギー，$V$ は体積，$Q$ はこれに供給された熱量である．

第二法則は，$dS=dQ/T$ が完全微分であることを述べている．そこで，上の第一法則と第二法則を組合せると，$dS=[u\,dV+V\,du+(u/3)dV]/T$ が，$T$ と $V$ に関する全微分だということになる．したがって，

$$\frac{\partial^2 S}{\partial T \partial V} = \frac{1}{T}\frac{du(T)}{dT} = \frac{4}{3}\frac{d(u/T)}{dT}$$

である．これからただちに，$du/dT=4u/T$，すなわち

$$u(T) = aT^4$$

が得られる．

ヴィーンは，黒体の一つの壁が完全反射をする可動のピストンでできているものと想定して，これで黒体輻射を圧縮する場合を考え，熱力学的な議論を詳しく展開して，次の関係を導いた．

$$u(\nu, T) = \nu^3 f(\nu/T)$$

シュテファンの法則は，このヴィーンの法則を $\nu$ について積分して導くこともできる．さて，$u(\nu, T)$ の $\nu$ について微分がゼロになるような $\nu$ の値を探せば，与えられた温度で $u(\nu, T)$ の極大値を与える振動数が得られる．ここでヴィーンの法則を使えば，この振動数をきめる方程式は $3f(\nu/T)=-(\nu/T)f'(\nu/T)$ となる．したがって，$u(\nu, T)$ の極大は，$\nu/T$ がある一定の値になるところに現

われることになる．あるいは，変数として $\lambda$ と $T$ を選び，$u(\lambda, T)d\lambda$ についての計算を行なえば，同様に，$\lambda T$ のある値が極大に対応することになる．このことを，時に変位則と呼ぶことがある．$u(\nu, T)$ に対するプランクの表式を用いると，数値解として $\nu_m/T=5.88\times10^{10}$ が得られる（$\nu$ は cycle/sec，$T$ は絶対温度K で表わすものとする）．

# 付録 2

# プランクの黒体輻射式の模索

プランクは，まず，輻射のエネルギー密度と，黒体の壁を形づくっている振動子の平均エネルギー $\langle E\rangle$ との間の関係を求めた．すなわち，熱力学（と電磁気学）から次の関係を得たのである．

$$u(\nu,T)=\frac{8\pi\nu^2}{c^3}\langle E\rangle \tag{1}$$

また，振動子1個あたりの平均エントロピーを考え，それが次の式に従うことを示した．

$$dS=\frac{d\langle E\rangle}{T} \tag{2}$$

ところで，$u(\nu,T)$ に対する表式として，ヴィーンが提案した式

$$u(\nu,T)=A\nu^3\exp(-\beta\nu/T) \tag{3}$$

がある．これは実験からも支持されるように見えたものであるが，これを得ようとするなら，以下の関係が必要になる．すなわち，(1), (2), (3) より

$$\frac{dS}{d\langle E\rangle}=\frac{1}{T}=-\frac{1}{\beta\nu}\log\frac{8\pi\langle E\rangle}{Ac^3\nu} \tag{4}$$

また，これをもう一度微分して

$$\frac{d^2S}{d\langle E\rangle^2}=-\frac{1}{\beta\nu\langle E\rangle} \tag{5}$$

上の結果は，まず (3) 式を $1/T$ について解いて，そこに，(1), (2) 式を用いれば得られる．

一方，レイリー－ジーンズの式を得ようとするなら，$\langle E\rangle=kT$ としなければならないから

$$\frac{dS}{d\langle E\rangle}=\frac{1}{T}=\frac{k}{\langle E\rangle} \tag{6}$$

したがって

$$\frac{d^2S}{d\langle E\rangle^2}=-\frac{k}{\langle E\rangle^2} \tag{7}$$

でなければならない．ところが，実験の結果は，ヴィーンの表式もレイリー－ジーンズの表式も，どちらも正しいものではなく，それぞれある極限の場合を表わすものであることを示した．そこで，$\langle E\rangle \gg k\beta\nu$ の場合には（7）式に一致し，$\langle E\rangle \ll k\beta\nu$ の場合には（5）式に一致するような，何らかの内挿式がほしいわけである．ここで，まず，$d^2S/d\langle E\rangle^2$ に対して妥当な極限を与える次の式が思い浮かぶ．

$$\frac{d^2S}{d\langle E\rangle^2}=\frac{-1}{\beta\nu\langle E\rangle+\langle E\rangle^2/k} \tag{8}$$

これが正しいとすると，それを $\langle E\rangle$ について積分すれば

$$\frac{dS}{d\langle E\rangle}=-\frac{1}{\beta\nu}\log\frac{\langle E\rangle}{k\beta\nu+\langle E\rangle}=\frac{1}{T} \tag{9}$$

を得る．ここで，$T\to\infty$ のとき，$\langle E\rangle$ も無限大になる，という境界条件を用いた．（9）式を $\langle E\rangle$ について解き，その結果を（1）式に代入すると，次の式が得られる．

$$\langle E\rangle=\frac{k\beta\nu}{e^{\beta\nu/T}-1} \tag{10}$$

$\beta=h/k$ と書くことにして，これを（1）式に代入すれば，

$$u(\nu, T)=\frac{8\pi\nu^2}{c^3}\frac{h\nu}{e^{h\nu/kT}-1} \tag{11}$$

を得る．

# 付録 3

## 光量子の存在に導くアインシュタインの発見的な議論

黒体輻射に対して，エネルギー密度 $u(\nu, T)d\nu$ と同じく，エントロピー密度 $\varphi(\nu, T)d\nu$ を定義する．熱力学より，次の関係が示される．

$$\frac{d\varphi(\nu, T)}{du(\nu, T)} = \frac{1}{T} \tag{1}$$

ヴィーンの輻射式

$$u(\nu, T) = A\nu^3 e^{-h\nu/kT} \tag{2}$$

を採り上げることにして，これを $1/T$ について解くと，

$$\frac{1}{T} = -\frac{k}{h\nu}\log\frac{u}{A\nu^3} = \frac{d\varphi}{du} \tag{3}$$

これを積分して，

$$\varphi(u, \nu) = -\frac{ku}{h\nu}\left[\log\frac{u}{A\nu^3} - 1\right]$$

以上の事柄は，プランクの論法(付録2)に対応するもので，アインシュタイン以前から知られていたことである．さて，ここで，全エネルギーを一定に保ちながら黒体の体積を変えることを考えよう．つまり $u(\nu, T)V = U(\nu, T)$ を一定にしておくわけである．振動数の小区間 $d\nu$ の範囲内に含まれるエントロピーは，

$$dS = \varphi(\nu, T)V\,d\nu = -\frac{kU}{h\nu}\left[\log\frac{U}{AV\nu^3} - 1\right]d\nu \tag{4}$$

$U$ を一定に保ちながら，体積を有限量だけ変化させると，

$$d(S - S_0) = \frac{kU}{h\nu}\log\frac{V}{V_0}d\nu \tag{5}$$

ところで，単原子理想気体に対して，エネルギーを一定に保ちながら，その体積を変える場合については，考える気体の原子数を $n$ とすると，熱力学から

次の式が得られる．

$$S - S_0 = nk \log \frac{V}{V_0} \tag{6}$$

この最後の式は，ボルツマンの表式

$$S = k \log W$$

に，容易に関係づけられる．というのは，一つの原子が，全体積 $V_0$ の中の一部分，$V$ に入る確率は，$V/V_0$ となるからである．したがって，$n$ 個の独立な原子については，その確率は $(V/V_0)^n$ となり，これからただちに (6) 式が出てくるのである．

さて，(5) 式と (6) 式を見ると，もし

$$U\,d\nu = nh\nu$$

であるとすれば，この二つの式は全く同じものになることがわかる．これはすなわち，振動数の一区間 $d\nu$ に属するエネルギーは，大きさ $\varepsilon = h\nu$ の量子 $n$ 個に分割されることを意味するわけである．

# 付録 4

# ブラウン運動

質量 $m$，半径 $a$ の粒子が，温度 $T$ の液体中に浮いている場合を考える．この時，液体の分子が，その粒子に衝突して，これを時には左に押しやったり，また時には右に押しやったりする．さて，この粒子は，平均としてはその動きが液体の粘性の抵抗を受けて止まる，と言える程度に大きいものとしよう．そうするとこの粒子の運動は，結局，一つのランダム・ウォークで，右に進む確率と左に進む確率が等しい場合，と見なすことができる．

この場合，一歩の長さを $\lambda$ として，$N$ 歩動いた時の平均二乗変位を $\langle x^2 \rangle$ とすると，初等的な統計理論から，次の式が得られる．

$$\langle x^2 \rangle = \lambda^2 N \tag{1}$$

粒子の平均速度を $v$ とすると，時間 $t$ の間の歩数は

$$N = \frac{vt}{\lambda} \tag{2}$$

である．

この速度 $v$ は，エネルギー等配則から得られるとしてよいだろう．そうすると次のようになる．

$$\frac{1}{2}mv^2 = \frac{3}{2}kT$$

一歩の歩幅 $\lambda$ は，その $\lambda$ という距離を動く間に粘性力がする仕事が，粒子の運動エネルギーに等しいと仮定して割り出してよかろう．つまり，粒子が一つの方向に動き出すと，$\lambda$ だけ進んだところで速度を失い，そこで向きを変えたりすることも起こると考えるわけである．ストークスの法則は，粘性力について次の表式を与える．

$$F = 6\pi a\eta v$$

ここで，$\eta$ は液体の粘性係数である．したがって上に仮定したことから

$$6\pi a\eta v\lambda = \frac{3}{2}kT \qquad \text{すなわち} \qquad \lambda = \frac{kT}{4\pi\eta a v}$$

となる．この表式と，(1), (2) 式から，次の式を得る．

$$\langle x^2 \rangle = \frac{kT}{4\pi a\eta}t$$

上の式は，たいへん大ざっぱな考え方で出したものであるが，アインシュタインの計算では

$$\langle x^2 \rangle = \frac{kT}{3\pi a\eta}t$$

となる．

# 付録 5

## アインシュタインによる黒体のエネルギーのゆらぎの扱い

エネルギー$E$をもつ孤立系を考え，それを二つの部分に分け，それぞれの部分のエネルギーを$E_1$，$E_2$，エントロピーを$S_1$，$S_2$とする．ここで$E_1+E_2=E$であり，また，$S_1+S_2=S$としよう．全体が平衡状態にある時のこれらの量は$E_1{}^0, E_2{}^0, S_1{}^0, S_2{}^0$と書くことにしよう．$E_1-E_1{}^0=\varepsilon=E_2{}^0-E_2$とおく．また，部分系1は，部分系2に比べて小さいものとする．

さて，ここで，エントロピーを$\varepsilon$のベキで展開する．

$$S=S_1+S_2=S_1{}^0+S_2{}^0+\left(\frac{\partial S_1}{\partial E_1}-\frac{\partial S_2}{\partial E_2}\right)\varepsilon+\frac{1}{2}\left(\frac{\partial^2 S_1}{\partial E_1{}^2}+\frac{\partial^2 S_2}{\partial E_2{}^2}\right)\varepsilon^2+\cdots$$

平衡状態においては，エントロピーは極大になるから，$\varepsilon$の係数は消えるはずである．これは，

$$\frac{\partial S_1}{\partial E_1}=\frac{\partial S_2}{\partial E_2}=\text{const.}=\frac{1}{T_1}=\frac{1}{T_2}$$

となることを意味する．そして温度の定義$(\partial S/\partial E=1/T)$により，二つの部分系の温度は等しい，ということが出てくる．

次の$\varepsilon^2$の項から

$$\Delta S_1=S_1-S_1{}^0=\frac{1}{2}\frac{\partial^2 S_1}{\partial E_1{}^2}\varepsilon^2=\frac{1}{2}\frac{d(1/T_1)}{dE_1}\varepsilon^2=-\frac{1}{2T^2}\frac{dT}{dE_1}\varepsilon^2$$

$$=-\frac{\varepsilon^2}{2T^2C_{v,1}}$$

となる．ここで，部分系2のほうは，部分系1に比べてきわめて大きいので，その熱容量もずっと大きくなる，ということから，$\Delta S_2$のほうは無視することにした．また，定義により$dE_1/dT_1=1/C_{v,1}$で，ここに$C_{v,1}$は部分系1の熱容量である．上の式の終りのほうで，$T$に1という指標が省いてあるのは，それを付ける必要がないからである．

エントロピーと確率の間のボルツマンの関係から，エネルギーに大きさ $\varepsilon$ のゆらぎが現われる確率は，

$$W(\varepsilon) = e^{\varDelta S/k} = e^{-\varepsilon^2/2kT^2C_v}$$

で与えられる．したがって $\langle\varepsilon^2\rangle$ は次のようになる．

$$\langle\varepsilon^2\rangle = \frac{\displaystyle\int_{-\infty}^{\infty}\varepsilon^2 W(\varepsilon)d\varepsilon}{\displaystyle\int_{-\infty}^{\infty}W(\varepsilon)d\varepsilon}$$

上の積分は簡単で，それを行なうと，

$$\langle\varepsilon^2\rangle = kT^2C_v \tag{1}$$

を得る．

この結果は，アインシュタインの1903年の論文にも見られる．さて，これを黒体輻射の場合に当てはめてみよう．体積 $V$，振動数の区間 $\varDelta\nu$ 内のエネルギー $E$ は，プランクの式（付録2，(11)式）で与えられる．これを $T$ で微分すれば，熱容量 $C_v$ が計算でき，その結果を（1）式に代入すると次のようになる．

$$\langle\varepsilon^2\rangle = V\,\varDelta\nu\left(u(\nu,\,T)h\nu + \frac{c^3u^2(\nu,\,T)}{8\pi\nu^2}\right)$$

この第一項 $V\varDelta\nu\;u(\nu,\,T)h\nu$ は，体積 $V$，区間 $\varDelta\nu$ 内の全エネルギーに $h\nu$ を掛けたものになっている．もしもエネルギーが，大きさ $h\nu$ の量子に分かたれているとすると，今考えている体積内には $E/h\nu=n$ 個の量子が含まれていることになり，そして，エネルギーのゆらぎの二乗は $\langle\varepsilon^2\rangle=n(h\nu)^2$ となるはずである．したがって，この第一項の表式は，粒子的な観点を，極端に押し進めた場合に対応するものであるが，これはまた，ヴィーンの近似式が正しくなる極限で得られるゆらぎにほかならない．一方，第二項は，波の干渉の結果出てくるものであり，またこれはレイリー - ジーンズの近似式が正しくなる極限で得られるものとなっている．そして，プランクの正しい法則から出てくる完全な表式は，上の二つの項を両方とも含んでいる．

# 付録 6

## アインシュタインによる固体の比熱の扱い

デュロンとプティの法則は，固体の成分要素1モルあたり$A$個（アヴォガドロ数）の調和振動子が含まれている，と考えれば容易に説明できる．この時，エネルギー等配則から，振動子1個あたり$\frac{3}{2}kT$の運動エネルギーがあることになり，また，調和振動子の場合，平均として運動エネルギーとちょうど同じだけのポテンシャル・エネルギーが出てくるから，1モルあたりの全エネルギーは

$$E = 3kAT = 3RT$$

となり，モル比熱は，$dE/dT = 3R$ となるわけである．

ところで，この振動子が量子化されている場合には，一自由度あたりのエネルギーの平均値は，

$$E = \frac{kT\sum_{n=0}^{\infty} nxe^{-nx}}{\sum_{n=0}^{\infty} e^{-nx}} = kT\frac{x}{e^x - 1}$$

となる．ここで $x = h\nu/kT$ である．この式は，前に付録2の(10)式にも出てきたものである．

この時，モル比熱は

$$C = \frac{dE}{dT} = 3R\frac{x^2e^x}{(e^x-1)^2}$$

となる．この式は，実験ともかなりよく合うものであるが，このままでは不充分なところがあり，重要な点で改良が必要である．それは主として，上でただ一つの振動数$\nu$を採り上げているところを，異なる振動数の分布で置き換えなければならない，という点である．

P. デバイは，こういう振動数分布を採り入れた，はるかに良い近似を考え出した．

# 付録 7

## アインシュタインの $A$ と $B$

エネルギー密度 $u(\nu, T)$ の黒体輻射の中に，二つの量子状態 $r$ と $s$ をもつある系が存在するとしよう．（エネルギー $E_s$ をもつ）状態 $s$ にある系の数を $n_s$ 個，（エネルギー $E_r$ をもつ）状態 $r$ にある系の数を $n_r$ 個とする．この場合，平衡状態において，比 $n_s/n_r$ は

$$\frac{n_s}{n_r} = e^{-(E_s-E_r)/kT}$$

となることは，ずっと前にボルツマンが見出しているところである．これは統計力学の基本法則の一つで，ボルツマンの法則と呼ばれている．

（高いエネルギーの）状態 $s$ にある一つの系が，自発的に状態 $r$ に落ちる単位時間あたりの確率を $A$ とし，また，存在する輻射に誘起されて状態 $r$ に移る確率を，単位時間あたり（輻射のエネルギー密度に比例して）$Bu(\nu, T)$ とする．同様に，状態 $r$ にある一つの系が，輻射の影響で状態 $s$ に押し上げられる単位時間あたりの確率を $Cu(\nu, T)$ とする．光量子の考え方によれば，$E_s - E_r$ というエネルギーを $h$ で割ったものが，この遷移の際に放出されたり吸収されたりする輻射の振動数 $\nu$ に等しい．今，この振動数に対する $u(\nu, T)$ を計算しようとしているのである．平衡状態においては，単位時間あたり，両方向への遷移が同じ数だけ起こるはずである．したがって

$$n_r Cu(\nu, T) = n_s[A + Bu(\nu, T)]$$

ボルツマンの法則と，この平衡条件を組合せると，次の式を得る．

$$\exp[-(E_s-E_r)/kT](A+Bu(\nu, T)) = Cu(\nu, T)$$

$T$ が無限に大きくなると，$u(\nu, T)$ も非常に大きい数になり，$A \ll Bu(\nu, T)$，また $\exp[-(E_s-E_r)/kT]=1$ となる．したがって，$B=C$ でなければならない．こうして，上に得られた式を $u(\nu, T)$ について解けば，

$$u(\nu, T) = \frac{A/B}{e^{(E_s-E_r)/kT}-1}$$

を得る．ところで，ヴィーンの熱力学による法則 $u(\nu, T)=\nu^3 f(\nu/T)$ はどんな系についても成立するものであり，これから，$E_s-E_r$ は $\nu$ に比例し，また $A/B$ は $\nu^3$に 比例するはずである．こうして $E_s-E_r=h\nu$ という関係がみごとに裏づけられる．さて，$h\nu \ll kT$ の場合を考えると，この時，$u$ に対する先の式は，近似的に $u=AkT/Bh\nu$ となり，そしてこれは，レイリー－ジーンズの式 $u=8\pi\nu^2 kT/c^3$ と一致するはずである．このことから，$A/B=8\pi h\nu^3/c^3$ が出てくる．こうして，完全にプランクの法則が導き出されたわけである．また，逆に，先にプランクの法則を仮定するなら，$A/B$ の値が導き出されることになる．この比は，特定な例を想定して，量子力学によって計算することもできる．

# 付録 8

# イオンの $e/m$ を知るための J. J. トムソンのパラボラ法

J. J. トムソンの方法で得られるイオン・ビームには，たいへん違ったいろいろな速度をもつイオンが含まれている．そこで，あまり強度を減らさずにこれを使って $e/m$ の値を決定できる方法が必要になる．

トムソンは，電場と磁場の作用によってビームがその進行方向に垂直に振らされる現象をこれに利用した．今，イオンは $z$ 軸方向に速度 $v$ で動いており，これが電場 $E$ と磁場 $B$ にさらされるとしよう．電場と磁場の向きはどちらも $x$ 軸方向であるとする．イオンに働くローレンツ力は，

$$\boldsymbol{F} = e\boldsymbol{E} + \frac{e}{c}\boldsymbol{v} \times \boldsymbol{B} \tag{1}$$

であるが，今の場合について成分で書くと，

$$F_x = eE \qquad F_y = \frac{e}{c}Bv \tag{2}$$

となる．これに対応する加速度は $\boldsymbol{F}/m = \boldsymbol{a}$ であり，$z$ 軸に垂直な面内に起こる振れは，

$$x = \frac{eE}{m}\frac{t^2}{2} = \frac{eE}{m}\frac{A}{2v^2} \tag{3}$$

$$y = \frac{eBv}{mc}\frac{t^2}{2} = \frac{eB}{mc}\frac{A'}{2v} \tag{4}$$

である．

ここで，$A$ と $A'$ は装置の形状によって決まる定数である．(3) 式と (4) 式から

$$y^2 = \frac{e}{m}\frac{B^2A'^2}{2Ec^2A}x = kx$$

を得る．

こうして，イオンは速度には無関係な一つの放物線上に到着することがわかる．ここで，速度は，その放物線上のどの位置に来るかを決める．そして $e/m$ の一つの値ごとに一つの放物線ができる．

# 付録 9

## ボーアの水素原子

質量が無限大で，正の電荷 $e$ を持つ中心に，1 個の電子が静電力によって引きつけられているような原子を考えよう．この場合，軌道は，核（質量無限大）を一つの焦点とする，ケプラー式の楕円になる．話を簡単にするために，円軌道だけを考えることにする．電子の質量と速度を，それぞれ $m$ と $v$ とし，角速度を $\omega$，核からの距離を $r$ としよう．遠心力とクーロン引力のつりあいから，次の式が得られる．

$$\frac{mv^2}{r} = m\omega^2 r = \frac{e^2}{r^2} \tag{1}$$

核の質量 $M$ が有限の場合には，上の $m$ を $Mm/(M+m)$（換算質量）で置きかえればよい．また，核の電荷が $Ze$ である場合，つまり，水素原子型のイオンの場合には，上の式の $e$ のうちの一つを $Ze$ で置きかえる．以後，$m$ は換算質量だと見なすことにする．

エネルギーのゼロ点は，普通よくやるとおりに電子が核から無限に大きい距離だけ離れて静止しているところに取ろう．そうすると軌道のエネルギーは，

$$E = \frac{mv^2}{2} - \frac{Ze^2}{r} = -\left(\frac{Z^2e^4m\omega^2}{8}\right)^{1/3} \tag{2}$$

となる．この(2)式から

$$\frac{|E^3|}{\omega^2} = \frac{Z^2e^4m}{8} = \text{constant} \tag{3}$$

が得られる．

1 という番号を付けた軌道から 2 という軌道に量子論的な飛び移りが起こった時に放出される光の振動数は，ボーアの仮定により

$$\nu = \frac{E_1 - E_2}{h} \tag{4}$$

で与えられる．

バルマーの公式

$$\nu = R\left(\frac{1}{{n_1}^2} - \frac{1}{{n_2}^2}\right) \tag{5}$$

の形を見ると，$R/{n_1}^2$ が軌道 1 の $E_1/h$ を表わしていると思われる．ここで，さらに，$n$ が大きい場合，すなわち大きな軌道の場合に，その $n$ が最小の変化（1 だけの変化）をする時には，バルマーの公式で与えられる振動数は，古典的な値 $\omega/2\pi$ に近づくということを要請してみよう．

この場合，バルマーの公式は近似的に次のような $\nu$ を与える．

$$\nu = R\left(\frac{1}{n^2} - \frac{1}{(n+1)^2}\right) \simeq \frac{2R}{n^3}$$

ところで，$\omega$ は(3)式で与えられるから，$\nu$ についての二つの表式を組み合せ，また，$|E|$ を $hR/n^2$ で置きかえると，

$$2\pi\nu = \frac{4\pi R}{n^3} = \left(\frac{8|E^3|}{Z^2e^4m}\right)^{1/2} = \left(\frac{8R^3h^3}{n^6Z^2e^4m}\right)^{1/2} \tag{6}$$

を得る．上の第二項と第四項が等しいことから，

$$R = \frac{2\pi^2mZ^2e^4}{h^3} \tag{7}$$

この $R$ の値から，(5)式により

$$E = -\frac{Rh}{n^2} = -\frac{2\pi^2mZ^2e^4}{h^2n^2} \tag{8}$$

このような，負の値の $E$ は，束縛状態に対応するものである．この他に，あらゆる正のエネルギー値も許されるが，これは，古典的には，双曲線軌道に対応する．そして，この正のエネルギー値は，連続スペクトルを形成する．

先の可能な軌道の半径は，

$$r_n = \frac{h^2n^2}{4\pi^2mZe^2} \tag{9}$$

この軌道上の速度は $2\pi e^2Z/hn$ であり，角運動量は(9)式と(6)式から計算できて

$$l = \frac{nh}{2\pi} \tag{10}$$

となる．このように，角運動量の値が $h/2\pi$ を単位にして，その整数倍になるのが許される軌道の特徴であり，これを量子条件として用いることもできる．

# 付録 10

## 量子力学一口案内

ここで，量子力学の概念をごく簡単に要約して述べる．もちろんこれは不完全な説明で，そもそも量子力学を教えようという目的をもったものではないことをお断わりしておく．初等的にしても，もっと完全な説明を知りたい方には，いろいろ適当な本が出ているから，そういうものをごらんいただきたい．

一次元の系を考え，その座標を $q$ とし，座標，運動量，エネルギーのような力学量を $A, B$ などと表わすことにする．今，この系に対して，引き続いて次々に，三つの量 $A, B, A$ を測定して，はじめの二つについて $a', b'$ という値を得たとしよう．三つめについては，$A$ の第二回めの測定の結果が，必然的に，いつも前と同じく $a'$ になる，という場合がある．こういう時に，$A$ と $B$ は両立できる観測量であると言い，そうでない時には，両立できない観測量と言う．一つの系に対していろいろな測定を行なって，これ以上の測定は，前のものと両立できないものになるか，あるいは，前の測定から確実に計算しうる結果になる，という場合に，その系の完全な測定ができたことになる．この完全な観測によって，系の「状態」が指定されるのである．

系のおのおのの状態には，$\phi(q, t)$ というものが付随しており，これは，次のシュレーディンガー方程式に従って，時間とともに変わる．

$$H_{\mathrm{op}}(p, q)\phi(q, t) = \frac{ih}{2\pi}\frac{\partial\phi}{\partial t} \tag{1}$$

ここで $H_{\mathrm{op}}(p, q)$ は，エネルギーを，$q$ とそれに共役な運動量 $p$ の関数として表わしたハミルトニアンの中で，$p$ を $(h/2\pi i)(\partial/\partial q)$ という演算子で置きかえたものである．たとえば，一次元の調和振動子の場合，ポテンシャル・エネルギーは $\frac{1}{2}kx^2$ で，運動エネルギーは $\frac{1}{2}p^2/m$ である．これを（1）式に入れると，

$$H(p,x)\psi(x,t)=\left(-\frac{h^2}{8\pi^2m}\frac{d^2}{dx^2}+\frac{1}{2}kx^2\right)\psi(x,t)=\frac{ih}{2\pi}\frac{\partial\psi(x,t)}{\partial t} \tag{2}$$

となる．初期値 $\psi(x,0)$ が与えられれば，(1) 式を積分することによって，どんな時刻の $\psi(x,t)$ も知られるのは明らかである．

ここで，さらに，次の仮定を置くことにしよう．

1. 物理量 $G(p,q)$ を測定した結果は，次の方程式の固有値の一つになる．

$$G_{\mathrm{op}}(p,q)\varphi_n(q)=g_n{}'\varphi_n(q) \tag{3}$$

特に，エネルギーの場合には

$$H(p,q)\psi_n(q)=E_n\psi_n(q) \tag{4}$$

となり，これもシュレーディンガー方程式と呼ばれる．たとえば，振動子のエネルギーを測定して，$\psi_3(x)$ の固有値にあたる $E_3$ という値を得たとすると，この振動子の，この時の状態に付随する $\psi(x)$ は，$\psi_3(x)$ であることがわかるわけである．具体的に $E_3$ の値を示すと，それは $\left(3+\frac{1}{2}\right)h\nu$ であり，この $\nu$ は $\nu=(1/2\pi)\sqrt{k/m}$ である．

2. 系の状態は，上に述べたように $\psi(q,0)$ で定義される．この $\psi(q,0)$ は，フーリエ級数展開と同じように，$G(p,q)$ の固有関数で展開できて，次のようになる．

$$\psi(q)=\sum a_n\varphi_n(q) \tag{5}$$

3. この状態 $\psi$ において，$G$ を測定した時，固有値 $g_n{}'$ という結果が出る確率は，$|a_n|^2$ である．

同じ内容を，また別の形で，以下のように表わすこともできる．一つの系は，ヒルベルト空間と呼ばれる抽象的な空間の中の，単位長さの複素数ベクトルで記述される．この空間は，無限次元の空間である．さて，この状態ベクトルは，シュレーディンガー方程式を一般化したある法則（本質的には (1) 式）に規定されながら，ヒルベルト空間の中を動いていく．ある物理量の大きさを知りたければ，ヒルベルト空間の中に座標軸を考える必要がある．この軸は，今考えている観測量の種類に応じて決まる．その観測量の取りうるそれぞれの値が，それぞれの軸を指定し，状態ベクトルの，一つの軸への射影の絶対値の二乗が，その観測量について，この軸に対応する値を見出す確率を与えるのである．この確率が1になる場合もありうる．

普通，物理量の大きさを測定すると，そのために状態ベクトルが変わってしまい，状態ベクトルの時間的発展に不連続が生ずる．最も簡単な場合として，一つの物理量の観測だけで状態が規定されてしまうものを考えることにして，状態$\phi$において，物理量$G$の測定を行ない，$g_n'$という結果を得たとしよう．この時，測定が行なわれた後では，状態はもはや$\phi$ではなく，$\varphi_n$になっているのである．

ところで，この観測の理論は，量子力学において長年議論の種になっており，今でもまだ完全に論じ尽くされてはいない問題であることを付言しておこう．

# 参考文献

一般的な事柄についての，辞典や研究の類いとしては，*Modern Men of Science* (New York : McGraw-Hill, 1968) と，C. C. Gillispie, ed., *Dictionary of Scientific Biography* 14 vols. (New York : Scribners, 1970-1976) を見ていただきたい．ロンドン王立協会 (the Royal Society of London) や全米科学アカデミー (National Academy of Sciences, Washington, D. C.) など，いろいろなアカデミーが，亡くなった会員の小伝シリーズを出版している．*Nobel Lectures in Physics* (New York : Elsevier, 1967) と *Les Prix Nobel* (Stockholm : Norstedt & Söner, 1902-　)〔中村誠太郎，小沼通二訳『ノーベル賞講演・物理学』1～12巻(講談社，1979-　)〕には，受賞者の講演と伝記が収められている．B. Maglich, ed., *Adventures in Experimental Physics* (Princeton, N. J. : World Science Education, 1972-　) には，これまでの重要な発見についての説明が，当の発見者自身の口から語られている．H. A. Boorse and L. Motz, eds., *The World of the Atom* (New York : Basic Books, 1966) は，伝記的な内容も豊富に盛りこまれた名著である．本書で，多くの重要な独創的研究を論ずるにあたって，この本が大いに参考になった．M. Jammer, *The Conceptual Development of Quantum Mechanics* (New York : McGraw-Hill, 1966)〔小出昭一郎訳『量子力学史』1, 2(東京図書，1974)〕は，量子論の発展を総合的に述べたものとして，すぐれた書物である．E. Whittaker, *A History of the Theories of Aether and Electricity* (New York : Harper & Bros., 1960)〔霜田光一，近藤都登訳『エーテルと電気の歴史』上・下(講談社，1976)〕は，博学の著で，数学的な面の研究には，たいへん役に立つ．これには，19世紀以前の時期も扱われている．

## 第1章　序　　論

全般的な歴史としておもしろいものに，B. Tuchman, *The Proud Tower : A Portrait of the World Before the War, 1890-1914* (New York : Macmillan, 1966) がある．これは，19世紀末，ヨーロッパの人物絵巻を見せてくれる．

科学上の主要人物に関するものとしては，次のようなものがある．R. T. Glazebrook, *James Clerk Maxwell and Modern Physics* (London : Cassel, 1901); S. P. Thompson, *Life of Lord Kelvin* (London : Macmillan, 1910): C. W. F. Everitt, *James Clerk Maxwell : Physicist and Natural Philosopher* (New York : Scribner, 1975);

L. Königsberger, *H. von Helmholtz* (F. A. Welby, trans.) (New York: Dover, 1956); J. Hertz, *Heinrich Hertz* (Leipzig: Akademische Verlagsgesellschaft, 1927); J. W. Gibbs, "R. J. E. Clausius," in *Proceedings American Academy* **16**, 458 (1889), O. Glasser, *Dr. W. C. Röntgen* (Berlin: Springer, 1959) (Second edition: Springfield, Illinois, C. C. Thomas, 1972); E. Broda, *Ludwig Boltzmann Mensch, Physiker, Philosoph* (Vienna: F. Deuticke, 1955)〔市井三郎, 恒藤敏彦訳『ボルツマン——人間・物理学者・哲学者』(みすず書房, 1959)〕; Lord Rayleigh, *The Life of J. J. Thomson, O. M.* (Cambridge: Cambridge University Press, 1943); R. J. Strutt, Fourth Baron Rayleigh, *Life of J. W. Strutt, Third Baron Rayleigh, O. M. F. R. S.* (Madison, Wisc.: University of Wisconsin Press, 1968); G. L. De Haas-Lorentz, ed., *H. A. Lorentz—Impression of His Life and Work* (Amsterdam: North-Holland, 1957); J. J. Thomson, *Recollections and Reflections* (London: G. Bell and Sons, 1936), G. P. Thomson, *J. J. Thomson and the Cavendish Laboratory in His Day* (London: Nelson, 1967)〔伏見康治訳『J. J. トムソン, 電子の発見者』(河出書房新社, 1969)〕; R. A. Millikan, *The Electron* (Chicago: The University of Chicago Press, 1963); R. Vallery-Radot, *The Life of Pasteur* (Garden City, N. Y.: Garden City Publishing Company, 1937)〔桶谷繁雄訳『パスツール伝』(白水社, 1953)〕; R. Willstaetter, *From My Life* (New York: W. A. Benjamin, 1965).

D. L. Anderson, *The Discovery of the Electron* (New York: Van Nostrand Reinhold, 1964) は, この章で扱ったいろいろな事柄についての初等的な概説書である. また, 物理学の経済的, 財政的な基盤の問題を扱ったものとして P. Forman, J. L. Heilbron, and S. Weart, *Physics circa 1900—Personnel Funding and Productivity of the Academic Establishment*, in *Historical Studies in the Physical Sciences*, vol. 5 (Princeton, N. J.: Princeton University Press, 1975) がある.

## 第2章　H. ベクレル, キュリー夫妻, 放射能の発見

ベクレルについては *Comité du Patronage du Cinquantenaire de la Découverte de la Radioactivité* (Paris: Ecole Polytechnique, 1946) を見ていただくとよい.

キュリー夫妻の仕事については, 次のものがある. P. Curie, *Oeuvres de Pierre Curie* (Paris: Gauthier-Villars, 1908); I. Joliot-Curie, ed., *Oeuvres de Marie Sklodowska Curie* (Warsaw: Państwowe Wydawnictwo Naukowe, 1954).

キュリー夫妻に関わる伝記としては, 次のものがある. M. Curie, *Pierre Curie* (Paris: Payot, 1924; English translation, New York: Dover, 1963)〔渡辺慧訳『ピエル・キュリー伝』(白水社, 1942)〕; Eve Curie, *Madame Curie* (New York: Doubleday,

1949)〔川口，河盛，杉，本田訳『キュリー夫人伝』(白水社，1963)，ただしこれは，ガリマール書店版からの翻訳である〕; A. Langevin, *Paul Langevin, mon père; l'homme et l'oeuvre* (Paris: Editeurs Français Réunis, 1971).

全般的な，放射能の発見の歴史については次のもので知ることができる．A. Romer, ed., *The Discovery of Radioactivity and Transformation* (New York: Dover, 1960).

## 第3章　新世界でのラザフォード——元素の壊変

この章の基本的な資料となったのは次のものである．E. Rutherford, *The Collected Papers of Lord Rutherford of Nelson, under the Scientific Direction of Sir James Chadwick* (New York: Interscience, 1962–1965): vol. 1, *New Zealand–Cambridge–Montreal*; vol. 2, *Manchester*; vol. 3, *The Cavendish Laboratory*. この論文集には，初期の論文も収められている．ラザフォードの公式的な伝記としては，A. S. Eve, *Rutherford* (Cambridge: Cambridge University Press, 1939) がある．その他に，次のものも参考になる．L. Badash, ed., *Rutherford and Boltwood, Letters on Radioactivity* (New Haven: Yale University Press, 1969) と O. Hahn, *Vom Radiothor zur Uranspaltung: eine wissenschaftliche Selbstbiographie* (Braunschweig: F. Vieweg, 1962).

## 第4章　心ならずも革命家になったプランク——量子化の考え

熱力学については L. P. Wheeler, *J. W. Gibbs: The History of a Great Mind* (New Haven: Yale University Press, 1951) を見ていただきたい．

この章の基本資料になったのは M. Planck, *Physikalische Abhandlungen und Vorträge* 3 vols. (Braunschweig: Vieweg, 1958) である．第3巻には，初期の論文が収められている．

黒体の研究の歴史については，次のものがある．H. Kangro, *Early History of Planck's Radiation Law* (New York: Crane Russak, 1976); A. Hermann, *Genesis of Quantum Theory* (Cambridge, Mass.: MIT Press, 1971); T. J. Kuhn, *Black Body Theory and the Quantum Discontinuity 1894–1912* (Oxford: Clarendon Press, 1978).

ソルヴェイ会議についての資料としては，M. de Broglie, *Les Premiers Congrès de Physique Solvay* (Paris: A. Michel, 1951) がある．

## 第5章　アインシュタイン——新しい考え方，空間，時間，相対性，量子

アインシュタインの仕事を完全な形で，すべて収めた全集は，未だに出ていない．不

完全ながら相対論関係のものとして，A. Einstein, H. A. Lorentz, H. Minkowski, and H. Weyl, *The Principle of Relativity, A Collection of Original Memoirs on the Special and General Theory of Relativity with Notes by A. Sommerfeld* (New York : Dover, 1952) がある.

アインシュタインの伝記として現存するものは，おびただしい数にのぼるが，どれも決定的なものとは言えない．その中でも最良のものを挙げてみると，B. Hoffmann and H. Dukas, *Albert Einstein, Creator and Rebel* (New York : Viking Press, 1972)〔鎮目恭夫・林一訳『アインシュタイン——創造と反骨の人』(河出書房新社，1974)〕; C. Selig, ed., *Helle Zeit, dunkle Zeit—In memoriam A. Einstein* (Zurich : Europa, 1976); R. W. Clark ; *Einstein : The Life and Times* (New York : World Publishing Co., 1971) などがある．特におもしろいのが，次の自伝風の小篇である．P. A. Schilpp, ed., *Albert Einstein, Philosopher-Scientist* (La Salle, Ill. : The Open Court, 1949)〔中村誠太郎，五十嵐正敬訳『アインシュタイン自伝ノート』(東京図書，1979)〕.

アインシュタインが量子論において果たした役割を論じたものには A. Pais, "Einstein and the Quantum Theory" in *Reviews of Modern Physics* **51**, 861 (1979) がある.

ゾンマーフェルト，ボルン，ベッソ等と交わした手紙もたいへん参考になる．A. Hermann, ed., *Albert Einstein-Arnold Sommerfeld Briefwechsel* (Basel : Schwabe, 1968)〔小林晨作，坂口治隆訳『アインシュタイン・ゾンマーフェルト往復書簡』(法政大学出版局，1971)〕; A. Einstein, *The Born-Einstein Letters* (New York : Waller & Co., 1971)〔西義之，井上修一，横谷文孝訳『アインシュタイン・ボルン往復書簡集 1916-1955』(三修社，1976)，これはドイツ語版からの翻訳である〕; A. Einstein, *A. Einstein and Michele Besso Correspondence 1903-1955* (Paris : P. Speziali, 1972).

エーレンフェストについての詳しい研究が行なわれて，アインシュタインと親しかった一重要人物の姿が浮かび上がってきている．M. J. Klein, *Paul Ehrenfest* (Amsterdam : North Holland, 1970).

マイケルソンについては，次のものを見ていただきたい．D. Michelson Livingston, *The Master of Light : A Biography of A. A. Michelson* (New York : Scribners, 1973).

## 第6章　サー・アーネスト，ネルソンのラザフォード卿

マンチェスター時代の基本資料は，*The Collected Papers of Lord Rutherford*, vol. 2 (New York : Interscience, 1962-1965) である．また J. B. Birks, ed., *Rutherford at Manchester* (London : Benjamin, 1962) もあり，ここにも，ラザフォード，ボーア，

モーズレイ，他の研究が再録されている．

ケンブリッジ時代については，*The Collected Papers of Lord Rutherford*, vol. 3 を見ていただきたい．また Sir M. Oliphant, *Rutherford, Recollections of Cambridge Days* (Amsterdam : Elsevier, 1972) と，P. L. Kapitza, "Recollections of Lord Rutherford," *Nature* **210**, 780 (1966)〔金光不二夫訳「ラザフォードの思い出」，『科学・人間・組織』（みすず書房，1966）所収，ロシア語からの翻訳〕も参考になる．

## 第7章　ボーアと原子モデル

ボーア著作集の第1巻～第4巻が刊行されている．J. Rud Nielsen, ed., *N. Bohr, Collected Works* (Amsetrdam : North Holland, 1972–1977).

じかに得た知見をもとにして書かれた，きわめて貴重な人物記で，ボーアの複雑な性格のいろいろな面を明らかにしてくれるのが S. Rozental, ed., *Niels Bohr, His Life and Works as Seen by His Friends and Colleagues* (Amsterdam : North Holland, 1967)〔豊田利幸訳『ニールス・ボーア』（岩波書店，1970）〕である．

X線については，次のものがある．P. P. Ewald ed., *50 years of X-ray Diffraction* (Utrecht : Oosthoek, 1962) ; W. L. Bragg, *The Development of X-ray Analysis* (New York : Hafner, 1975); G. M. Caroe, *William Henry Bragg, Man and Scientist* (Cambridge : Cambridge University Press, 1978) ; S. K. Allison, "A. H. Compton, a biographical memoir," in The National Academy of Sciences of the United States, *Biographical Memoirs* 38, 81 (1965).

モーズレイについては，J. Heilbron, *H. G. J. Moseley : The Life and Letters of an English Physicist, 1887–1915* (Berkeley : University of California Press, 1974) がある．

ゾンマーフェルトについて書かれたものは数多くあるが，中でも最良のものの一つとして，次のものがある．"Arnold Johannes Wilhelm Sommerfeld, 1868–1951," in M. Born, *Ausgewählte Abhandlungen* (Göttingen : Vandenhoeck & Ruprecht, 1963).

自転する電子に関するものには，以下の文献がある．R. Kronig, "The turning point," in M. Fierz and V. F. Weisskopf, eds., *Theoretical Physics in the Twentieth Century, A Memorial Volume to Wolfgang Pauli* (New York : Interscience, 1960); S. A. Goudsmit, "Pauli and nuclear spin," in *Physics Today* **14** (June, 1961); S. A. Goudsmit, "It might as well be spin," G. E. Uhlenbeck, "Personal reminiscences," in *Physics Today* **29** (June 1976)〔日本で出版されたスピンの歴史を語る好著として朝永振一郎著『スピンはめぐる』（中央公論社，1974）を挙げておく〕.

F. Hund, *Geschichte der Quantentheorie* (Mannheim : Bibliographisches Institut,

1967)〔山崎和夫訳『量子論の歴史』(講談社，1978)〕には，モデルが作られていく歴史が，それに積極的に加わった人の手で描き出されている.

オットー・シュテルンについては，E. Segrè, "Otto Stern. A biographical memoir," in The National Academy of Sciences of the United States, *Biographical Memoirs* **43**, 215 (1973) がある.

パウリについては，まず何よりも R. Kronig and V. F. Weisskopf, eds., *Collected Scientific Papers by W. Pauli* (New York : Wiley Interscience, 1964) を見ていただきたい. また M. Fierz and V. F. Weisskopf, eds., *Theoretical Physics in the Twentieth Century* も参考になる.

### 第8章　ついに本当の量子力学が現われる

前に挙げた M. Jammer, *The Conceptual Development of Quantum Mechanics* (New York : McGraw-Hill, 1966)〔小出昭一郎訳『量子力学史』1, 2 (東京図書，1974)〕に加えて，B. L. Van der Waerden, ed., *Sources of Quantum Mechanics* (New York : Dover, 1968) も挙げておきたい.

ド・ブローイについては *Louis de Broglie, Physicien et Penseur* (Paris : Albin Michel, 1953) がある.

ハイゼンベルクについては，この人の自伝的な読み物として，W. Heisenberg, *Physics and Beyond ; Encounters and Conversations* (New York : Harper & Row, 1971)〔ドイツ語版 *Der Teil und das Ganze, Gespräche im Umkreis der Atomphysik* からの邦訳として，山崎和夫訳『部分と全体――私の生涯の偉大な出会いと対話』(みすず書房，1974)〕があり，また，D. Irving, *The Virus House* (London : Kimber, 1967) も挙げられる.

パウリについては，第7章の文献を参照していただきたい.

ディラックについては P. A. M. Dirac, "Recollections of an exciting era," in *History of 20th Century Physics, Proceedings of International School of Physics, Course 57* (New York : Academic Press, 1977) を見ていただきたい.

ボルンについては，次のものを挙げる. M. Born, *Ausgewählte Abhandlungen* (Göttingen : Vandenhoeck & Ruprecht, 1963) と M. Born, *My Life : Recollections of a Nobel Laureate* (New York : Scribner, 1975).

量子力学の創立者たちの仕事をまとめた古典的名著には，以下のようなものがある. W. Heisenberg, *Physical Principles of the Quantum Theory* (New York : Dover, 1930)〔このドイツ語版 *Die physikalischen Prinzipien der Quantentheorie* (Leipzig, 1930) の邦訳として，玉木英彦，遠藤真二，小出昭一郎訳『量子論の物理的基礎』(みす

ず書房，1954）がある〕；W. Pauli, "Die allgemeinen Prinzipien der Wellenmechanik," in Geiger and Scheel, eds., *Handbuch der Physik*, vol. 24/1 (Berlin : Springer, 1933)〔川口教男，堀節子訳『量子力学の一般原理』（講談社，1975）〕；P. A. M. Dirac, *The Principles of Quantum Mechanics* (Oxford : Clarendon Press, 1930)〔この第3版（1947年）の邦訳として，朝永振一郎，玉木英彦，木庭二郎，大塚益比古訳『ディラック量子力学』（岩波書店，1954）がある〕；P. Jordan, *Anschauliche Quantentheorie, Eine Einführung in die Moderne Auffassung der Quantenerscheinungen* (Berlin : Springer, 1936); E. Schrödinger, *Collected Papers on Wave Mechanics* (London : Blackie and Son, 1928)〔ドイツ語版 *Abhandlungen zur Wellenmechnik* の訳として，田中正，南政治訳『シュレーディンガー選集1――波動力学論文集』（共立出版，1974）〕.

ボーアとアインシュタインの間の認識論的な問題をめぐる議論は，次のものに再現されている．N. Bohr, "Discussions with Einstein on epistemological problems in atomic physics" in P. A. Schilpp, ed., *Albert Einstein, Philosopher–Scientist* (La Salle, Ill.: The Open Court, 1949). また第5章の文献として引用した，ボルン－アインシュタイン書簡にも，その跡を辿ることができる．

S. Rozental, ed., *Niels Bohr, His Life and Works as Seen by His Friends and Colleagues* (Amsterdam : North Holland, 1967)〔豊田利幸訳『ニールス・ボーア』（岩波書店，1970）〕には，ハイゼンベルク，パウリ，他の人たちが，コペンハーゲンの背景と，その「精神」について語ったものが含まれている．また，シュレーディンガーに対する反響については，K. Przibram, *Briefe zur Wellenmechanik* (Vienna : Springer, 1963)〔江沢洋訳・解説『波動力学形成史――シュレーディンガーの書簡と小伝』（みすず書房，1982）〕を参照されたい．T. S. Kuhn, J. L. Heilbron, P. L. Forman, and L. Allen, *Sources for History of Quantum Physics* (Philadelphia : The American Philosophical Society, 1967) は，深く研究したい人にとっては欠かせない文献集成である．例の，コペンハーゲンのファウスト寸劇の英語版とでも言うべきものに，G. Gamow, *Thirty Years that Shook Physics* (New York : Doubleday, 1966)〔中村誠太郎訳『現代の物理学』（河出書房新社，1967）がある〔この寸劇のドイツ語からの邦訳として，朝永振一郎訳「史劇『ファウスト』風中性子誕生の前夜」，『科学と科学者』（みすず書房，1968）所収〕がある〕.

## 第9章　奇跡の年1932年――中性子，陽電子，重水素，その他の発見

O. M. Corbino, "I nuovi compiti della fisica sperimentale," in *Atti della Società Italiana per il Progresso delle Scienze* **18**, 1157 (1929) (translation in *Minerva* **9**, 528 (1971)).

中性子の発見については，F. and I. Joliot-Curie, *Oeuvres scientifiques complètes* (Paris : Presses universitaries de France, 1961); J. Chadwick, "Possible existence of a neutron," *Nature* **129**, 312 (1932); J. Chadwick, "Some personal notes on the search for the neutron." Ithaca, N. Y., *Proceedings of the X International Congress of History of Science* (1962) (Paris : Hermann, 1964).

C. D. アンダーソンがずっと研究していたカリフォルニア工科大学の背景については，R. A. Millikan, *Autobiography* (Englewood Cliffs, N. J. : Prentice-Hall, 1950); C. D. Anderson, "The positive electron," *Physical Review* **43**, 491 (1933).

マヨラーナについては，E. Amaldi, "Ettore Majorana, man and scientist" in A. Zichichi, ed., *Strong and Weak Interactions* (New York : Academic Press, 1966) を見ていただきたい．

第7回ソルヴェイ会議の記録が公刊されていて，1933年10月の時点における原子核物理学の状況をたいへん詳しく知ることができる．*Comptes-rendus du 7e Conseil de Physique Solvay* (Paris : Gauthier-Villars, 1934).

重水素については，H. C. Urey, F. G. Brickwedde, and G. M. Murphy, "A hydrogen isotope of mass 2 and its concentration," *Physical Review* **40**, 1 (1932) を参照されたい．

## 第10章　エンリコ・フェルミと核エネルギー

フェルミについては，まず第一に，E. Segrè, ed., *The Collected Papers of Enrico Fermi* (Chicago : University of Chicago Press, 1962) を見ていただきたい．これには歴史的な事柄や伝記的な事柄も豊富に盛りこまれている．他に，以下のものを挙げておこう．Laura Fermi, *Atoms in the Family* (Chicago : University of Chicago Press, 1954)〔崎川範行訳『フェルミの生涯――家族の中の原子』(法政大学出版局, 1977)〕; E. Segrè, *Enrico Fermi, Physicist* (Chicago : University of Chicago Press, 1970)〔久保亮五，久保千鶴子訳『エンリコ・フェルミ伝』(みすず書房，1976)〕; "Memoral Symposium in honor of E. Fermi at the Washington Meeting of the American Physical Society, April 29, 1955," *Reviews of Modern Physics* **27**, 253 (1955).

原子核分裂の発見については，次のものを見ていただきたい．O. Hahn, *Vom Radiothor zur Uranspaltung : eine wissenschaftliche Selbstboiographie* (Braunschweig : F. Vieweg, 1962); O. Frisch, "The interest is focussing on the atomic nucleus," in S. Rozental, ed., *Niels Bohr, His Life and Works as Seen by His Friends and Colleagues* (Amsterdam : North Holland, 1957)〔豊田利幸訳『ニールス・ボーア』(岩波書店，1970)〕; O. Frisch, *What Little I Remember* (Cambridge : Cambridge University Press, 1979).

ラゼッティについては，T. Nason, "A man for all sciences," in *The Johns Hopkins Magazine* **17-4**, 12 (1966).

シラードについては，G. W. Szilard and K. R. Winsor, eds., "Reminiscences of Leo Szilard," in *Perspectives in American History*, vol. 2 (Cambridge, Mass.: Harvard University, 1968) と L. Szilard, *His Version of the Facts* (Cambridge, Mass.: MIT Press, 1978)〔伏見康治，伏見諭訳『シラードの証言——核開発の回想と資料』(みすず書房，1982)〕.

人工元素については E. Segrè, *I nuovi elementi chimici. Chimica nucleare alle alte energie* (Roma: Accademia Nazionale dei Lincei, 1953). 1930年代の核物理学の状況を全体的に見たい人には次のものが役に立つ. *Nuclear Physics in Retrospect*, R. H. Stuewer, ed. (Minneapolis: University of Minnesota Press, 1979).

原子エネルギーと原子爆弾の開発については，おびただしい数の文献があるが，全部が全部，信頼が置けるものとは言えない．最良の資料としては，以下のようなものが挙げられる．H. D. Smyth, *Atomic Energy for Military Purposes* (Princeton, N. J.: Princeton University Press, 1945)〔杉本朝雄他訳『原子爆弾の完成——スマイス報告』(岩波書店，1951)〕; R. G. Hewlett and O. E. Anderson, Jr., *The New World, 1943-1946* (University Park: The Pennsylvania University Press, 1962); D. Irving, *The Virus House* (London: Kimber, 1967); E. Bagge, K. Diebner, K. Jay, *Von der Uranspaltung bis Calder Hall* (Hamburg: Rowohlt, 1957); S. A. Goudsmit, *Alsos* (New York: Henry Schuman, 1947)〔小沼通二，山崎和夫訳『アルソス』(海鳴社，1977)〕; M. Gowing, *Britain and Atomic Energy* (London: St. Martin's Press, 1974); N. I. Golovin, *I. V. Kurchatov. A Socialist-Realist Biography of the Soviet Nuclear Scientist* (Bloomington, Ind.: Selbstverlag Press, 1968); A. K. Smith, *A Peril and A Hope* (Chicago: University of Chicago Press, 1965)〔広重徹訳『危険と希望』(みすず書房，1968)〕.

J. ロバート・オッペンハイマーについては，いろいろな人が，それぞれ自分の想像をたくましくして書いている．最良の資料の一つとして *In the Matter of J. R. Oppenheimer, Transcripts of a Hearing before Personnel Security Board, Washington. April 12, 1954, through May 6, 1954* (Washington, D. C., Government Printing Office, 1954) があるが，これを有効に活用するには，あらかじめ背景についての知識が必要になる．他に，一読に値するものとして，P. Michelmore, *The Swift Years—The R. Oppenheimer Story* (New York: Dodd, Mead, 1969); D. Royal, *The Story of J. Robert Oppenheimer* (New York: St. Martin's Press, 1969) などがある．また，

H. York, *The Advisors : Oppenheimer, Teller, and the Superbomb* (San Francisco : W. H. Freeman and Company, 1976)〔塩田勉，大槻義彦訳『大統領指令「水爆を製造せよ」』（共立出版，1982)〕には，水素爆弾をめぐる政治的な争いの様子が生き生きと描かれている．

他に J. S. Dupré and S. A. Lakoff, *Science and the Nation* (Englewood Cliffs, N. J. : Prentice Hall, 1962)〔中山茂訳『科学と国家』（東海大学出版会，1965)〕; S. M. Ulam, "Thermonuclear devices," in R. E. Marshak, ed., *Perspectives in Modern Physics* (New York : Interscience, 1966) なども参考になる．

重要人物，ジョン・フォン・ノイマンについては，S. M. Ulam, H. W. Kuhn, A. W. Tucker, and C. E. Shannon, "John von Neumann, 1903–1957," in *Perspectives in American History*, vol. 2 (Cambridge, Mass. : Harvard University, 1968) を見ていただきたい．

## 第11章　E. O. ローレンスと粒子加速器

1935年までの低温関係の分野のごくあらましを知るには，M. Ruhemann and B. Ruhemann, *Low Temperature Physics* (London : Cambridge University Press, 1937); K. Mendelssohn, *Quest for Absolute Zero* (New York : McGraw-Hill, 1966)〔大島恵一訳『絶対零度への挑戦』（講談社ブルーバックス，1971)〕が役に立つ．

加速器についての歴史を総合的にまとめたものとして，すぐれているのは E. M. McMillan, "Particle accelerators," in E. Segrè, ed., *Experimental Nuclear Physics* vol. 3 (New York : John Wiley and Sons, 1959); M. S. Livingston, *Particle Accelerators : A Brief History* (Cambridge, Mass. : Harvard University Press, 1969)〔山口嘉夫，山田作衛訳『加速器の歴史』（みすず書房，1972)〕である．

E. O. ローレンスについては次のものを見ていただきたい．L. W. Alvarez, "Ernest Orlando Lawrence. A Biographical Memoir," in The National Academy of Sciences of the United States, *Biographical Memoirs* **41**, 251 (1970); H. York, *The Advisors : Oppenheimer, Teller, and the Superbomb* (San Francisco : W. H. Freeman and Company, 1976)〔塩田勉，大槻義彦訳『大統領指令「水爆を製造せよ」』（共立出版，1982)〕．

CERN の歴史を扱ったものとしては，M. Conversi, ed., *Evolution of Particle Physics. A Volume Dedicated to Edoardo Amaldi on his Sixtieth Birthday* (London : Academic Press, 1970); E. Amaldi, "First International Collaboration between Western European Countries," in *Proceedings of International School of Physics, Course 57* (New York : Academic Press, 1977).

## 第12章 原子核を越えて

西洋の物理学が日本に入っていった経過については，K. Koizumi, "The emergence of Japan's first physicists: 1868-1900," in *Historical Studies in the Physical Sciences* **6**, 3 (1975) を見るとよい〔日本で出版されたものとして，日本物理学会編『日本の物理学史』上・下(東海大学出版会, 1978) を挙げておく〕.

湯川については，H. Yukawa and K. Chihiro, "Birth of the meson theory," in *American Journal of Physics* **18**, 154 (1950) を見ていただきたい.

オッキァリーニについては *Simposio in onore di Giuseppe Occhialini per il XX anniversario del suo ritorno in Italia. Seminario Matematico e Fisico di Milano* (Pavia: Editrice Succ. Fusi, 1969) を見ていただきたい.

パリティ非保存の発見については，C. S. ウー他の人たちが *Adventures in Experimental Physics* **3**, 93 (1974) の中に書いている. この時のパウリの反応については，R. Kronig and V. F. Weisskopf, eds., *Collected Scientific Papers by W. Pauli* (New York: Wiley Interscience, 1964) を見ていただきたい.

C. N. Yang, *Elementary Particles, a Short History of Some Discoveries in Atomic Physics* (Princeton, N. J.: Princeton University Press, 1962)〔林一訳『素粒子の発見——核物理学の歩み』(みすず書房，1968)〕は素粒子物理学の初等的な入門書である.

ロチェスター会議の歴史が書かれていて，おもしろいのは，R. E. Marshak, "The Rochester Conferences," *Bulletin of Atomic Scientists* (June 1970) である.

日本人物理学者，何人かの観点がうかがえる論文を収めたものとしては S. Sakata, *Scientific Works* (Tokyo: Publication Committee of Scientific Papers of Prof. S. Sakata, 1977) がある. もっと広く受け容れられている観点を述べたものとしては，Y. Ne'eman, "Concrete versus abstract theoretical models," in Y. Elkana, ed., *The Interaction between Science and Philosophy* (Atlantic Highlands, N. J.: Humanities Press, 1974) がある.

二種類のニュートリノについては，L. Lederman and others, "Discovery of two kinds of neutrinos," in *Adventures in Experimental Physics* **1**, 81 (1972).

## 第13章 古い切株から出てきた新しい枝

ごく最近になって行なわれた発見のうち，いくつかのものの経過については，*Les Prix Nobel* (Stockholm: Norstedt & Söner, 1902- )〔中村誠太郎, 小沼通二訳『ノーベル賞講演・物理学』1～12巻 (講談社, 1979- )〕の中で見ることができる.

現代の量子電気力学の歴史の一部は R. P. Feynman, "The development of the space-time view of quantum electrodynamics," in *Les Prix Nobel en 1965* (Stockholm: Norstedt & Söner, 1966)〔江沢洋訳『物理法則はいかにして発見されたか』の第二部(ダイヤモンド社，1968)，また先に挙げた『ノーベル賞講演・物理学』第10巻にも収録〕と F. Dyson, *Disturbing the Universe: A Life in Science* (New York: Harper and Row, 1979)〔鎮目恭夫訳『宇宙をかき乱すべきか』(ダイヤモンド社, 1982)〕の中に見られる.

メーザーとレーザーについては，A. L. Schawlow, "From maser to laser," in B. Kursunoglu and A. Perlmutter, eds., *Impact of Basic Research on Technology* (New York: Plenum Press, 1973) を見ていただきたい.

原子核物理学については，以下のものが挙げられる. C. Weiner, ed., *Exploring the History of Nuclear Physics* (New York: American Institute of Physics, 1972); R. H. Stuewer, ed., *Nuclear Physics in Retrospect* (Minneapolis: University of Minnesota Press, 1979); H. D. Jensen, "The history of the theory of the atomic nucleus," *Science* **147**, 419 (1965); M. Goeppert-Mayer. "The shell model," in *Les Prix Nobel en 1963* (Stockholm: Norstedt & Söner, 1964)〔『ノーベル賞講演・物理学』第9巻〕; E. Segrè, "Artificial radioactivity and the completion of the periodic system," *The Scientific Monthly* **57**, 12 (1943); G. T. Seaborg and E. Segrè, "The Transuranium elements," *Nature* **159**, 863 (1947); G. T. Seaborg ed., *Transuranium Elements* (Stroudsburg: Perma, Dowder, Hutchinson & Ross, 1978).

メスバウアー効果については H. Frauenfelder, *The Mössbauer Effect* (New York: Benjamin, 1962) の introduction の部分を見ていただくとよい.

巨視的な量子効果については，次のものがある. C. J. Gorter, "Superconductivity untill 1940 in Leiden and as seen from there," in *Reviews of Modern Physics* **36**, 3 (1964): K. Mendelssohn, *Quest for Absolute Zero* (New York: McGraw-Hill, 1966)〔大島恵一訳『絶対零度への挑戦』(講談社ブルーバックス, 1971)〕; P. W. Anderson, "How Josephson discovered his effect," *Physics Today* (November 1970); P. W. Anderson, J. M. Rowell, S. Shapiro, and D. Lauderberg, "Observation of Josephson effect and measurement of $h/e$," *Adventures in Experimental Physics* **3**, 45 (1973).

トランジスタについては，W. Brattain and others, "Discovery of the transistor effect," *Adventures in Experimental Physics* **5**, 1 (1976) を見ていただきたい.

天文学における最近の発見を，やや一般向けに説明したものとしては，S. Weinberg, *The First Three Minutes* (New York: Basic Books, 1977)〔小尾信彌訳『宇宙創成はじめの三分間』(ダイヤモンド社，1977)〕がある．H. ベーテの小伝としては，J. Bernstein が *The New Yorker*, December 3, 10, and 17, 1979 に書いたものがある．

当代の物理学，およびその中のいろいろな研究分野を，一団の適任者を選んで概説したのが，A. D. Bromley, *Physics in Perspective* (Washington, D. C.: The National Academy of Sciences, 1972) である．しかし，この本に見られる観点は，広範に受け容れられているものとは言えない．

分子生物学については，きわめて個性的な，J. D. Watson, *The Double Helix* (New York: Atheneum, 1968)〔江上不二夫，中村桂子訳『二重らせん』(ライフ・タイム・インターナショナル，1968)〕と，R. Olby, "Francis Crick, DNA and the central dogma," *Daedalus* 939 (1970) を挙げよう．

## 第14章　おわりに

物理学者同士が話を始めると，特に年配の世代の場合にはいつもこの章で扱った事柄に話が及んでくる．そして，ごく年若い人たちは事実を挙げて年配連を論破しようとする．これによって彼らは，自分では気がついていないにしても，次のアインシュタインの言葉を実証しているわけである．

> 理論物理学者から，その人たちが使っている方法を教えてもらいたいと思ったら，いつも次の原則に従っていれば間違いはない，と申し上げたい．すなわち，その人の言葉には耳を傾けず，その代わり，その人の行為に注意を払え，という原則である．
> [Einstein, *Mein Weltbild* (Amsterdam: Querido, 1934) より]

もう一つ，アインシュタインの言葉から引用しておこう．

> 科学の理論家は，別に，うらやましがられるにはあたらない．というのも，理論家の仕事に対して，自然というもの，もっと正確に言うなら，実験というものは，なかなか無情で，それほど甘くはない判定を下すものだからである．理論に対して，はっきり「そうだ」と言ってくれたためしはない．せいぜい「そうかも知れない」と言ってくれれば良いほうで，たいていの場合，あっさり「ちがう」と言われることになる．……おそらく，どんな理論も，いつかはこの「ちがう」にぶつかることになるだろう——それも，ほとんどの場合，考えが浮かんだ後すぐに，である．[1922年11月11日，カメルリン・オンネスのサイン帳に記したもの．Albert Einstein, *The Human Side* (Princeton, N. J.: Princeton University Press, 1979), p. 18〔林一訳『素顔のアインシュタイン』(東京図書，1979)〕

# 訳　　注

## 第1章

1-1) p. 15　Gabriele d'Annunzio (1863-1938). イタリアの詩人，小説家，劇作家. 若年より詩作，後，官能耽美主義的小説に独自の夢幻的な境地を開き，人気作家となる. 第一次大戦の勃発を境にして，一転，愛国的闘士となり，自ら飛行兵としてはなばなしく活躍. 第一次大戦後，連合国保護領となったダルマチア地方のイタリア帰属を主張して，首都フューメ市占領を敢行した. ファシズムの時代にはムッソリーニを支持してその後ろ楯となり，国民主義詩人としてガルダ湖畔に豪勢な晩年を送る.

1-2) p. 18　グッタ－ペルカはマレー産のゴム類似の樹液からつくられる樹脂で絶縁材料に使われる. ペランの論文には gomme-gutte とあり，日本の文献にはガンボージ gamboge のコロイドと訳されている. これも樹液をうすめたものであるが，グッタ－ペルカの樹と同一であるかどうか詳らかでない.

1-3) p. 33　レントゲンの発見がきわめて有名になると，実はもっと前に自分がX線撮影を行なったと主張する者が出たり，また，他の人が最初の発見者だという噂が流れたりしたのである.

1-4) p. 33　ツェーンダーはかつてレントゲンの助手をしていた頃，放電管の電極を過熱させてこわしてしまい，弁償はしたが，やはりレントゲンにさんざん叱られたことがある. あるいはレントゲンはこの時のことを思い出して一言はさんだのかも知れない.

## 第2章

2-1) p. 37　燐光の持続時間を測定するためエドモン・ベクレルが考案したもの. 燐光物質を入れた箱の両端を，同軸で回転できるようにした円板でふさぐ. 円板にはどちらにも周縁付近にいくつか穴をあけておき，片側の円板の穴を通して中の燐光物質に光をあて，反対側の穴から燐光を観測する. 両方の穴はたがいちがいの位置についていて，外からの光は直接目に入らず燐光物質が出す光だけが観測できる. 二つの円板を一緒に回転させながら観測すると，燐光が見えなくなるときの回転数から持続時間が測定できる. この装置でエドモン・ベクレルは $10^{-4}$ 秒程度の持続時間まで測定できた.

2-2) p. 44　Eugene Paul Wigner. 1902年ハンガリーに生まれ，後，アメリカに帰化した理論物理学者. 量子力学に群論を応用して対称性の問題を総括的な見地から扱い，これを原子内電子に適用してスペクトル線その他の問題を論じた. また後にはこの方法を原子核の構造の問題にも適用して，核力についての重要な性質を導いた. 他に固体物理学や，量子力学における観測の問題にも深い関心を示し，また原子炉設計に重要な貢献をするなど，幅広く多くの重要な業績を残している.

2-3) p. 45　米国では大学院学生にこの試験を課する. これをパスした者は学位論文のための研究に入ることを認められる.

2-4) p. 48　マリーの故国，ポーランドから取った名前.

2-5) p. 49　成分の溶解度，または凝固点の差を利用して混合物を分離する方法.

2-6) p. 53　核が軌道電子を捕獲して放射性を持つ場合には，この放射性核の崩壊定数は軌道電子の核付近の密度に比例する. この密度は，その原子が他の原子と化学結合を作ると変化するので，化学結合によって核の崩壊定数を変えられる．E. セグレと C.E. ウィーガンドは $BeF_2$, BeO と $Be^7$ について崩壊定数のちがいを観測した．

2-7) p. 56　パリの有名な大興業劇場．軽喜歌劇，サーカス，奇術，ミュージカル，寸劇，パントマイム等さまざまな出し物があるが，20世紀に入ってからはヌード・ダンスが特に有名になる．チャップリン他，多くの芸能人がここから成長している．

## 第3章

3-1) p. 63　高周波の電磁場や電流は導体の表面付近だけに局限されて中に入らない．これを表皮効果と呼ぶ．

ラザフォードは針金をソレノイドの中に置き，ソレノイドにライデンびんの放電による振動電流を流して，中の針金が表面付近だけ磁化されること，また磁化された部分のうち，表面のごく近くと内側では磁化の向きが逆になっていること，などを見出した．そして放電による振動は減衰がいちじるしいので，最初の半振動と，これと逆向きで振幅の小さくなった次の半振動によってこの効果が起こったと論じている．後出（p. 66）の無線信号の検出には，飽和まで磁化した針金をソレノイドの中に置いた．電磁波のためにソレノイドに振動電流が流れると，表面付近は逆向きに磁化するので針金全体の磁気モーメントは減少する．このために針金の近くに置いた磁力計が振れることを利用した．

3-2) p. 71　本文にある通り，放射性物質から生ずる放射性の気体であるが，これは皆，ラドン（原子番号86）の同位体である．

3-3) p. 72　これは，Uの崩壊の半減期がUXの半減期よりもはるかに長いため，Uの崩壊によるUXの生成とUXの崩壊が釣合い，UとUXの濃度比はその半減期の比となっているからである（放射平衡）．

3-4) p. 77　フランスのナンシー大学物理学教授ルネ・ブロンロ（René Blondlot, 1849-1930）は，X線の研究を行なううち，X線に伴って，小さなスパークに作用してその輝きを増す放射線が存在することを見出した（1903）．この線は蛍光性をほとんど持たず，X線ではない新種の放射線であるとして，ナンシーの頭文字を取って「n線」と名づけた．この発表は大きなセンセイションを呼び，人間や動物からも放射されている等という報告もなされたが，1年ほどの後には否定され，ブロンロ自身もやがて自説を撤回した．

3-5) p. 79　キュリー夫妻が誘導放射能（radioactivité induite）と呼んだ放射性沈着物を，ラザフォードは励起放射能（excited radioactivity）と呼んでいる（西尾成子『科学史研究』No. 72, 169-181（1964）による）．

## 第4章

4-1) p. 88　19世紀後半に至ると，技術の発展には体系的な科学研究の後援が欠くことのできないものになって来た．特に遅れて産業革命に入ったドイツでは，科学と技術の結び付きを推進する気運が強く，技術発展の基礎としての物理学的研究を行なう目的で1884年国立物理工学研究所（Physikalische Technische Reichsanstalt）が設立された．鉄鋼業の発展しつつあった当時においては高温測定法その他，熱輻射に関係した問題が重要な位置を占めており，この研究所は熱輻射の研究の中心となった（広重徹『物物学史』I，II（培風館，1968）による）．

4-2) p. 89　図(a)は黒体輻射から特定の波長の輻射を選び出すために残留線を用いる装置．赤外線に対して選択反射をする結晶体の面で数回反射をくり返させ（図の $P_1, P_2, P_3, P_4$），熱電対列（図のT）で放射強度を測定する．図(b)は結晶体として岩塩を選び，波長51.2 $\mu$ の輻射を測定した結果と，四つの理論式との比較を示す．縦軸の目盛は熱電対列（T）に接続した検流計の指針の

振れらしい．数値は20°Cの時との差を示してある．図の四つの曲線に対応する理論式は

Wien　$E = C(1/\lambda^5)e^{-c/\lambda T}$ ;　$c = 5(\lambda_m T)$

Thiesen　$E = C(1/\lambda^5)\sqrt{\lambda T}\, e^{-c/\lambda T}$ ; $c = 4.5(\lambda_m T)$

Lord Rayleigh　$E = C(1/\lambda^5)\lambda T e^{-c/\lambda T}$ ;　$c = 4(\lambda_m T)$

Planck　$E = C\lambda^{-5}/(e^{c/\lambda T}-1)$ ;　$c = 4.965(\lambda_m T)$

で，$(\lambda_m T)$ は各温度において最大強度を示す波長と温度の積であり，ヴィーンの変位則によりこの値は定数になる．上の各式の中の $C$ は温度1000°Cにおいて実測値と一致するように選んである．特にレイリー卿の式は，いわゆるレイリー－ジーンズの式とは別のものであることに注意されたい．

4-3) p.91　小学校を終えてから大学に入る前まで通う8年制の学校．

4-4) p.94　調和振動をする双極子．ただし，プランクの扱いでは，その運動方程式に輻射の放出による減衰項が含まれている．

4-5) p.94　付録2の(1)式

$$u(\nu, T) = \frac{8\pi\nu^2}{c^3}\langle E\rangle$$

## 第5章

5-1) p.102　ラファエロ（1483-1520）により，ローマ，ヴァチカノ宮に描かれた壁画（1510-1511作）．論争をしたり，書き物をしたり，瞑想したりしている人物群像であるが，中央にはプラトンとアリストテレスが描かれている．二人は語り合いながら，プラトンはその著書『ティマイオス』を抱えて天を指しており，アリストテレスは『エティカ』を持って自分のまわりを指している．この身振りでラファエロは，この二人の哲学体系の性格を，みごとに要約してみせたのである（『ラファエルロ』，J. H. ベック解説，若桑みどり訳（美術出版社，1976）による）．

5-2) p.102　ドイツ南西部，バイエルンにある中都市．

5-3) p.105　1665年，ロンドンを中心にペストが大流行し，ケンブリッジ大学も閉鎖されて，ニュートンは，1667年の春に大学が再開されるまでウールスソープの生家に帰って過ごした．ここでの孤独な瞑想の中でニュートンは，万有引力の法則，運動の三法則，微積分法，白色光の構成の問題など，彼の最大の業績についての基本的な構想を作り上げている．

5-4) p.105　Verwandlung．光が物質に作用して，波長のちがう光に変わったり，光電効果，光化学反応などで，他のエネルギーに変わること．

5-5) p.108　たとえばボルツマンは「こんなしるしを書いたのは神ではあるまいか」と言っている（本文 p.81 参照）．

5-6) p.115　花粉そのものは大きすぎて，そのブラウン運動は観測されない．花粉が破れて吐きだされる微粒子の運動をブラウンが観察したのである，

5-7) p.116　プラーグ大学は非常に古くからある大学であるが，ドイツ人とチェコ人との政治的な争いが大学内にも及んで，オーストリア政府は1888年にこの大学を，ドイツ大学とチェッコ大学の二つに分けた（矢野健太郎『アインシュタイン伝』（新潮社，1968）による）．

5-8) p.122　1914年8月に第一次大戦が始まった．

## 第6章

6-1) p.140　この図の $\theta$ は，下の本文中の散乱角 $\theta$ とは意味が異なる．この論文ではラザフォードは散乱角として $\phi$ を用い（$\phi=\pi-2\theta$），散乱断面積の式を p.394 の図14.1(a)のように書いた．

6-2) p.142　波長の長いX線を気体に当てると，X線は気体原子の中の電子によって散乱される．散

乱の強度から，1 $cm^3$ あたりの電子の数を知ることができる．1 $cm^3$ あたりの原子の数は，原子量と密度から知ることができるので，これから一原子あたりの電子の数を推定できる．

6-3) p. 143　オーストリア・ハンガリーは第一次大戦前の連合王国．

## 第7章

7-1) p. 160　数秘学は誕生の年月，その他いろいろな数字を，運命の占いや予言などに関連させる論である．

7-2) p. 163　振動数が一定である輻射，という意味だと思われる．ラザフォード模型を古典力学と電磁気学で扱うと，原子から放出される光の振動数は，一定にはならない．

7-3) p. 164　ギリシャ神話，ミノス王の娘．テセウスに糸を与えた．彼はこれによってミノタウロスの迷宮から逃れることができた．

7-4) p. 177　当時，$Z=57$（ランタン）から $Z=71$（ルテチウム）までの稀土類元素は，化学的な性質も似かよっているし，原子量の測定も不正確で，正しい順序がなかなか決められなかった．

7-5) p. 178　Hafnia.

7-6) p. 186　Italian Doromite. イタリア北部，アルプス山脈南部の山群．3000 メートル級の石灰岩より成る高峰が続き，奇峰や直立する塔状の岩峰に富む．特異な景観から観光客が多く，岩登りも盛んな所である．

7-7) p. 195　ある種の核反応 X(a, b)Y の中間で，X と a が結合して一つの準安定な原子核ができる，と考えるモデル．入射粒子 a が原子核Xに飛びこみ，核子と強い相互作用をしてエネルギーを急速に多数の核子に分配し，渾然とした一つの塊りとしての複合核ができる，とする．

## 第8章

8-1) p. 222　たとえば本文で前に述べられている粒子性と波動性などがその例．また，ハイゼンベルクの『量子論の物理的基礎』には，時空的記述と因果性がその例として挙げられている．ボーアは相補性という考え方をきわめて一般的なものとして強調した．たとえば西洋と東洋とが相補的であるなどという．このような一般化には批判の余地があるが，新しい量子力学が哲学にまで及ぼした影響のほどがうかがわれよう．

8-2) p. 222　ハイゼンベルクの表の意味するところを少し解説しておく．古典論では，粒子の時々刻々の位置を観測していくと，一つの軌道が得られ，この運動はあるポテンシャルのもとでのニュートンの運動方程式なり，相対論的運動方程式なり，の解として因果的に決定されるものになっている．一方，量子論では一つの立場として粒子の位置の観測を，時を追って繰り返して時空的な記述を得ようとすると，一回の観測ごとに，不確定性関係のために運動量に不確定さが生じ，一つの軌道が確定することはありえない．このために，古典的な意味での因果律に従う運動を取り出すことはできない．しかし，もう一つの立場として，波動関数で状態を表わすことにすると，これはシュレーディンガー方程式に従って時間とともに変化するので，因果的に決定されていくものになる．だが波動関数は，ある時刻の粒子の位置を空間内の一点に指定するわけではなく，それぞれの点に存在する確率を与えるだけである．この意味で，量子論の第一の立場と，第二の立場は統計的関係によって結びつけられていると言える．

## 第9章

9-1) p. 236　2 個以上の入力端子をもち，その全部に同時に入力パルスが入った時だけ，計数の出力パルスを送り出す回路（同時計数回路）を用いる．特定の方向に並べた検出器の出力を入力パルスとして，その方向の宇宙線，または放射線だけを計数する目的などに用いられる．

9-2) p. 241　放射線が物質中で作る電子，イオン等を電極に集めることにより，放射線の強度，線量，エネルギーを測定する装置．二つの電極の間に直流高電圧をかけて電場を作り，生成した電子やイオンを電極に集める．

9-3) p. 248　ライマン系列のスペクトル線の波長は $1/\lambda=R(1/1^2-1/n^2)$ で与えられる．図の 1st, 2nd, 3rd, 4th はそれぞれ $n=2,3,4,5$ の線であることを示す．また，下の 1st order, 2nd order は回折格子による干渉像の回折の次数を示す．なお，この図は S. S. Ballard and H. E. White, *Phys. Rev.* **43**, 941 (1933) から取ったもの．本文中にある $H^2$ の最初の発見を報じたユーレイ等の論文 (*Phys. Rev.* **40**, 1 (1932)) はバルマー系列についての観測を扱っている．

## 第10章

10-1) p. 280　スマイス (H. D. Smyth) が1945年までのアメリカの原子力計画の歴史を書いたもの．邦訳：H. D. スマイス著，杉本朝雄，田島英三，川崎栄一訳『原子爆弾の完成――スマイス報告（原爆開発の記録）』(岩波書店，1950)．

10-2) p. 286　$U^{238}$ は中性子を吸収した後，二回の $\beta$ 崩壊で $Pu^{239}$ に変わる．この反応により，$Pu^{239}$ を生産する目的をもつ原子炉．

10-3) p. 289　第二次大戦末期，ドイツでの原子爆弾計画の進行状況を探るために組織された作戦部隊．この科学面での責任者は，有名な原子物理学者，サム・ハウシュミットであった．アルソス部隊は前線部隊の後についてフランス，ドイツに入り，詳しくさまざまな情報を収集した．

10-4) p. 293　偶然現象の経過を，乱数を用いて数値的，模型的に実現させ，それを観測することによって問題の近似解を得る方法．

## 第11章

11-1) p. 312　粒子の回転の角振動数は $\omega_c=eH/mc$. ここで，相対論によれば質量 $m$ は $m=m_0/\sqrt{1-(v^2/c^2)}$ であるからエネルギーの増加に伴って $m$ も変わり，したがって $\omega_c$ も変わってしまう．

11-2) p. 312　加速に伴って，相対論的な効果により，$\omega_c$ がディーにかける交流電場の周波数とずれてくると，粒子が本来加速を受ける位置に来る時ちょうど電場がゼロになるような位相で安定してしまい，それ以上加速できなくなる．ここで交流電場の周波数を変えるか（シンクロサイクロトロン），磁場 $H$ を変えて $\omega_c$ を変えるか（シンクロトロン）して，加速を受けるような位相に安定させることが考えられる．

11-3) p. 316　高エネルギー荷電粒子を円形軌道上に貯える装置．これで，たとえば電子のビームと，陽子のビームを逆方向に加速して衝突させることができ，重心系のエネルギーを大きくできる．

11-4) p. 317　たとえば静止した標的粒子に加速した粒子を衝突させて，新しい粒子を作ることを考えると，エネルギー保存則と同時に，運動量保存則も満たさなければならないから，実験室系では衝突後生じた粒子も運動量を，したがって運動エネルギーを持つ必要があり，反応前の粒子のエネルギーは，新しく生成される粒子の静止質量エネルギーだけでは充分でない．一方重心系では全運動量はゼロなので，反応前の粒子のエネルギーは，生成される粒子の静止質量エネルギーだけあればよいことになる．

## 第12章

12-1) p. 324　菊池は1926年東京大学理学部物理学科を卒業，1928年理化学研究所に入り，電子回折の研究を行なって雲母薄膜を通過するときの回折現象（菊池像）を観測するという重要な仕事をした後，1929年にドイツに留学している.

12-2) p.325　著者はこのように記しているが，湯川博士以前でも日本の物理学者はおおむね日本で基礎教育を受け，若干の研究の修錬を積んだ上で海外に留学するのが普通であった．しかし近代物理学の急速な発展の中心は欧州にあり，日本がこれに追いつくことは非常に困難であった．外国に出たこともない湯川博士が彗星の出現のように思われたのも当然であろう.

12-3) p.326　*Progress of Theoretical Physics* の創刊は，1946年である.

12-4) p.339　8個の重粒子 $p^+, n^0, \Lambda^0, \Sigma^+, \Sigma^0, \Sigma^-, \Xi^0, \Xi^-$ は，いずれも重粒子数が1，スピンは1/2，強い相互作用で崩壊せず質量の大きさもあまりちがわない，などの共通の性質がある．また，8個の中間子 $\pi^+, \pi^0, \pi^-, K^+, K^0, \overline{K^0}, K^-, \eta^0$ についても，いずれも重粒子数が0，スピンは0，強い相互作用で崩壊しないという共通の性質がある．そこでこれらの8個ずつは，それぞれ次のような意味で同等な一組を作っていると考える．すなわち，SU(3) 変換（3次元ユニタリー変換で行列式＝1のもの）によって各8個は互い同士混ざり合うが，他のものとは混ざり合わない閉じた組を作っているとする．また強い相互作用はこの変換に対して不変であるとする．こうすると，これらの中間子と重粒子の衝突でできる共鳴など，ハドロンの世界全体が SU(3) 変換で閉じた組に分類されることになる．ここから未発見の重粒子の存在が予言され，それが後に実験的に確認されるなどして，この考え方は成功を収めた．上記の8個の組に因んで，ゲルマンはこの説を八道説（eightfold way）と呼んだ.

12-5) p.348　コックス等の，β線電子のスピン偏極の実験については，少し補足しておく必要がある．まず，コックス等は，β線電子の偏極を示す実験結果を自ら誤りとしたわけではなく，正式に報告しているし（*Proc. Natn. Acad. Sci. U.S.A.* **14**, 544 (1928)），さらにその2年後には，コックスの研究室にいたチェイス (Carl. T. Chase) も同じ事実を示す，より精密な実験の結果を報告している（*Phys. Rev.* **36**, 1060 (1930)）．そしてこれらの結果は，多くの研究者たちによって正当と認められてもいた．だが当時，コックス，チェイスも含めて誰も，これがパリティ非保存に結びつく重大なことがらであることに思い到らず，やがてこのことは，同じく二重散乱に関わる別の，より大きな関心事（偏極していない電子ビームが一回目の散乱で偏極し，二回目の散乱の非対称性からこれが検出できるというモットの理論と，実験との食いちがい）の裏で忘れられる形になった.

また，もう一つ，コックス，チェイス等の初期の実験が出てから後，加速器が使われはじめ，それからは皆（コックス等も含めて）二重散乱の実験にβ線ビームを使わず，熱電子を加速して得たビームを使ったことも，コックス等の初期の結果から全体の関心がそれてしまった要因である．なお，この問題についての詳しい考証が，次の文献で行なわれている．Allan Franklin, "The Discovery and Nondiscovery of Parity Nonconservation", *Studies in History and Philosophy of Science* **10**, 201–257 (1979).

12-6) p.351　ネオン等を満たした箱に，金属板を並べて高電圧をかけ，その間を粒子が通ると，これが引き金になって軌跡に沿った短い放電の系列ができるようにした検出装置.

12-7) p.351　いくつかの粒子を基本粒子とし，残りは基本粒子が結合したもの，とする考え方．この場合，強い相互作用を行なう，重粒子と中間子族についての複合モデルで，光子，軽粒子は含まれない．なお，フェルミ，ヤンの頃には，強い相互作用を持つものは陽子，中性子（とその反粒子），それに π 中間子しか発見されていなかったので，π 中間子が陽子－反陽子，陽子－反中性子，中性子－反陽子，中性子－反中性子などの複合粒子だとする説を出したのである.

12-8) p.351　強い相互作用による素粒子の反応については，重粒子数，荷電，ストレインジネス，の三つの量についての保存則がある．この三つの量を，三種類の粒子についてそれぞれ与えると，他の粒子については保存則からこの三つの量を決定することができる.

12-9) p. 352　強い相互作用をする，重粒子族と中間子族の総称.

## 第13章

13-1) p. 368　原子核の中で，それぞれの核子は，核力の平均的なポテンシャルによって作られる軌道状態にあり，互いにエネルギーの近い軌道状態が，原子の中の電子の場合のように一つの殻を形成すると考えるモデル.

13-2) p. 372　反跳を受けるものの質量が無限大に近くなると，エネルギーと運動量の保存則の両方を満たすために，反跳エネルギーはほとんどゼロに近い値となり，$\gamma$ 線の幅を与えるものは不確定性原理によるエネルギーの幅 $\Delta E$ だけになる. $\gamma$ 線の放出は核の準位間の遷移で起こるが，高い準位の寿命を $\tau$ とすると，この準位のエネルギーの不確定さは，$\tau \cdot \Delta E = \hbar$ で与えられる. この $\Delta E$ は $10^{-8}$ eV 程度の大きさで，$\gamma$ 線のエネルギー（十数 keV）に対して $10^{-12}$ の程度にすぎないから，$\gamma$ 線はきわめて鋭い振動数分布を持っている. $\gamma$ 線源または吸収体を，ある速度で動かし，ドップラー効果による共鳴吸収の変化を観測する方法によって，吸収体の核の励起準位の寿命や励起準位の値を測定でき，これから周囲の電子が核に及ぼすさまざまな効果を知ることができる.

13-3) p. 372　単色光を物質に当てて散乱させるとき，散乱光のうちに，その物質に特有の量だけ波長が変わった光が混ざってくる現象. 物質と光の間のエネルギーの授受によって起こるので，これから分子の振動状態，回転状態など，分子構造についてのいろいろな情報が得られる.

13-4) p. 372　原子核のスピンによる磁気モーメントは静磁場のもとで特定の配向だけを取ることができ，離散的なエネルギー準位ができる. 高周波の電磁波を試料に供給しておいて，静磁場を変化させるとエネルギー準位の値も変化していき，準位間の差が電磁波の量子のエネルギーに等しいところで吸収が起こる. 核のエネルギー準位は，そのまわりの電子による影響を反映しているから，この共鳴吸収の測定は電子についての知見を得る方法として広く用いられる.

13-5) p. 376　銀河系の外で非常に強い電波を出している源. この電波の波長が通常の原子スペクトルから大きくずれていることより，この天体は光速の半分を越えるスピードで遠ざかっていることになり，また，その地球からの距離も非常に大きいことになる. したがってそれが出す電波のエネルギーは莫大なものでなければならず，どういう機構でこれが可能なのか謎とされている.

13-6) p. 376　一定の周期でパルス状の電波を出す天体. その周期はたいへん短かく，1秒～$10^{-2}$ 秒程度で，またきわめて正確に同じ周期を保っている. 発見された当初は，宇宙の高等生物からの信号ではないかと言われたこともあったが，結局，中性子星の回転によるものと考えられている.

13-7) p. 384　産業革命当時のイギリスで機械が失業の原因だとして，機械破壊の暴動を起こした職工団員.

13-8) p. 384　パングロスはヴォルテール著『カンディード』に登場する人物で，主人公カンディードが初めに教えを受けた哲学者. どんな目にあっても「すべては最善なり」という信念を曲げない徹底した楽観論者である.

## 第14章

14-1) p. 389　大統一理論によると，陽子の寿命は $10^{31}$ 年くらいかと推定されているが，実験による確証はまだない.

14-2) p. 391　ワインバーグとサラムの統一理論では，電磁相互作用が光子の交換によって生じるのに対して，弱い相互作用は $W^+, W^-, Z^0$ の三種類のボゾンの交換によって生じるとする. $W^+$, $W^-$ は荷電粒子で，$Z^0$ は中性粒子である. 電磁場の発生源は電荷および電流であるが，それに対

応する $Z^0$ の源を弱い中性カレントという．この $Z^0$ の交換による相互作用が存在すれば，$\nu_\mu+e^-\to\nu_\mu+e^-$ という弾性散乱や，$\nu_\mu+p^+\to\nu_\mu+$ハドロンという反応が，弱い相互作用について一次で起こることが予言され，これが実験によって確かめられた．また，電子と陽子の散乱においても，光子の交換以外に $Z^0$ の交換によるものがあることも確認された．光子の交換ではパリティが保存されるが，$Z^0$ の交換ではパリティが保存されないことをもとにして，この確認がなされたのである．

14-3) p. 393 Ruther-Ford の前半はラザフォード（Rutherford）から取り，後半は大文字のFにして，自動車工業のフォード（初代は Henry Ford）を組み合わせている．

14-4) p. 394 この図は，二つの理論の式の長さの違いと，二つの実験の論文の末尾に付けられた協力者への謝辞の長さの違いの対応の妙を示したもの．謝辞の長さは，実験が大がかりなものになって多数の人の協力が必要になっているしるしである．なお，謝辞の(a)は p. 145 に述べられているラザフォードの四部作の論文の part I の末尾に付いている．

# 訳者あとがき

2年ほど前，セグレ教授からの小包みと手紙が届いた．小包みは出版されたばかりのこの本で，手紙はこの訳書を日本で出せないだろうか，という相談であった．数年前，同教授の『エンリコ・フェルミ伝』を妻といっしょに訳出した因縁からであった．

ひまを見て読み始めると巻を措き難い趣きである．著者もいうように，科学史としては偏りもあり，不足もあろう．しかし，20世紀の物理学の驚嘆すべき歴史の相当な部分を自ら生きてきた著者ならばこそ，これまで描き出せた，という物語りである．

セグレ（Emilio Gino Segrè, 1905- ）教授は1928年ローマ大学で学位をとり，ローマ大学助教授，パレルモ大学教授を経て，1938年渡米以後はカリフォルニア大学にあった．1934年ごろにはフェルミとともに中性子反応の先駆的研究を行い，渡米後には原子核および素粒子物理にすぐれた業績をあげた．数々の超ウラン元素の発見，反陽子の発見などは特に著名である．後者に関し，1959年 O. Chamberlain とともにノーベル賞を受けている．

本書の題名が示す如く，また以上のような著者の経歴から当然であるように，本書は原子から原子核，素粒子，さらにクォークへという近代物理学の大河，その奔流と時々の静けさを描く．同じ時代に並行して進んだ近代物理学の他の諸分野の発展，またそれらとの交渉には第13章で触れるに止まって幾分不満もあろうが，それは本書の価値にあまり関係ない．著者自身の体験，直接に見聞きしたできごとを中心として，私どもが名前だけ知っている数々の物理学者の生身を感じさせるもろもろの物語りはひじょうに楽しく，また考えさせられるものがある．

近代物理学の諸発見も，教科書で読み，講義で教えられるだけでは本当の意味はなかなかわからない．大変重要なものだ，といっても教条的にしか受取られない．それが出てきた背景，それからの発展をふくめて意味がわかるわけであろうが，それは教科書や講義では望むべくもない．ひからびた物理でない物理を教えること，学ぶことは難問題である．本書はその難問に対する一つの答えを与えてくれる．読者は，近代物理学を担った人々の姿を思い浮べ，その喜びもその苦しみも，幾分は感じとることができよう．

敢えていえば，これは成功者の物語りに満ちている．しかし，あたら才能を抱きながら朽ち果てた不幸な運命に対する著者の同情も所々に見られないではない．チャンスは多くの人々を訪れるが，用意のない人の前は冷たく通りすぎる，といったことも繰返し語られる．

著者よりは十数年おくれたが，みずからも約40年，近代物理学の発展の大きな流れに身を委ねた筆者としては，第14章の結論の部分には同感することが多い．物理学ばかりでなく，これからの科学はどこにゆくか，ただただ，20世紀の外挿とばかりはゆかないことは私には明らかのように思える．しかし20世紀の物理学が人類の貴重な財産であり，人間のためになくてはならないものを生み出していくことは間違いない．そのためにはそれが，ひからびた教条としてではなく，緑を生むゆたかな土壌として存在しつづけなければなるまい．

本書を読了して読者がもし，そのような感想を筆者とともにされるならばこの訳業もその甲斐があったと思う．

訳出は矢崎裕二氏との協力であるが，9割以上は同氏の労による．読者の理解を助けるための訳注，また巻末文献の補遺等はすべて矢崎氏に負うものである．

セグレ教授のお宅はバークレイから一つ丘を東に越えた谷にある．この3月，お訪ねしたとき谷は杏や桃に彩られていた．本書の日本訳の出版も間もないことをお話すると大変に喜んでおられた．また新しく，“*From Falling Bodies to Electromagnetic Waves*”の稿を完成されたということであった．教授のいっそうの御健康を祈って筆を措く．

1982年初秋

久 保 亮 五

# 人名索引

## ア

カ

サ

## タ

ナ

ハ

## マ



## ヤ

## ワ

# 事項索引

## マ

## 著者略歴

(Emilio Gino Segrè, 1905–1989)

イタリアに生れる．1928年ローマ大学で物理学の学位を得，1932年ローマ大学助教授．この頃フェルミと協力して中性子反応の先駆的研究を行なう．1936–38年パレルモ大学物理学部長．1938年渡米，この前後数年の間にテクネチウム，アスタチン，プルトニウム等を発見．1943–46年ロス・アラモスで原爆製造計画に参画．1946–72年カリフォルニア大学教授．1955年チェンバレン等と反陽子を発見．これによって1959年ノーベル物理学賞を受けた．

## 訳者略歴

久保亮五〈くぼ・りょうご〉 1920年東京に生れる．1941年東京大学理学部物理学科卒業．理論物理学専攻．1980年まで東京大学理学部教授．1980–81年京都大学基礎物理学研究所教授．1981–92年慶應義塾大学理工学部教授．この間，統計物理学，固体物理学の基礎理論の研究を行ない，1957年には線形応答理論（不可逆過程の統計力学）を発表．ボルツマン賞，文化勲章，学士院恩賜賞ほかを受賞．仁科記念財団理事長，井上科学振興財団理事長，東京大学名誉教授，日本学士院会員を歴任．1993年，勲一等瑞宝章受章．1995年歿．著書『固体物理学』，『固体物理の歩み』，『統計物理学（現代物理学の基礎・第5巻）』（岩波書店），『統計力学』（共立出版），『大学演習　熱学・統計力学』（裳華房），*Statistical Mechanics* (North-Holland), *Statistical Physics* (Springer Verlag)，画文集『山河燦燦』（自家出版）ほか．訳書　セグレ『エンリコ・フェルミ伝』（久保千鶴子と共訳，みすず書房），セグレ『古典物理学を創った人々』（共訳，みすず書房）ほか．

矢崎裕二〈やざき・ゆうじ〉 1940年東京に生れる．1963年東京大学工学部冶金学科卒業．1967年東京大学大学院理学系研究科物理学専門課程修士課程修了．訳書　セグレ『古典物理学を創った人々』（共訳，みすず書房），オーセルー『科学の曲がり角』（みすず書房）．編書『仁科芳雄往復書簡集』全3巻（共編，みすず書房）．

エミリオ・セグレ

# X線からクォークまで

20世紀の物理学者たち

久保亮五・矢崎裕二 訳

1982年12月24日　初　版第1刷発行
2019年 4 月10日　新装版第1刷発行

発行所　株式会社 みすず書房
〒113-0033 東京都文京区本郷2丁目20-7
電話 03-3814-0131(営業) 03-3815-9181(編集)
www.msz.co.jp

本文印刷所　理想社
扉・表紙・カバー印刷所　リヒトプランニング
製本所　松岳社


ISBN 978-4-622-08804-2
[エックスせんからクォークまで]